火力发电集控运行

（第2版）

李树春　编著

重庆大学出版社

内容提要

本书系统介绍了火力发电集控运行技术,包括火力发电集控运行及监盘调控规律、单元机组自动控制规律、火力发电机组运行中的三热理论、单元机组的启动和停运、项目管理及网络计划技术在启动组织中的应用、单元机组的正常运行维护、单元机组的调峰运行、辅助设备及系统的运行、单元机组的运行事故及处理等。

本书可作为高等学校热能动力工程专业本科"集控运行课程"的教科书,也可作为高职、高专热能动力工程专业的教科书,还可作为各火力发电厂培训全能集控员的岗前技术培训教材,对在热能动力工程各行业工作的工程技术人员也有参考价值。

图书在版编目(CIP)数据

火力发电集控运行/李树春编著.—2版.—重庆:重庆大学出版社,2009.4(2021.7重印)

(热能动力工程专业本科系列教材)

ISBN 978-7-5624-3585-3

Ⅰ.火…　Ⅱ.李…　Ⅲ.火力厂—集中控制—运行—高等学校—教材　Ⅳ.TM611

中国版本图书馆CIP数据核字(2009)第041349号

火力发电集控运行

(第2版)

李树春　编著

责任编辑:曾令维　王维朗　　版式设计:曾令维　王维朗

责任校对:任卓惠　　责任印制:张　策

*

重庆大学出版社出版发行

出版人:饶帮华

社址:重庆市沙坪坝区大学城西路21号

邮编:401331

电话:(023) 88617190　88617185(中小学)

传真:(023) 88617186　88617166

网址:http://www.cqup.com.cn

邮箱:fxk@cqup.com.cn(营销中心)

全国新华书店经销

POD:重庆新生代彩印技术有限公司

*

开本:787mm×1092mm　1/16　印张:19.25　字数:480千

2009年4月第2版　2021年7月第5次印刷

ISBN 978-7-5624-3585-3　定价:55.00元

再版前言

火力发电集控运行是培养热能动力工程专业本、专科学生实际工作能力的一门综合性极强、与电力工业生产实践联系最为紧密的专业技术课程，充分体现了现代工业高度自动化、数字化和集中化的技术特征。全面掌握火力发电集控运行技术已成为实现火力发电厂安全、经济运行的迫切需求。

本书依据“系统性、理论性、实践性三者有机结合”的原则编写，力图使学生掌握火力发电机组集控运行的基本原理和集控运行调整操作的基本规律，培养综合应用专业知识分析解决工程技术问题的能力；通过了解和掌握机组启、停运行的优化组织及网络计划技术应用的边缘学科知识，培养学生科学思维及科学管理的能力。为学生将来进一步承担火力发电运行维护及技术管理工作打下必备的专业基础。

本书共分 7 章，系统介绍了火力发电集控运行规律、单元机组的自动控制、火力发电机组运行中的三热理论、单元机组的启动和停运、项目管理及网络计划技术在启动组织中的应用、单元机组的正常运行维护、单元机组的调峰运行、辅助设备及系统的运行、单元机组的运行事故及处理等必备的集控运行知识。内容覆盖了机、炉、电、控等综合应用技术，满足火力发电生产技术人员知识结构培养的基本需求。

本书在注重系统性和理论性的同时，结合作者 20 多年从事各类火力发电工程运行人员岗前培训教学的实践积累，引入了较多的大型现代化火力发电工程实际案例。

本书由李树春主编，苟小龙教授参与了第 2.1，4.5，5.3 章节的部分合作编写。本书在编写中参阅了部分火力发电工程技术资料及书末所列的参考文献，在此诚表谢意。

由于编者水平所限，缺点、错误难免，敬请读者批评指正。

编　者

2008 年 11 月

目录

第 1 章 火力发电集控运行概述

火力发电是电力生产最主要的方式。广义的火力发电包括燃煤(燃油、燃气和生物质燃料)锅炉、垃圾焚烧炉—蒸汽轮机—发电机组合的传统发电,燃气轮机单一循环发电,燃气轮机与蒸汽轮机联合循环发电等方式。燃煤火力发电是目前最主要的方式。现代火力发电追求的是能量转换利用过程的清洁和高效,因此,最佳的燃煤火力发电方式应是整体煤气化燃气轮机与蒸汽轮机联合循环发电。本书所论述的火力发电集控运行技术主要是针对目前最为普遍的由燃煤锅炉—蒸汽轮机—发电机组合的传统发电方式。

火力发电集控运行是指利用4C 技术(即 Computer 计算机技术、Control 控制技术、Communication 通信技术、CRT 图形显示技术)对火力发电生产过程进行高度自动化的集中监控,以实现对机组的启停控制、运行状态及参数的监视调整、事故情况下的紧急处理,保证火力发电厂连续、安全、经济运行。

火力发电集控运行是一门综合性、技术性极强的现代化工业生产操控技术。具有被控生产工艺流程庞大复杂,一体化性强,生产过程的连续实时性和可靠性要求高,被控设备及系统的热电转换、化学物理过程和调节控制规律复杂多变,运行机组与区域电网及热网关联性极强的特点。因此,采用高度自动化的集控技术及管控一体化技术就显得尤为重要。

1.1 火力发电集控对象和集控运行

1.1.1 火力发电厂的集控对象

我国的现代燃煤火力发电厂一般均由多台 125 ~600 MW 系列的单元制中间再热机组和全厂的公用辅助系统组成,发电厂的集控分厂级和机组级两个层次。电网调度中心则可通过 EMS 系统对各电厂机组实施最上层的 AGC 自发电控制。火力发电厂的集控对象包括厂内各单元机组和全厂公用辅助系统,如图 1.1 所示。

火力发电厂内的各单元制主辅机各为一独立的发电单元依序布置在主厂房内,每个单元内部的工艺流程、设备布置联系紧密,易于实现本单元内主辅机的 DCS(Distributed Control System)集控运行,故以单元机组为对象的主机 DCS 集控运行技术已在电厂中得到广泛、成熟的

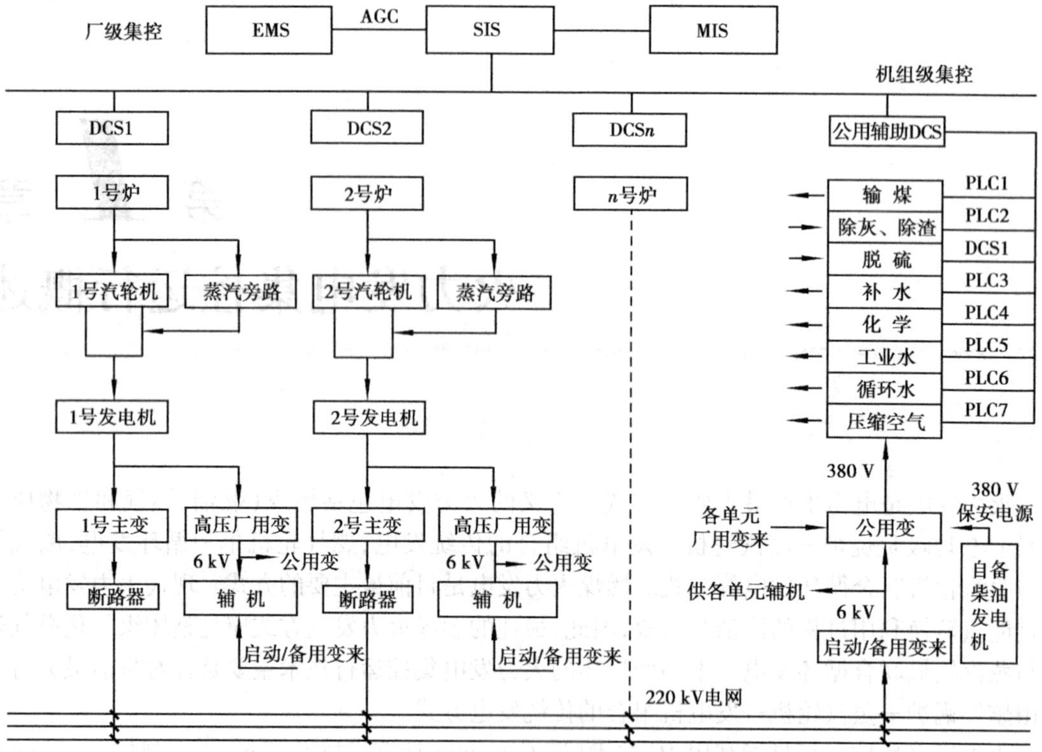

图 1.1　燃煤火力发电厂集控系统组成

应用。我国最早研发并应用于单元机组集控运行的 DCS 控制系统是新华控制技术(集团)有限公司于 20 世纪 90 年代早期推出的具有自主知识产权的 XDPS(XinHua Distributed Processing System)系统。

火力发电厂的公用辅助系统则是具有各自独立功能的生产系统,相互之间较少联系。它们的共同任务就是向厂内各单元发电机组提供燃料、厂内公用电力和各种工质、对燃烧后的产物进行净化和排放处理。各公用辅助系统分散布置在主厂房外,位置上与单元主机相对较远,采用整体集控运行监控在技术上和运行管理上均有一定难度。因此,过去大多采用以各功能车间为对象的就地 PLC 分散局部集控运行方式。

随着发电市场竞争的日趋激烈,提高发电效率,进一步降低生产成本已成为当务之急,故全厂公用辅助系统(输煤、除灰除渣、脱硫、循环水、化水、补水、工业水、压缩空气等系统)的整体集控技术(即辅助 DCS)已开始在电厂得到逐步推广应用。

1.1.2　单元机组和全厂公用辅助系统的集控运行

单元机组的集控运行是将单元机组内部的机、炉、电、辅关联设备及系统的运行状态监测控制统一由一套主机 DCS 实施,运行人员只要在集控室的主机 DCS 人机交互界面上即可完成对单元机组的运行监控。

公用辅助系统的集控运行是将全厂分散布置、相互较少关联的公用生产系统的运行状态监测控制统一由一套公用辅助 DCS 实施,运行人员只要在集控室的辅助 DCS 人机交互界面上即可完成对全厂公用辅助生产系统的运行监控。

公用辅助 DCS 系统克服了原有独立且分散监控生产过程的缺点，可最大限度地将运行人员减到最少。使控制系统在基本不提高造价的情况下，使辅助控制系统的水平达到基本与主机 DCS 控制系统相当的水平，并使辅助控制系统创造了与主机 DCS 及其他管理系统（如厂级管理信息系统 MIS、厂级实时监控系统 SIS）联网，实现全厂管控一体化。

电厂采用辅助 DCS 监控系统是电厂辅助设备控制系统的一项重大技术进步，伴随着技术上的进步，从管理上也必然需要进行重大的改革。目前电厂为提高经济效益和管理水平，也正在进行多方面的探索，采用辅助 DCS 系统正是这种探索的重要组成部分。以往各辅助系统有自己的控制室，运行人员往往也同时归该系统的独立部门管理。分散的、各自独立的辅助车间往往缺少横向联系，甚至一个化学车间的几套控制系统也分几部分管理，这样做的后果必然是控制人员多，难于管理，各系统之间缺少横向联系；硬件及软件的种类型号多，给人员培训、管理检修、备品备件储运管理等造成很大的困难。因此，从总体上说，采用辅助 DCS 系统对解决这些问题都是有益的。

在采用了集中运行管理的公用辅助 DCS 系统后，要求辅机人员一专多能，即要求原来懂一套系统的人能懂得多套系统的运行。因此，必须从技术上和管理上解决运行人员的素质问题。

近年来，火力发电厂单元主机 DCS 集控运行技术已经得到广泛的应用，其功能已能覆盖单元机组的全部主辅设备。公用辅助 DCS 也开始在国内逐步推广应用，如新华公司推出的第二代集控系统 XDPS-400。该系统实现了单元机组的机、炉、电、辅与公用系统的一体化控制，避免了采用进口 DCS 造成的机、炉、电、辅控制系统分别由多个厂家供货，规格及特性不一，维护管理难度大的缺点。该系统最先在深圳西部电厂、贵州纳雍电厂、湖南株洲电厂新建 300 MW等机组上得到成功的应用。

1.1.3　全厂管控一体化集控运行

管控一体化是火力发电厂集控运行及实现生产过程综合自动化管理的最高级形式。它采用厂级实时监控系统 SIS（Supervisory Information System）把企业管理信息系统 MIS（Management Information System）与生产过程 DCS 集控系统联为一体，实现全厂生产的一体化数字管理和控制。2000 年国家经贸委颁发的《火力发电厂设计技术规范》（DL5000—2000）明确规定："当电厂规划容量为 1 200 MW 及以上、单机容量为 300 MW 及以上时，可设置厂级监控信息系统"。了解和使用 SIS 是对集控操作人员的新要求（特别是值长及生产管理层人员）。

管控一体化是在企业内部通过网络技术将各个部门的数据形成一个有效的整体。全企业集成系统需要考虑的因素很多。在企业的车间级，存在有各类的 PLC、控制程序和 DCS、组态及监控软件；在企业管理级，有各种管理平台、数据库及管理软件。而构成这些系统的网络和总线结构更是种类繁多，加之不同的工程人员、设计规范、设计标准和版本，要把它们连成一个有效整体实非易事。

管控一体化形成后，企业的安全性成为重要的问题，同时难度将增大。但也因为管理的高度集中，使全企业的人员可以划分为不同级别和权限的使用群体，而对操作进行必要的跟踪。

一般而言，电厂的管控一体化系统具有四个层次和两个支持系统（如图 1.2）。四个层次分别是直接控制层、管控一体化层、生产管理层、经营决策层，两个支持系统是数据库支持系统和计算机网络支持系统。

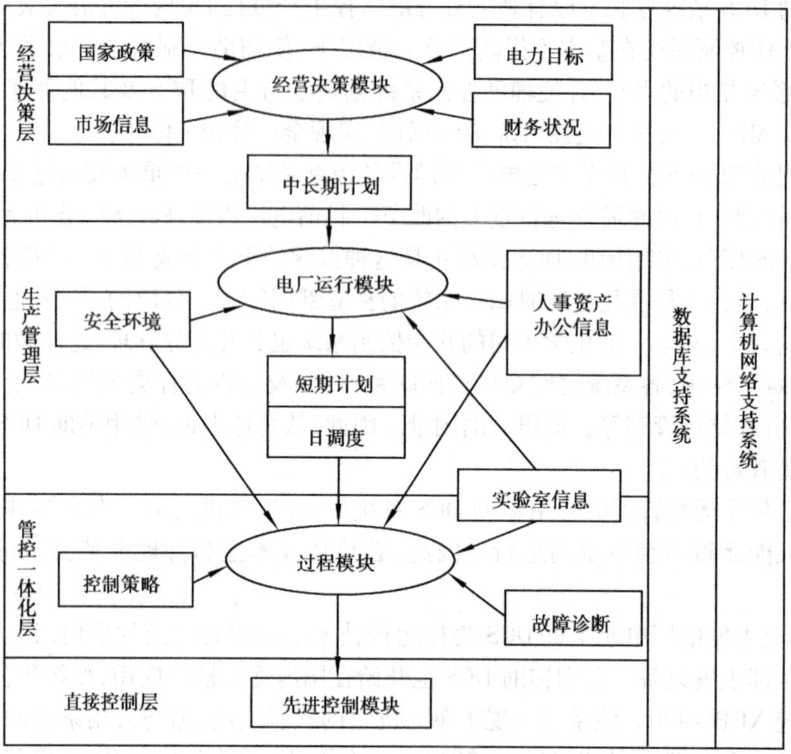

图 1.2 电厂的管控一体化系统

①直接控制层:该层是指生产过程的数据采集和直接控制,包括各单元机组的 DCS、公用辅助 DCS 控制系统。

②管控一体化层:该层为厂级监控管理信息系统(SIS),它完成厂级生产过程的监控,结合管理层的信息,对控制系统进行整体优化和分析,为过程控制层提供操作指导,该层是管理和控制之间联系的桥梁,是对传统控制系统概念的延伸,是目前业界研究的热点。

③生产管理层:生产管理层主要为全厂生产调度提供服务,以检修为中心,以设备为基础,以完成发电量为目标,优化电厂各个车间的生产计划和策略,协调各个车间的运转,实现全厂的安全高效经济生产。该层是数字化电厂管理信息的基石。

④经营决策层:根据电厂内部和外部信息,以全厂为对象,寻求整体最优,对电厂的经营、生产目标和发展规划提出决策支持。该层是数字化电厂的系统入口和决策枢纽。

⑤数据库支持系统:以关系数据库和实时数据库为基础的面向数据主体的电厂数据仓库构成了数字化电厂的数据库支持系统。电厂数据仓库,以对电厂各类数据进行分析、提炼、集成,为电厂的高级分析决策提供支持。

⑥计算机网络支持系统:以 ATM(异步转换模式)和千兆以太网为代表的先进组网技术,结合 QOS(联网服务质量保证)、系统—网络—终端三级安全策略、目录管理统一认证等先进技术,构成了数字化电厂的计算机网络支持系统。

厂级实时监控系统 SIS 在电厂信息集成(管控一体化)中,是电厂分散控制系统 DCS 和电厂管理信息系统 MIS 之间数据交换的桥梁。

厂级实时监控系统以分散控制系统为基础,实现生产数据的自动采集、存储、监视和查询,集中各单元机组的参数及设备状态信息;完成复杂的数据二次处理和分析。实现厂级生产过程的实时信息监控和调度,同时又提高了机组运行的可靠性。

厂级实时监控系统以提高发电企业整体效益为目的,为管理层的决策提供真实、可靠的实时运行数据,为市场运作下的企业提供科学、准确的经济性指标。它是电厂生产的成本信息和报价信息的基础,使企业管理层的经营决策更具科学性。真正实现了全厂范围内的管控一体化。

SIS 系统可以完成的功能有:全厂实时数据采集与监视;厂级性能计算与分析;发电成本分析与报价;全厂负荷优化调度;机组经济指标分析及优化运行操作指导;主机和辅机故障诊断;设备寿命计算和分析;设备状态(泄漏、磨损、脏污、振动等)检测和计算分析、设备缺陷处理、预防、检修计划等功能。

图 1.3 为电厂 SIS 系统软件功能示意图。

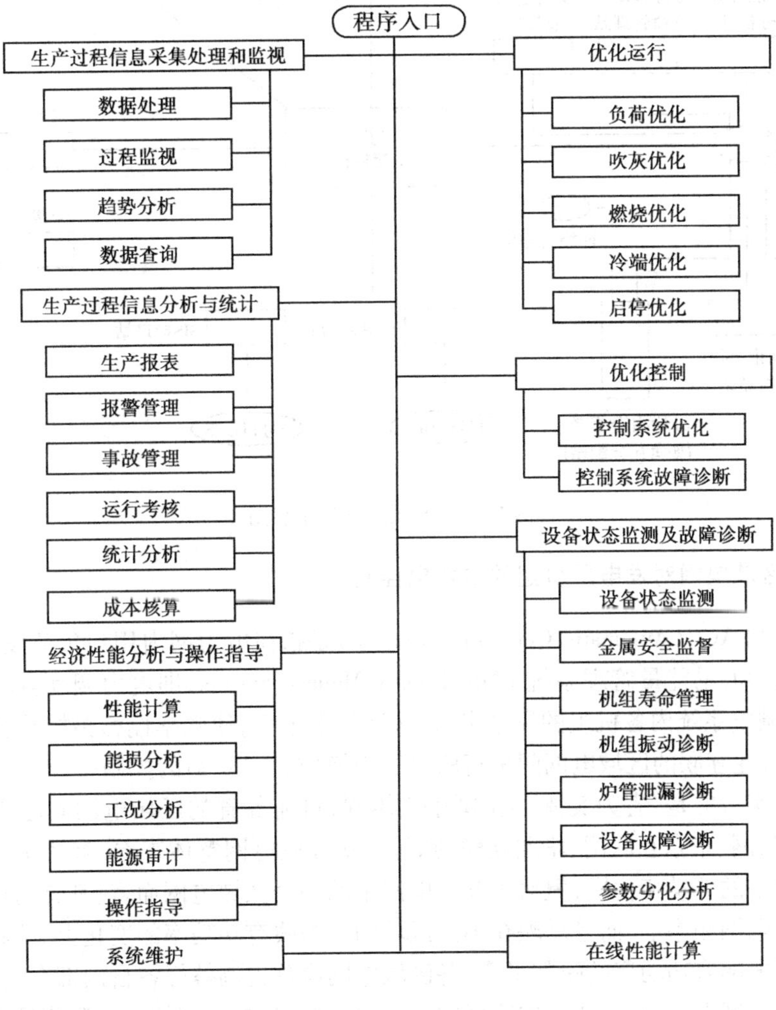

图 1.3　SIS 系统功能示意图

图 1.4 为电厂 SIS 系统硬件结构示意图。SIS 网络采用千兆以太网或其他开放性高速网络、光纤、交换机连接;过程实时信息数据库服务器具有足够大的存储容量和先进的数据压缩

方式，标准的C/S结构，冗余配置；功能站多采用工业PC机；多个管理层工作站及值长站；系统管理维护站。

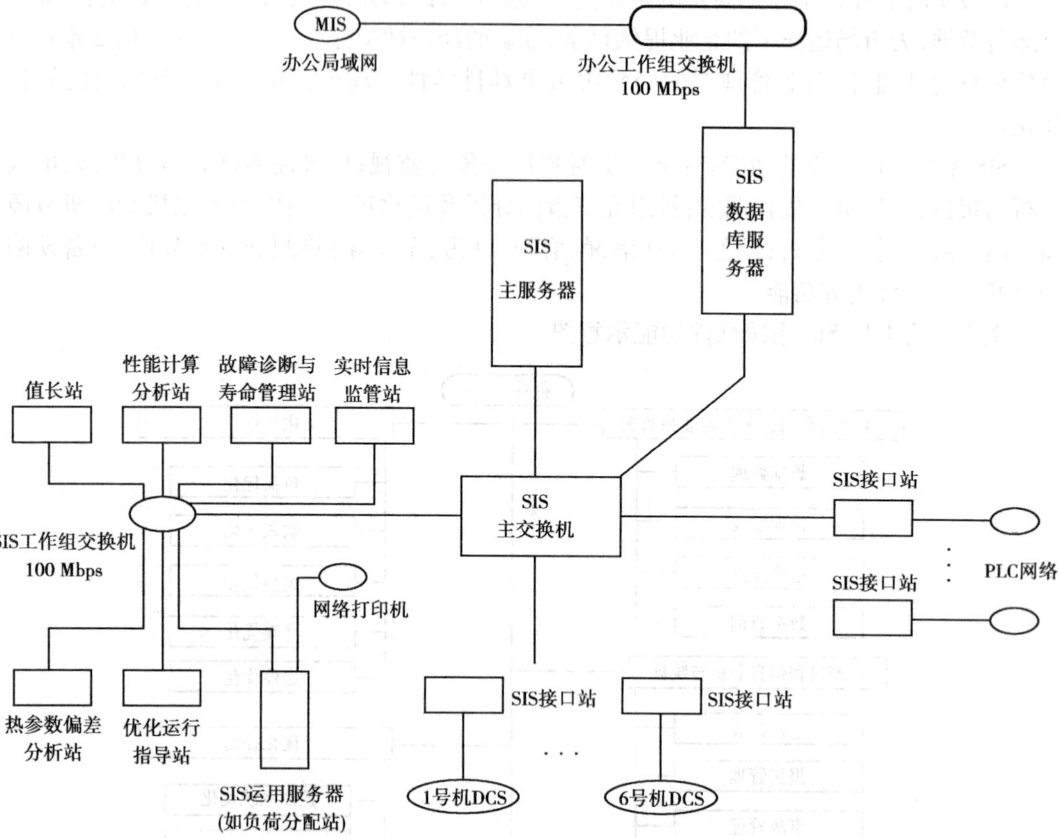

图1.4　SIS系统结构示意图

1.1.4　区域电网对发电厂机组的自发电控制

自发电控制AGC(Automatic Generation Control)是指在电力网内用户负荷发生变化时，直接由电网调度中心的能量管理系统EMS(Energy Manage System，即电力调度自动化系统的总称)及时自动调整系统内各机组的发电出力，保证供求平衡，使频率偏移指标符合规定要求的远程闭环控制；在互联的区域电网间进行联络线交换(买卖)负荷的控制。

我国电网实行的是“省为实体、全国联网”体制，目前各省的区域电网间已实现了局部互联(如川渝互联网、华东互联网、华北互联网等)。从互联电网整体来看，有功功率的平衡情况反映在电网频率的波动变化中，但对于互联电网中的一个区域电网而言，其有功功率的平衡情况不仅反映在电网频率上，而且反映在不同区域间联络线有功功率的变化上。因此，要很好地实现整个互联电网有功功率的瞬间平衡，各区域电网应首先调整好各自内部有功功率的平衡。

对于一个区域电网而言，调整本区域内的负荷变化、参与电网的有功调节是义不容辞的职责。同时，为了控制各区域电网互联后无序的电量交换，我国的各大区电力系统正逐步推广将各区域网联络线功率、电量的考核与区域偏差挂钩奖惩制度，以保证电网互联运行的质量和可靠性。因此，推广采用区域电网的自发电控制已成必然。

AGC 是建立在以计算机为核心的数据采集与监控系统 SCADA(Supervisory Control And Data Acquisition)、发电机组协调控制系统 CCS(Coordinated Control System)以及高可靠信息传输系统基础之上的高层控制技术手段。AGC 系统通过遥测输入环节、计算机处理环节和遥控输出环节构成电力生产过程的远程闭环控制系统。网调的 AGC 遥调指令可直接作用于各电厂的厂级 SIS,也可直接作用于各电厂中各单元机组的 DCS(DCS 中的 CCS)。AGC 也即是对单元机组最高层次的集控运行控制。

(1)AGC 的控制功能

AGC 的控制功能主要有以下三个方面:

①电网频率控制。响应用电负荷与发电功率的随机变化,维持电力系统频率在规定值(50 ±0.1)Hz 之内,同时频率的累积误差也在限制值之内。

②联络线控制。在互联的各区域电网间分配系统的发电功率,维持区域间净交换功率为计划值。

③优化运行。在满足电网安全约束条件、电网频率和对外净交换功率计划的情况下,按最优经济分配原则,协调参与遥调的发电厂(或单元机组)出力。对电网周期性的负荷变化,按发电计划调整发电厂(或单元机组)出力;对偏离预计的负荷变化,实现经济负荷分配,使电网获得最大的效益。

AGC 系统分为两大部分,即电网的 AGC(决策控制层)及发电机组的 AGC(指令执行层)。决策控制层就是电网的电力调度自动化系统,指令执行层就是网内各遥调机组的 CCS 协调控制系统。

(2)电网的 AGC 控制策略

电网的 AGC 控制策略主要有三种:

①定频率控制 FFC(Flat Frequency Control)。该策略的控制目标是频率偏差为零,即有功功率平衡按照实测频率偏差进行调节,当实测频率偏差为零时停止调节,对联络线上交换的功率则不加调节。FFC 适用于单独的区域电网或互联电网中的主干区域电网,互联电网中,最多只能有一个区域网采用 FFC 策略。

②定联络线功率控制 FTC(Flat Tie-line Control)。该策略的控制目标是联络线功率偏差为零,即有功功率平衡按照实测联络线功率偏差进行调节,对系统的频率则不加控制。FTC 适用于互联电网中的小容量区域电网。

采用 FTC,相邻电网的功率不平衡也会使联络线功率发生变化,即本区域系统不仅响应自身区域负荷变化,也响应互联区域的负荷变化。

在互联电网中,如某区域电网采用 FTC,则另一区域电网须采用 FFC 或联络线功率频率偏差控制(TBC)来维持频率,否则不能保持互联网的有功平衡,电网无法稳定运行。

③联络线功率频率偏差控制 TBC(Tie-line Load Frequency Bias Control)。该策略的控制目标是区域控制偏差 ACE(Area Control Error)为零。有功功率平衡按照 ACE 的变化来调节机组,既要控制频率又要控制交换功率,因此这种方式是互联电网中最常用的,尤其是各区域电网容量相当时。

区域控制偏差 ACE 计算公式为:

$$\mathrm{ACE} = \Delta P_{\mathrm{T}} + K\Delta f \tag{1.1}$$

式中　ΔP_{T}——联络线功率偏差,送出大于进入时为正偏差,反之为负偏差;

K——频率偏移系数，与系统运行状态有关；

Δf——系统频率偏差。

ACE 偏差标准：10 分钟内 ACE 平均值在规定范围且过零一次。

ACE 考虑了电网机组和负荷的综合频率特性，各控制区域同时检测功率偏差和频率偏差，判断负荷变化在哪个子系统发生，各自吸收本系统内的负荷变化。

在联合电力系统中，FFC、FTC 及 TBC 三种控制方式必须配合使用，以保证在联络线功率一定的情况下，负荷变动由本区域系统自行处理，只在紧急情况下由邻近区域给予临时性支援，并在动态过程中得到最佳的动态品质。

具体应用实例有：在川渝互联网中，四川网为 FFC、重庆网为 FTC；在华东互联网中，直属电厂为 FFC，各省网为 TBC；在东北互联网和华北互联网中，不指定调频方，各区域网均用 TBC 方式；在欧美国家的区域电网间大多用 TBC-TBC 模式控制。

(3) AGC 控制的使用

自动发电控制系统（AGC）主要由四部分组成：电网调度中心的能量管理系统（EMS）、微波通道、电厂端的远方终端（RTU）和分散控制系统的协调控制系统。实现自动发电控制系统的闭环自动控制，必须满足下列基本要求：

①电厂机组必须在自动方式下运行，且协调控制系统必须在“协调控制”方式。

②电网调度中心的能量管理系统、微波通道、电厂端的远方终端 RTU 必须都在正常工作状态，并能从电网调度中心的能量管理系统的终端 CRT 上直接改变机炉协调控制系统中的调度负荷指令。机炉协调控制系统能直接接收到，来自能量管理系统的 AGC“请求”和“解除”信号、“调度负荷指令”的模拟量信号（标准接口为 4 ~ 20 mA）。能量管理系统能接收到机组协调控制系统的反馈信号、协调控制方式信号和 AGC 已投入信号。

③AGC 负荷指令信号与电厂机组实际出力的绝对偏差必须控制在允许范围以内。

④机组在协调控制方式下运行，负荷由运行人员设定称就地控制；接受调度负荷指令，直接由电网调度中心控制称远方控制。就地控制和远方控制之间相互切换是双向无扰的。在就地控制时、调度负荷指令自动跟踪机组实发功率；在远方控制时，协调控制系统的手动负荷设定器的输出负荷指令自动跟踪调度负荷指令。

网调 EMS 对各电厂的 AGC 控制有两种方式：

①单机 AGC。即网调 AGC 指令直接去控制电厂的各单元机组。控制功能有单元机组的投、停和负荷遥调两种。当投、停和负荷遥调两种方式并用时，网调对被控机组可进行全权控制。为安全起见，一般多用单一的负荷遥调方式，而将被控机组的投、停控制权交给单元机组，以视机组当时的状态由现场单元机组操控人员决定机组的起、停。

②多机 AGC。即网调 AGC 指令不直接去控制电厂的各单元机组，而是通过 SIS 进行厂内负荷的二次优化分配，然后 SIS 再分别向厂内各单元机组的 CCS 发出负荷调节指令。对于没有设置 SIS 的电厂，则在厂站端配置一台带多路 D/A 转换板的计算机，将网调的 AGC 指令进行自动二次分配。

AGC 控制方式的投入。电厂各单元机组在如下条件满足时，可投入 AGC 控制方式：a. 收到网调投入 AGC 指令；b. 确认单元机组在 CCS 方式；c. 确认单元机组在滑压运行方式；d. 将负荷设定器投自动；e. 将 AGC 方式按钮投入；f. 确认 AGC 和 CCS 按钮处于亮光状态。

AGC 控制方式的退出。当运行电厂需要退出 AGC 控制方式时，可有两种情况：一是手动退出，即将负荷设定器投手动；二是故障退出，即当机组不能及时跟上目标负荷设定要求或 CCS 故障时自动退出 AGC。

1.2　单元机组及集控系统的组成

1.2.1　单元机组及集控对象的组成

由多台单元制中间再热机组组成的火力发电厂，因各台机组的再热蒸汽参数受负荷影响而不可能一致，故各机的热力系统无法以母管制方式并列运行，只能以各自独立的单元制方式运行。每台单元制燃煤火力发电机组的锅炉向所配套的汽轮机供汽，汽轮机驱动发电机，发电机所发功率直接经一台升压变压器（简称主变）和一套自动通断的开关设备（称为断路器或油开关）送往电力系统。在发电机与主变之间的母线上接出一支线，支线上有一套厂用电开关和一台厂用变压器（简称厂用变），由此支线向单元机组的众多辅机提供机组正常运行时的厂用电。在单元制机组启停和甩负荷等工况下所需的厂用电则由来自外部电网的电源经一开关设备和备用厂用变压器（简称厂备变）提供。

为了解决单元制机组锅炉与汽轮机之间在各种不同运行工况下的蒸汽供求平衡、防止锅炉超压、回收工质、减少或完全消除锅炉安全阀动作时的排汽噪音、保护锅炉的再热器、协助锅炉调节控制主蒸汽和再热蒸汽参数，单元制中间再热机组必需设置主蒸汽及再热蒸汽的减温减压旁路系统和相应的自动控制系统。旁路系统作为调节锅炉与汽轮发电机组之间供求关系平衡的纽带，对改善单元机组运行的灵活机动性起着重要的作用。

典型单元制燃煤火力发电机组的系统构成如图 1.5 所示。集控运行人员必须熟练掌握单元机组集控对象及系统，以下给出某 600 MW 机组集控对象的工程实例。

某 600 MW 机组集控对象的工程实例：

（1）锅炉主机

锅炉型号：B&WB-2028/17.4-M。

锅炉型式：亚临界压力、一次再热、单炉膛平衡通风、W 型火焰燃烧、固态排渣、全钢架结构、自然循环汽包锅炉。

北京巴布科克·威尔科克斯有限公司生产。设计燃料为无烟煤，采用双进双出正压直吹制粉系统、“W”火焰燃烧方式，并配置浓缩型 EI-XCL 低 Nox 双调风旋流燃烧器。尾部设置分烟道，采用烟气分流挡板调节再热器出口汽温。锅炉本体采用紧身封闭布置，固态连续排渣。在尾部竖井下设置两台三分仓容克式空气预热器。

锅炉整体布置：锅炉采用双拱炉膛、燃烧器布置在前后拱上。在装设燃烧器的拱区和下部炉膛四周敷设了一定数量的卫燃带。炉膛由膜式水冷壁构成。炉膛上部布置屏式过热器，炉膛折焰角上方有二级高温过热器。在水平烟道处布置了高温过热器。尾部竖井由隔墙管组分隔成前后两个烟道。前部烟道内布置低温再热器，后部布置一级过热器和省煤器。

汽包安置在锅炉上前方，汽包中心线标高为 65.92 mm，大直径下降管共 4 根，2 根布置在汽包筒身底部，2 根布置在左右封头下部，下降管弯向锅炉两侧将锅水引到水冷壁下集箱位置，经分配管分配到每个水冷壁下联箱。

锅炉铭牌参数（B-MCR）：最大连续蒸发量 2 028 t/h、出口过热汽压 17.5 MPa（a）、出口过

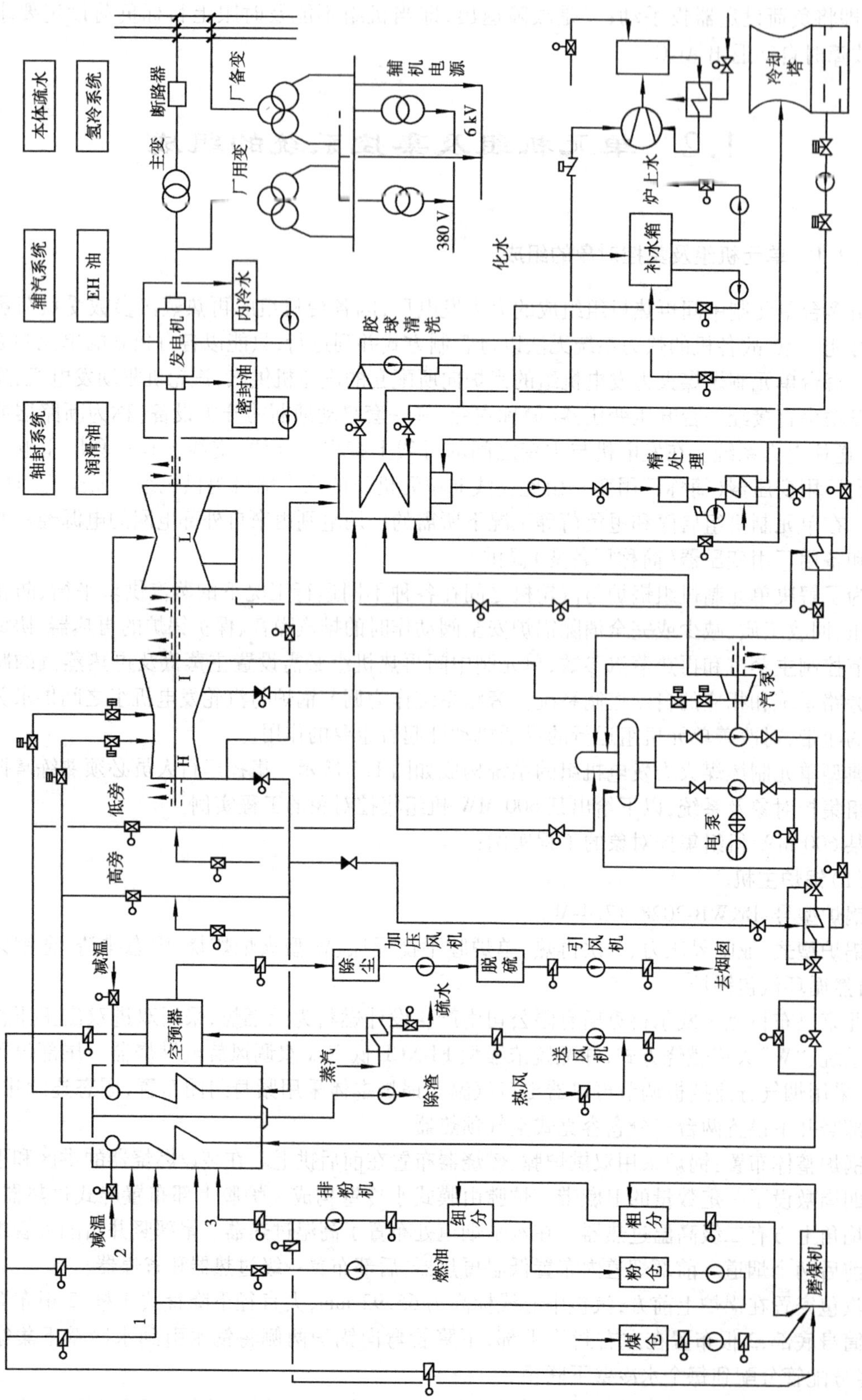

图1.5 单元燃煤火力发电机组集控对象组成

热汽温541 ℃；再热蒸汽流量1 717.3 t/h、进/出口汽压3.95/3.76 MPa(a)、进/出口蒸汽温度331/541 ℃；给水温度282.1 ℃。

(2)锅炉燃烧系统

锅炉燃烧系统由浓缩型EI-XCL燃烧器、乏气管、分级风管、开式风箱(燃烧器二次风和分级风风箱)、高能点火器、点火油枪、贴壁风风箱、火焰检测器等组成。

①燃烧器：新型的浓缩型EI-XCL燃烧器，提高了煤粉浓度以解决无烟煤的着火和燃烬问题。故该燃烧器的主要特点是可以获得更高的煤粉浓度和分级送风。燃烧器本体主要由一次风、乏气和二次风等组成。一次风管道中加装了煤粉浓缩器，其作用是对一次风进行浓缩，提高一次风中煤粉浓度，有利于煤粉气流的着火。从一次风中分离出的煤粉气流(称为乏气)经由乏气管送入炉膛。该燃烧器一次风管外侧布置有二次风管，二次风管分为内外两股(俗称双调风)并装有调节叶片来分别调节二次风的旋流强度。燃烧器布置在炉膛的前后拱上，并垂直于前后拱，前拱一排，后拱一排，每排各有12只燃烧器，每台锅炉共有24只燃烧器，其中12只燃烧器的二次风顺时针方向旋转，另12只逆时针方向旋转。

②乏气管：从燃烧器煤粉浓缩装置分离出来的淡相风粉混合气流经乏气管($\phi426\times10$)送入炉膛。每台锅炉共24个乏气喷口，前后墙各12个，布置在燃烧器的下部，与燃烧器一一对应。乏气喷口由ZG8Cr26Ni4Mn3N材质制成，外侧装有冷却风套管，喷口允许30 mm的膨胀滑动。

在乏气管路上设有气动快关门，该风门的运行控制方式同磨煤机分离器出口的气动快关门。当某组燃烧器需要停运时，需将该组燃烧器对应的乏气管道上的气动快关门都关闭。同样，当某组燃烧器需要投运时，需将该组燃烧器对应的乏气管道上的气动快关门都打开。

③分级风管：每个燃烧器下部均设有分级风管，风门为电动风门；同时在分级风喷口标高靠近锅炉两侧墙位置各增设一个分级风风管，风门为手动风门，该手动风门调整后，不随燃烧器投停变化。每台锅炉共有28个$\phi580\times10$的分级风管，前后墙各14个，分级风从风箱底部引出，其中中间24个分级风喷口与水平方向成35°，靠近侧墙的4个边分级风与水平成10°倾角引入炉膛。与燃烧器对应的分级风管风门为电动二次风门，该风门设有运行位和冷却位，当对应的燃烧器运行时，该风门为全开位，当对应的燃烧器停运时，该风门为冷却位，由于分级风的设计风速较高，入炉倾斜角度选取合理，因此分级风同时有利于下冲煤粉的托起，并控制火焰形状，其主要作用是补充燃烬所需的二次风，增强煤粉的后期混合。边上分级风主要是在锅炉炉膛两侧形成富氧区，有利于防止炉膛结焦。

④风箱及二次风控制：本锅炉采用开式大风箱，在锅炉的前、后拱各有一个7.9 m×32.82 m×6.6 m(高×宽×深)的开式大风箱，风箱中部设有隔板将二次风和分级风隔开。采用开式大风箱可使风量的调节满足最佳燃烧的要求，每个燃烧器的供风量与进入燃烧器的煤粉量相适应。二次风和分级风风量分别是由大风箱两侧的二次风挡板和分级风挡板来控制的，挡板前需装设测风装置，以精确地测定进入燃烧器风箱和分级风风箱的风量。大风箱入口处的二次风挡板和分级风挡板一方面用于控制进入燃烧器二次风和分级风的风量控制，另一方面通过调节挡板开度可控制分级风风量比例(即拱上风和拱下风的比例)。

⑤高能点火装置：每只燃烧器均配备一套高能点火装置，可对各燃烧器实现自动点火。高能点火装置由点火激励器、点火杆、点火电缆、半导体火花塞、点火油枪及组合式推进装置等组成。推进装置可分别带动点火杆和点火油枪实现进退动作。每套高能点火装置上均装有一支

点火油枪,可用来点火、暖炉、升压及引燃和稳燃所属的煤粉燃烧器。油喷嘴采用简单机械雾化方式,24 支油枪的总出力按锅炉 BMCR 所需热量的30%设计,每支油枪出力为1 800 kg/h,油压为2.5 MPa,油的恩氏粘度小于3E。锅炉点火过程按程控要求进行。

⑥炉前油系统:炉前油系统按锅炉 BMCR 所需热量的30%设计,在进油管路上设有燃油快关阀、质量流量计等;回油管路上设有回油快关阀、回油调节阀等附件。燃油压力调节是通过调节回油调节阀的开度来实现的。每个油枪均设有油角阀和吹扫阀,油角阀和吹扫阀均为气动球阀,该设置可以实现油枪成组控制也可单个控制。

⑦贴壁风箱:锅炉侧墙设置了贴壁风箱,从总二次风道引入的二次风通过贴壁风道进入贴壁风风箱,并以风墙的形式进入炉膛,因而可防止炉膛高温区域的结焦和高温腐蚀。贴壁风的风量由安装在风道上的手动风门控制,并设有操作平台。贴壁风约占总空气量的0.5%。

⑧火检要求:每只燃烧器均设有火检孔,火检采用带光纤且具有模糊识别能力的智能型火焰检测器,要求对油燃烧器、煤燃烧器实行"一对一"的火焰监视,并且避免"偷看"或误判问题的出现。

(3)**锅炉汽水系统**

①水循环系统:锅炉给水通过100%主给水和30%旁路给水两条并联管路,进入省煤器的进口集箱,然后经由两根导管引入汽包内沿汽包长度布置的给水分配管中,分4路分别进入4根大直径下降管,从省煤器来的欠焓水和炉水直接在下降管中混合。水冷壁管中炉水向上流动,不断受热而产生蒸汽,形成汽水混合物,经引出管被引入汽包中,通过装在汽包中的轴流式旋风分离器和立式波形板把汽与水进行良好的分离,分离后的炉水再次进入下降管,饱和蒸汽则被引入炉顶过热器进口集箱,从而进入过热蒸汽系统。水冷壁四周下集箱设有邻炉加热装置。

②过热蒸汽系统:由顶棚、包墙、一级过热器、屏式过热器及二级过热器组成。流程为:来自锅筒的饱和蒸汽流经炉膛顶棚管之后,汇集于尾部竖井前墙上集箱,然后再分两路进入一级过热器,从一级过热器出口集箱经左右两根导管经一级喷水减温器进入屏式过热器进口集箱,经屏式过热器受热面管子汇集到屏式过热器出口集箱。经两根管道将屏式过热器出口集箱与二级过热器进口集箱相连。该管道系统布置上使蒸汽沿炉膛宽度左右交叉,并在管道上设置二级喷水减温器。经交叉和减温后的蒸汽进入二级过热器进口集箱。经过二级过热器管组导入二级过热器出口联箱,然后引出至汽轮机高压缸作功。

③再热蒸汽系统:分为布置在尾部竖井前部的4个水平管组和水平烟道后部的垂直管组。流程为:经过在高压缸做功的蒸汽首先经过再热器的事故喷水减温器进入低温级再热器的进口集箱,再进入四个水平布置的低温再热器管组,在经过过渡管组进入水平烟道后部的垂直管组,加热至额定温度后,引至高温再热器出口集箱,然后引出至汽轮机中压缸继续作功。

④喷水减温系统:分为两路,一路是从给水泵出口至锅炉过热器系统的喷水减温系统,另一路是从给水泵中间抽头至再热器的事故喷水系统。

过热蒸汽的减温器采用笛管式,喷水减温分二级。第一级喷水减温器布置在低温过热器出口至分隔屏进口的汇总管道上,用以控制进入分隔屏的蒸汽温度。第二级喷水减温器则布置在后屏过热器出口的左右连接管道上,用以控制末级过热器的出口蒸汽温度。

再热器喷水减温器采用雾化喷嘴式,喷水来自给水泵中间抽头,其压力不大于6.9 MPa,在喷水总管道上设置一个电动闸阀,送至再热器进口的事故喷水减温器,在机组发生事故时保护再热器。热器的调温主要通过位于尾部竖井底部的烟气偏流挡板。

⑤管路系统:主要由疏水、放水、排污、放气和排汽等管路组成,并配有相应的阀门和管道。

锅炉的疏水,放水管路:省煤器进口集箱前左侧;包墙下集箱疏水管;放水分集箱上引出两条放水管路(其中一路是汽包事故放水管路,管路上配有2只电动截止阀);顶棚管进口集箱疏水管路;屏式过热器进出口集箱;二级过热器进出口集箱疏水管路;水冷壁集中下降管疏水管道;汽包上的水位平衡器和水位计的疏水管路;再热器进出口集箱疏水管;减温水管道疏水。加药管路布置在炉前。

放气、取样、充氮管路:锅炉一级过热器出口集箱到屏式过热器进口集箱之间的连接管道、省煤器出口集箱至汽包的管道上、屏式过热器出口集箱、二级过热器出口集箱和再热器出口集箱处均装有放气充氮(N_2)管路,只有再热器出口集箱的放气门为两只手动门,其余均为一只手动门和一只电动门。

取样管路包括:给水取样,即炉水取样、饱和蒸汽取样、过热蒸汽取样和再热蒸汽取样。给水取样设在给水管道上,炉水取样设在汽包的连续排污管道上,而在汽包至炉顶进口集箱的连接管道上布置有饱和蒸汽取样点,过蒸汽和再热蒸汽的取样点则设置过热器和再热器的出口管道上。每只取样器前均配有2只串联的截止阀。

排污管路:锅炉的排污有连续排污和定期排污两种。连续排污管路从汽包下方引出。连续排污管路一次门为一只闸阀,二次门为一只电动截止阀。定期排污管路从放水分集箱中引出。

安全阀:锅炉的主蒸汽系统中,汽包装有6只安全阀,过热器出口装有2只安全阀和2只电磁泄压阀。汽包上6只安全阀的整定压力分别为19.82 MPa,20.02 MPa,20.22 MPa,20.41 MPa,20.41 MPa,20.41 MPa。过热器出口装有2只安全阀整定压力分别为18.54 MPa和18.63 MPa,2只电磁泄压阀整定压力分别为17.89 MPa和18.19 MPa。

再热器蒸汽系统中则设置有8只安全阀,即再热器进口处6只,出口处2只。

所有主蒸汽系统的安全阀排放量应大于锅炉最大蒸发量。

(4)**烟风系统**

一次风系统:一台炉配2台动叶可调轴流式一次风机,一次风机吸风口设有消声器,出口风道上在空预器入口的水平段处设有蒸汽暖风器,以提高空预器入口温度防止空预器低温腐蚀。一次风机出口分两路:一路是经空预器将一次风加热后进入炉前热一次风母管,从母管再分六路进入六台磨煤机的一次风口;另一路是经空预器前的冷风道接出,直接进入炉前冷一次风母管,从母管再分六路去磨煤机入口与热一次风混合调整到磨煤机所需的干燥风温后,最后进入磨煤机。

二次风系统:一台炉配2台动叶可调轴流式送风机,送风机吸风口设有消声器,经空气预热器出来的二次风送至锅炉的二次风大风箱。

除上述一、二次风系统外,尚设有供火焰检测器用的冷却风系统。

烟气系统:高温烟气沿炉膛向上流动,离开炉膛后,经屏过、高温过热器和高温再热器进入尾部烟道(后烟井),在此烟气被分成两路,分别进入前后部烟道。尾部烟道中两个分隔烟道的烟气在经过调温烟气挡板后混合,再进入两台并列的回转式空气予热器进行热交换冷却后,再经两台电除尘器,然后被两台静叶可调吸风机吸出经由脱硫装置排至大气。

(5)**制粉系统**

采用双进双出球磨机正压直吹式冷一次风制粉系统。磨煤机数量为6台,每台磨煤机各带4只燃烧器,共计24只燃烧器。燃烧器采用浓缩型EI-XCL双调风旋流燃烧器。

制粉系统流程为:经过除铁,除木屑并初步破碎的原煤由输煤皮带送到煤仓中,煤仓中的煤靠自重下落,经给煤机送入双进双出球磨机中,煤在双进双出球磨机中被磨制成煤粉,从出口端进入粗粉分离器,合乎煤粉细度要求的煤粉随气流送入炉内燃烧。

磨煤机:每台锅炉配6台BBD4060型分离式双进双出钢球磨煤机。煤粉细度为$R_{90}=8\%$。

给煤机:每台锅炉配12台耐压电子称重式给煤机。

(6)**燃油系统**

本工程点火助燃油按0号轻柴油考虑,相应设置储油罐、齿轮卸油泵、供油泵,粗、细滤油器。锅炉每台燃烧器均配备火焰检测器和点火器。点火器由高能点火装置和点火油枪组成,其推进机构采用气动驱动方式。点火油枪共24只,油枪采用机械雾化,每根油枪出力为1.75 t/h,油系统出力按30% MCR锅炉负荷设计。点火油采用轻柴油,二级点火,由高能点火器点燃轻油,轻油点燃煤粉。

(7)**吹灰系统**

在炉膛内设置了52台短行程伸缩式吹灰器,水平烟道和后烟井的对流受热面区域内则设置了42台伸缩式长行程吹灰器。而在每台回转式空气予热器中,则各设置了两只专用的吹灰器。

(8)**除灰渣系统**

除渣系统:锅炉刮板捞渣机排渣经碎渣机破碎后,排入埋刮板输送机传送至锅炉侧渣仓顶部,再经可送配仓带式输送机分别送至两座渣仓,脱水后由灰车运走。

除灰系统:一台炉设两台双室四电场静电除尘器,除尘效率大于或等于99.6%。除灰系统采用干出灰方式,省煤器和电除尘器下来的灰,经输灰器排送到灰库,再经双轴搅拌机后用灰车运走。

每台炉电除尘器共32个灰斗,每个电场8个灰斗。每个灰斗下依次布置手动隔断门、预关闭蝶阀、进料阀及仓泵。一、二电场每个灰斗下均配一台AA2500-125型仓泵,三、四电场每个灰斗下均配一台AA650-80型仓泵。一电场下部每4个灰斗的仓泵串联为一组,各设一个出料阀,共出二根灰管。二、三、四电场下部各8个灰斗的AV泵也各串联为一组,各设一个出料阀,合并为一根灰管,故二、三、四电场共出一根灰管。一电场灰管输灰至粗灰库,二、三、四电场灰管在粗、细灰库间可切换。正常情况下,二、三、四电场的灰管输灰至细灰库,但在一电场故障关闭,二电场顶替一电场除尘时,二电场的灰管可切换至粗灰库。灰管直管均为无缝钢管,弯头为球形弯头。

(9)**脱硫装置**

工艺流程:来自锅炉引风机的烟气,经增压风机增压后进入烟气—烟气加热器。在烟气—烟气加热器中,烟气(未经处理)与来自吸收塔的洁净的烟气进行热交换后被冷却。被冷却的烟气引入到烟道的烟气冷却区域。在烟气冷却区域中,喷入补给水和吸收液,使得烟气被冷却到饱和状态。来自烟道冷却区域的烟气进入由上层板和下层板形成的封闭的吸收塔入口舱。装在入口舱下层板的喷射管将烟气导入吸收塔鼓跑区(泡沫区)的石灰浆液面以下的区域。在鼓跑区域发生所有反应:a. SO_2的吸收;b. 亚硫酸盐发生氧化反应生成硫酸盐;c. 硫酸盐发生中和反应生成石膏;d. 石膏结晶并析出。发生上述一系列反应后,干净的烟气通过上升管并通过入口舱上方的出口舱排出。石膏浆排出泵将含有10%到20%固体的石膏浆，从吸收塔排出到石膏脱水机。

脱硫工艺系统：包括增压风机，GGH，烟道，挡板门及密封空气系统等；SO_2 吸收系统包括吸收塔，氧化风机，烟气冷却泵，除雾器及冲洗水系统等；石灰石浆液制备系统；石膏脱水系统；工艺水系统；浆液排放与回收系统；压缩空气系统；废水处理系统。

脱硫分散控制系统（FGD-DCS）：在控制室内即可实现对烟气脱硫设备及其附属系统启/停的控制、正常运行的监视和调整以及系统运行异常与事故工况的处理。FGD-DCS 主要功能包括脱硫到生产工艺的数据采集和处理（DAS）、模拟量控制（MCS）和顺序控制（SCS）。

（10）汽轮机主机

型号：N600-16.67/538/538 型。

型式：亚临界、中间再热、冲动式、单轴、三缸四排汽凝汽式。东方汽轮机厂生产。

汽轮机本体结构：全机由高压缸、中压缸和低压缸三部分组成，其中高、中压缸采用合缸对置的流行布置方式，大大缩短全机的轴向长度、节省两个支持轴承、高中压缸的高温区集中布置，减少高中压前端的轴封漏汽损失；低压1号缸和2号缸均为对称分流布置，平衡全机的绝大部分轴向推力。转子由推力轴承轴向定位，推力轴承位于2#轴承旁的中间轴承箱内。

汽轮机高、中压汽缸进汽部分包括两个高压自动主汽阀，两个中压缸联合汽阀，四个高压调节汽阀和两个中压调节汽阀。四个调节阀安装在主汽阀后一个单独的腔室上，蒸汽经由主汽阀到达这一阀腔，调节阀分别由四根导汽管与高压缸调节级四个喷嘴室相连，由此控制蒸汽的流量。再热蒸汽经中压联合汽门由两个进汽口进入中压缸的全周进汽室，中压排汽经一根异径连通管分别进入两个双流反向布置的低压缸，排汽排入高、低压凝汽器。

汽轮机通流部分共42级，其中高压缸9级、中压缸5级；低压缸 $2\times2\times7$ 级。低压缸末级叶片高度为1 006 mm。汽轮机高压缸和中压缸的进汽部分为双层缸，低压缸均为三层缸结构。高压缸均有汽缸夹层加热和冷却功能，用以减少启停过程中汽缸内外壁温差、法兰内外壁温差以及转子与汽缸之间的胀差，从而减少汽缸及法兰的热应力及热变形，保证机组的顺利启、停。高、中、低压缸的高温区法兰及螺栓均有内部自流冷却和加热功能，冷态启动过程可自流加热法兰及螺栓、正常运行时可自流冷却高温区法兰及螺栓，减小蠕变寿命损耗。

热耗考核（THA）工况参数：

额定功率600.005 MW；保证热耗7 827 kJ/(kW·h)；给水温度274.0 ℃。

汽轮机总内效率91.91%、高压缸效率88.34%、中压缸效率94.04%、低压缸效率92.99%。

主汽门前蒸汽压力16.67 MPa(a)，主汽门前蒸汽温度538 ℃，主汽门前蒸汽流量1 785.802 t/h。

中联门前蒸汽压力3.325 MPa(a)，中联门前蒸汽温度538 ℃，中联门前蒸汽流量1 524.485 t/h。

排汽压力0.006 1 MPa(a)，凝汽器循环冷却水进水温度24.5 ℃，凝汽量（包括小汽机）1 148.31 t/h。

（11）热力系统及辅助设备

本工程热力系统的拟定充分考虑了系统运行安全性、经济性和灵活性，在能适应一定调峰能力的基础上，尽可能地简化系统。除辅助汽水系统外，主汽、再热、主给水、凝结水等系统均采用单元制系统。

①主蒸汽及再热蒸汽系统:主蒸汽管道采用2-1-2布置,即从锅炉两个过热器出口接出后在炉前合并成一根单管,到汽机高压缸前又分为两根支管,分别接到汽机高压缸左右侧主汽门。从主蒸汽管道还接出一路作为汽动给水泵在机组启动和低负荷时的备用汽源。再热蒸汽管道也采用2-1-2布置。在再热器的进、出口管道上均装设有水压试验堵阀。便于再热器在投产前或大修后进行水压试验时再热热段和冷段管道隔断不参与水压试验,既方便又适用。从冷再热蒸汽管道接出一路作为辅助蒸汽系统的汽源之一。

②汽轮机旁路系统:本工程采用东方汽机厂生产的汽机,汽机采用中压缸启动方式,为了满足汽轮机中压缸启动对旁路的基本要求,同时保护锅炉再热器,本工程在主蒸汽和再热蒸汽管路上设有两级串联旁路装置,其容量按35% BMCR设置,具有快开功能和调节功能。

③高压给水系统:每台机组设置两台50%容量的汽动给水泵及一台30%容量的电动调速给水泵,两台汽动给水泵为正常运行,一台电动调速给水泵作为启动和备用泵。三台高压加热器采用大旁路,在其进口装一个电动三通阀,在出口设一电动闸阀,从而节省了阀门,简化了系统,操作运行维护方便。汽动给水泵的正常运行汽源为主机的四段抽汽,机组启动和低负荷时由主蒸汽供汽。给水系统可为再热器减温器、过热器减温器及旁路系统提供减温水。除氧器选用无头除氧器。

④回热抽汽系统:汽轮机有八段非调节抽汽,一、二、三段抽汽分别供三个高压加热器。四段抽汽供汽动给水泵、除氧器和辅助蒸汽联箱。五、六、七、八段抽汽供四台低压加热器。除氧器的加热汽源,首台机组启动时由启动锅炉房供给,低负荷时由再热冷段供给,这两股汽源均通过辅助蒸汽联箱后再接入除氧器。

⑤凝结水系统:凝结水从热井出来经凝结水泵进入凝结水精处理装置处理后,经一台轴封冷却器,四台低压加热器后进入除氧器,凝结水精处理采用中压系统。每台机组设置一台300 m^3的凝结水补充水箱,补充水箱为凝结水系统提供启动充水和运行补水。补充水箱的水源来自化学水处理室的除盐水箱,由除盐水泵送来,流量由补充水管上的调节阀控制,信号来自补充水箱水位。机组启动时,为了除氧给水箱中的给水加热除氧,在除氧给水箱内设有一再沸腾管加热水箱中的给水。

⑥加热器及汽轮机本体疏水系统:正常运行时,高压加热器疏水从1#到2#到3#高加,最后从3#高加到除氧器逐级自流疏水。每级高加的正常疏水水管路上均设有疏水调节阀,用于控制高加正常水位。每级高加还分别接有一根到高加事故疏水扩容器的事故疏水管道,每条管路中分别设有事故疏水调节阀。低加疏水经过各自的调节阀逐级回流至凝汽器,故障时通过其各自的事故疏水调节阀进入凝汽器。

汽轮机本体疏水采用疏水集管汇流后接入凝汽器上的背包式疏水扩容器。

除氧水箱溢、放水管正常运行时排至凝汽器,在水质不合格时排至定期排污扩容器。

⑦辅助蒸汽系统:在机组启动、停机、正常运行和甩负荷等工况下向各用汽点提供符合参数要求的蒸汽。辅助蒸汽系统设有一个辅助蒸汽联箱。启动时辅助蒸汽由启动锅炉房供汽,运行时辅助蒸汽则由本机四段抽汽和高缸排汽供给。高缸排汽供汽管上设置有压力调节阀,在联箱上设置有安全阀,以保证辅助蒸汽联箱在运行时不会超压。每两台机辅助蒸汽联箱之间有一连通管。

⑧真空系统:设有三台水环式真空泵,机组正常运行时两台运行一台备用。当运行泵故障

或者机组真空降低到规定值时,联锁启动备用泵。当机组启动时,三台真空泵可同时运行,以加快抽气速度,尽快建立真空,真空达到要求后,进入正常运行。

⑨辅机冷却水系统:循环水系统采用二次循环冷却的单元制供、排水系统。为了防止凝汽器结垢,提高传热效果,保证凝汽器真空度,在凝汽器 A、B 各装一套胶球清洗装置。

辅机冷却水系统由开式循环冷却水和闭式循环冷却水系统组成。开式循环冷却水系统按一台机组单元制考虑。开式循环冷却水系统取水自循环水进水管,根据各用水设备要求的供水压力不同,分为两路,一路经滤水器后不升压直接送到冷却设备,回水至循环水进水间;另一路经滤水器和升压泵升压后再送到冷却设备冷却,回水至循环水回水母管。闭式循环冷却水系统采用除盐水。

(12)**汽轮发电机**

发电机型号为 QFSN-600-2-22C 型,东方电机厂生产,发电机主要参数如下:

额定容量 667 MVA,额定功率 600 MW,最大连续容量 712.4 MVA(在额定电压、额定频率、额定功率因数和额定氢压条件下,与汽轮机的最大连续出力相匹配)。

额定电压 22 kV,额定功率因数 0.9(滞后),额定频率 50 Hz,额定转速 3 000 r/min。

定子绕组、转子绕组、定子铁芯绝缘等级为 F(按 B 级绝缘温升使用)。

额定氢压 0.414 MPa,效率大于或等于 98.95%,冷却方式为水-氢-氢,励磁系统为静态自并励。

发电机—主变压器系统接线:4×600 MW 发电机组均以发电机—主变压器组单元接线至厂内 500 kV 母线。发电机与变压器间不装断路器。高压起动/备用电源采用 500/110 kV 及 110/6.3 kV 两级降压的方式,厂内设 110 kV 双母线接线配电装置。

高压厂用电系统接线:每台机组设 1 台分裂绕组高压厂用工作变压器和 1 台高压脱硫变压器,其高压侧从发电机主回路离相封闭母线上接。高厂变低压侧的两个分支分别带一段 6 kV工作母线,机组高压厂用电动机和主厂房成对设置的低压厂用变压器分别接于两段母线。高压脱硫变分别带本机组的脱硫 6 kV 段。全厂设 6 kV 公用段 01A、01B 两段分别接于#1 机组 6 kV1A 段和#2 机组 6 kV2A 段,两段之间加联络开关,#3、#4 机组不设公用段。每两台机组设 1 台分裂绕组的起动/备用变压器。#1、#2 高厂变及#01 起/备变容量为 63/35-35 MVA,#3、#4高厂变及#02 起/备变容量为 50/31.5-31.5 MVA。#1、#2 高压脱硫变互为备用,容量为 25 MVA;#3、#4 高压脱硫变互为备用,容量均为 20 MVA。

低压厂用电系统接线:低压主厂房内低压厂用变压器按汽机、锅炉、公用分开的原则设置,便于实现“物理分散”,节省电缆费用。每台机组设两台汽机变、两台锅炉变和两台电除尘变,容量按互为备用。#1、#2 机组设两台公用变,容量分别为 1 600 kVA,互为备用;#3、#4 机组另设两台公用变,容量分别为 1 250 kVA,互为备用。每台机组设一台照明变和一台检修变,检修变同时作照明变的备用,每两台机组的检修变交叉引接,即#1 检修变接于#2 机 6 kV 段,#2 检修变接于#1 机 6 kV 段。

辅助厂房供电按工艺系统和区域相对集中的原则成对设置变压器,容量互为备用。本工程分别设 2 台锅炉补给水变、2 台除灰变、2 台循环水变、2 台升压站变、2 台输煤变;灰场设一台变压器,单电源供电;水源地负荷较大,供电距离较长,在厂区内设 2 台 10.5/6.3 kV 的升压变压器,就地设 2 台 10.5/6.3 kV 的降压变压器及 2 台 6.3/0.4 kV 的低压变压器供电,均为互为备用。

自动装置:励磁系统采用自并励励磁系统,由机端励磁变压器、励磁调节装置(AVR)、可控硅整流装置、起励、灭磁装置及转子过电压保护装置等部分组成。自并励励磁系统具有高调节品质、高起始响应速度以及高可靠性。

AVR 采用双通道微机型励磁调节器,两个通道相互跟踪、相互通讯、相互切换,互为备用,使励磁系统的可靠性大大提高,降低了机组强迫停机的几率。

励磁系统装置由 3 面功率整流柜、1 面励磁调节柜和 2 面灭磁柜组成,布置于汽机房 0 m 层发电机小室内。

高压厂用电源事故切换采用微机型快速自动切换装置。该装置可以完成高压厂用电源事故情况下的单向快速切换和正常厂用电源的双向切换。高压厂用电源快速切换采用串联并带同期闭锁功能,当快速切换不成功时自动转入慢速延时切换。

每台机组设一面发变组故障录波屏,微机型自动准同期装置,发电机自动电压调节器。

1.2.2 单元机组自动化的特点

现代单元制火力发电机组容量大、参数高、辅助设备多、一体化性强,且要求变工况运行的适应性强、具有较高的运行可靠性和经济性。因此,必须采用高度自动化的机、炉、电集中控制运行方式。

大型单元制火力发电机组的特点是,监视点多,如 600 MW 机组 I/O 点多达 3 000 ~ 5 000 个,随着发电机-变压器组和厂用电源等电气部分监视纳入分散控制系统(DCS)之后,I/O 点已超过 7 000 个,参数变化速度快和控制对象数量大,600 MW 机组控制对象数量超过 1 300 个,而各控制对象又相互关联,所以操作稍一失误,引起的后果十分严重。传统的炉、机、电分别监控方式已不能适应大型单元机组监控的要求。如果将大机组的监视与控制操作任务仅交给运行人员去完成,不仅体力和脑力劳动强度大,而且很难做到及时调整和避免人为的操作失误,因此必须由高度计算机化的机组集控取而代之。大量事实证明,大型火力发电机组离开了高度自动化,就不能做到安全经济运行。

1.2.3 单元机组 DCS 控制系统的组成

单元制火电机组的 DCS 控制系统由如下子系统组成:

1)模拟量控制系统(MCS)及其单元机组协调控制系统(CCS);

2)锅炉炉膛安全监控系统(FSSS)或称燃烧器管理系统(BMS);

3)顺序控制系统(SCS);

4)数据采集系统(DAS);

5)汽轮机数字电液控制系统(DEH)和给水泵汽轮机电液控制系统(MEH);

6)旁路控制系统(BPCS);

7)发变组控制系统(ECS);

DCS 把先进的计算机技术、数据通信技术、控制技术与 CRT 显示技术溶于一体,采用了分布式结构和“危险分散”的原则,使系统具备强有力的功能、极大的灵活性和很高的可靠性。目前,DCS 的控制器处理能力、网络通信能力以及软件功能(系统软件、控制软件、数据软件等)得到了大幅度的提高和更新。然而就 DCS 基本的系统结构仍保持“三点一线”的结构,“三点”即操作员站、工程师站、过程控制站,“一线”即通信网络。其中,操作员站实现控制系统的控制操作、过程画面显示、报警显示、历史数据的存储、报表生成、打印等。工程师站用于系统的管理、组态、系统生成与下装。过程控制站则与生产过程直接相连,实现信号的采集与交换处理,各种控制回路的运算,并将运算结果用于对过程的控制。系统的网络线路提供各功能站之间的数据通信和联络。

1.3　单元机组集控运行监盘及调整操作

单元机组集控运行自动化程度高、控制功能分散、监视及调整操作集中、信息量大、运行人员要随时跟踪设备及系统的运行状态及控制逻辑,当被控对象的运行状态和控制系统本身出现异常时通过人工软手操或硬手操进行必要的人工干预(调整或停机)。因此,集控运行人员应熟练掌握集控操作盘面的功能及使用,在任何情况下都能及时准确地对机组的运行状态作出操作调整,确保机组正常运行或安全停运。

1.3.1　操作员站的功能及使用

操作员站是以 CRT 为基础的人/机接口,主要由软手操站(专用键盘、CRT、鼠标、大墙幕)和硬手操盘两大部分组成。单元机组的正常启、停及运行维护在软手操站上进行;紧急事故下的停机应急操作在简练的独立于 DCS 的后备硬手操盘上进行。典型的 CRT 软手操站监控画面如图 1.6 所示。该画面反映了法国阿尔斯通 360 MW 燃煤火电机组监控总貌,画面上共设有 102 个点击按钮,其中锅炉 58 个、汽机 34 个、电气 7 个。点击任一按钮即可调出相应子系统的监控画面并进行相应的监视及调整操作。

操作员站的主要人机界面设备在计算机输出方面是彩色 CRT,在计算机输入方面则为工业键盘和光标控制设备(鼠标器或轨迹球)。

(1)CRT 上输出显示的主要内容

①生产过程的模拟流程图(用模拟图形表示的生产装置或生产线)。其中,标有各个关键数据、控制参数及设备状态的当前实时状态。对于一些较复杂的模拟流程图,可利用屏幕画面的滚动功能分区域显示。

②报警窗。在 CRT 上常常采用倒排时间顺序的方式(即最新出现的报警排在窗口的最上端)列出所有生产过程中出现的异常情况,比如:参数值越界、异常状态的出现等。

报警窗口中的报警列表应该包括异常出现的时间、异常的状态或异常数据的值、当前的状态或数据的值、该异常是否已被操作员确认及该异常的简要说明。在报警状态解除并经过操作员确认后相应的报警信息应该从报警队列中删除。

③在 CRT 上重要参数的常驻显示。对于生产过程中的关键参数需要在 CRT 屏幕的固定位置上显示出来,并且不随屏幕显示内容的改变或画面的滚动而改变,使操作员在任何时候都可以一眼看到这些最重要的关键参数。

④实时趋势显示。对于一个或几个生产过程数据在最近一段时间内的变化趋势采用动态曲线表示出来,以使得操作员对于这个或这些数据的发展变化有所了解,并可帮助操作员分析生产过程的运行情况。一般可以在同一个坐标系中显示多个数据的趋势曲线,以方便对各个参数的对比。

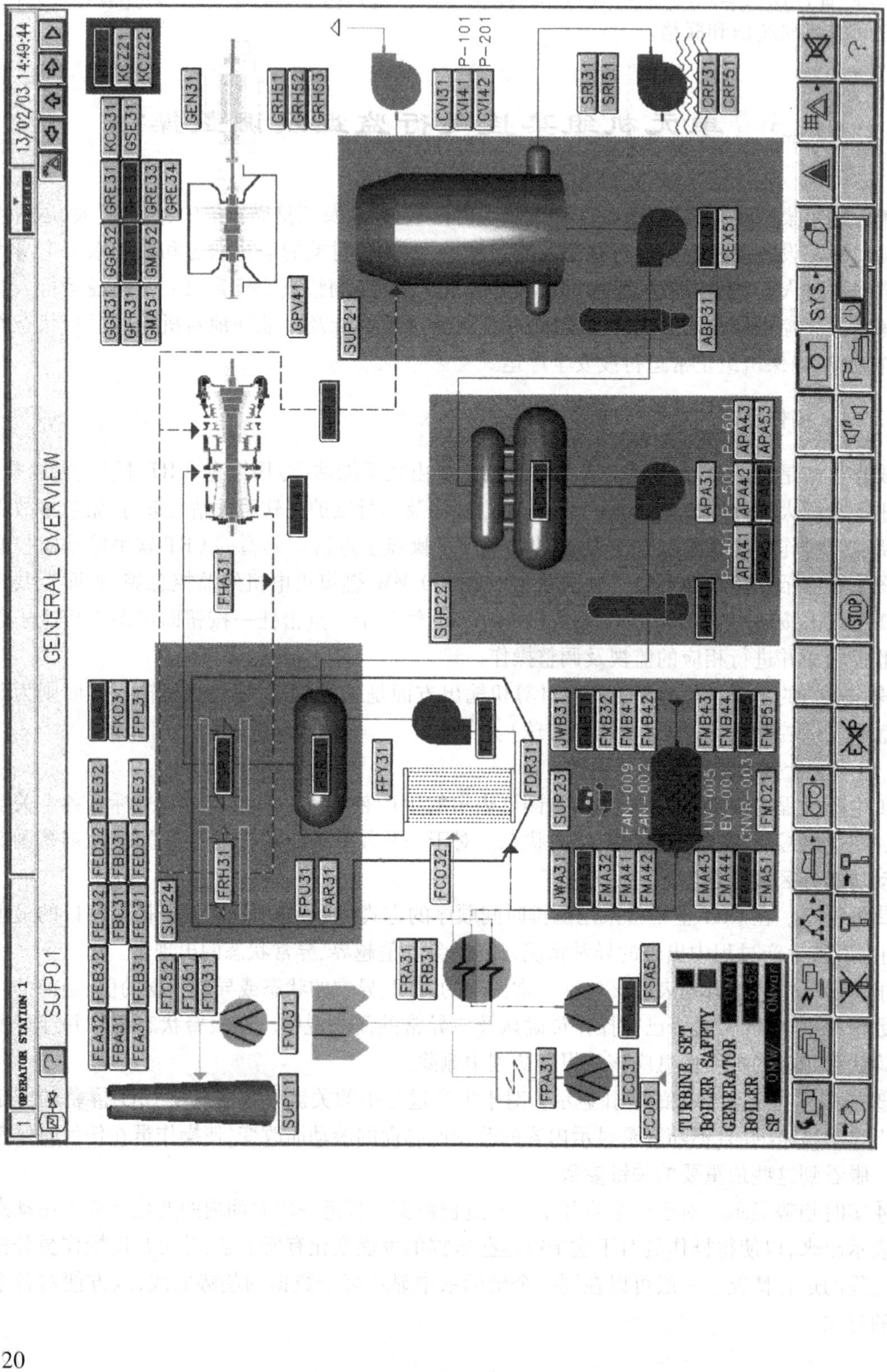

图1.6 法国阿尔斯通360 MW燃煤火电机组总体监控画面

⑤检测及控制仪表的模拟显示。这对于习惯在模拟仪表前进行操作的操作员而言是一种很好的显示方式。它可以提高操作员对实时数据所表示的内容及表达意义的反应速度，减少因反应速度慢而造成的失误。

⑥多窗体显示。操作员在进行操作、监视的过程中，常常需要将几个不同的生产现场模拟图放在同一个屏幕上进行显示，以对照了解它们之间的相互影响及变化情况，这就需要操作员站的 CRT 显示具有多窗体的显示能力，可以将不同工况模拟图通过不同的窗体显示在同一个屏幕上。

⑦灵活方便的画面调用方法。对于画面的切换、翻页等采用多种方式进行。在 CRT 屏幕上设置了热点，所谓"热点"就是在画面上有一些模拟按钮或特殊的表示区域（可以是一个模拟图形设备，也可以是一串文字），当将光标移动到这些区域并单击鼠标控制键，即可弹出一个窗体或切换到另一个画面。这种操作可以大大方便操作人员的画面选择操作，而且直观简单，不需要记忆特殊操作规则。

⑧声响报警。为了使操作员及时注意到 CRT 的报警窗体，及时了解到报警的情况，操作员站的输入设备主要是工业键盘（目前很多已经改为通用键盘了）和鼠标控制设备。工业键盘的操作比较简单，可以做到一个按键完成一个功能，但是有些复杂的操作，比如操作选择项比较多的时候，键盘操作就显得比较烦琐。对一些选择项较多的操作，如选点显示时，可以在画面中定义多个"热点"，用鼠标选择后调出，则比键盘操作简单方便。

处理人机界面功能外，操作员站还应该具有历史数据的处理功能，这主要是为了形成运行报表和历史趋势曲线。一般的运行报表可以分为时报、班报、日报、周报、月报和年报等若干种类。这些报表均要调用历史数据库，并可按用户要求进行排版打印等。通过历史趋势曲线主要能了解过去某时间内某个或某几个数据的变化情况，有时还要求与当前数据的变化进行比较，以得出一些结论。例如：可以将某个现场测量值的前一天参数绘制成曲线，并与今天该点的测量值进行比较，用来预测下一个时间段中该参数的变化。在一些 DCS 中特别将此功能连同历史库存储与管理功能放在一起形成一种专用的站，但是就其本质而言，也属于 IO 范围。

(2)模拟图上的软手操控制方式

1)控制类型有：①单独控制；②子组控制；③组控制（起停操作用）。

2)控制窗口有：①控制窗口的布局；②控制窗口不同信息的颜色；③模拟量调节窗口（手动/自动站）的调节操作；④逻辑控制窗口的开关操作。

(3)常规人/机接口的硬手操后备控制方式

当计算机控制系统故障无法软手操时，为进行关键设备的调节控制或安全停机而设置独立于 DCS 的简练的 BTG 硬手操后备盘。如某 300 MW 机组的硬手操后备盘按钮包括：汽机交流油泵、直流油泵、真空破坏门、停机、停炉（MFT）、锅炉电磁安全门（PCV）、汽包事故放水门 1、汽包事故放水门 2、发变组跳闸、灭磁开关跳闸、柴油发电机启动、小汽机 A 跳闸、小汽机 B 跳闸等 18 个操作对象的紧急按钮。

(4)机组性能计算

单元机组的 DCS 具有在线性能计算的功能，它可以按给定时间间隔周期性计算汽轮发电机组的各种性能参数、偏差损失。大部分输入数据采用现场测点的平均值，计算结果可以在 CRT 上显示或由打印机输出，以供运行人员分析、评估机组运行状况。性能计算有下列内容：

1)由锅炉热效率、汽轮发电机综合热耗率及厂用电消耗计算得出的机组净热耗率。

2)用输入——输出方法,计算汽轮发电机整个循环性能,所获得的数据应与主蒸汽温度、压力及排汽压力等偏差进行校正。

3)用等效焓降法计算汽机效率,同时应分别计算高压缸、中压缸和低压缸的效率。

4)用输入——输出和热量损失的办法,计算锅炉效率。并应分别列出可控热量损失和非可控热量损失。

5)用端差及逼近法,计算给水加热器效率。

6)用"热交换协会标准(HEIS)"提供的凝汽器清洁系数,计算凝汽器效率。

7)用能量平衡原理计算空气预热器效率。

8)锅炉给水泵和给水泵汽轮机效率。

9)过热器和再热器效率。

10)用蒸汽温度、进汽压力、凝汽器压力、给水温度、过剩空气等的偏差,计算热效率与额定热效率的偏差,并计算偏差所引起的费用。

11)电量计算,主要包括:发电机有功电度和无功电度积算;发电机发电量累加;厂用电率(每小时、每值、每日厂用电率)及厂用电量;主要电气设备运行小时数。

一般而言,以上这些性能计算需在25%以上负荷进行,每10 min左右计算一次,计算精度应大于0.1%。性能计算应具有判别机组运行状况是否稳定的功能,使性能计算对运行有指导意义。在变负荷运行期间,性能计算应根据稳定工况的计算值,标上不稳定运行状态。性能计算的期望值与实际计算值相比较,比较得出的偏差以百分数显示在CRT上。运行人员可对显示结果进行分析,以使机组每天都能运行在最佳状态。

1.3.2 集控运行对操作人员的素质和认知技能要求

大型单元制火力发电机组实行的是一个主值,两个副值的一体化控制、全能值班监控制度。集控人员工作时监控着价值几十亿的上千台机电设备,因此,对集控运行操作人员应像对飞行员和核电站操作人员一样,要有极高的综合素质和认知技能要求。

(1)素质要求

对集控人员的素质要求具体体现在技术素质、身体素质和心理素质三个方面。

技术素质:熟练掌握单元机组机、炉、电、控主辅设备结构及工作原理,各系统连接组成,各模拟量和开关量的调节控制规律,DCS软手操及应急硬手操监控界面;熟练掌握运行操作规程及事故处理程序;有过硬的监盘操控及事故应急处理技能。

身体素质:良好的身体状况和充沛的工作精力。

心理素质:在认知能力、人格特质、心理健康三方面有优良的综合素养。

1)认知能力:①观察力;②操作能力;③注意力;④记忆力;⑤数量分析能力;⑥逻辑综合判断能力。

2)人格特质:①合群性;②决断性;③自律性;④情绪稳定性;⑤风险处理能力;⑥成就愿望。

3)心理健康:①驱体化;②强迫症状;③人际关系敏感;④抑郁;⑤焦虑;⑥恐怖;⑦偏执;⑧敌对;⑨精神病性9个维度。

(2)认知技能要求

大型单元制火力发电机组的集控操作是一项复杂的、知识密集型的工作。对操控人员的认知技能有极高的要求。集控操作的认知技能行为有三种类型：

①技能型行为。只需对机组的运行状态作简单的判断,即可做出正确的响应。

②规则型行为。对机组的运行信息进行一定的分析处理,按照操作规程,作出某种决策,选择相应的规则,即可做出正确的响应。

③知识型行为。当机组面临某种特殊或紧急运行状态时,又没有事先准备好的明确规程,就会涉及高水平的决策。需要操控人员应用多方面的知识及丰富的临场经验,作综合诊断、快速决策或周密计划后才能做出正确的操控响应。

集控操作认知行为的五个阶段及顺序为:状态监测—状态分析—目标分析—方案确定—操控行为。

状态监测阶段:观察多方面的仪表信息,综合各方面的状态信息,确定关键信息,人员间相互交流各种有用信息。

状态分析阶段:综合有用的关联信息,判断机组当前状态,预测未来状态,把状态信息与操作规程联系起来。

目标分析阶段:根据确证的当前状态确定运行目标,确定各个运行目标的优先级,协调确定班组集体统一控制的目标。

方案确定阶段:确定应执行的规程,确定相应的操作程序,确定操作行为的顺序,杜绝误操作。

控制行为阶段:按确定方案准确执行具体的操作。

火力发电机组的运行工况复杂多变,常有突发性事件发生,要求集控人员的集控操作认知行为应实时快速,即对机组的状态监测—状态分析—目标分析—方案确定—操控行为要准确无误地快速完成。

(3)对运行危险点分析预控能力的要求

对于自动化程度极高的现代火力发电生产,特别要求集控操盘人员具备对运行危险点的分析预控能力。运行危险点是指机组运行过程中在时间及空间上事故的易发点、多发点、设备隐患的所在点和人为操作失误的潜伏点。集控操盘应把安全放在首位,要求集控操盘人员对机组运行操控中的危险点要有超前的分析预控能力,掌握科学的分析预控方法,能及时找准危险点、控制危险点、化解危险点。

(4)集控全能值班员岗位培训、岗位晋升程序及岗位职责

1)岗位培训及岗位晋升程序

进入火力发电厂从事集控运行操控工作的新职工,上岗工作之前必须经5个月以上的针对性理论培训和对口电厂实习培训→参加仿真机操控初步培训→参加新机组投产前的现场调试、试运、设备性能试验的现场见习,全面了解本厂机组设备及系统→培训合格后先上机、炉、电巡检岗位见习培训3个月以上,取得巡检岗位资格→正式在机、炉、电巡检岗位顶岗9个月以上→担任岗位见习操作员3个月以上,并经仿真机操控培训及考核,获得操作员上岗证→取得操作员资格并在操作员岗位顶岗1年以上,并培训满5个月→在见习机组长岗位见习2个月以上→取得机组长资格,并顶岗1年以上、培训满5个月→见习副值长岗位见习1个月以上,并经离岗培训8个月→取得副值长资格。

仿真机操控培训是取得操作员上岗证的必备条件,一般分三个专业级。

①专业一级:演练机组各种启、停方式及重要调节项目的基本操作,强化对各类事故的分

析及处理能力，累计机训时间不少于 24 h。

②专业二级：强化对各生产系统的基本操控技能，培养初步的事故处理能力，累计机训时间不少于 80 h。

③专业三级：演练强化对生产系统的整体操控技能，培养对常见事故的处理能力，累计机训时间不少于 40 h。

2）各岗位职责

①现场设备巡检岗的主要职责：现场机炉及电气设备运行状态的巡回检查及简单测试，按操作票并在专人监护下执行现场辅助设备的启停、开关、倒闸操作，日常的操表及巡检记录。

②操作员岗的主要职责：在集控室对机炉及电气设备的运行进行监盘操控；在 DCS 上实时生成日常运行记录数据，对数据进行审核分析，掌握数据变化趋势及机组的受控状态，记录并汇报设备异常及故障情况，填报设备缺陷单；做好交接班工作。

③机组长岗位职责：机组长也称单元长，是单元机组集控运行操控的主要操控人、责任人和组织管理者。对下属岗位人员的工作负有管理、监督和指导的责任。机组长在值长的直接指挥下工作，值长不在时全权负责单元机组运行组织管理及指挥工作。

④副值长或值长岗位职责：当班期间全权负责全厂所有单元机组的运行组织管理及指挥工作；与电网调度中心密切配合，做好相互间的联系、沟通、负荷及运行方式的协调工作；做好厂内机组的负荷优化分配调度；做好厂内机组运行方式的优化安排；做好值长日志记录及运行分析工作；做好事故处理的现场指挥工作及事故资料收集、整理、分析、汇报工作；做好全厂公用系统的运行检查、监督及调度工作。

第 2 章 火力发电机组的集控规律

火力发电机组自动控制是对由锅炉、汽轮机、发电机及其辅助设备所构成的连续生产工艺流水线的运行控制。控制的目的是使机组自动适应电网负荷的变化而保持在安全、经济的条件下运行。目前，火电机组普遍采用 DCS 分散控制方式对发电生产过程进行控制，这主要是由于 DCS 系统给电厂在安全生产与经济效益等方面带来的巨大作用，使以往任何控制系统无法与之相比。

火力发电机组自动控制的主要任务包括：自动检测、自动调节、顺序控制和自动保护四大方面。对于现代单元制火力发电机组，这四大任务由 DCS 分散式控制系统自动完成。

尽管现代 DCS 控制已达到高度自动化的水平，但鉴于火力发电生产过程的复杂性和连续可靠性要求，生产过程不可能做到无人值守。DCS 所完成的四大监控任务十分复杂，故要求集控操作人员熟练掌握 DCS 控制系统的调控内容及调控规律。在监盘操控时，熟练并密切跟踪 DCS 的自动调控过程；当自动调控出现异常（被控生产设备或自动控制设备本身出现异常）时，正确并及时地切换到手动调控方式，以保证发电生产的连续可靠性。

2.1 集控方式——DCS 分散控制

分散式控制系统（Distributed Control System，简称 DCS）是集中了分散仪表控制系统和集中式计算机控制系统的优点发展起来的一种系统工程技术。它采用控制功能分散、操作管理集中、信息共享的基本原则，既具有监视功能（如 DAS），又具有控制功能（如 CCS、SCS、FSSS、DEH），结构上采用能独立运行的工作站进行局部控制，工作站间采用局部网络进行通讯实现信息传递，在功能上，采用分层递阶控制思想，并可与更上一级计算机或网络系统进行通讯联络。火电厂 DCS 的应用，极大地提高了火力发电机组的数据采集与处理、生产过程调节控制、逻辑控制、监视报警、联锁保护、操作管理的能力和水平。

2.1.1 DCS 的应用及发展

分散式控制系统其实质是利用计算机技术对生产过程进行集中监视、操作、管理和分散控制。它采用分散递阶结构，体现了集中管理、分散控制的思想，实现了系统的功能分散、危险分散,具有控制功能强、操作简便和可靠性高等特点。

DCS 于 1975 年问世。20 世纪 80 年代初,各先进国家相继推出了各种 DCS 产品。为了满足大容量、高参数火电机组对自动化的要求,我国于 80 年代中后期(即“七五”期间)开始将 DCS 用于火电厂。在改革开放政策的推动下,进口国外先进设备为我所用大势所趋。1985 年确定将望亭电厂 14 号机组(300 MW)扩建工程作为 DCS 的应用试点,选用美国西屋公司的 WDPF,于 1989 年投产。1992 年,原能源部的 64 号文件明文规定了单机容量为 300 MW 及以上的火电机应全面推广应用 DCS。表 2.1 给出了国内常用的 DCS 产品。

表 2.1　国内火力发电机组常用的 DCS 产品

国别	公司厂家	系统型号	发表时间	国内合作单位	国内电厂主要业绩
美国	Honeywell(霍尼威尔)公司	TDC-2000	1975.11	四川仪表总厂(技术引进)	漳泽电厂
		TDC-3000	1983.10		
		TDC-3000/pM	1988		
	Bailey Control(贝利控制)公司	NETWORK-90	1980.10	北京贝利控制公司(合资)	上安、南通、石洞口二厂、岳阳、石洞口、大港、利港
		INFI-90	1987		深圳妈湾、大坝、安顺、广安、石景山、哈尔滨三厂
	Leeds & Northrup(利诺)公司	MAX-1	1980.6	1. 上海自动化仪表公司(技术引进) 2. 龙源电力工程技术开发公司(经营)	
		MAX-1000	1992		上海外高桥、秦皇岛、彭城、丰城、曲靖、黄桷庄、遵义
	Foxboro(福克斯波罗)公司	SPECTRUM	1978	上海福克斯波罗公司(合资)	内江高坝电厂(循环流化床锅炉)、白马电厂
		I/A Series	1987		
	ABB Taylor(泰勒)公司	MODIII	1976.3		
		MOD30	1983		
		MOD300	1985	北京电科院	北仑港、吴泾
	Westinghouse(西屋)公司	WDPF	1982.10	1. 上海联合控制公司(合资) 2. 新华电站控制工程公司(经营) 3. 电科院西屋控制中心(经营)	马鞍山、沙角电厂 A、望亭、汕头、成都热电厂
		WDPF-2	20 世纪 80 年代末期		
日本	横河-北辰电机株式会社	CENTUM	1975.10	西安横河控制系统有限公司(合资)	渭河电厂
		CENTUM-XL	1987		
		CENTUM-μXL			
	日立公司	HIACS-3000	1985	北京机电部六所(技术引进)	军粮城电厂、阳逻、铁岭电厂
德国	Siemens(西门子)公司	TELEPERM M	1979	1. 西门子电站自动化公司(合资) 2. 大连中德控制工程公司(经营)	
		TELEPERM ME(第二代)	1984		嘉兴、台州、大庆热电厂
	Hartman&Braun(哈特曼布劳恩)公司	CONTRONIC-E		川仪股份有限公司(经营)	太原第一热电厂

续表

国别	公司厂家	系统型号	发表时间	国内合作单位	国内电厂主要业绩
英国	ABB-KENT 公司	PROCONTROL-P		北京中能奥特曼电站自动化工程公司(经营)	深圳西部电厂、河南鸭河口、朝阳电厂
法国	CEGELEC 公司	T20	20 世纪 80 年代中期		珞璜电厂一期工程、江油电厂
		ALSPA　P320	1991		珞璜电厂二期工程
中国	新华电站控制工程公司	XDPS XDPS-400 XDPS-400	1985—2000	国内自主知识产权	国内几十个火电工程

20 世纪 70 年代中期的第一代 DCS 由控制站、操作显示站、数据通信站与管理计算机组成,实现了回路分散和控制站与操作站功能分离。考虑到它们的处理能力、容量等性能应同主辅机的生产过程相适应的观点,对汽轮机等快速过程和锅炉等缓变过程采用适合于不同控制对象过程速度的专用微机。初期的 DCS 系统,控制站的控制单元带有 8 ~ 32 个控制回路,解决了原来模拟控制方式集中与危险的矛盾。

20 世纪 80 年代中期,利用计算机和 CRT 技术,VME 总线及实时多用户 UNIX 操作系统,设计出了分层分散方式,产生了第二代 DCS。它由具有独立运行能力的分散"微机站"组成,各微机站控制不同的生产过程,站与站之间通过网络传递信息,是近年来电厂应用最普遍的方式,第二代 DCS 具有如下特点:

①控制回路由分散到局部集中,是否要双机与双站冗余由用户选择。回路局部集中可使一个控制站的容量能覆盖一套装置的整体控制,这样把调节和顺序控制合并在控制站,改善机组启停和正常控制性能,增加可靠性、经济性、可维护性及控制器的独立性。

②多功能软件供用户任意选择。一般 DCS 系统有 4 种语言:功能块、梯形图、顺控语言及高级编程语言。这样便可满足连续过程、间歇过程以及混杂的批量处理和联锁保护的一般要求,为先进的控制策略实施提供工具。

③有专门的 I/O 子系统对现场信号进行采样、预处理和输出处理,节省主 CPU 的时间和空间,供用户实施先进控制策略。

④完善的显示功能。一个显示操作站带多个 CRT 终端,操作人员能及时、迅速、准确地掌握运行情况,并作相应的应急处理。

随着科学技术的发展与火电厂自动控制的需要,第三代 DCS 将成为火电厂生产过程控制的主流方向。第三代 DCS 应用于机组级,它采用开放式系统,在 DCS 之间,DCS 与厂级集控站之间相互交流信息,机组级 DCS 和顺序控制器在线监控机组、输变电和辅助车间的运行情况。厂级站由 MIS 及厂站机组组成,在线了解全厂生产情况和进行在线决策。它具有以下功能:

①MMI(人机接口)功能完善。显示操作性能尽遂人意,并在流程画面上显示三维图形。有足够的时间与存储空间进行后台作业与多窗口显示。应用了多媒体技术。完善的编程功能与人机对话功能。

②开放与互操作。世界上各 DCS 生产厂家协作开发具有开放与互操作的 DCS,发展动向表现为:开放式系统、DCS 与 PLC 相互融合和远程智能 I/O 系统。显然,必须有相应的国际标

准为各厂家所依循，才能生产出具有开放和互操作特点的 DCS。制定一个众所认可的通用的标准是困难的，但是现场智能变送器与智能调节装置的应用，迫切需求现场总线通信规约的制定与实施。

③现场总线。现场总线是针对仪表和其他自动化设备装置所建立起来的数字化双向传输通信系统。这些仪表与装置包括：变送器、阀门、指示器、回路调节器、PLC、PC 机、网桥、网关等。其结构型式有点对点、树形和带网桥的拓扑结构。

④先进控制技术。大型火电机组是一个复杂的控制对象，而且有的控制对象的动态特性表现出大时滞、非线性、分布参数、不定常系统，被控对象可能受到强烈的内外扰动。例如再热气温，中储式钢球磨煤制粉系统的调节品质都难以达到满意的结果；锅炉燃烧系统的最佳控制和快速诊断机组的运行事故，以及反事故措施等亟待解决的新课题都可通过计算机技术和现代控制理论的综合应用不断取得新的进展。

2.1.2　DCS 的基本结构及组成

DCS 一般由四个基本部分组成，即过程控制单元（或称过程控制站）、操作员站、工程师站和通信网络，可以简单地将其归纳为“三点一线”式的结构。典型 DCS 系统的基本结构如图 2.1所示。

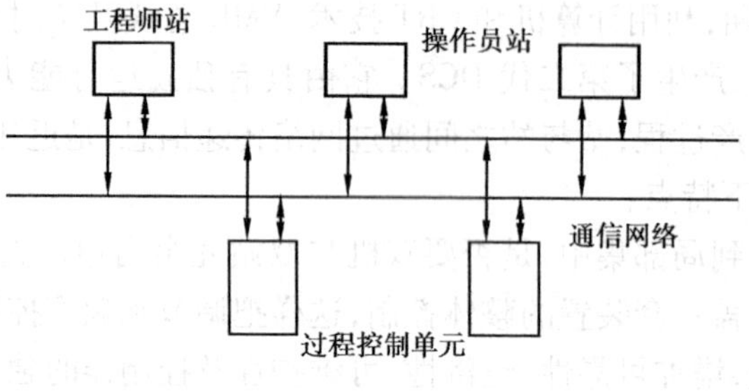

图 2.1　DCS 的基本结构

（1）过程控制单元

过程控制单元属于 DCS 的第一层，即过程控制级。其主要功能有三个：①将各种现场发生的过程量（流量、压力、液位、温度、电流、电压、功率以及各种状态等）进行数字化，并将这些数字化后的量存放在存储器中，形成一个与现场过程最一致的、能一一对应的、并性实际运行情况实时地改变和更新的现场过程量的实时映象；②将本站采集到的实时数据通过网络送到操作员站、工程师站及其他现场 I/O 控制站，以便实现全系统范围内的监督和控制，同时现场 I/O 控制站还可接收由操作站、工程师站下发的信息，以实现对现场的人工控制或对本站的参数设定；③在本站实现局部自动动控制、回路的计算及闭环控制、顺序控制等。这些算法一般是一些经典的算法，也可下装非标准算法、复杂算法。

过程控制单元是一个可独立运行的计算机监测与控制系统，它一般由机柜、供电电源、I/O卡件、通信连接卡和控制器（即控制计算机）组成，它与一般计算机系统相比又有所不同。过程控制单元一般不设置 CRT 显示器和操作键盘。

过程控制单元通过网络与操作员站和工程师站相连接。过程控制单元一般均放置在靠近过程装置的地方，它能适应工业生产现场的恶劣环境。但大多数系统安装时，用户仍把过程控制单元安装在传统的控制室，这样做，DCS 具有的地域分散的优点就没有得到利用。

过程控制单元是一个智能化的可独立运行的数据采集与控制系统，分散控制系统的过程控制功能由过程控制单元实现。控制器是过程控制单元的核心，控制器由 CPU、存储器等基本部分组成。要求控制器的实时性好，可靠性高。CPU 采用高性能的 16 位微处理器，第三代 DCS 采用 32 位微处理器。

过程控制单元的 I/O 卡件包括模拟量 I/O 卡，开关量（或数字量）I/O 卡及脉冲输入卡。根据生产过程采集的过程变量的个数及过程控制回路的数目可配置若干个过程控制单元。

（2）**操作员站**

操作员站是机组运行监控人员工作站，它是处理一切与运行操作有关的人机界面功能的网络节点，是 DCS 的人机接口。

DCS 可带一个或多个操作员站（一台大型火电机组可达 6 个），每个操作员站是通信网络上的一个站（或节点）。操作员站通过网络与工程师站及过程控制单元相连接。

一个操作员站由一个主机，一个或几个 CRT 显示器，一个操作键盘及打印设备，存储设备组成。DCS 的操作员站功能强、速度快、记录数据量大，因此对操作员站的主机性能要求高，一般采用 16 位或 32 位微处理器，内存量一般在 1 MB 以上，多数配到 2 ~ 4 MB。操作员站应选用信息处理和图形处理功能强的计算机作为主机。

操作员站的键盘为专用键盘。操作员键盘的分配和布置应充分考虑到操作直观、方便。操作员站专用键盘上的按键是根据系统操作的实际需要设立的。不同系统、不同型号的键盘在按键的多少、按键的功能和按键的排列设计上各有不同，各具风格，但通常具有数字和字母输入键、光标控制键、画面显示操作键、报警确认和消音键、运行控制键、专用或自定义功能键等基本按键，而且这些按键在键盘上一般是按功能相似的方法分组排列的。

（3）**工程师站**

工程师站是分散控制系统开发调试和维护接口的最主要设备，它是一个以个人计算机为基础的工具性设备，是对 DCS 进行离线的配置、组态工作和在线的系统监督、控制、维护的网络节点。其主要功能是提供对 DCS 进行组态、配置，并实时地监视 DCS 网络上各个节点的运行情况，使系统工程师可以通过工程师站及时调整系统配置及一些系统参数的设定，使 DCS 随时处在最佳的工作状态下。

工程师站的硬件配置与操作员站基本相同，工程师键盘为普通计算机用的键盘。工程师站通过网络与操作员站和过程控制单元相连接。

工程师站具有组态和系统监控两大功能：

1）工程师站所提供的组态功能

工程师站的最主要功能是对 DCS 进行离线的配置和组态工作。使 DCS 成为一个真正适用于某个生产过程使用的应用控制系统。一般包含如下一些功能：

①硬件配置组态功能。其中包含定义各个现场 I/O 控制站的站号，网络节点号等网络参数，站内的 I/O 配置，如各个 I/O 信号性质，信号类型等。

②数据库组态功能。定义系统中数据库的各种参数，系统的数据库包括实时数据库和历史数据库，实时数据库组态主要对个数据库点逐点定义其名称、工程量转换系数、上下限值、线性化处理、报警特性、报警条件等。历史数据库组态需要定义各个进入历史库的点的保存周期。

③控制回路组态功能。该功能定义了各个控制回路的控制算法、调节周期及调节参数、某

些参数等。进行控制回路的组态,最常用的为功能块图组态语言,它是用标准功能块(亦成算法块)互相级联,用上一块的输出作为下一块的输入,每一块完成一种特定的处理或计算,经过组合,形成一个完整的控制回路。

④逻辑控制及批控制组态。这种组态定义预先确定的处理过程。一般使用梯形图(Ladder)语言进行定义,该语言可以用图形表示各种处理条件及各个处理互相之间的联结关系。

⑤控制算法语言的组态。在有些情况下,特别是一些较特殊的控制处理,使用若干程序语句来处理会更加简单明了,因此,工程师站应该具有控制算法处理程序,以便进行算法语言定义。算法语言的主要方法是用一些类似程序语言的语句组合来描述一个控制过程,以实现预定的控制功能。

⑥操作员站显示画面的组态。使用在 CRT 屏幕上以人机交互方式直接作图的方法生成显示画面,这种方式的优越性在于其工作效率极高,全部定义工作直观具体,实现了"所见即所得"的定义方法。实时画面由两部分组成的,一部分是静态画面,亦称背景图形;另一部分是动态点,包括实时更新的状态和检测值、"热点"活动按钮、设定值使用的滑动杆和滚动条等。另外,还需要定义各种多窗体显示特性。

⑦报表组态。利用 CRT 屏幕以人机交互方式直接设计报表,包括表格形式及各个表项中所包含的实时数据和历史数据。利用 CRT 设计的报表基本上可以和实际打印出的报表格式一致,因此工作效率很高,而且具有极大的灵活性。

⑧操作安全保护组态。对于操作员,最重要的任务是保证操作的正确性,防止误操作,特别在一些比较重要的、带有危险性的生产过程中,操作员的操作更加需要十分谨慎。除了误操作外,还要防止越权操作,即不在操作员权限范围内的操作应该闭锁,因此操作员站必须有口令保护,以保证操作安全性,并要对操作员的所有操作命令进行记录。对于一些重要的操作命令,还需要进行口令复核和操作复核,以防止意外发生,操作安全保护组态的功能就是定义每个操作员的口令,操作权限及操作范围,以便在运行时进行检查和记录。

2)工程师站对系统的监控功能

与操作员站不同,工程师站必须对 DCS 本身的运行状态进行监视,包括各个现场 I/O 控制站的运行状态、各个操作员站的运行情况、网络通信情况,等等。一旦发现异常,系统工程师必须即时采取措施,进行维修或调整以使 DCS 能保证长时间连续运行,不会因为对生产过程的失控而造成损失。另外,有些对组态的在线修改功能如上下限设定值的改变、控制参数的调整、对某个测点或多个测点,甚至某个现场 I/O 站的离线直接操作等。

(4)DCS 的系统网络

DCS 系统网络的作用是通过网络实现过程控制单元与操作员站、工程师站之间的信息传送、数据交换、数据共享。

DCS 所采用的通信网络为局域网,它在很多方面的要求不同于通用的计算机网络。首先,它是一个实时网络,也就是说网络需要根据现场通信实时性的要求,在确定的时限内完成信息的传送。这里所说的"确定"的时限,是指无论在何种情况信息传送都能在这个时限内完成,而这个时限则是根据被控制过程的实时性要求确定的。根据网络的拓扑结构,大致可以分为星形、总线形和环型三种。星形网由于其必须设置一中央节点,各个节点之间的通信必须经由中央节点进行,这种变相的集中系统不符合 DCS 的设计原则,因此此星形网基本上不被各 DCS 厂家采用。目前应用最广的网络结构是环形网和总线型网。在这两种结构的网络中,各个节点可以说是平等的，任意两个节点之间的通信可以直接通过网络进行，而不需其他节点的介入。

2.2　单元火电机组的模拟量控制

单元火电机组的模拟量控制是分散控制系统实现的最重要和最复杂的功能，用于完成对单元主机及辅助系统的闭环调节控制。MCS 由起上位控制作用的 CCS 和起直接控制作用的机、炉各子控系统组成。集控操作人员应熟练掌握 MCS 主控和各子控系统的调控内容及规律。在监盘操控时，熟练跟踪 MCS 的自动调控过程；当自动调控出现异常时，正确的切换到手动调控方式。

2.2.1　对 MCS 的基本要求

1）应将锅炉-汽机-发电机组作为一个单元整体进行控制，使锅炉和汽机同时响应控制要求，确保机组快速和稳定地满足负荷的变化，并保持稳定的运行。

2）控制系统满足汽机安全启、停及定压、滑压运行的要求。

3）控制系统应划分为若干子系统，子系统设计应遵守“独立完整”的原则，以保证数据通讯总线上信息交换量最少。

4）冗余组态的控制系统，在控制系统出现局部故障时，不会引起机组的危急状态，并将这一影响限制到最小。

5）CCS 协调控制系统应该与机组模拟量控制系统 MCS、汽机控制系统 DEH、汽机旁路控制系统 BPCS、燃烧器控制和炉膛安全系统完全协调。在不投油最低稳燃负荷至 100% MCR 的负荷变化范围，协调控制及子系统应能自动运行。

6）控制的基本方法是必须直接并快速地响应代表负荷或能量指令的前馈信号，并通过闭环反馈控制和其他先进策略，对该信号进行静态精确度和动态补偿的调整。

7）控制系统应有联锁保护功能，以防止控制系统错误的危险动作，联锁保护系统在锅炉及锅炉辅机安全工况时，应为维护、试验和校正提供最大的灵活性。

8）如系统某一部分必须具备的条件不满足时，联锁逻辑应阻止该部分投“自动”方式，同时，在条件不具备或系统故障时，系统受影响部分应不再继续自动运行，或将控制方式转换为另一种自动方式。

9）控制系统任何部分运行方式的切换，不论是人为的还是由联锁系统自动的，均应平滑进行，不应引起过程变量的扰动，并且不需运行人员的修正。

10）当系统处于强制闭锁、限制、辅机故障减负荷（RUN-BACK）或其他超驰作用时，系统受其影响的部分应随之跟踪，并不继续其积分作用（积分饱和）；在超驰作用消失后，系统所有部分应平衡到当前的过程状态，并立即恢复其正常的控制作用，这一过程不应有任何延滞，并且被控制装置不应有任何不正确的或不合乎逻辑的动作。应提供报警信息，指出引起各类超驰作用的原因。

11）对某些重要的关键参数，采用三重冗余变送器测量。对三重冗余的测量值，系统应自动进行三取中值；如其中某两只变送器的信号超过预先整定的范围时，则控制系统受影响部分应切换至手动。

12)控制系统的输出信号应为脉冲量(有源或无源)或4~20 mA · DC连续信号,并应有上下限定,以保证控制系统故障时机组设备的安全。

13)控制系统应监视设定值与被控变量之间的偏差,当偏差超过预定范围时,系统应将控制切换至手动并报警。

14)风机、泵、磨煤机等跳闸,应将与之对应的控制系统切换至手动运行方式。

15)当两个或两个以上的控制驱动装置控制一个变量时,可由一个驱动装置维持自动运行。运行人员还可以将其余的驱动装置投入自动,而不需要手动平衡以免干扰系统。当追加的驱动装置投入自动后,控制作用应自动适应追加的驱动装置的作用,即不管驱动装置在手动或自动方式的数量如何组合变化,控制的作用应是恒定的。

16)对多控制驱动装置的运行提供偏置调整,偏置应能随意调整,新建立的关系不应产生过程扰动。

17)在自动状态,设置一个控制驱动装置为自动或遥控时,不需进行手动平衡或对其偏置进行调整,并且,不论此时偏置设置的位置过程偏差的幅度如何,均不应引起任何控制驱动装置的阶跃变化。

2.2.2 MCS包括的项目及控制精度要求

(1)MCS实现以下模拟量调节项目

机炉负荷协调控制(功率和压力反馈控制)、燃料量控制、磨煤机煤量(一次风量)控制、磨煤机煤位(给煤机转速)控制、辅助风控制、磨煤机出口温度控制、磨煤机密封风/磨机差压控制、一次风压控制、热一次风温控制、送风量控制、炉膛压力控制、燃油流量/压力控制、给水控制、过热蒸汽温度控制、再热蒸汽温度控制、给水泵再循环流量控制、凝汽器水位控制、凝结水再循环流量控制、除氧器压力和水位控制、高低加水位控制、汽机轴封压力控制、汽机润滑及EH油温控制、连续排污扩容器水箱水位调节等。

(2)控制精度要求

主要模拟量与设定值的调节偏差极限保证值,按各种“负荷状态”要求如下(以某600 MW机组为例):

负荷状态	稳　态	慢速变化	快速变化
每分钟平均变化:低于/%	±1	±3	±5
蒸汽压力/MPa	±0.2	±0.2	±0.4
炉膛压力/Pa	±50	±70	±80
氧量:低于/%	±0.5	±0.7	±1.0
风粉混合温度/℃	±3.0	±3.0	±4.0
汽包水位/mmH_2O	±20	±30	±40
过热汽温/℃	±4	±5	±7
再热汽温/℃	±5.0	±5.0	±8.0

2.2.3　主要模拟量控制系统的控制规律

(1)机炉负荷协调控制

1)单元机组协调控制系统的组成

协调控制是单元机组机、炉模拟子控的上层控制也称为负荷主控。负荷主控的任务是:保证机组输出功率迅速满足电网需求;快速协调锅炉与汽机间的能量供求平衡关系,使输入机组的热量尽快与机组的输出功率相适应并维持主汽压力为设定值;在各种负荷工况下确保机组安全运行。

在单元机组的运行过程中,引起被调量变化的原因是各种内、外部扰动,而控制系统的任务则是要克服扰动对被调量的影响,使被调量始终保持在生产过程允许的数值。

单元机组运行过程中最主要的扰动是外界电、热负荷的变化,当电网负荷发生变化时,就需要调整电网中运行机组的负荷,即改变汽轮机进汽量,以调整汽轮发电机的输出功率;改变锅炉的燃烧率及给水量,以调整锅炉输出的热负荷。

如何快速地响应外界负荷的需求,同时尽可能保持机组稳定运行是单元机组负荷控制的中心问题。在锅炉和汽轮机以母管制方式运行时,当某台机组的负荷需求改变,由汽轮机调节系统改变调节汽门的开度,以适应负荷需要,并由各台并列运行的锅炉保证母管汽压。在这种情况下,汽轮机负荷变化初期完全依靠锅炉储备能量的变化,而不是改变燃烧率与给水量。因此,当汽轮机调节汽门动作时,随着输出功率的变化,虽然母管压力也同时改变,但由于并列运行锅炉的储备能量相对较大,故汽压变化较小。这就允许锅炉和汽轮机在负荷变化时相对独立地进行负荷调节。在现代电网中单元制火电机组所占的比例越来越大,同时电网结构变化使负荷峰谷差逐步加大,因此,要求相应提高单元制火电机组变负荷的能力,以迅速满足电网负荷变化的需求。

在单元机组的运行过程中,锅炉和汽轮发电机组共同适应外界负荷的需要,也要共同保证内部参数的稳定。单元机组的输出功率与负荷要求是否一致反映了机组与外界电网之间能量供求的平衡关系,而主蒸汽压力则反映了机组内部锅炉与汽轮发电机组之间能量供求的平衡关系。只有锅炉燃烧产生的热能与进入汽轮机的蒸汽热能相平衡,主汽压力才能稳定。因此,就单元机组的负荷控制而言,锅炉和汽轮发电机组是一个不可分割的整体,是一个联合控制对象,机组的功率和主汽压力是两个联合控制的被调量。

锅炉和汽轮发电机组在响应外界负荷时的动态特性有很大差异。在单元机组内部,锅炉和汽轮机是相对独立的对象,它们有各自的调节控制机构。从控制负荷的角度看,其动态特性很不一样。锅炉从燃烧率的改变到出口压力的变化,其过程惯性很大;而汽轮发电机组从蒸汽流量的改变到输出功率的变化,其过程惯性相对较小。即汽轮发电机组负荷响应快而锅炉负荷响应慢。所以单元机组内外两个能量平衡关系互相制约,外部负荷响应性能与内部运行参数稳定性之间存在固有矛盾,即机组输出功率和主蒸汽压力的控制之间存在矛盾。根据这一特点,单元机组在实施负荷控制时,必须很好地协调机、炉两侧的控制动作,合理保持好内、外能量供求的平衡关系。具体来说,就是对外保证单元机组尽可能有较快的功率响应和一定的调频能力,对内保证主蒸汽压力偏差在允许范围内。

为了单元机组安全经济运行,必须将生产过程中的主要工艺参数,如主蒸汽压力、温度、再热蒸汽温度、锅炉汽包水位、炉膛气压、过剩空气系数、汽轮机转速等严格地控制在规定的范围内。为此需设置相当数量的基本控制系统，它们是：汽轮机 DEH 控制系统、锅炉燃烧控制系统、给水控制系统、蒸汽温度控制系统、汽轮机旁路控制系统等。单元机组的机、炉两大被控对象动态特性差异大，但又是一个发电整体，为此需要在汽轮机和锅炉的多个基本控制系统之上设置一个上位协调控制系统，来实施汽轮机与锅炉在响应负荷要求时的协调动作。协调控制系统的基本组成如图 2.2 所示。

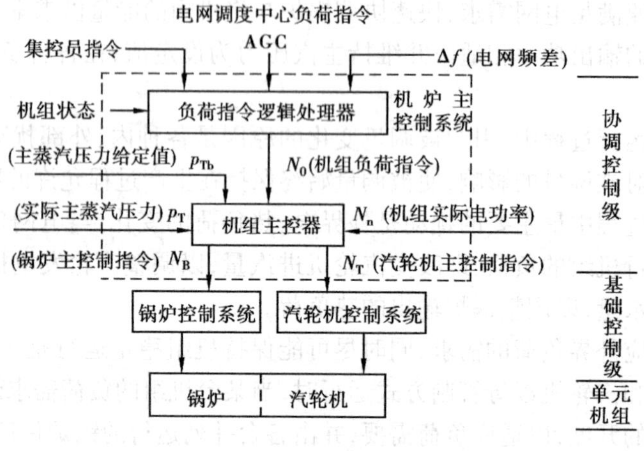

图 2.2　单元机组协调控制系统的组成

协调控制系统由负荷指令逻辑处理器和机组主控制器两部分组成，起着上位控制作用。而锅炉、汽机各子控制系统是机组控制的基础级，起着对热力系统中诸多控制对象的直接控制作用。它们的控制质量将直接影响负荷控制质量，只有在组织好各子控制系统并保证其具备较高控制质量的前提下，才能组织好协调控制，达到要求的控制质量。

协调控制系统主要功能是：根据外界负荷需求指令和机组当前的完好状态，通过负荷指令逻辑处理器，给出机组的实际负荷指令；通过机组主控制器的功率及主汽压力两个闭环控制的协调配合，向锅炉主控器和汽轮机主控器发出各自所需的负荷指令（使锅炉主控器去控制燃烧率及给水、汽轮机主控器去控制调门开度），实现对机组负荷的上层优化控制，改善机组的调节特性，增强机组对负荷变化的适应能力。

2）负荷指令逻辑处理器的组成及功能

协调控制系统的负荷指令逻辑处理器由负荷指令运算回路和负荷指令限制回路两部分组成，如图 2.3 所示。

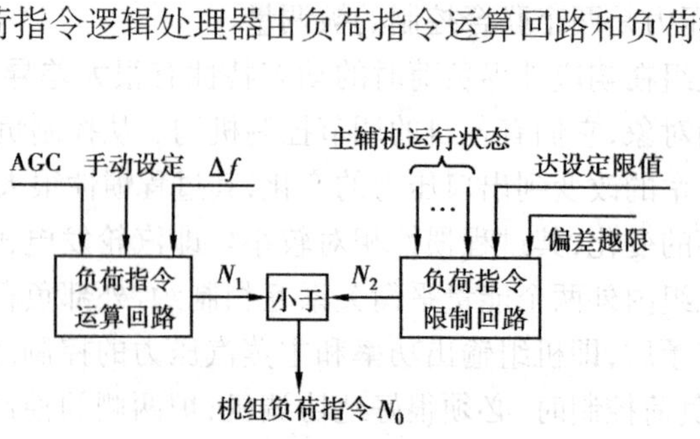

图 2.3　负荷指令逻辑处理器组成

单元机组协调控制系统通常可以接受来自三个方面的负荷指令，形成单元机组的目标负荷指令。目标负荷指令可以在不考虑单元机组运行状态的条件下加以改变。但协调控制系统必须根据当前机组的运行状态、负荷变化的承受能力、设备的安全保护及负荷跟踪能力等因素，对目标负荷指令进行必要的选择与设限处理，以形成单元机组能够接受的实际负荷指令 N_0。

负荷指令逻辑处理器的功能为以下几方面：

①选择并形成外部负荷指令。根据电网对机组的负荷请求和机组的实际运行状态，从所接受的电网调度中心负荷指令、集控人员手动设定负荷指令和电网频率自动调整指令 Δf 三者中，选择其中一种或两种指令。一般，在机组带固负荷时，选择手动设定负荷指令；在机组带变动负荷并以协调控制方式运行时，选择 AGC 指令；在机组参与电网一次调频时，选择 Δf 指令。其中集控人员手动设定负荷指令和 AGC 指令不能同时被选择，但它们均可分别与 Δf 指令一起被选择。

②根据当前机组运行状态产生内部负荷限制指令。机组在运行时会因局部设备故障或异常而使实际出力受限，为使机组在允许的出力范围内正常工作，负荷指令逻辑处理器中设置了各类出力限制回路。集控人员可通过机组主控器的操作界面，根据机组运行情况投用。

③对所选择的外部负荷指令与内部负荷限制指令进行比较，向机组主控器给出适合于单元机组运行状态的机组负荷指令 N_0。

负荷指令运算回路的主要任务是：根据负荷控制要求选择目标负荷指令的形成方式；考虑汽轮机等主设备热应力变化的要求和机组负荷跟踪能力，对目标负荷指令信号进行适当的变化率限制；对机组参加电网调频所需负荷指令信号的幅值及调频范围作出规定；综合以上因素给出机组目标负荷指令 N_1。

负荷指令限制回路的主要任务是：根据主辅机运行状态、指令是否达设定的上限或下限、参数偏差是否越限等输出允许负荷 N_2，将 N_1 与 N_2 经小值选择器选择后输出，作为机组负荷指令 N_0。显然，当机组状态正常时 N_0 即为 N_1。可见负荷指令限制回路主要作用是对机组的主机、主要辅机的设备的运行状况进行监视，一旦发生故障而影响机组的实际负荷，或危及机组的安全运行时，就要对机组的负荷要求指令进行必要的处理与限制，以保证机组能够继续安全、稳定的运行。

单元机组的主机、主要辅机或设备的故障因素大致上有两类：第一类为跳闸或切除，这类故障的来源是明确的，可根据切投状况直接加以确定；第二类为工作异常，这类故障往往无法直接确定，只能通过测量有关运行参数的偏差间接确定。针对上两类故障因素，负荷指令限制回路设置了相应的处理功能，以形成内部负荷限制指令。

3）内部负荷限制指令

①最大/最小允许负荷限制指令。该指令的作用是保证机组的实际负荷指令不超越机组的最大或最小允许负荷值。

最大、最小允许负荷值可由集控员手动设定，但是，最大允许负荷设定值必须受机组最大可能出力值的限制。

②辅机故障减负荷（RUN BACK，简称 RB）指令。运行中容易触发此类指令的设备有：引、送风机，一次风机，给水泵，磨煤机，燃烧器，空预器，发电机冷却设备等。

该指令根据运行中的上述主要辅机是否部分故障跳闸来给出。自动将主机负荷减至与主要辅机的能力相适应的最大可能出力值，同时限定机组的减负荷速率。

机组的最大可能出力由投入运行的主要辅机的台数确定。对于某一种辅机，每台都有一个对应机组容量的负荷百分数。根据共同运行的台数,将它们的负荷百分数相加,即可确定该种辅机所承担的最大可能出力。例如一台锅炉配用两台容量为50%的送风机,两台同时运行时,带100%负荷。若其中一台退出运行,则由送风机决定的机组最大可能出力值就减少到50%。又如,配用五台容量百分数为25%的磨煤机,由磨煤机决定的机组最大可能出力值为 $n\times25\%$,其中 n 为投入运行的台数。当 n 大于或等于4时,最大可能出力值为100%。再如,若配用三台给水泵,其中两台容量百分数为50%,一台为30%,则根据不同投运台数,由给水泵决定的机组最大可能出力值有100%,80%,50%,30%几挡,其他辅机以此类推。

由此可见,根据各种主要辅机投入运行的台数很容易在线地识别与计算出机组的最大可能出力值,图2.4为某单元机组辅机故障减负荷功能的设计方案。

该机组配用预热器、送风机、引风机和一次风机各两台,容量百分数均为50%。若以上辅机都在运行,则切换器 $T_1\sim T_4$ 选通 a,由它们决定的机组最大可能出力为100%。若其中某种辅机有一台跳闸,则对应的切换器选通 b,该种辅机决定的最大可能出力值减至50%。

该机组配用三台给水泵,其中两台为容量百分数50%的汽动泵,一台为30%的电动泵。根据运行台数的各种可能组合,相应的机能最大可能出力值计算用表2.2说明。

表2.2 由给水泵决定的机组最大可能出力计算

给水泵投运状况	最大可能出力/%	切换器(T_5)状态
一台电泵	30	d
一台汽泵	50	c
一台电泵、一台汽泵	80	$b+d$
两台汽泵	100	a
两台汽泵,一台电泵	100	a

本机组配用5台容量百分数为25%的磨煤机。根据不同投运台数,由切换器 T_6 选通对应的最大可能出力值(共有四挡:25%,50%,75%和100%)。

此外还考虑了发电机定子失去冷却水时的负荷返回。正常情况下,切换器 T_7 选通 a,异常时选通 b,机组最大可能出力值减至65%。

图2.4中低值选择器选出各种辅机中负荷百分数的最小值,作为机组的最大可能出力值。

辅机故障减负荷速率的规定:当机组的主要辅机跳闸或切除时,最大可能出力值阶跃下降。为了保证机组在减负荷过程中能够安全、稳定地继续运行,必须对最大可能出力值的变化速度进行限制。一般,对于不同辅机的跳闸,要求的减负荷速率是不同的。例如,正常工况下,跳一台同容量百分数的给水泵所要求的减负荷速率通常比跳一台送风机的要大。因为,当一台给水泵跳闸时,初期流入锅炉的给水量比流出的蒸汽流量小许多,因此,必须快速减小蒸汽负荷,以防锅炉干烧而使事故扩大,而一台送风机跳闸可相对缓慢地减负荷、否则会造成过大的扰动。

某300 MW机组辅机故障减负荷(RB)案例:当机组在TF,BF,CCS方式运行时,产生下列情况任一时,将自动快速减荷至相应负荷值,并且改为TF方式运行:

机组负荷指令超过150 MW,发生一台送风机跳闸或停运,将自动快速减荷至150 MW。

机组负荷指令超过150 MW,发生一台吸风机跳闸或停运,将自动快速减荷至150 MW。

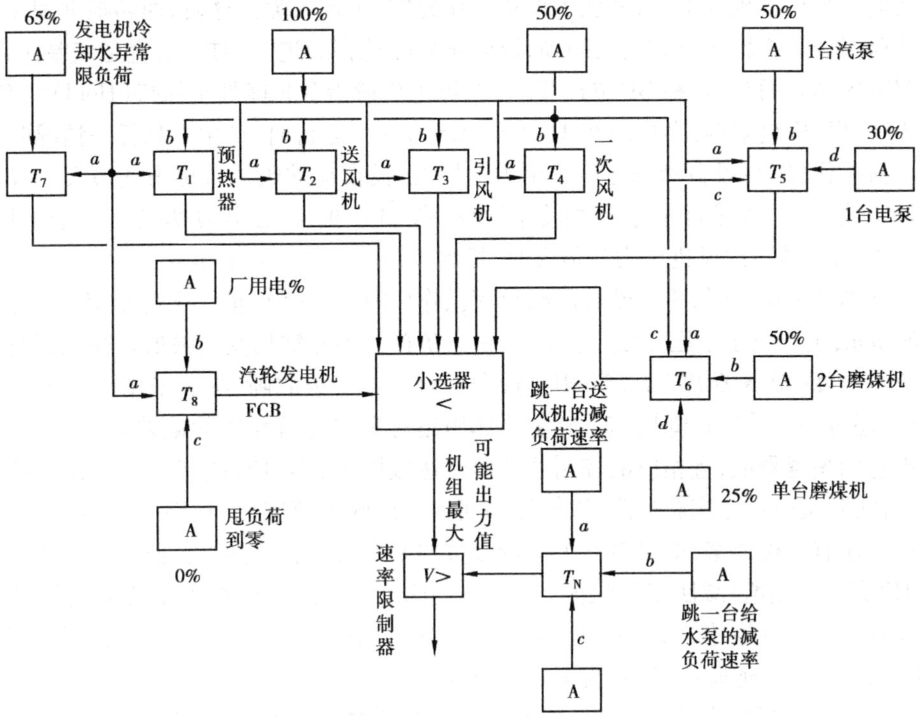

图 2.4 辅机故障减负荷功能原理

机组负荷指令超过 150 MW，发生两台给泵跳闸或停运，将自动快速减荷至 150 MW。

机组负荷指令超过 150 MW，发生一台空预器跳闸或停运，将自动快速减荷至 150 MW。

机组负荷指令超过运行磨煤机台数对应的最大负荷时（每台磨煤机对应的负荷为 75 MW），发生磨煤机跳闸，将自动快速减荷至运行磨煤机台数所对应的最大出力。

某 600 MW 机组 RB 速率的确定：RB1（由引、送及一次风机，空预器、给水泵跳闸引起）速率为 200 MW/min；RB2（由磨煤机跳闸引起）速率为 100 MW/min。

③机组快速切负荷（FAST CUT BACK，简称 FCB）指令。该指令的主要作用是，当断路器或汽轮发电机发生跳闸时，快速切断负荷指令，维持机组带厂用电运行或空负荷运行。

主机跳闸的负荷快速切断通常考虑两种情况：一种是用电负荷跳闸，机组仍维持厂用电运行，即不停机不停炉；另一种是发电机跳闸，汽轮机关闭主蒸汽门，由旁路蒸汽系统维持锅炉继续运行，即停机不停炉。对于第一种情况，负荷指令必须快速切到厂用电负荷值；对于第二种情况，负荷指令应快速切到零（锅炉仍维持最小负荷运行）。

机组快速切负荷功能的实现与辅机故障减负荷相似。只不过减负荷的速率要大得多。图 2.4所示方案中也考虑了汽轮发电机的负荷快速切断。正常工况下，切换器 T_8 选通 a。当发生送电负荷跳闸或发电机跳闸时，T_8 选通 b 或 c，使负荷指令骤减。

④负荷闭锁增/减回路（BLOCK INCREASING/BLOCK DECREASING，简称 BI/BD）。机组存在一类可能导致机组实际负荷的增减受到限制，但不能立即直接加以识别的故障因素，例如，燃烧器喷嘴堵塞、风机挡板卡涩、执行器连杆折断、给水调节机构故障，等等。这类故障属设备工作异常情况，即第二类故障，出现这类故障时会造成诸如燃料量、空气量、给水流量等运行参数的偏差增大。本回路的主要作用是，对这些运行参数的偏差大小和方向进行监视。如

果其中任何一个超出规定限值，就认为设备工作异常，出现故障。这时，回路根据偏差的方向，对实际负荷指令实施增或减方向的闭锁，以防止故障危害的进一步扩大，直至偏差回到规定限值内才解除闭锁。而当 BI 和 BD 同时发生时，机组负荷指令只能处于保持(Hold)状态。

某 300 MW 机组案例：当机组在 TF，BF，CCS 方式下运行时，产生下列任一情况时，将中断自动增负荷操作(BI)：投自动的送风机出力达最大，投自动的吸风机出力达最大，主汽压力大于压力设定值 3%，总燃料量小于指令值 5%，投自动的给泵出力达最大，汽包水位低于 -60 mm，投自动的一次风机出力达最大时，机组负荷达到最大限制负荷。

产生下列任一情况时，将中断自动减负荷操作(BD)：总燃料量大于指令值 5%，汽包水位大于 +60 mm，主汽压小于压力设定值 3%，机组负荷控制器输出受到最低负荷限制时。

⑤负荷迫降(RUN DOWN，简称 RD)指令。对于第二类故障，除了采用负荷闭锁增/减措施外，通常还进一步采取迫降措施。其主要作用是对有关运行参数的偏差大小和方向进行监视。如果它们超越限值，且相应的控制器输出已达极限值，不再有调节余地，则回路根据偏差的方向，对实际负荷指令实施迫降，以使偏差回到允许限值范围内，从而达到缩小故障危害的目的。此外还有一种方案，即只对有关运行参数的偏差大小和方向进行监视，一旦它们超越限值(此限值高于闭锁增/减回路的限值)，即实施迫降。由此可见，如果说负荷闭锁增/减(BI/BD)是“消极防守”性措施，那么负荷迫降(RD)则是“积极进攻”性措施，从偏差允许限值范围看，一般，前者为第一道防线，后者为第二道防线。

RD 发生的规律是：当发生 BI 后，主要参数偏差还继续增大，超过设定的最高允许值时系统将发出 RD 指令，将机组负荷减小到与主要参数偏差允许值相适应的水平上。

综上可见，负荷指令逻辑处理器根据机组设备完好情况和控制要求来自动或手动选择机组的控制方式。不同的控制方式接受外部负荷指令的情况也不同：机组正常、电网要求机组调频时可接受 AGC、集控员设置、Δf 三个指令进行选择；若机组出力受到自身健康状态限制时则对三个外部指令一律不接受，只能根据机组可能达到的最大实际出力运行。总之，负荷管理控制中心完成负荷指令的自动选择和处理，然后发出机组能适应的负荷指令。

4)机组主控制器的负荷控制方式

单元机组主控制器依靠机组功率反馈和压力反馈两个闭环控制回路实施上层控制。其负荷控制方式如图 2.5 所示，该图通过切换开关 T_1，T_2，T_3，T_4 的不同组合，可以形成多种不同的负荷控制方式，其中有三种最基本形式：炉跟机负荷控制方式(BF 或 BF-CCS)、机跟炉负荷控制方式(TF 或 TF-CCS)和机炉综合协调(CCS)负荷控制方式。

①炉跟机负荷控制方式。锅炉跟随的负荷控制方式的控制过程是：当负荷要求改变时，首先改变汽轮机的调节汽门的开度，以改变汽轮机的进汽量，使发电机的输出功率迅速与负荷要求相适应。当汽轮机调节汽门开度变化的同时，锅炉出口主蒸汽压力随即改变，通过汽压调节器改变加入锅炉的燃料量、送风量。这种由汽轮机来控制机组的输出功率、由锅炉调节汽压的方式也就是常规的机、炉分别控制方式。在负荷要求改变时，汽轮发电机组输出功率的改变很大程度上依靠锅炉的蓄热。这种控制方式机炉有明确的控制分工，即锅炉控制主汽压力，汽轮机控制机组负荷。因为锅炉热惯性大，汽轮发电机时间常数小，所以这种方式虽然能较快地适应负荷，但是汽压的变动较大，故此方式为纯 BF。

工程上适用的炉跟机方式是在纯 BF 的基础上，在机侧加上功率前馈，炉侧加上能量平衡信号的比例微分前馈，即 BF-CCS。

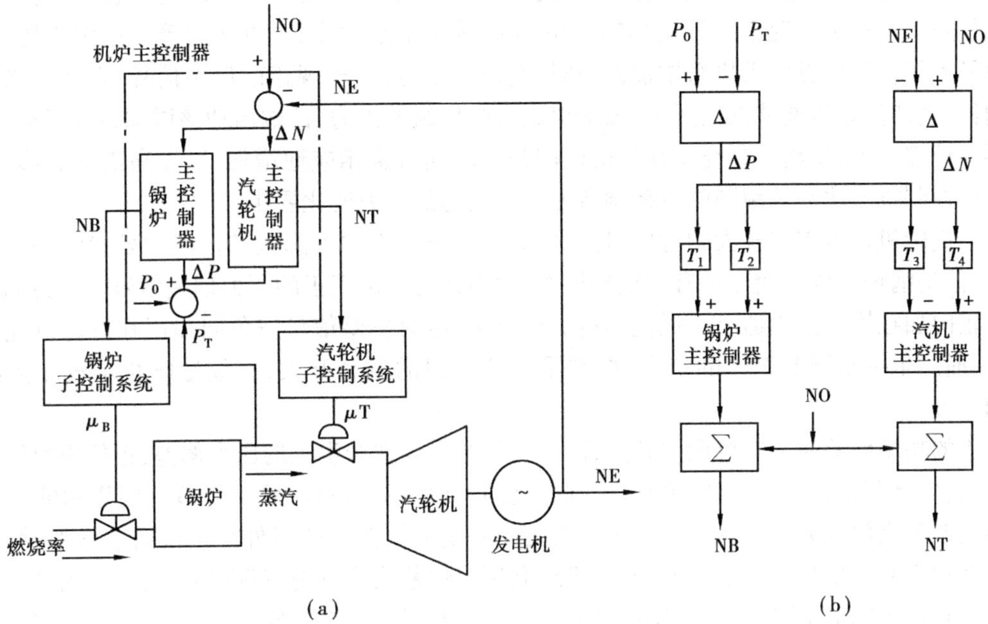

图 2.5　单元机组的负荷控制方式

(a)控制系统结构示意图;(b)控制系统原理图

锅炉跟随的负荷控制方式一般用于下列情况:当单元机组中的锅炉设备正常运行,机组的输出功率受到汽轮机的限制的时候,承担调峰负荷的机组或锅炉蓄热能力较大的机组。

②机跟炉负荷控制方式。汽轮机跟随的控制方式的工作过程是:当外界负荷需求突然增大的时候,给定功率信号增加,首先是锅炉的控制信号增大,即功率控制器的输出增大,增加燃烧率。随着炉内燃烧加强,主汽压力升高,为了维持主汽压力不变,主汽压力调节器输出指令开大汽轮机调节汽门,增大汽轮机的进汽量,以增加汽轮发电机的输出功率,从而使发电机输出功率与给定功率逐步平衡。

在这种控制方式中,机炉具有明确的控制分工,锅炉控制机组的负荷,汽轮机控制主汽压力。用控制汽轮机调节门开度来保持压力,主汽压力变化小,这对锅炉运行的稳定性具有较大的好处。但是,汽轮发电机功率必须等待主汽压力升高后才能增加上去,由于锅炉燃料量输送、燃烧及传热过程较大的滞后,使机组输出功率响应有较大的滞后。这样,对发电机出力控制的反应就比较慢,这对电力系统的负荷控制与频率调整是不利的,故此方式为纯 TF。

工程上适用的机跟炉方式是在纯 TF 的基础上,在机侧加上功率前馈,炉侧加上能量平衡信号的比例微分前馈,即 TF-CCS。

汽轮机跟随的负荷控制方式一般用于下列情况:承担基本负荷的单元机组;当新机组刚投入运行,经验还不足的时候;当单元机组中汽轮机运行正常、机组输出功率受到锅炉限制时,也可以采用该控制方式。

③机炉综合协调负荷控制方式。上述两种负荷控制方式具有各自的优缺点,机炉协调的负荷控制方式就是将上述两种负荷控制方式结合起来,使整个机组的实际发电功率能够迅速响应给定功率变化的同时,又能保持锅炉产生的蒸汽与流入汽轮机的蒸汽及时平衡,维持主汽压力基本稳定。这种能将功率控制与压力控制结合起来的系统是比较理想的控制系统。

在机炉综合协调的负荷控制方式中，锅炉与汽轮机的调节器同时接受机组功率与压力的偏差信号。在稳定工况下，机组的实际发电功率等于给定功率，主汽压力等于给定汽压，其偏差信号为零。当外界要求机组增加出力时，给定功率增加，出现正的偏差信号，它加到汽轮机控制器，会使汽轮机调节汽门开大，增加汽轮发电机组的出力，使输出功率增加；功率偏差信号加到锅炉控制器，使锅炉燃烧率在汽机调门开大的同时也相应地增加，以提高锅炉的蒸发量。可见该控制方式比锅炉跟随的负荷调节方式所引起的压力变化要小。

当汽轮机调节汽门开大的时候，将立即导致主汽压力的下降，这时，锅炉虽然已经增加了燃料，但是锅炉汽压的变化是有一定延迟的，因而此时会出现正的压力偏差信号。压力偏差信号按正向加在锅炉控制器上将促使燃料加得更多；压力偏差信号按负向作用在汽轮机控制器上，因而产生关小调节汽门的指令，抑制了调节汽门的过分开大，有效地防止了汽压大幅度波动。

正的功率偏差使汽轮机调门开大，而开大的结果导致产生正的压力偏差，正的压力偏差作用于汽轮机调节器又使该阀门关小。因此，这两个偏差信号对汽轮机调节汽门作用的结果是力图使调节汽门开大一定程度后继续开大受到一定的限制。即当外界负荷需求增加时，调节汽门在功率调节信号作用下迅速开大，机组利用锅炉蓄热及时响应负荷需求，而当锅炉蓄热的利用导致汽压明显下降时，主汽压信号的作用就抑制了调节汽门的过调，从而防止主汽压力的大幅度变化，这也体现了协调控制的基本思想。

功率偏差信号和压力偏差信号均使锅炉燃烧量加大，经过一定时间延迟后，主汽压力将升高，压力偏差信号将逐渐消失。同时汽轮机调节汽门在功率偏差和逐渐上升的主汽压力信号作用下，将继续开大，以提高机组出力，使功率偏差逐渐减小。最后功率偏差与压力偏差均趋于零，机组在新的出力下达到新的平衡状态。由于功率调节信号是同时作用于汽轮机和锅炉的，所以它比锅炉跟随方式有更快的功率响应。

从协调控制方式的上述动作过程可以看出，这种控制方式一方面利用调节汽门作用，在锅炉允许的汽压变化范围内，利用锅炉的一部分蓄热量，适用负荷的需要；另一方面又向锅炉迅速补进燃料。通过这样的协调方式，单元机组实际输出功率能迅速响应给定功率的变化，又能保持主汽压的相对稳定。

当单元机组正常运行需要参加电网调频时，应该采用机炉联合的协调控制方式。为了适应机组的不同运行工况，单元机组的负荷调节系统应当考虑同时具备几种调节方式的可能，以便运行人员可以根据机组运行实际，任意选择其中一种调节方式。

④直接能量平衡控制（DEB-BF-CCS）。为了进一步完善 CCS 的控制特性，在广为应用的 BF-CCS 方式的基础上，将机侧能量需求信号 P_1（调节级后压力）经一前馈调节器 PI 引入锅炉主控器，可快速改变锅炉的燃烧率指令，使锅炉侧输出能量与汽机侧输入的能量很快保持平衡。为了消除锅炉侧燃料内扰引起的负荷误调，机侧能量需求信号 P_1 需引入炉侧内扰修正（修正系数 $=P_0/P_T$，P_0 为主汽压设定值，P_T 为主汽压实测值）。这被公认为是最好的 CCS 控制方案，称为直接能量平衡控制（DEB-BF-CCS）。

直接能量平衡前馈信号有两种，一是上述的压比修正信号 $P_1(P_0/P_T)$；另一种是采用压差修正的能量平衡信号，其形式为 $P_1[1+K(P_0-P_T)]$。

⑤滑压运行协调控制。滑压运行的特点：汽机调门开度维持某固定开度不变，主汽压力随机组负荷指令而变化，主汽温及再热汽温基本维持不变。

滑压运行的优点:降负荷时,可减少汽机调门开度变化引起的节流损失和给水泵耗功;汽机各级温度基本不随负荷变化,故热应力及热变形小,机组变负荷的速率不受汽机热应力的限制。

滑压运行的缺点:因汽压调节的迟缓,使滑压运行的负荷响应比定压运行慢,但通过在炉侧引入DEB信号可使其得到改善。

滑压运行协调控制与定压运行协调控制的区别:主汽压力给定值的形成方式不同。定压运行的主汽压力给定值由操作员设定,为单一固定值。滑压运行的主汽压力给定值随负荷呈一定函数关系自动变化。

综合定压与滑压运行的优点,单元机组变负荷的运行方式为:定—滑—定的复合方式,主汽压力的设定值用分段函数形成,如图2.6所示。

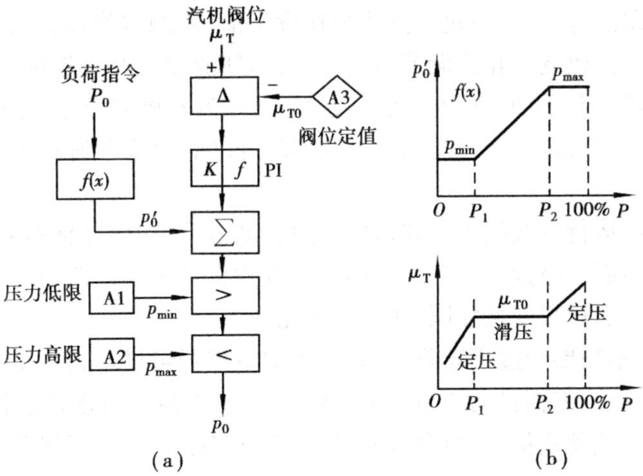

图2.6　滑压运行主汽压力设定值形成原理图

(a)原理图;(b)各量之间关系图

⑥手控方式。手控方式也称基本运行方式。当炉侧和机侧的主辅设备或控制系统部分故障或机组在启动状态时,机组主控系统处于跟踪状态。机、炉各自的出力通过各自的子控系统(即燃料控制子系统和汽机DEH)自行调整。

⑦机组主控制器的操作内容。机组主控画面是集控运行的主要监控界面,不同DCS厂家组态形成的机组主控画面风格各异。一般,在CCS的主控画面上进行的操作如下:

选择机组运行及控制方式(定压、滑压、机跟炉、炉跟机、CCS、手控);

设置机组需求负荷;

设置负荷变化率;

设置机组负荷最大最小限值;

切投电网调度信号;

切投电网频率信号;

切投机组负荷限制功能。

⑧锅炉主控器的使用。锅炉定值通过锅护主控器设定,锅炉主控器根据不同的运行方式可以自动或手动。

当所有依赖锅炉主控器的控制回路都在自动时,它可以手动;反之,当锅炉控制都在手动方式时,它不能手操,只跟踪燃料量。

汽机跟随方式，锅炉主控器可以手动操作，也可以自动，由运行人员选择。当在自动时，运行人员通过手动负荷设定器改变负荷定值。

锅炉跟随方式，锅炉主控器只能自动运行，它的输入信号是压力定值与汽轮机阀位开度的乘积所代表的直接能量平衡信号。

协调控制方式，锅炉主控器只能自动运行，它的输出是燃料量和风量调节的定值。

⑨汽机主控器的使用。当 DEH 装置在远方控制方式时，汽机主控才能通过 DEH 起调节作用。

当选择协调运行方式时，电功率（需求负荷）为设定值，实测电功率和需求负荷相比较，其偏差经汽压偏差修正，然后经控制器去改变汽轮机调节汽门开度，达到消除功率偏差的目的。

当选择了汽机跟随方式，汽轮机进汽压力在设定值，实测进汽压力与定值相比较，其偏差经汽轮机压力控制器去改变汽轮机调节汽门开度，达到消除压力偏差的目的。

当选择了锅炉跟随和手动方式时，运行人员直接在汽轮机主控器上操作来增减负荷，得到所需要的电功率。汽轮机调节汽门需求位置与实际开度的偏差送到 DEH 系统去修正阀位，最后达到平衡。

⑩协调控制系统运行方式的选择和切换。除手动方式外，向任何控制方式切换都需要事先选择相应数量的控制回路投入自动。每种运行方式在经过平衡阶段后才起作用，将各种变量定值调整到与实际的过程变量相同，才能做到无扰。

手动：手动方式不需要经过平衡阶段，只有锅炉主控器可供运行人员手动，但此时燃料控制、风量控制及给水控制需在自动。当发生下列情况时，系统将自动切换到手动方式：

a）燃料量、风量、负荷定值、实际阀位的设定值与实际变量之间偏差太大，且超过规定的时间间隔；

b）甩负荷；

c）汽轮机阀位、第一级压力测量不正常。

汽机跟随，系统只保持进汽压力在设定值。选择汽机跟随的条件是：

a）汽轮机控制（汽轮机主控器）在自动；

b）汽包水位控制在自动。

在下列条件下系统自动切换到汽机跟随方式：

a）进汽压力偏差大（例如大于 ±1 MPa，且延续时间长 0 ~ 50 s 可调）；

b）发生 RUN BACK。

锅炉跟随，该方式自动运行可使运行人员直接通过“汽机主控”或“就地控制”快速改变负荷，而不顾汽压的变化，进汽压力通过压力控制器调节到定值。投入锅炉跟随运行方式的条件为：

a）风量调节在自动；

b）燃料量调节在自动（至少一台磨煤机组）；

c）给水调节在自动。

协调控制方式的条件为：

a）锅炉主控在自动（风和燃料）；

b）给水自动；

c）汽机主控在自动。

当改变运行方式时,系统不应产生任何扰动。此外,在机组遇到受限制的工况时,控制系统应能平稳地将运行方式自动转换至合适的运行方式。如当锅炉响应负荷需求受到限制时,系统应切换至汽机跟随方式,当限制取消时,再回到协调方式。当汽机响应负荷需求受到限制时,系统应切换至锅炉跟随方式,直到其能恢复协调运行方式。当系统不能实现运行人员所选择的运行方式时,应向运行人员报警。

选择自动控制方式的任一种,均要求汽机调速器、燃料、风量、给水子系统处于自动运行状态,任何有关的子系统若不能投自动控制时,应将协调控制转换到最大限度的自动方式,并与可投自动的子系统相适应。

(2)燃烧控制(以某300 MW机组为例)

锅炉的燃烧控制系统因对象不同而有两种类型,一是煤粉炉燃烧控制系统,二是循环流化床锅炉燃烧控制系统。煤粉炉燃烧控制系统又有中间储仓式系统和直吹式系统之分。三种系统各有其不同特点,煤粉炉燃烧控制系统已比较完善,而循环流化床锅炉燃烧控制系统还处于不断完善之中。

以下以某300 MW机组中间储仓式煤粉炉燃烧控制系统为例,简单介绍其控制策略。

该燃烧控制系统包括燃料控制系统、送风控制系统、引风控制系统三个方面。具体有:燃料量控制、二次风量控制、二次风压力控制、风箱挡板控制、炉膛压力控制等,其控制策略具有以下特点:

①锅炉主控应将机组负荷指令以并行协调的方式转化为对锅炉燃料和风量的控制,即将机组负荷指令经协调主控系统转化的锅炉负荷指令作为燃料和风量的给定值。

②采用风煤交叉限制控制回路,实现加负荷时先加风后加煤,减负荷时先减煤后减风的功能,体现在以下两方面:

a)锅炉负荷指令按可供的风量来限制给粉机出力,以保证燃料量决不高于风量;

b)锅炉负荷指令按送入锅炉的总燃料量(包括所有辅助燃料)来限制风量,以保证风量不低于燃料量;

c)燃料指令应根据运行的给粉机数量进行修正;

d)应根据燃料的发热量对燃料量进行校正。总燃料量(煤和气)与锅炉负荷指令比较,综合成一个总燃料量指令。

1)燃料量控制系统

燃料量控制系统采用风煤交叉限制控制回路,燃料量给定值不但决定于锅炉负荷指令,而且还要按可供的风量给予限制,保证燃料量决不高于风量。

将给粉机的转速信号用热量信号校正后的值作为煤量信号,作为燃料量控制系统的被调量。

燃料量控制系统将煤量的给定值与被调量的偏差进行控制运算,其控制输出去控制给粉机的转速,以调整给粉量改变燃烧率满足负荷的要求。

2)二次风量控制系统

总二次风量与总一次风量的和为锅炉的总风量。

①锅炉总风量给定值决定的因素

a)锅炉负荷指令,风量控制系统接受锅炉负荷指令的控制;

b)总燃料量:总燃料量要对风量给定值加以限制,保证风量不低于燃料量;

c)氧量校正:锅炉总风量由氧量校正回路进行校正,以保证燃料经济性;

d)吹扫风量额定值:锅炉总风给定值不能低于吹扫风量额定值,以保证锅炉安全;一旦实际的风量低于吹扫额定值,应发出报警,并向FSSS送出信号,当总风量降低到比吹扫风额定值低5%时,应产生一个闭合接点去触发MFT动作。

②控制方案

二次风量控制系统将二次风量给定值与被调量的偏差进行控制运算。其控制输出去调节送风机挡板的开放,改变二次风量,以满足最佳燃烧的需要。

3)二次风压力控制系统

将二次风道压力的低值信号作为该控制系统的被调量,其给定值是负荷的函数,通过调节二次风机(即送风机)导叶的位置来控制二次风道压力。

4)炉膛压力控制系统

通过控制引风机入口叶片位置,维持炉膛压力为给定值。

炉膛压力的测量采用三重冗余变送器,取其中值作为炉膛压力控制系统的被调量。

炉膛压力控制系统还采取了以下控制措施:

①将风量指令信号作为前馈信号,使炉膛负压波动最小。

②在引风机控制中,有一个方向性闭锁作用。即在炉膛压力低时,闭锁引风机入口叶片节距的进一步开大,在炉膛压力高时,闭锁引风机入口叶片距的进一步关小。

③控制系统还包括"火焰丧失"预处理回路,使其将较高的负压偏差减至最小。在发生主燃料跳闸(MFT),且风量大于30%时,应在压力控制系统中产生一个超驰控制信号,使引风机快速达到关闭位置。该信号(MFT火焰丧失)应随时间而衰减(时间可调),直至恢复正常的挡板控制,不需要运行人员干预,并且对控制系统不产生扰动。

(3)蒸汽温度控制

蒸汽温度控制系统包括主蒸汽温度控制和再热汽温控制。一般的调控策略有两种:用烟气侧扰动作为调节手段,如用烟气再循环、改变烟道挡板开度和改变喷燃角度等;用减温水侧扰动作为调节手段,如用喷水减温器进行调温。如某机组汽温控制方案如下:

1)主蒸汽温度控制系统

采用一级、二级过热喷水减温的控制方案,均采用串级控制系统通过调整减温水阀门开度改变进入减温器的减温水量的控制手段。两级过热汽温控制方案不同的只是末级(第二级)过热汽温控制系统为定值控制系统,一级过热汽温控制的给定值是负荷指令的函数。

蒸汽温度控制的特点是迟延和惯性较大,单纯的温差反馈、单回路调节难以满足调节要求。故在主蒸汽温度控制系统中采用了以下前馈信号:①经校正后的锅炉总风量;②负荷;③燃烧器倾角。形成串级汽温控制。

2)再热汽温控制系统

采用调整燃烧器摆动倾角作为再热汽温控制的主要手段,采用喷水作为辅助控制手段。将校正后的锅炉总风量信号作为再热汽温控制的前馈信号。

(4)给水控制系统

1)汽包水位控制系统

给水控制系统为全程给水控制系统。锅炉水位全程调节,就是指锅炉从上水、再循环、升降负荷、正常运行及停止的全过程都采用自动调节。如某机组给水控制系统的控制方案如下:

①低负荷。低负荷阶段采用单冲量(汽包水位)给水控制系统,其控制输出去控制旁能给水调节阀的开度,改变给水流量,从而保持汽包水位等于给定值。此阶段运行电动给水泵。

②高负荷。高负荷阶段采用串级三冲量(汽包水位、给水流量、蒸汽流量)给水控制系统,其控制输出去控制汽动及电动给水泵的转速,改变给水流量,从而保持汽包水位等于给气值。此阶段运行的给水泵有两种方式:一种为单台汽动给水泵与电动给水泵并列运行,另一种是两台汽动给水泵并列运行。根据负荷的多少,自动选择运行方式。

主汽水管道上不设调节阀。给水控制系统应保证单冲量控制与三冲量控制之间的切换无扰动,旁路给水调节阀、电动给水泵、汽动给水泵之间的切换也是无扰动。

采用汽轮机调节级后压力作为蒸汽流量。测量汽包水位、蒸汽流量、给水流量的变送器均采用三重冗余,均对这三信号进行校正。

2)给水泵再循环控制系统(也称给水泵最小流量控制系统)

给水控制系统采用了变速泵,变速泵的安全工作区由六条特性曲线围成,其中有一条最小流量线,当机组在较低负荷运行时,水泵工作点会落入最小流量线外的非安全工作区。为保证泵的工作点永远落在泵的安全经济区域,必须设置给水泵再循环控制系统,以保证给水泵安全工作的最小流量(即不汽蚀流量)。其控制过程是:当负荷低时,泵的再循环阀自动打开,将部分泵出口给水流回至除氧器,以保证通过泵的流量高于设计的泵的最小流量;当负荷高时,自动切除再循环流量,将泵再循环阀瞬间关闭,隔绝15%的再循环给水流量。再循环阀有瞬间提升阀门30%开度的特性。

(5)制粉系统的磨煤机控制

对采用钢球磨煤机的中间仓储式制粉系统,磨煤机控制系统包括磨煤机出力控制系统和磨煤机出口温度控制系统,其与燃烧系统相对独立。对钢球磨煤机直吹式制粉系统,因其与燃烧系统紧密联系,对钢球磨煤机的控制包含在燃烧系统之中,有磨煤机一次风量控制子系统和磨煤机煤位控制子系统。以下是对前者而言。

1)磨煤机出力控制系统

通过控制磨煤机进出口差压或者磨煤机控制专用的模糊控制策略来达到控制磨煤机出力,即通过调整磨煤机冷、热风门及再循环门,维持磨煤机出力。

2)磨煤机出口温度控制系统

通过调整冷风门、热风门的开度维持磨煤机出口温度等于给定值,当磨煤机出口温度超限时,磨煤机控制回路应输出一超驰信号,强制全开冷风门直至温度正常。此时,磨煤机控制回路应切换至正常。

(6)脱硫分散控制系统(FGD-DCS)的模拟量控制

①增压风机控制:以旁路差压、挡板调节、增压风机流量调节和旁路挡板控制为主的调节回路构成了烟风道调节系统。主要完成烟风系统的压力、流量匹配以及紧急状态下的保护。

②石灰石浆液浓度控制:主要任务是通过对湿式球磨机的调节,保证给吸收塔供应足够的浆液,并保证浆液的密度。

③脱硫塔pH值及塔出口SO_2浓度控制:随着烟气中SO_2成分被吸收塔(JBR)所吸收,JBR的pH值将迅速降低。从而JBR对SO_2成分的吸收性能减弱。因此应随时控制供给石灰石浆液以保持pH稳定。当锅炉负荷、燃料种类以及其他因素造成烟气SO_2浓度在大范围内变化时,为了满足要求的脱硫效率,可适当调节烟气的浸液深度。

④吸收塔液位自动控制:通过测量吸收塔的液位、控制补充水量和协调石灰石的供浆流量

及吸收塔的石膏排出量，实现液位的稳定。

⑤石膏排出流量的控制：石膏浆液排出流量的控制设定点取决于进入 JBR 的石灰石浆液供给流量。从 JBR 中排出的石膏流量由该量反馈信号自动控制。

⑥皮带脱水石膏厚度控制：主要任务是维持真空皮带机滤饼厚度、滤布清洗水箱水位、滤液水箱水位在所要求的值。

2.3 汽轮机自动控制

现代大型汽轮机的自动控制系统通常包括以下子控制系统：汽轮机数字电液控制系统（DEH）、汽轮机危急遮断系统（ETS）、汽轮发电机组机械量监测仪表系统（TSI）、汽轮机旁路控制系统（TBC）。其中，汽轮机数字电液控制系统是汽轮机自动控制系统的核心，它能针对中间再热式机组特殊的功率特性及运行特性要求，精确地完成汽轮发电机组启停过程中的转速调节、正常运行时的电负荷及热网供热负荷调节、热应力监控及自启停控制；ETS 系统用于对汽轮机实施事故保护；TSI 进行重要机械量的状态监测；TBC 则配合 DEH 实施启停及特殊运行工况下的调节和保护。集控操作员应熟练掌握每一监控子系统的调控规律。

2.3.1 中间再热汽轮机的功率特性及控制特点

（1）中间再热改变了机组的功率特性

机组的功率特性是指在蒸汽流量阶跃扰动下，其输出功率随时间变化的特性。

对于无中间再热的凝汽式机组，当蒸汽流量阶跃变化 ΔG_{d} 时，机组功率几乎无惯性、无迟延地跟着变化 ΔN_{0}。两者之间可作下式表示 $\Delta N=K\Delta G_{d}$。由此可知，无中间再热的凝汽式机组的功率特性是一比例环节。

对于中间再热式机组，汽轮机被再热器分隔为高压缸和中低压缸两部分，高压缸的功率特性与无中间再热机组的功率特性相似，即高压缸蒸汽流量变化 ΔG_{dh} 与高压缸功率变化 ΔN_{H} 成正比关系，即 $\Delta N_{H}=K\Delta G_{dH}$。但由于中间再热式机组功率较大（125 MW 以上），其高压调节汽门与汽缸相分离，其间有一段进汽连接管，形成一定中间容积，使高缸功率的比例调节与调门和汽缸一体的非再热机组相比有所延迟，但仍可视为比例调节。

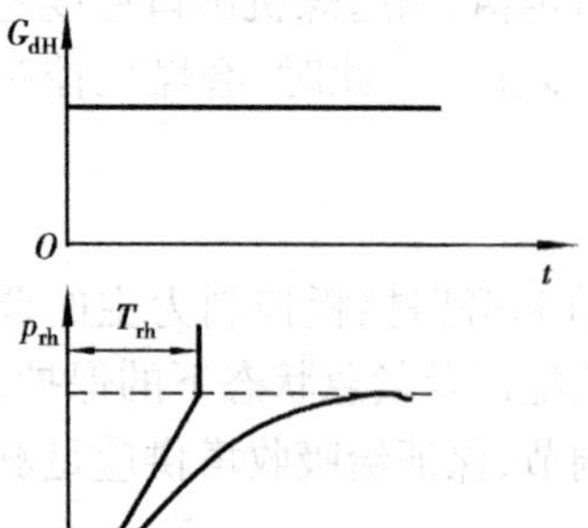

图 2.7　再热汽压阶跃响应特性

一般，高压缸额定功率占汽轮机额定功率的百分数约为三分之一。故在负荷调节时，这三分之一功率近似成比例作无延迟变化。

对于中、低压缸来说，其功率特性有所不同，主要原因是中、低压缸前面有一个容积相当大的中间再热器。设某时刻从高压缸流出的蒸汽流量有一阶跃增大 G_{dH}，它流进再热器使再热器内压力升高。由于再热器是具有较大容积的单容对象，而且流入侧和流出侧都有自平衡能力，所以其压力只能呈惯性上升，最后稳定在某值，如图 2.7 所示。图中 T_{rh} 为再热器的惯性时间常数。再热器管道愈长，容积愈大，自平衡率愈小，则惯性时间常数 T_{rh} 愈大。一般 T_{rh} 为 6～15 s。因此，中间再热器是个有延迟的一阶惯性环节。

中间再热器内压力变化，将立即引起流进中、低缸的蒸汽流量 G_{dML} 变化，使中、低缸功率 N_{ML} 近似无惯性、无迟延地随之变化。所以，中间再热器内压力或蒸汽流量与中、低缸功率之间为比例环节特性。

由于中间再热器惯性延迟环节的存在，必然使中、低缸功率调节滞后于高缸，使整机的功率特性复杂化，而不再是单一的比例调节特性。其功率特性的传递函数方框图如图2.8所示。

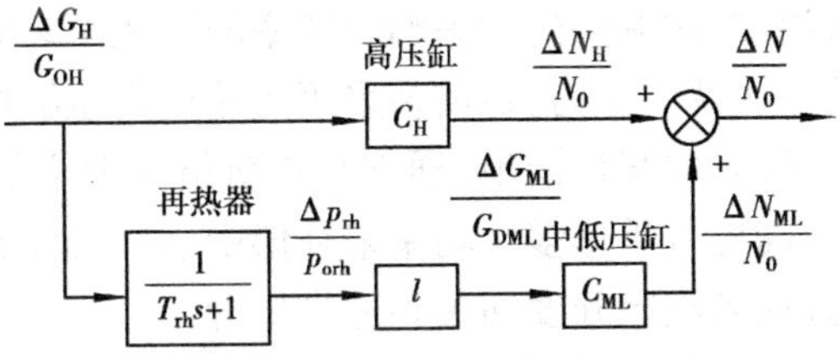

图2.8　中间再热式汽轮机功率特性方框图

综上所述，中间再热式汽轮机在蒸汽流量跃变（或高压缸控制汽阀开度变化，但保持汽压不变）时，高压缸功率（约占1/3）近似能无惯性、无迟延地随之变化；而中、低压缸功率（约占2/3）则呈惯性变化，如图2.9所示。这说明中间再热式汽轮机的功率响应特性较无中间再热机组的差，为此，需要在系统设置及控制策略上设法加以改善。

（2）**中间再热降低了机组一次调频能力，应采用高缸动态过调和机炉协控加以改善**

电网的调频过程分一次调频和二次调频。电网中负荷变化引起电网频率变化，如图2.10(a)所示。当并网运行的汽轮机的测频元件感受到电网频率变化后，这些机组立即按其静态特性改变自己的实发功率，以减小电网频率波动的幅度，这就是一次调频。一次调频要求汽轮机具有快速的功率响应特性，即在机组还来不及保证电网有功功率的供需平衡时，就暂由一次调频来保证电网频率不变化过大而造成严重后果。一次调频功率变化曲线如图2.10(b)中曲线①所示。

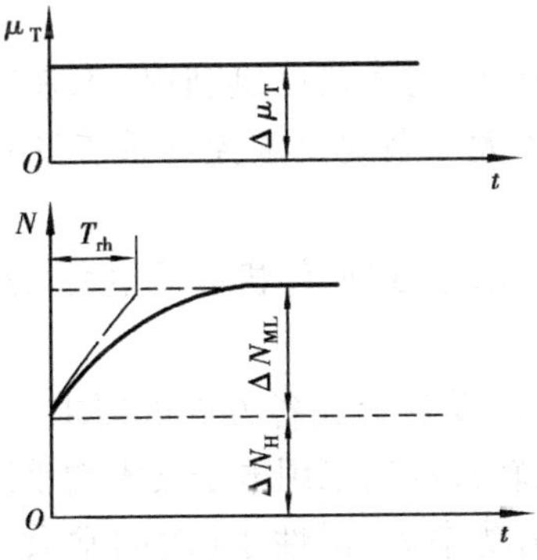

图2.9　中间再热式汽轮机功率响应曲线

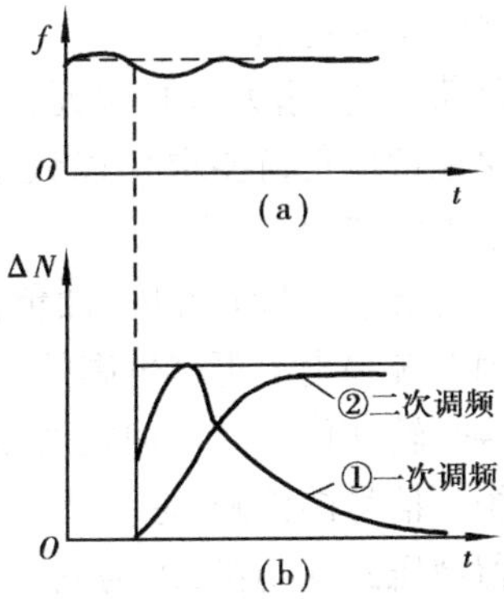

图2.10　机组一次及二次调频的功率变化示意图

当电网负荷变化后，只有增大某些机组的实发功率，使电网达到新的供需平衡，才能使电网频率恢复到给定值，这一过程叫做二次调频。参加二次调频的机组叫调频机组。二次调频机组承担的功率变化幅度较大，但变化速度较慢，如图 2.10 中曲线②所示。

前面已指出，中间再热式机组的功率响应特性较慢，显然，不能满足一次调频要求汽轮机功率迅速改变的情况。至于二次调频，虽然中间再热式机组仍比非再热式机组的功率响应慢，但二次调频的过程时间较长；另外，增减功率还受到汽缸壁温变化速率、热应力、转子热膨胀等因素的限制。所以相对来说，二次调频的功率响应速率问题还不算突出。

为提高再热式机组的一次调频能力，目前多采用汽轮机高压缸控制汽阀动态过开的办法。当电网负荷增大频率降低时，采取某种措施（通常在负荷指令中增加比例微分成分）有意把高压缸控制汽阀多开一些，让高压缸迅速多发功率来补偿中、低压缸功率响应的惯性，等中、低压缸功率增大后，再将高压缸控制汽阀开度回关到适当位置。

采用高压缸控制汽阀动态过开的优点是简单，不需要进行什么结构上的改动；又可以有效利用锅炉的蓄热产生蒸汽量；其缺点是高压缸的设计功率仅占整机额定功率的 1/3，且高压缸仅允许超发 10% ~20% 功率，显然不能完全补偿中、低压缸占 2/3 功率响应的惯性。

（3）必须设置中压调节汽门参与调控

中间再热式机组除设置高压调节汽门之外，还需设置中压调节汽门参与调控，才能改善功率调节特性并保证甩负荷时机组不发生超速事故。中压调节汽门在机组负荷小于 30% 时参与调节；在负荷大于 30% 时全开，不参与调节，以减小节流损失。

（4）采用单元制运行方式

中间再热式机组都采用单元制运行方式，这是由于：

①要使锅炉正常运行，新汽流量与流过再热器的蒸汽流量之间必须保持严格的比例，故对不同汽轮机供汽的各台锅炉的主蒸汽管路不能互相连通。

②再热器压力随机组负荷变化而变化（例如，200 MW 机组额定负荷时，再热器压力设计值为 2.5 MPa，当负荷下降 35% 额定时，再热器压力下降到 0.87 MPa），这一特点使不同汽轮机的再热器之间不能连通。

当外界负荷变化（增大）时，单元机组只有一台锅炉的蓄热可供利用（用来生产更多蒸汽使机组能很快地适应负荷要求），以致主汽压下降较大。因此要求控制系统具有使汽压变化不超过预定范围的能力。

此外，单元机组在启动、并网、加负荷、调峰调频、事故处理、停机以及电力系统的稳定性等方面都对控制系统提出了更多更高的要求。

过去只接受转速信号的机械式液压调节系统很难满足上述各方面的要求。因此，出现了电液控制系统。信号的检测、综合比较、运算、放大、转换等均采用电子技术的手段来实现。但执行器仍保留液压式油动机，因为它有体积小、输出功率大、惯性小（时间常数一般为 0.1 ~ 0.5 s）、可靠性高等优点。目前电液控制系统已由模拟式发展到数字式（DEH）。数字式电液控制系统具有可以灵活改变的软件及可靠的数据处理中心，因而得到了广泛的应用。

（5）必须设置汽轮机高、低压旁路并协调好 DEH 与 TBS 的控制策略

中间再热式机组必须设置汽轮机高、低压旁路，以满足保护再热器及在不同运行工况下平衡机炉间蒸汽量的供求关系，使机组具有更加安全经济的运行性能和灵活可靠的运行方式。

汽机旁路的调控功能有两个方面：即正常情况下的自动调节功能，按固定值或可变值调节旁路系统蒸汽的压力和温度;其次是在异常情况下的自动保护功能,这时要求快速开启或快速关闭旁路阀门,以保护运行设备。

重要的是,汽轮机高、低压旁路的设置及调控功能的投入,要对汽轮机各缸的功率调节及运行性能产生较大影响,使汽轮机启、停及变负荷时的运行特性及调控规律更趋复杂。旁路控制系统必须与汽轮机DEH系统进行良好的协调配合,才能充分发挥两者的作用,促使机组随时能在安全和经济的状态下以最佳的方式运行。

(6)**必须考虑DEH与CCS在控制策略上的协调**

一般,DEH与CCS在一次调频的控制策略上有重复设置的特点,故要求两者应良好协调,以保证最佳的一次调频效果。工程上常用的三种一次调频典型运行方式是:①CCS解列,DEH投一次调频和功率回路;②CCS投一次调频,DEH的一次调频和功率回路都不投;③CCS投一次调频,DEH的一次调频投入,功率回路不投。实践证明,在正常工况下,采用策略③可获得最佳的一次调频效果。

2.3.2　DEH控制

数字式电液控制系统DEH(Turbine Digital Electro-Hydraulic Control System)是采用计算机控制技术,通过软件编程和数字控制运算的方式对汽轮发电机组的转速和发出的有功功率进行闭环的调节控制。其与传统的机械液压式调节系统相比,在调节精度、动态响应性、灵活性及多功能性等方面有无与伦比的优点。

(1)**DEH系统组成及操控方式**

DEH系统主要由四个部分组成:一是进行数字测量、转换及运算控制的电子控制器部分;二是具有机电一体化功能的汽门执行机构;三是EH控制液系统;四是DEH的人机界面-运行操作站。

DEH的操控方式有手动控制、操作员自动控制、汽轮机自动控制和CCS遥控四种。

汽轮机自动控制是自动化程度最高的方式,在该方式下,DEH自动根据汽轮机高、中压转子的热应力、胀差、轴向位移和振动等参数自动控制汽轮机的升速、升负荷等,运行人员的任务主要是跟踪监视,很少介入操控。

其次是操作员自动运行方式,在该方式下,运行人员可根据机组转速或负荷调节的需要,通过计算机键盘输入转速、负荷的目标值和变化率,再由DEH系统分别实施机组转速和负荷的控制,这是一种最常用的基本操控方式。

手动控制是一种后备的开环控制方式,在前几种控制方式故障时作应急备用,具有一定危险性,它通过手动直接控制阀门的开度,以短时间维持汽轮机的运行。当基本控制、冗余DPU均发生故障或VCC站控板发生故障后,DEH会切换到手动,硬操盘上手动灯点亮,此时运行人员应立即把自动/手动钥匙开关切向手动位置。

CCS遥控方式仅用于机组的正常负荷调节过程,其负荷遥调指令直接由CCS以负荷增、减脉冲信号发给DEH。协调方式必须满足下列条件:DEH必须运行在自动或ATC控制方式,发电机出口断路器开关必须闭合,遥控允许触点必须闭合。

(2)**汽轮机的热应力监控**

在汽轮机的启、停和负荷变化过程中,由于汽轮机金属热惯性比较大,如果蒸汽温度变化太快,汽轮机内部的温差太大,将会产生过大的热应力,汽轮机承受热应力最关键的部件是汽轮机的转子。对于转子表面加热和冷却一次,即可形成一次热应力循环,从而使转子材料内部产生交变的应力,在若干次应力循环之后,应力达到汽轮机转子材料所能承受的极限,转子就会出现裂纹。

机组热应力变化最剧烈的部分通常是高、中压缸的第一级后,控制机组第一级后蒸汽温度的变化速度就能控制热应力,而蒸汽温度的变化可以通过控制负荷的变化量和变化速率来达到控制的目的。控制负荷变化率的方式有:汽机进汽流量控制,锅炉汽压和汽温变化率控制。通过 DEH 控制机柜的 I/O 通道,检测机组各个点的温度,计算高压和中压转子的实际应力,而后将它与许可应力进行比较。在转速控制阶段,将测量应力与许可应力的差值转化为转速的目标值和转速的变化率;而在负荷控制阶段,则将其转化为负荷的变化率,通过 DEH 去控制机组变速和变负荷的速率,即可达到热应力监控的目的。

(3)**东汽 DEH 的控制原理实例**

东方汽轮厂在引进和广泛吸收国内外先进技术的基础上,研制开发了汽轮机数字电液控制系统(DEH),图 2.11 为东汽的 DEH 的控制原理图。东汽的 DEH 为功频电液调节系统,由转速控制回路、功率控制回路和调节级压力控制回路等控制回路组成,为三个单回路控制系统。通过这三个控制回路实现控制转速、频率、功率等功能。

从图 2.11 可以看出机组在启动和正常运行过程中,DEH 接收操作人员通过人机接口所发出的增/减指令、CCS 指令、汽轮机发电机组的转速、功率及调节汽阀的位置反馈信号,将这些信号进行分析处理、控制运算,将其控制输出信号控制伺服阀,改变调节汽阀的开度,改变进入汽机的蒸汽量以控制机组的转速和负荷。

1)转速控制

机组在升速过程中(即机组没有并网),DEH 控制系统通过转速调节回路来控制机组的转速,功率控制回路不起作用。从图 2.11 可知,当没有并网信号时,控制输出等于转速回路调节器的输出。在此回路下,DEH 控制系统接收现场汽轮机的转速信号,经三取二逻辑处理后,作为 DEH 的反馈信号。此信号与 DEH 的转速设定值进行比较后的偏差经调节器进行 PID 运算,其控制输出为油动机的开度指令,此开度指令送至伺服卡与 LVDT 油动机位置反馈信号进行比较后,输出控制信号到伺服阀,控制油动机的开度,即控制调节汽阀的开度,从而控制汽轮机组转速。升速时,操作人员可设置目标转速和升速率。

2)功率控制

机组并网后,DEH 控制系统便切换到功率控制回路,转速调节回路便不起作用。当有并网信号时,控制输出等于功率控制回路的输出。在此回路下有三种调节方式(在此三种模式下,一次调频回路始终存在):

a)功率控制回路及调节级压力控制回路均不投入。在这种情况下,调节汽阀的开度直接由操作员设定进行控制。设定所要求的开度后,输出的阀门开度指令送到伺服卡,与阀位反馈信号进行比较,其控制输出送至伺服阀,从而控制调节汽阀的开度,以满足负荷变化的需要。

b)功率控制回路投入。此种情况为功率控制回路起作用。功率信号经三取二逻辑处理后与给定功率进行比较,其偏差送到功率回路调节器进行差值放大、PID 控制运算,其控制输出为调节汽阀的开度信号,将它送至伺服卡,与阀位反馈信号进行比较,其控制输出送至伺服阀,从而控制调节汽阀的开度,满足负荷变化的需要。

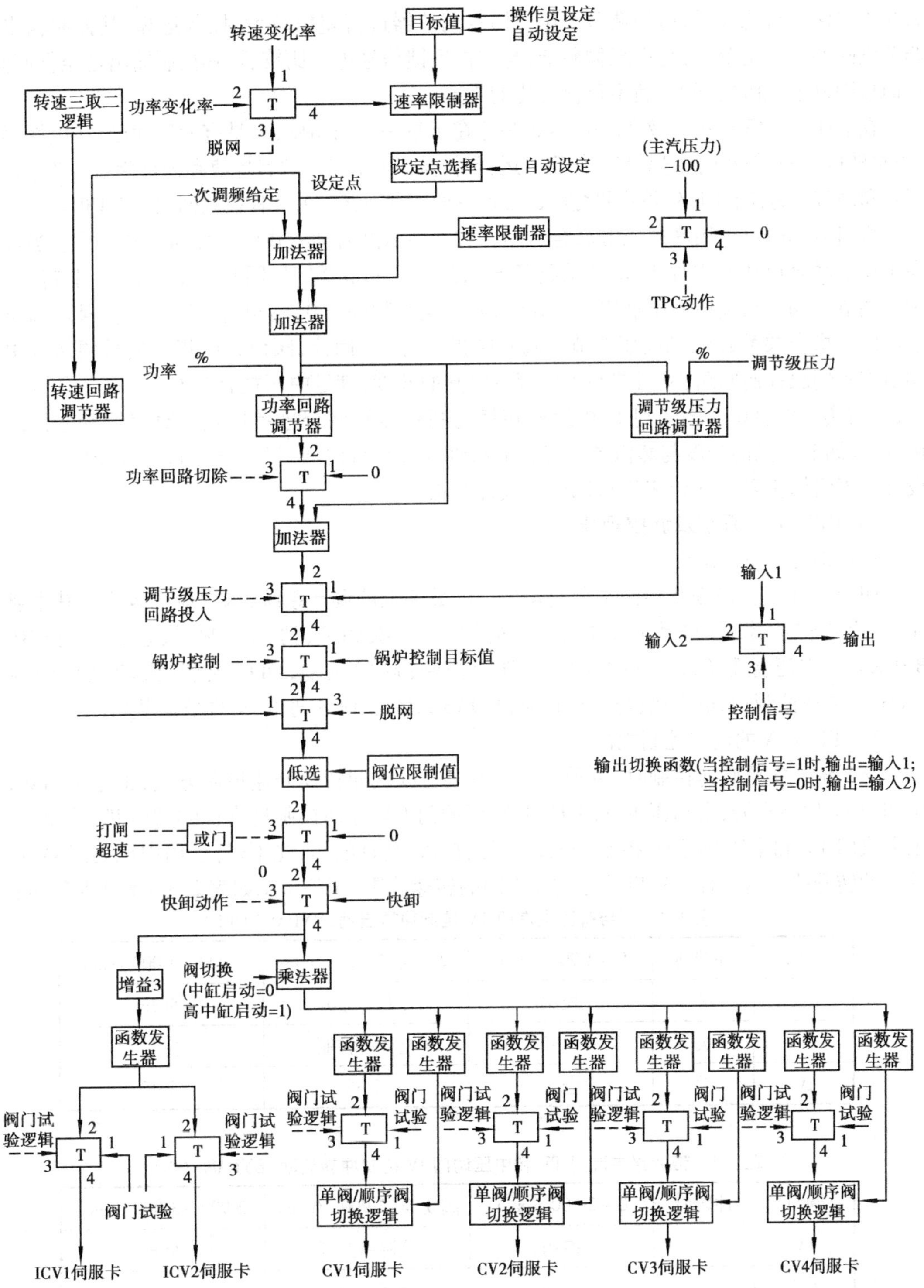

图 2.11　东方汽轮机 DEH 控制原理图

c)调节级压力反馈投入。在这种情况下,调节级压力控制回路起作用。汽轮机调节级压力与给定值进行比较后,送到调节级压力回路调节器进行差值放大、控制运算,其控制输出为调节汽阀的开度指令,将它送至伺服卡,与阀位反馈信号进行比较后,其控制输出送至伺服阀,从而控制调节汽阀的开度,满足负荷变化的需要。

在上述三种模式下,一次调频回路始终存在于每一个回路中,只是有死区而已,在电网频率(汽机转速)波动较小时,它不产生作用。运行时,操作人员可设置目标值和升负荷率。功率控制回路和调节压力控制回路不能同时投入,投入一种控制回路时另一种控制回路自动切除。

机组启动时可选用高中压缸联合启动方式和中压缸启动方式中的任何一种方式。当选择高中压缸联合启动方式时,阀切换系数等于1,阀门开度指令信号同时输出到高压调节汽阀和中压调节汽阀。当选择中压缸启动方式时,阀切换系数等于0,则阀门开度指令信号送高压调节汽阀的指令乘系数0,则高压调节汽阀开度指令为0。因此,阀位开度指令信号便送到中压调节汽阀伺服控制回路,从而控制中压调节汽阀的开度,满足中压缸启动方式。在阀切换过程中,阀切换系数由0逐渐变到1,机组便转换为高中压缸联合进汽形式。对汽轮发电机组来讲,由于调节汽阀的开度与蒸汽流量存在非线性,因此要进行阀门的线性修正,DEH控制系统设计了阀门修正函数$f(x)$来进行阀门的线性修正。

(4)DEH-ⅢA **系统及调控规律**

1)DEH-ⅢA 的功能

DEH-ⅢA 是上海新华控制工程公司生产的数字电液调节系统,国内应用较广。其主要功能有:汽机转速控制;自动同期控制;负荷控制;一次调频;协调控制;快速减负荷(RUNBACK);主汽压控制(TPC);顺序阀和单阀控制;阀门试验;OPC 控制;汽轮机自动控制(ATC);手动控制;双机容错;与厂用计算机 DAS 系统或 DCS 通讯,实现数据共享。

2)DEH-ⅢA 的调门控制规律

该系统在实施转速控制时,可采用三种不同的进汽冲转及升速控制方式:①旁路切除,中压调门IV始终全开,由高压主汽门TV和高压调门GV分期控制进汽;②旁路切除,同时用高压主汽门TV和中压调门IV控制进汽;③旁路投入,高缸隔离,先不进汽,用中压调门IV控制进汽冲转升速。这三种冲转启动方式在不同的转速范围,阀门状态如表2.3~表2.5所示:

表2.3　不带旁路主汽门TV控制冲转启动(BYPASS OFF)

阀门	冲转前	0~2 900 r/min	阀切换(2 900 r/min)	2 900~3 000 r/min
TV	关	控制	控制→全开	全开
GV	关	全开	全开→控制	控制
IV	关	全开	全开	全开

表2.4　带旁路主汽门TV和中压调门IV控制冲转启动(BYPASS ON)

阀门	冲转前	0~2 900 r/min	阀切换(2 900 r/min)	2 900~3 000 r/min
TV	关	控制	控制→全开	全开
GV	关	全开	全开→控制	控制
IV	关	控制	控制	控制

表 2.5　带旁路中压调门 IV 控制冲转启动(BYPASS ON)

阀门	冲转前	0 ~ 2 600 r/min	阀切换至主汽门控制(2 600 r/min)	阀切换至调门控制(2 900 r/min)	2 900 ~ 3 000 r/min
TV	全关	全关	全关→控制	控制→全开	全开
GV	全关	全开	全开	全开→控制	控制
IV	全关	控制	控制→全开	全开	全开

3) DEH-ⅢA 的反馈控制回路投用方式

该系统在实施负荷控制时,负荷调节是三个回路的串级调节系统,通过对高压和中压调门的控制来调节机组负荷。其三个反馈控制回路的运行方式如表 2.6:

表 2.6　三个反馈控制回路的运行方式

方式	调节级压力回路 WS	发电机功率调节回路 MW	转速一次调频回路 IMP	说　明
阀位控制	OUT	OUT	OUT	阀门位置给定控制
协调控制	IN	OUT	OUT	
功-频运行	IN	IN	IN	参与电网一次调频
纯转速调节	OUT	OUT	IN	

4) DEH-ⅢA 的防超速控制(OPC)

为防止发电机甩负荷或其他情况下汽轮发电机超速,DEH-ⅢA 中设有 OPC 保护控制。其控制逻辑是:中压排汽压力 IEP 大于或等于 30% 时,发电机出口断路器断开或主变出口断路器同时出现断开时,OPC 电磁阀动作关闭 GV、IV,延时 5 s 后,转速 n 小于 103%,OPC 电磁阀复位 GV、IV 打开。在任何情况下,只要转速 n 大于 103%,关 GV、IV,n 小于 103% 时恢复。

5) DEH-ⅢA 的超速跳闸保护控制(OPT)

当汽轮发电机转速达到额定转速的 110% 时,系统发出跳闸指令,关闭高中压主汽门和调门。

为适应机组运行对安全和经济性的不同要求,DEH-ⅢA 设有阀门管理功能,可由运行人员灵活选用,其控制规律是:单阀控制——所有高压调门开启方式相同,各阀开度一样。特点是:节流调节,全周进汽,安全性高,但经济性差。一般冷态或带基本负荷运行用单阀控制。

6) DEH-ⅢA 的阀门管理及活动试验

对汽轮机多个高压调节汽门的启闭方式,可提供单阀(节流调节)和顺序阀(喷嘴调节)两种。可根据机组对经济性和安全性的不同要求,自动或人为选用。两种方式之间可无扰动切换。提供机组在带负荷状态下的主汽门、调门活动试验,以确保阀门动作的可靠性。

7) DEH-ⅢA 的自同步控制

当机组接近同步转速时,可投入自动同步功能,由电气遥控汽轮机转速,使之自动与电网同步。自动同步必须满足下列条件:DEH 处于"自动"或"ATC 控制"方式,DEH 处于"高压调门"控制方式,发电机出口断路器断开,自动同步允许触点闭合,汽机转速在同步范围内。

(5)DEH 监控画面实例

图 1.4 为法国阿尔斯通 360 MW 机组总监控画面,在其右上角,设有与汽轮机电液调节监控操作相关的子监控画面按钮,它们分别是:控制液系统监控画面 GFR31,电调较高级监控画面 GRE31、GRE32 和 GRE33,电调基本级监控画面 GRE34,安全试验监控画面 GSE31。使用这些监控画面,即可对汽轮机转速及负荷进行调整操作及监视、对汽轮机的安全保护系统进行各项试验。

1)汽机转速监控画面(GRE31)

360 MW 汽轮机电调控制系统较高级控制的汽机转速监控画面如图 2.12 所示。在该监控画面上,一共有 9 个控制按钮。

①汽机挂闸按钮(SAF TURB SETTING)——GSEHSN013。在该按钮上方允许挂闸绿色指示灯点亮的情况下,按下挂闸按钮,即可使泄放安全油的液压控制回路复位,建立安全油压,为打开主汽门及调速汽门建立必要条件,挂闸成功后,该按钮下方的"汽机挂闸(TURBINE SET)"红色指示灯点亮。

②汽机调节系统投入按钮(TURB GOV SETTING)——HSN010。按下该按钮,调节系统投运指示红灯亮、允许绿灯灭。

③转速动态滤波投入按钮(SPD DYNAMIC FILT)——HSN016。按下该钮,则红色指示灯亮,由转速调节器送出的信号经过滤波器,使信号的低频干扰振荡得到抑制,从而起到降低一次调频灵敏度的作用,保证在转速测量系统出现故障时,机组的安全。转速动态滤波的功能是在机组并网后投入的,在并网前或带厂用电运行时,该功能不投。

④不灵敏性投入按钮(INSENSIBILITY)——HSN017。投入该功能后可使因电网频率变化而引起的调节作用削弱,即调节系统对电网周波变化不敏感,减小调节系统的波动。

⑤频率强制迁移投入按钮(FORCD FREQ MODIF)——HSN014。按下该钮可强制改变汽轮发电机频率,故需非常慎重,应在得到电网中调许可的情况下投用该功能。按下该钮,并配合改变转速基准值,即可使发电机发电频率发生变化。该功能所允许的强制频率迁移范围为 47.5 ~52.5 Hz,相应的转速为 2 850 ~3 150 r/min。

⑥真超速试验按钮(REAL OVRSPD TEST——HSN015。该功能在需要进行真实超速试验时投入,按下此钮,可解除原 104% 额定转速的锁定限制,使转速可调升至 104% 额定转速以上。

⑦较高级转速基准值投入按钮(UPPLVL SPD REF)——HSN011。按下此钮,表示投入较高级转速基准值给定功能,转速基准信号由较高级的转速设定处理器给出。

⑧汽机转速基准值给定调节按钮(TURBINE SPEED)——HIC011。按下此钮,即可配合数字键盘给定目标转速基准值,同时在该钮左侧显示转速目标值及实际值的棒状图,在右上侧显示转速目标值及实际值。

⑨转速给定值锁定及解锁按钮(SPEED REF LOCKNG)——HSN012。按下此钮,相应解锁红灯亮,前面所输入的转速给定值指令才能生效,调节汽门才开始动作。

2)汽机负荷监控画面(GRE32)。360 MW 汽轮机负荷控制监控画面如图 2.13 所示。该画面的监控面板上共有 10 个控制按钮,其功能如下。

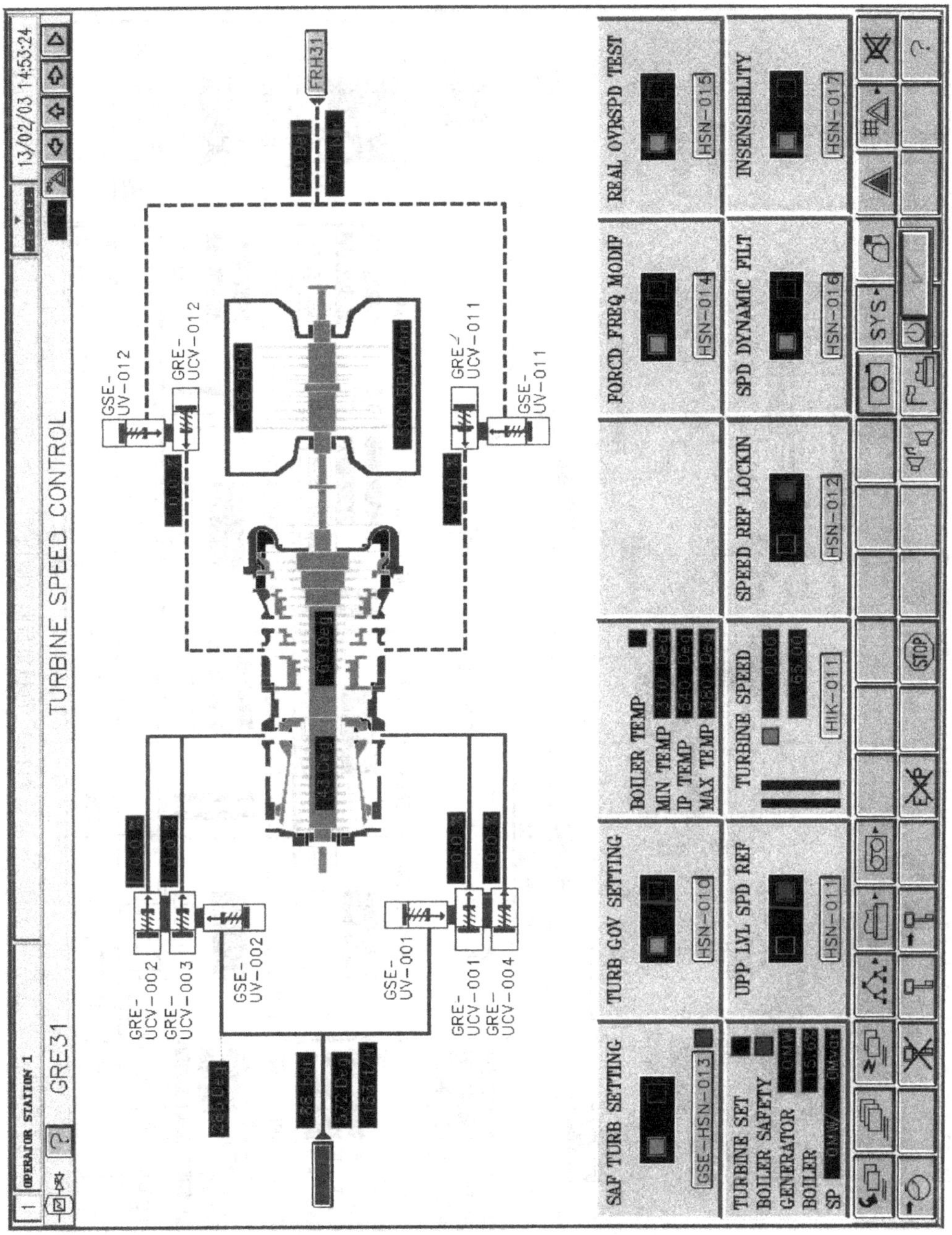

图2.12　汽轮机转速监控画面

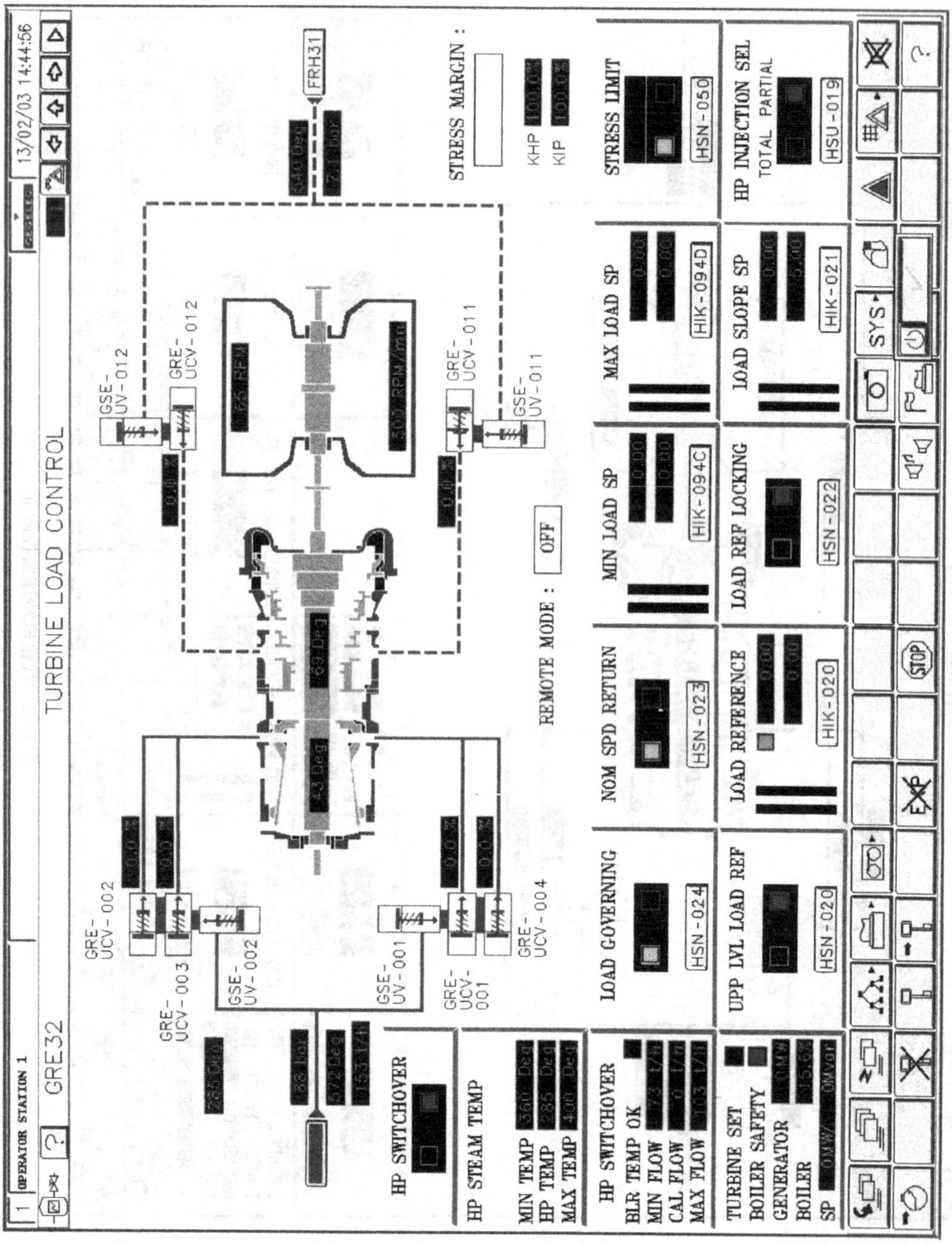

图2.13　汽机负荷监控画面

①负荷调节功能投/切按钮(LOAD GOVERNING)——HSN024。该功能一般在中缸启动,高缸切换完成,机炉正常后的负荷调节阶段投入,以取代高缸切换之前投入的较高级负荷控制功能。负荷调节功能是为了满足电网的瞬时功率变化要求,在给定的负荷基准值中加入一个频差校正信号 $K \cdot \Delta F$,并一起送入 PID 调节器;它与负荷测量值进行比较,使机组的实发功率与给定功率之间得到精确的平衡。如果给定功率与实发功率之差超过正常给定功率的10%,则控制系统由“负荷调节”方式自动切换为“负荷控制”方式。

②额定转速返回投入按钮(NOM SPD RETURN)——HSN023。这是一个特殊操作按钮,其功能是在负荷控制情况下,如发生机组甩负荷后,机组转速上升到3 150 r/min,此时相应的绿色指示灯闪亮,如果运行人员想把汽机转速恢复到3 000 r/min,则按下此钮;此外,在机组带厂用电运行时,若想把转速控制在3 000 r/min,也可按下此钮。按下此钮后相应的红色指示灯点亮。

③最小负荷设定按钮(MIN LOAD SP)——HIC094C。通过该钮可以设定最小负荷限值,并相应显示出最小负荷设定值及实际负荷值。其作用可称为下限功率限制。

④最大负荷设定按钮(MAX LOAD SP)——HIC094D。通过该钮,可以设定最大负荷限值,并相应显示出最大负荷限值及实际负荷值。其作用也可称为上限功率限制。

⑤应力限制投/切按钮(STRESS LIMIT)——HSN050。在负荷控制方式下投入此功能,可自动计算高中缸应力裕度 KHP 和 KIP(百分数),并自动对升负荷速率进行限制;切除该功能,则自动计算出的高中缸应力裕度仅作为显示参考,不对升负荷速率限制。

⑥较高级负荷控制功能投/切按钮(UPP LVL LOAD REF)——HSN020。投入该功能,则红灯点亮,负荷基准值直接由较高级控制的负荷微处理器输出。

⑦负荷基准值给定按钮(LOAD REFERENCE))HIC020。通过此按钮与数字键盘配合,可给定负荷基准值(或称目标负荷),同时以数字及条形图两种形式显示目标负荷和实际负荷值。

⑧负荷基准解/闭锁按钮(LOAD REF LOCKNG)——HSN022。按下此钮投入解锁功能后,红灯点亮,当设定好负荷变化率后,前面所输入的负荷基准指令生效,开始向目标值调节负荷。

⑨负荷变化率设定按钮(LOAD SLOPE SP)——HIC021。该按钮配合数字键盘,可设定负荷变化率,并以条形图及数字方式显示负荷变化率。

⑩高缸进汽方式选择按钮(HPINJECTION SEL)——HSU019。通过该按钮,可以切换四个高压调节汽门的开启方式。开启方式有全周进汽和部分进汽两种(即 TOTAL 和 PARTIAL),两种方式各有不同的优缺点,应根据对运行可靠性和经济性的权重考虑进行选择 。当采用中压缸启动而高缸隔离时,若高缸出口缸温大于或等于250 ℃,则高压调门自动切为同步开启方式;当高缸工作时间达30 min 或高缸开度基准大于或等于60%时,切为顺序方式。

2.3.3　汽轮发电机组安全监测(TSI)

大型汽轮发电机组是一种连续工作在高温、高压、高转速条件下的重型、精密旋转机械,要求有极高的运转可靠性。由于其结构、工作环境及条件的特殊性,使机组的振动、轴位移、热膨胀及胀差、大轴弯曲、转子超速等问题显得尤为突出,对机组的稳定运行构成潜在的威胁。因此,必须设置一套高性能的机械量监测系统(TSI)来监测其工作状态,使运行人员随时掌握转机工作稳定与否,并适时加以调控。当被测机械量达危险值时,可自动向 ETS 系统发出停机信号。

图 2.14 为某 600 MW 机组 TSI 测点布置图。目前应用较多的 TSI 系统型号有:美 BN3500、德 MMS6000。TSI 系统连续监测的参数有:转速(监视、调节和保护用)、零转速(盘车投、停的逻辑控制用)、大轴偏心、轴振、瓦振、振动相位、轴位移、胀差、热膨胀等参数进行监测,帮助运行人员判明机器故障,使机器能在不正常工作引起的严重损坏前遮断汽轮发电机组,保护机组安全。

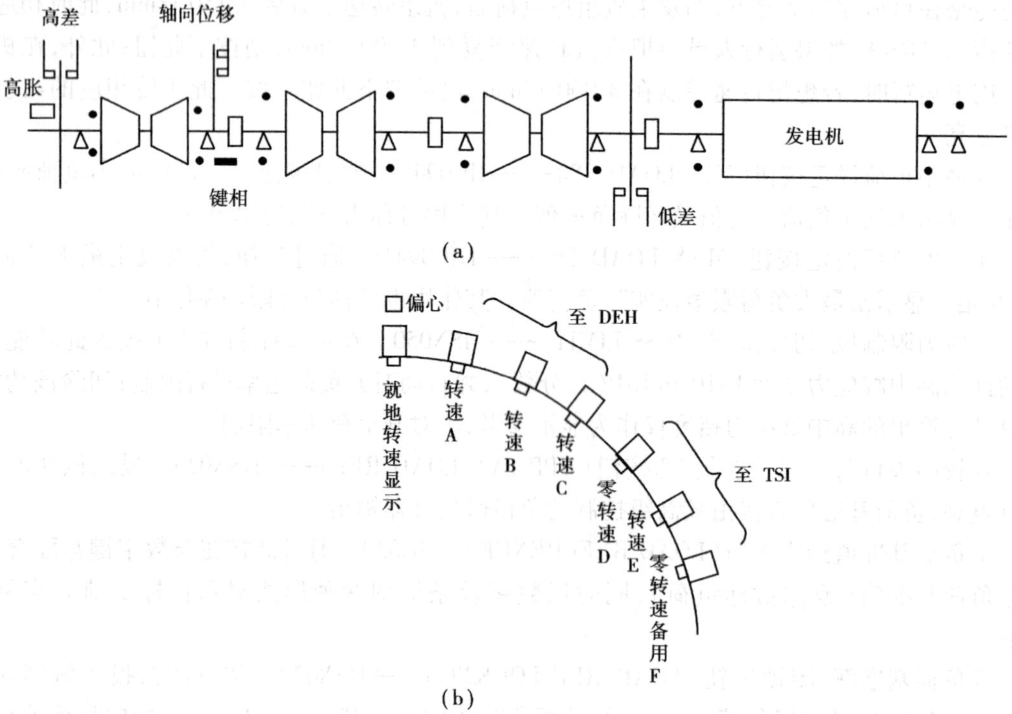

图 2.14　前箱各探头位置示意图

(a)某 600 MW 机组 TSI 测点布置图;(b)TSI 转速测点布置图

TSI 提供了丰富的转机故障诊断功能,维修人员可通过诊断信息的帮助,便捷查出机器故障原因,减少维修时间。TSI 还能帮助给出机器预测维修方案,预测维修信息能推测出旋转机械的维修需要,使机器维修更有计划性,从而减少了维修费用,提高了机组的可用率。TSI 为电厂实施汽轮机点检定修提供了一种有效工具。

TSI 系统连续监测的参数有三种用途:一是提供运行人员实时监视机组运转状态,二是为 ETS 提供自动停机保护的触发信号,三是为振动故障诊断提供分析诊断依据。

集控操作员应对 TSI 系统监测的参数有深入的了解,掌握这些参数在不同运行工况下的变化规律;最好能掌握 TSI 系统的故障诊断功能。

2.3.4　汽轮机液压控制系统

汽轮机液压控制系统是 DEH 实现调节和保护功能的具体执行机构,由控制油供油系统 EH、阀门执行机构及汽轮机危急遮断系统 ETS(Emergency Trip System)三个部分组成。

集控运行人员必须掌握该系统原理及动作规律。图 2.15 为东方汽轮机液压控制系统。

ETS 是汽轮机的重要保护系统，它由危急遮断装置和危急遮断信息逻辑处理器（PLC）两部分组成。ETS 的功能是当汽机故障、发电机故障或锅炉主燃料跳闸时，自动触发快关回路，快速关闭主汽阀、调节阀及抽汽逆止阀，实现停机保护。

ETS 与单元机组的 DCS，DEH，MFT，TSI 及发变组保护系统有信号接口联系，ETS 产生的停机指令要送达 EH（控制油）系统、汽机抽汽系统、FSSS、BPC 及发变组保护系统。

为提高停机保护的可靠性，现代大型汽轮机的 ETS 采用双重设置，即由机械-液压和电气-液压两种方式构成。故障的检测可采用机械、电气两种方式，但进汽阀的关闭最终总要由液压控制系统完成。下面以东方机组 ETS 为实例，介绍危急遮断装置组成及保护原理。

（1）**机械-液压控制系统**

东方机组机械-液压控制装置如图 2.15 中的相关部分所示。系统有挂闸、遮断和喷油试验三个常用操作功能。

1）挂闸

系统设置的复位试验阀组中的复位电磁阀（1YV），机械遮断机构的行程开关 ZS1，ZS2 供挂闸用。挂闸程序如下：按下挂闸按钮（设在 DEH 操作盘上），复位试验阀组中的复位电磁阀（1YV）带电动作，将润滑油引入危急遮断器装置活塞侧腔室，活塞上行到上止点（行程开关 ZS1 的常开触点闭合），使危急遮断器装置的撑钩复位，通过机械遮断机构的杠杆将遮断隔离阀组的机械遮断阀复位，将高压保安油的排油口封住，建立高压保安油。当压力开关组件中的压力开关（三取二）检测到高压保安油已建立后，向 DEH 发出信号，使复位电磁阀（1YV）失电，危急遮断器装置活塞回到下止点，行程开关 ZS1 的常开触点断开，行程开关 ZS2 的常开触点断开，DEH 判断排闸程序完成。

2）遮断

从可靠性角度考虑，低压保安系统设置有电气、机械及手动三种冗余的遮断手段。

①电气停机。实现该功能由机械停机电磁铁和高压遮断模块来完成。本系统设置的电气遮断本身就是冗余的，一旦接受电气停机信号，同时使机械停机电磁铁带电，高压遮断模块失电。机械停机电磁铁带电动作，通过机械遮断机构的杠杆使危急遮断器装置的撑钩脱扣，机械遮断机构使遮断隔离阀组的机械遮断阀动作，将高压保安油的排油口打开，泄掉高压保安油。快速关闭各主汽、调节阀门，遮断机组进汽。而高压遮断模块失电，直接泄掉高压保安油，单独快速关闭各阀门。若危急遮断器装置的撑钩脱扣，即使高压遮断模块失电拒动，系统仍能遮断所有调门、主汽门，以确保机组安全。

②机械超速保护。由危急遮断器、危急遮断装置、遮断隔离阀组和机械遮断机构组成。动作转速为额定转速的 110% ~111%（3 300 ~3 330 r/min）。当转速达到危急遮断器设定值时，危急遮断器的飞环击出，打击危急遮断器装置的撑钩，使撑钩脱扣通过机械遮断机构使遮断隔离阀组的机械遮断阀动作，泄掉高压保安油，快速关闭各进汽阀，遮断机组进汽。

③手动停机。系统在机头设有手动停机机构供紧急停机用。手拉手动停机机构按钮，通过机械遮断机构使危急遮断器装置的撑钩脱扣，泄掉高压保安油，快速关闭各进汽阀，遮断机组进汽。

3）喷油及升速试验

系统设置了复位试验阀组，供危急遮断器作喷油试验及提升转速试验用。

(2)电气-液压式危急遮断

它采用电气方式来检测汽机的各种故障以及发电机跳闸、锅炉主燃料跳闸等故障,再将电气遮断信号同时作用到机械遮断电磁铁(3YV)、高压遮断集成块电磁阀(6~9YV)、超速限制集成块电磁阀(5AYV,5BYV)以及各进汽阀油动机各自的遮断电磁阀(10~19YV)上。

电气遮断信号作用到机械遮断电磁铁(3YV)上,使3YV通电,电磁铁牵动停机机构使危急遮断装置掉闸。后续动作如(1)中相应部分所述。

电气遮断信号作用到高压集成块遮断电磁阀(6~9YV)上,使6~9YV断电,卸掉了高压安全油压进而卸掉超速限制安全油压。后续动作如前相应部分所述。

电气遮断信号作用到超速限制集成块电磁阀(5AYV,5BYV)上,使5AYV,5BYV通电,卸掉超速限制安全油压,使各调节阀油动机的卸荷阀上的控制油压消失、各调节阀的卸荷阀开启。最终使各调节阀关闭。

电气遮断信号作用到各进汽阀油动机各自的遮断电磁阀(10~19YV)上,使各遮断电磁阀通电,直接卸掉各自油动机卸荷阀上的控制油压,从而使各油动机卸荷阀开启,后续动作如前相应部分所述。

虽然主汽阀全关后的信号可使抽汽止回阀关闭,但各种电气遮断信号作用到上述各电磁阀的同时,将直接作用到各止回阀止,使它们迅速关闭。

(3)各种电气遮断信号

汽轮机ETS电气遮断信号如下:

1)主控室手动停机按钮。

2)超速:当汽机转速升至3 300 r/min及以上时,TSI中超速监视通道各自的超速继电器动作,输出接点在ETS中进行三取二处理后给出遮断信号。

3)润滑油压低:当润滑油路油压p不大于0.039 2 MPa(如前所述,压力开关的设定值为p不大于0.112 9 MPa)时,低润滑油压遮断装置中代号为PSA4~PSA6的三只压力开关复位,三个闭合的常闭接点在ETS中进行三取二处理后给出遮断信号。

4)抗燃油压低:当抗燃油路油压p不大于7.8 MPa时,抗燃油油源上代号为PS6~PS8的三只压力开关复位,三个闭合的常闭接点在ETS中进行三取二处理后给出遮断信号。

5)凝汽器真空低:当凝汽器压力p不小于19.7 kPa时,凝汽器低真空遮断器中的三个代号为PSB2~PSB4的真空开关动作,三个闭合的常开接点在ETS中进行三取二处理后给出遮断信号。

6)轴向位移过大:当机组的轴相对推力轴承的位移增大时(不小于1.2 mm或不大于-1.65 mm,本机推力轴承的工作瓦安在电机侧,故轴朝电机侧窜动定义为正轴向位移,轴朝汽机机头侧窜动定义为负轴向位移),TSI中的双通道轴各位移监测器完成"与"逻辑处理后,其轴向位移危险继电器吸合,常开接点用作遮断信号。

7)锅炉主燃料跳闸(MFT)、发电机跳闸:这两信号都应使汽机遮断。前者信号由锅炉厂提供,后者信号由电机厂提供。

8)轴振过大:1#~6#轴承中,任一轴承的X方向轴振过大(大于或等于0.25 mm)且该轴承以外有一个以上的轴承X方向轴振大(大于或等于0.127 mm)且持续时间大于3 s时;或1#~6#轴承中,任一轴承的Y方向轴振过大(大于或等于0.25 mm)且该轴承以外有一个以上的轴承Y方向轴振大(大于或等于0.127 mm)且持续时间大于3 s的TSI输出轴振过大信号。

上述组合逻辑已在 TSI 中完成，TSI 输出一个接点至 ETS 遮断汽机。

9）高中压或低压胀差过大：当汽机的高中压胀差不小于 +7 mm 或不大于 -5 mm或低压胀差不小于 +15 mm 时 TSI 输出胀差过大的一个接点至 ETS 遮断汽机。

10）高压安全油油压低：当高压安全油油压 p 不大于 7.8 MPa 时，压力开关 PS1 ~3 复位动作，输出三个常闭的压力开关接点信号至 ETS，经 ETS 三取二处理后遮断汽轮机。

11）DEH 跳闸：它是一个包括 DEH 的 23V DC 电源故障、DEH 硬操盘停机及由 DEH 软件处理后（它又包括 DEH 监测到汽机超速、DEH 转速信号故障或超速保护主机板故障等）输出停机开关量的综合的电气危急遮断信号。

（4）危急遮断信息逻辑处理器

汽轮机危急遮断信息的逻辑处理采用双机 PLC 可编程序控制器，它接受来自汽轮机安全监测系统（TSI 和热工参数）、锅炉及发电机的故障信息，经过数字的逻辑运算处理后，输出指示灯报警信号或汽轮机遮断信号。为了保证其动作的可靠性和试验的方便性，采用了双机 PLC 同时工作，任一动作均可输出报警信号。当任一台 PLC 自身故障时，PLC 可发出本机故障报警信号，并自动切断其停机逻辑输出，而另一台仍能正常工作。该装置能与其他系统通讯，满足 DCS 控制的需求。

2.4　炉膛安全监控系统

炉膛安全监控系统 FSSS 是保护联锁功能级别最高的安全监控系统，它属于开关量控制系统或逻辑控制系统。FSSS 包括燃烧器控制系统（BCS）和燃料安全系统（FSS）。

2.4.1　FSSS 的功能

（1）燃烧器控制系统 BCS 的功能

①对油燃烧器和煤燃烧器的安全点火、投运和切除的连续监视。

②至少提供两级自动水平，即高一级的自动化水平是能执行自动程序控制，即从运行人员启动吹扫后到点燃一个预先选定的燃烧器组实现自动化。次一级的自动化水平是应使运行人员能按分阶段顺序控制方式启动燃烧。

③具有在各种运行方式（即高一级自动方式、次一级自动方式及就地手操方式）下完善的监视和联锁功能，包括燃烧器火焰监视功能。

④在吹扫、燃烧器点火和带负荷运行期间，应控制风箱挡板位置，以满足合适的二次风分配。

⑤具有对锅炉火焰检测冷却风机的控制功能。

⑥能通过 CRT/键盘完成设备的主要操作。

⑦通过 CRT 画面显示，提供运行所需的各种运行信息，使运行人员随时都能获得设备各种运行状态的信息，以便采用自动顺序控制或在必要时切换至手动控制。提供手动方式时的操作指导，这些操作指导应显示出下一步应执行何种操作及整个操作步骤。操作指导以图形方式显示在 CRT 上，并以 CRT 上各设备的颜色变化，反映各设备状态的变化。所供的联锁功能有最大的安全性，可在组件失灵或有关设备故障而出现危险时，避免或减少所需的控制

操作。

⑧点火器以对角成对地自动投入运行，从对应的暖炉油枪开始，按时间顺序自动进行。也可以成对地手动投入运行。油枪的点火和熄火，应是成对或分层按时间顺序进行。

⑨在未得到 FSS 的许可条件前，燃烧器控制不应向炉膛投入燃料或点火能量。

⑩在收到 MFT 信号时，燃烧器控制系统应按指令协同 FSS 快速切断至炉膛的燃料和点火能量。

⑪系统能保证未投入运行的燃烧器和点火枪的安全。

⑫燃烧器控制逻辑提供点火器、油枪和给粉机、排粉机点火许可条件的自检功能。当检测到火焰丧失时，燃烧器（煤和油）及点火枪自动切除。任一个燃烧器火焰丧失，进行报警。提供带逻辑功能的单独的火焰监视，并通过合适和安全的方式或程序，切除油燃烧器或煤燃烧器。

⑬应采用炉膛分区跳闸原则，自动切除给粉机、排粉机或油枪。

⑭在油枪退出运行后，对油枪进行清扫，以除去油枪中残剩的燃料；在锅炉跳闸或点火能量不足时，应闭锁清扫。

⑮在发生 RUNBACK 时，系统按不同的 RUNBACK 要求，切除一部分投入的燃烧设备，并监视和控制炉膛燃烧工况，维持规定的负荷。

⑯系统提供 DAS 所需的事故顺序接点输入信号。

具有关点火枪、燃烧器、给粉机、排粉机、粉仓风门挡板及辅机的显示画面，这些画面能准确、高效地向运行人员提供启动、停运和控制设备所需的清晰、充足的信息。

（2）**燃料安全系统 FSS 的功能**

FSS 防止由炉膛内燃料和空气混合物产生的不安全工况，必要时切除燃料系统，并避免锅炉受压部件过热，FSS 通过相应的监视和保护措施实现保护功能。

①监视锅炉和汽轮发电机组的运行工况，并在检测到危害人员和设备安全的工况时，发出主燃料跳闸（MFT）信号。

②当发现危险工况时，应停运一部分已投运的锅炉燃烧设备和有关辅机，以快速切除进入锅炉的燃料量。

③MFT 发生后，应维持锅炉进风量，以便清除炉膛内、烟道尾部和烟道中的可燃气体。

④在 5 min 吹扫完成及有关许可条件满足之前，阻止燃料重新进入炉膛。

⑤快速响应跳闸输入信号。

⑥直接切断所有燃料来源。

⑦运行人员能直接进行燃料跳闸。

⑧自动记忆和显示“跳闸原因”。

⑨在允许重新投入燃料和点火前，一个时间可调的吹扫程序能安全地清除所有存在于炉膛和烟道内的可燃气体。

⑩在启动期间，炉膛开始吹扫时能自动执行油系统的泄漏试验；或当煤在燃烧的同时，发生了油枪跳闸，能发出油枪单独进行泄漏试验的命令。

⑪有一个油系统安全子系统，监视油系统的压力，如果燃烧发生中断，该系统关闭油安全跳闸阀。

⑫将 MFT、给粉机、排粉机跳闸和油跳闸（OFT）的状态信息送至 BCS、TBC、MCS、汽机跳

闸系统、报警系统和引风机跳闸回路等有关的系统。

⑬提供送入 SOE 所需的接点信号。

⑭提供某参数逼近其预定危险值时的预先报警功能,以及时地告知运行人员。

2.4.2　燃烧器控制系统 FSSS 的控制和操作

(1)BCS 的控制和操作

燃烧器控制系统 BCS 的控制和操作包括:锅炉点火准备、点火枪点火、油枪点火、煤燃烧。

①锅炉点火准备:在炉膛吹扫成功后,由运行人员启动锅炉点火准备功能。将锅炉置于点火准备方式,作为自动启动第一支点火枪的先决条件。此时复置 MFT(不可人工复置),开启一个建立火焰的最大时间限值的计时器,当在时间限值内不能建立火焰,则系统跳闸并返回到吹扫所需的状态。

②点火枪点火:在锅炉点火准备方式的许可条件成立时,允许点火枪投入。此外,应证实点火系统的设备可用性和系统条件是否满足。

③油枪点火:在油枪可投入运行之前,BCS 至少应检查下列点火许可条件:锅炉风量达到吹扫值,火焰检测器冷却风压力满足,所有燃烧器阀门关闭,所有燃烧器处于工作位置,风箱/炉膛差压满足,无 MFT 或油系统跳闸等跳闸信号存在,油系统泄漏试验完成,油压满足点火要求,点火系统已准备好,油压正常,任何火焰检测器检测到无火焰。

当以上的点火许可条件满足时,应在 CRT 屏幕上显示“允许点燃油枪”,且当各个油枪的点火条件满足后,油枪可以投入运行。

由运行人员投入点火枪,投入单个油枪或一组油枪具有灵活性。

运行人员调出相关显示画面,并通过键盘启动一个指定的燃烧器组进行点火,系统能根据时间顺序,开启关断阀并激励点火变压器;如在 10 s 内某油枪未被证实点燃,应关闭其对应的关断阀,并发出“点火失败”的报警。

若许可条件丧失或在指定时间内不能完成运行程序,则应中断此程序。

运行人员能通过 CRT/键盘中断运行程序,停止运行程序的过程应能被监视和被证实;若任何一个阀门不能关闭,应产生一个“断油不成功”的报警。

除调试外,就地点火枪操作应受系统逻辑和许可条件的约束,点火枪跳闸信号应闭锁所有就地操作、切断燃料、停运点火变压器。

④煤燃烧:BCS 对给粉机、排粉机及相关的风门挡板的启/停和开/关、跳闸进行程控和监视。在启动每一运行步骤之前,确保满足与该步骤相应的许可条件,并在整个启动过程中满足安全条件。丧失许可条件或在指定时间内不能完成运行程序,则应中断此程序。

给粉机启动根据负荷变换自动进行或由运行人员操作。当发生“RUN BACK”时,系统停止相关的给粉机,同时送出一个信号至 MCS。

(2)燃料安全系统 FSS 的控制操作

FSS 的功能由三个子系统完成:炉膛吹扫、油燃料系统泄漏试验、燃料跳闸。

①炉膛吹扫。炉膛吹扫的许可条件为:应闭锁所有燃料进入炉膛;所有提供燃料的设备停运;送风机入口至炉膛、烟道尾部及烟囱的通道应畅通;送、引风机至少应各有一台在运行,且相应风门挡板打开;空预器在运行状态;至少应有 30% 的风量;炉膛负压在正常限值之内;除尘器已跳闸;汽包水位正常。

②炉膛吹扫操作。发生 MFT 后，将炉膛和烟道内的可燃混合物吹扫掉，以便允许重新投燃料点火。为此，应提供吹扫时间可调程序，油料泄漏试验是炉膛吹扫程序的一部分。

在启动吹扫前，应至少满足炉膛吹扫许可条件：整个吹扫过程均应满足吹扫的许可条件，直至第一支油枪投入点火；在吹扫过程中，若许可条件中任一条件丧失，均使吹扫累计时置零。一旦所有许可条件重新成立，运行人员方可重新启动吹扫程序。

(3) **燃料油系统泄漏试验**

①在炉膛吹扫运行时，油系统泄漏试验子系统开始进行燃料油系统的泄漏试验。泄漏试验的目的是证实油系统的各部分是严密的，如油系统的安全关断阀和各油枪关断阀之间是密闭的，如有泄漏应指出泄漏的原因。

②在炉膛吹扫完成前，应成功地完成油系统的泄漏试验。

③油系统泄漏试验包括的内容：在吹扫期间，对油系统的各部分加压，有检测所有泄漏情况的仪表和逻辑，向运行人员提供泄漏试验过程和结果的相应信息和报警，泄漏试验的成功完成是炉膛吹扫完成成功的一个条件。

2.4.3 燃料跳闸

应提供多层次的燃料跳闸，以保证只停运少量的燃料设备，减少系统不安全因素或锅炉炉膛产生的不安全工况，应提供油枪跳闸、给粉机跳闸等多种跳闸方式。在 MFT 时，应切断至锅炉的所有燃料。

(1) **主燃料跳闸**(MFT)

当出现主燃料跳闸 MFT 指令时，应切断至锅炉的所有燃料。

1) 主燃料跳闸(MFT)条件

当出现下列条件之下，便产生主燃料跳闸，发出 MFT 指令：①手动 MFT(主控制台上设有 MFT“动作”和“确认”按钮)；②全部送风机跳闸；③全部引风机跳闸；④煤粉燃烧器投运时，全部一次风机跳闸；⑤炉膛压力高于或低于设定值；⑥汽包水位超限 3 s；⑦总晚量低于设定值；⑧在 MFT“继电器”复归后，在规定时间内炉膛点火失败；⑨角火焰丧失；⑩全炉膛火焰丧失；⑪全部燃料中断；⑫燃烧器停运不成功；⑬过热器或再热器失去保护；⑭汽机跳闸；⑮锅炉安全监控系统失电；⑯其他必须停炉的条件。

2) 主燃料跳闸(MFT)的操作

当发生 MFT 时，应自动执行下列操作：①送出接点信号至报警光字牌发出紧急声光报警，并在 CRT 报警显示和打印。②快关油系统关断阀。③切除所有点火枪并退出。④关闭所有油枪阀。⑤紧急停运所有给粉机、排粉机(要求给出常闭接点，且保证对应每台给粉机、排粉机各一付)。⑥跳闸信号启动炉膛吹扫程序(吹扫时间可调)。完成吹扫后，允许停运风机。若在吹扫时炉膛压力过高或过低，应立即将风机跳闸。⑦汽机跳闸。⑧发电机跳闸。

当出现 MFT 时 MCS 得到以下指令：

a. 送风调节切换至手操，以维护二次风量在跳闸前水平；

b. 引风调节切换至手操，以调整瞬变的炉膛负压；

c. 关闭过热器喷水调节阀和截止阀；

d. 关闭再热器喷水调节阀和截止阀。

(2)**油燃料跳闸(OFT)**

出现 OFT 信号应迅速切断所有油枪的燃料。

1)油燃料跳闸(OFT)的跳闸条件

出现以下条件之一,便产生 OFT 油燃料跳闸:①油跳闸阀关闭:油系统跳闸阀在打开后又在任何时刻被关闭;②燃料油压力低:所有油系统阀门打开时,燃料油压力低;③所有油系统阀门关闭:任何一个油阀在打开后又被关闭;④运行人员跳闸;⑤任何时刻 MFT 的继电器动作。

2)出现 OFT 时的操作

当发生 OFT 时,应自动进行下列操作:①燃料油跳闸阀迅速关闭;②各油枪油阀关闭并退出点火枪;③送出接点信号至报警光字牌报警,并在 CRT 报警显示和打印。

(3)**给粉机、排粉机跳闸**

发生下列工况之一时,均应使给粉机、排粉机跳闸:①MFT;②运行人员的跳闸指令;③启动程序失败;④一次风量低;⑤二次风量受阻;⑥点火枪火焰丧失:给粉机启动程序阶段点火能量失去,或投入炉膛的煤粉燃料低于要求。

(4)**对 MFT 跳闸输出继电器电气回路的要求**

1)2 只 MFT 跳闸继电器采用冗余设计,分别接受来自主控台上一对 MFT 跳闸按钮和 DCS 的接点输出。其中,一对按钮的各自两副接点两两串联后分别接至两只 MFT 跳闸出口继电器的跳闸闭合线圈;DCS 提供两路独立的 MFT 跳闸输出(在不同的开关量输出卡件上),输出接点分别接至两只 MFT 跳闸出口继电器的跳闸闭合线圈。

2)DCS 提供一路"MFT 复归"输出,输出的两副接点分别接至 MFT 跳闸出口继电器的复归闭合线圈。

3)回路采用两路独立的 110 V 直流电源,二路电源通过二极管切换回路耦合实现互为冗余,任一路电源故障在 CRT 上报警显示。在一路电源故障时自动切换到另一路,以保证任何一路电源的故障均不会导致系统的任一部分失电。MFT 跳闸出口继电器的输出接点应分别送至发生 MFT 时需自动执行的操作回路,当接点数量不够时,采用中间继电器进行扩展。

2.5　顺序控制系统

2.5.1　主机 DCS 中锅炉、汽机的顺序控制系统(SCS)

顺序控制系统(SCS)是根据预先规定的顺序和条件对锅炉、汽机的辅机(包括电动机、泵、风机等),阀门、挡板的启、停和开、关进行自动控制。顺序控制系统 SCS 属于开关量控制系统或逻辑量控制系统。

(1)**对顺序控制系统(SCS)的功能要求**

a. SCS 用于启动/停止电厂的一些设备组;

b. SCS 的子组级顺控进行自动顺序操作;

c. 对于每一个子组项及其相关设备,它们的状态、启动许可条件、操作顺序和运行方式,均在 CRT 上显示出系统画面;

d. 在手动顺序控制方式下,为操作员提供操作指导,这些操作指导以图形方式显示在

CRT 上，即按照顺序进行，可显示下一步被执行的程序步骤，并根据设备状态变化的反馈信号，在 CRT 上改变相应设备的颜色；

e. 运行人员通过手动指令，修改顺序或对执行的顺序跳步；

f. 控制顺序中的每一步均通过从设备来的反馈信号得以确认，每一步都监视预定的执行时间；

g. 在自动顺序执行期间，出现任何故障或运行人员发出的中断信号，使正在运行的程序中断并回到安全状态；使程序中断的故障或运行人员指令应在 CRT 上显示，并由打印机打印出来；当故障排除后，顺序控制在确认无误后再进行启动；

h. 运行人员可在 CRT/键盘上操作每一个被控对象，手动操作应受许可条件的限制，以防运行人员误动作；

i. 设备的联锁、保护指令具有最高优先级，手动指令则比自动指令优先；被控设备的“启动”“停止”或“开”“关”指令应互相闭锁，且使被控设备向安全方向动作；

j. 保护和闭锁功能是经常有效的，无法由控制室人工切除；

k. SCS/BT 通过联锁、联跳和保护跳闸功能来保证被控对象的安全，机组的联锁及保护跳闸功能，包括紧急跳闸的 I/O 均采用硬接线连接；

l. 监视泵和马达的事故跳闸状态；

m. 进行成对的被控设备（凝结水泵等）的控制系统组态时，将它们的控制策略安排在不同的分散处理单元完成，以防系统故障对两个被控设备同时失去控制。

（2）SCS **包括的子功能组**

a. 锅炉送风系统顺序控制系统。控制每台送风机及液压油站、一次风机、空气预热器及其油站的启动和停止，并控制这些设备相应的空气挡板的打开和关闭，锅炉每一侧送风系统为一个顺控功能子组。

b. 锅炉烟气系统顺序控制系统。控制每台引风机及电机油站的启动和停止，并控制引风机进出口烟气挡板、空预器入口烟气挡板的打开和关闭。锅炉每一侧烟气系统为一个顺控功能子组。

c. 锅炉制粉系统顺序控制系统。控制每台给煤机、磨煤机、磨煤机润滑油站以及排粉机、输粉机的启动和停止，并控制这些设备相应的煤闸门、风门挡板和煤粉挡板的打开和关闭。每个制粉单元为一个顺控功能子组。

d. 锅炉疏水排气系统顺序控制系统。控制疏水排气管道上的阀门打开、关闭和切换等。

e. 电动给水泵顺序控制系统：该子组项包括电动给水泵前置泵、电动给水泵、电动给水泵润滑油泵、出口阀门、再循环阀、前置泵进口阀等。

f. 汽动给水泵顺序控制系统。该项包括汽动给水泵进汽阀、进水阀门、疏水阀、出水隔离阀、前置泵、油泵、盘车装置、再循环阀等。每一台汽动给水泵为一个顺控功能子组。

g. 汽机润滑油系统顺序控制系统。包括轴承润滑油泵、事故油泵、顶轴油泵、主油箱排烟风机及电加热器等。

h. 凝结水系统顺序控制系统：包括凝结水泵、凝结水管路阀门等。

i. 凝汽器循环水系统顺序控制系统：包括凝汽器循环水进、出口阀门等。

j. 凝汽器抽真空系统顺序控制系统：包括水循环式真空泵、管路有关阀门等。

k. 汽机轴封系统顺序控制系统。包括轴封供汽阀门、汽机本体疏水阀门等。

l. 低压加热器顺序控制系统。包括低加进、出水阀、旁路阀、低加疏水阀门、抽汽管道疏水阀门等,每一台低加为一个顺控功能子组。

m. 高压加热器顺序控制系统。包括高加进、出水阀、旁路阀、抽汽隔离阀门、抽汽逆止阀、高加疏水阀、抽汽管道疏水阀门等,每一台高加为一个顺控功能子组。

n. 汽机蒸汽管道疏水阀顺序控制系统。包括主蒸汽、再热汽、排汽管道疏水阀门等。

o. 循环冷却水系统顺序控制系统。包括循环冷却水泵的启停及有关阀门的开、关。

p. 辅助蒸汽系统顺序控制系统。控制各段管道上的阀门打开、关闭和切换等。

q. 发电机冷却水系统顺序控制系统。控制系统内的冷却水泵的启停以及管道上的阀门打开、关闭和切换等。

r. 循环水泵顺序控制系统。控制两台循环水泵及其进出口阀门及有关的联络阀门等。

s. 汽机盘车顺序控制系统、低压缸喷水顺序控制系统、空压机顺序控制系统。

2.5.2　脱硫 DCS 中的顺序控制系统(SCS)

主要顺序控制(SCS)功能组:包括脱硫系统启动、停止顺序控制、除雾器清洗、石灰石制浆系统顺序控制、石膏脱水系统以及浆液管道冲洗顺序控制功能组等。

某机组脱硫顺控设计的主要控制功能组有:脱硫系统启停顺序控制烟风挡板系统功能组,吸收塔循环系统功能组,吸收塔排放系统功能组,石灰石浆液制备系统功能组,除雾器冲洗系统功能组,JBR 本体冲洗功能组,吸收塔入口烟道冲洗系统和事故冷却系统功能组,石膏脱水系统功能组,石灰石粉输送顺序控制,GGH 加热器清扫顺序控制。

2.5.3　发电机-变压器组和厂用电源系统顺序控制系统(ECS)

(1)对 ECS 的功能要求

ECS 用于实现从发电机灭磁开关合闸至发变组 500 kV 断路器同期并网全程顺序控制。对其功能要求如下:

①每一个控制对象及其相关设备的状态、启动许可条件、操作顺序和运行方式显示在 CRT 的画面上。

②在手动顺序控制方式下,为操作员提供操作指导,这些指导以图形方式显示在 CRT 上,即按照顺序进行,可显示下一步被执行的程序,并根据设备状态变化的反馈信号,在 CRT 上改变相应设备的颜色。

③运行人员可通过手动指令修改顺序或改变运行方式。

④控制顺序中的每一步通过从设备的反馈信号得以确认,每步都监视预定的执行时间。如果顺序未能在预定时间内完成,应发出报警,并闭锁操作。如果事故消除,在运行人员再次启动后,可使程序再进行下去。

⑤在自动顺序控制期间,出现任何故障或运行人员发出中断信号,能使正在进行的程序中断并回到安全状态,使程序中断的故障或运行人员的指令应在 CRT 上显示,并由打印机打印出来。当故障排除后,顺序控制在确认无误后再进行启动。

⑥运行人员可在 CRT/键盘上操作每一个被控对象。

⑦顺序控制是按命令逻辑顺序进行,每步都应有检查;在正常运行时,顺序一旦启动应直至结束。

⑧在顺序过程中每一步应有指示,在此步完成后自行熄灭;顺序是否完成应有分别的指示。

⑨对于典型设备异常/事故应提出操作指导,自动编制并打印操作票。

(2)ECS **包括的子功能组**

1)发电机控制

①发电机控制应能执行发电机-汽机轮整体自动或半自动程序控制或通过键盘和鼠标软手操顺序控制,使发电机机组实现由开始升速、升压直至并网带负荷;实现发电机变压器组的正常顺序停机或软手操停机。

②自动准同期:每台发变组设置独立微机式自动准同期装置(不设手动准同期装置),自动准同期装置的同期电压及出口应考虑两台相关500 kV 断路器的同期合闸需要,闭锁逻辑由DCS 完成。发变组两台相关500 kV 断路器也可由网络计算机监控系统实现捕捉同期合环操作。微机式自动准同期装置与 DCS 采用通信接口上传同期过程信息,经硬接线传送同期启动指令。

当 AVR 投入,汽机转速大于 2 950 r/min,发电机断路器在断开位置,自动准同期装置(ASS)投入等条件成立,通过 AVR 及 DEH 自动调压、调频;当频率、电压满足同期条件时,由自动准则器装置(ASS)发出断路器合闸指令。

自动准同期装置调速指令及调压指令经电缆传至汽机 DEH 和发电机 AVR,自动准同期装置合闸指令经电缆传至 500 kV 断路器操作机构。

③通过键盘电机手动解列时应能鉴定汽机已无蒸汽进入方可允许跳闸。

2)励磁系统控制

励磁自动调节由电气专用微机型装置(AVR)实现。DCS 与 AVR 的接口具有以下主要功能:

①通过键盘发出发电机磁场开关分合指令;

②通过键盘发出发电机励磁系统投入切除指令;

③通过键盘设置 AVR 运行方式(恒机端电压运行、恒励磁电流运行、恒无功功率运行、恒功率因素运行);

④通过键盘发出增磁减磁指令;

⑤通过键盘或自动转发 AGC 闭锁 PSS;

⑥机组运行过程中通过 AVR 调节机组无功功率;

⑦实时监视 AVR 运行状态。

3)发电机测量

①发变组模拟量由变送器经硬接线一对一送至 DCS;

②发变组电度量经电度表通信接口或脉冲输出经硬接线一对一送 DCS。

4)高压厂用电源控制

①6 kV 工作段工作电源进线及备用电源进线断路器;

②高压电动机电气回路;

③低厂变 6 kV 电源开关。

(3)ECS **与电气微机保护装置的接口**

发电机-变压器组微机保护装置与 ECS 采用 RS485 通讯接口。同时发电机-变压器组微机保护装置相关信号以硬接点输入 DCS。

某 300 MW 机组发电机-变压器组微机保护主要项目及保护动作方式如下：

1）发变组保护（共 27 项）

电机差动-瞬动于全停；变压器差动-瞬动于全停；发变组差动-瞬动于全停；主变瓦斯-瞬动于全停，轻瓦斯动作于信号；定子接地-瞬动于全停；定子匝间-瞬动于全停；励磁回路接地-两点接地瞬动于全停，一点接地动作延时信号；发电机相间阻抗-带时限动作于全停；发电机相间复合电压过流-带时限全停；主变零序-带时限动作于全停；发电机对称过负荷-一级时限减出力、发信号，二级时限程序跳闸或解列；发电机不对称过负荷-一级时限发信号，二级时限程序跳闸；逆功率（1）-一级时限发信号，二级时限解列；逆功率（2）-带时限动作于全停；发电机失磁-一级时限发信号、减出力，二级时限解列和发信号，三级时限程序跳闸和发信号；发电机过激磁-一级时限发信号，二级时限程序跳闸；定子过压-延时解列灭磁；失步保护-一级时限发信号，二级时限解列；定子断水-延时解列灭磁；低频保护-发信号且计时；励磁绕组过负荷-发信号；励磁绕组过流速断-解列灭磁；励磁系统故障-动作于解列灭磁；主变温度及油位-动作发信号，温度过高全停；主变压力释放-动作于全停；主变通风机故障-动作于起动冷却装置；220 kVDL 非全相-瞬动于全停；主变冷却器全停-带时限动作解列灭磁。

2）高压厂变保护（共 8 项）

高厂变差动-瞬动于全停；高厂变瓦斯-重瓦斯瞬动全停；复合电压过流-T1 跳分支，T2 解列灭磁；低压分支过流速断-延时跳分支，并闭锁 BZT 自投；温度及油位保护-动作于信号，温度过高切换厂用电；压力释放-解列或灭磁；冷却器全停-发信号并切换厂用电；通风机故障-启动风机。

3）启/备变保护（共 13 项）

差动保护-瞬动于跳三侧；瓦斯保护-重瓦斯瞬动跳三侧，轻瓦斯发信号；调压开关瓦斯-重瓦斯瞬动跳三侧，轻瓦斯发信号；压力释放-瞬动于跳三侧；复合电压闭锁过流-延时跳三侧；零序保护-延时跳三侧；间隙保护-延时跳三侧；分支过流-延时跳分支；温度保护-发信号，过温跳三侧；冷却器全停-温度到定值时跳三侧；通风故障-启动通风；110 kVDL 非全相-延时跳三侧；油温、油位-发信号。

4）发-变组出线保护（共 5 项）

高频方向保护-跳主开关、解列灭磁；高频距离保护-跳主开关、解列灭磁；纵联差动保护-跳主开关、解列灭磁；距离方向保护-跳主开关、解列灭磁；另序方向保护-跳主开关、解列灭磁。

2.6　单元机组整体保护控制

大型单元机组的锅炉、汽轮机、汽轮机旁路及发电机四个部分是一个有机的整体。当任何部分发生危及机组安全运行的事故时，热工保护系统必须发出各种指令送到相关控制系统和被控设备中，自动进行减负荷，投旁路系统，停机或停炉等处理，以确保机组的安全。一般来说，大型机组所发生的带有全局性影响的事故，其保护方式主要有以下三类：

第一类是全局性危险事故时的保护。如锅炉超压、炉膛灭火、送风机全部跳闸、引风机全部跳闸和汽包严重缺水等。这时应停止机组运行，切除全部燃料，故称主燃料跳闸保护

(MFT)。

第二类是锅炉运行正常,而机、电方面发生事故时的保护。例如电网故障、汽轮机或发电机本身发生故障等,这时热工保护系统应使锅炉维持在尽可能低的负荷下运行,可以使汽轮发电机跳闸,也可以在一定的条件限制下尽可能使汽轮机空载运行或自带厂用电运行,以便故障消除后较快地恢复运行,这种方式称为机组快速甩负荷(FCB)。

第三类是锅炉主要辅机发生局部重大故障,而汽轮机和发电机正常时的保护。例如个别风机跳闸、个别引风机跳闸等。这时锅炉必须减少燃料,机组相应地减负荷运行,这种方式称为辅机故障减负荷(RB)。

单元机组热工保护可根据不同危险工况采用不同运行方式完成保护功能。热工保护系统具有如下一些特点:在各种自动装置的控制指令中,热工保护系统的控制指令是最具有优先权的,它可以闭锁其他自动装置的指令。因此,在任何情况下都不应切除任何热工保护装置。也就是说,只有保护系统保证正常时,才可以将机组投入运行。在热工保护动作过程中,需要和其他自动装置配合工作,共同完成单元机组的保护。保护装置在机组正常运行时是长期不动作的,而一旦出现异常情况却要求必须可靠的立即动作,因此对于热工保护装置应有必要的监视和试验手段,以确保热工保护装置本身动作的正确和可靠。

单元机组的锅炉、汽轮机、汽轮机旁路及发电机四大部分是一个完整的整体。每部分都具有自己的保护系统,而任何部分的保护系统动作都将影响其他部分的安全运行。因此需要综合处理故障情况下的炉、机、旁路、电四者之间的关系。为此大型单元机组设有完整的逻辑判断和控制功能专用装置,这就是单元机组的大联锁保护系统。

单元机组大联锁保护系统主要是指锅炉、汽轮机、旁路、发电机等主机之间以及与给水泵、送风机、引风机等主要辅机之间的联锁保护。根据电网故障或机组主要设备的故障情况自动进行减负荷、投旁路系统、停机、停炉等事故处理。

(1)**炉、机、电大联锁保护系统**

单元机组的炉、机、电大联锁保护系统框图如图 2.16 所示,其动作如下:

① 当锅炉故障而产生锅炉 MFT 跳闸条件时,延时联锁汽轮机跳闸、发电机跳闸,以保证锅炉的泄压和充分利用蓄热。

② 汽轮机和发电机互为联锁,即汽轮机跳闸条件满足而紧急跳闸系统(ETS)动作时,将引起发电机跳闸;而发电机跳闸条件满足而跳闸时,也会导致汽轮机紧急跳闸。不论何种情况都将产生机组快速甩负荷保护(FCB 动作)。若 FCB 成功,则锅炉保持 30% 低负荷运行;若 FCB 不成功则锅炉主燃料跳闸(MFT),而紧急停炉。

③当发电机—变压器组故障,或电网故障引起主断路器跳闸时,将导致 FCB 动作。若 FCB 成功,锅炉保持 30% 低负荷运行。而发电机有两种情况:当发电机—变压器故障时,其发电机负荷只能为零;而电网故障时,则发电机可带 5% 厂用电运行。若 FCB 失败,则导致 MFT 动作,迫使紧急停炉。

炉、机、电保护系统具有自己的独立回路,且与其他系统相互隔离,以免产生误操作。但炉、机、电的大联锁应该是直接动作,不受人为干预。实际中 FCB 可设也可不设。

(2)**炉、机、电大联锁保护实例**

单元机组大联锁取决于炉、机、电结构、运行方式、自动化水平等。下面以带有旁路系统的中间再热机组为例作说明。该单元机组配置了两台 50% 额定容量的汽动给水泵,正常时两台汽动泵运行，一台电动给水泵（容量 30%）作为备用泵。

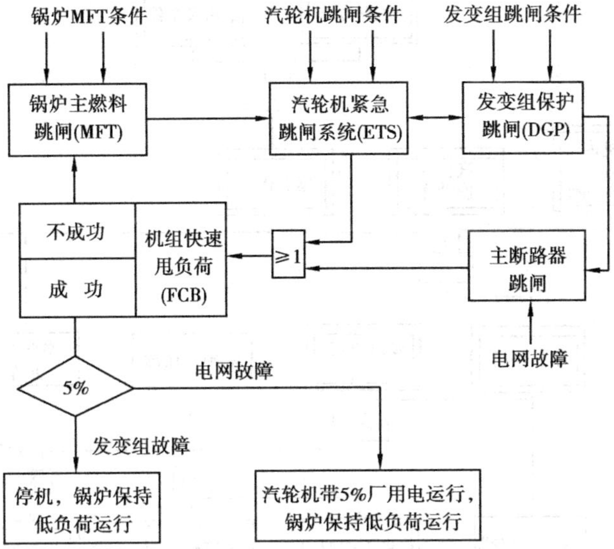

图 2.16　炉、机、电大联锁保护系统框图

图 2.17 为该单元机组联锁保护框图。联锁条件及动作情况如下：

①锅炉停炉保护动作或锅炉给水泵全停时，机组保护动作进行紧急停炉。联锁保护动作紧急停机（发电机跳闸），单元机组全停。紧急停炉后，机组保护动作，停全部给水泵。

②当汽轮机发电机组因保护动作而紧急停机时，单元机组保护系统应自动投入旁路系统，开启凝汽器喷水门，跳开发电机断路器，将锅炉负荷减到点火负荷（最低负荷）。这里需指出，紧急停机时跳发电机断路器的目的是防止汽轮机自动主汽门关闭后，发电机变为电动机运行，使汽轮机叶片鼓风而引起低压缸超温，目前国内汽轮机事故后一般不考虑发电机断路器跳闸，因此是否需要或延时多久自动跳发电机断路器，需要根据汽轮机厂要求而定。

③发电机甩负荷或锅炉汽压过高，则机组保护动作，同时投入旁路系统并开启凝汽器喷水门，锅炉减至点火负荷。

④1 号或 2 号汽动给水泵有一台故障而停止运行，或给水压力低时，机组保护动作，启动电动给水泵，经时间 t 延迟后，检查电动给水泵是否已启动成功，如果电动（备用）给水泵启动成功，则给水系统可达 80%（即 50% +30%），相应机组出力也调整为 80%。若电动（备用）给水泵启动不成功，则机组保护动作将锅炉减负荷至 50%（一台汽动泵运行工况），相应的机组出力也调整为 50%。

若 1 号和 2 号汽动给水泵全部停止运行，机组保护同样自启动电动（备用）给水泵，若启动成功，则机组出力调整为 30%；反之，若启动失败，则发出给水泵全部停运信号，紧急停炉迫使整个单元机组停运。

⑤有关辅机出力不足，系指送风机、引风机等重要辅机的出力不足。例如，运行中的两台送风机其中有一台故障，则锅炉负荷减至 50%，机组出力相应减至 50%。若两台送风机同时停止运行，则锅炉紧急停炉（MFT），整个单元机组停止运行。

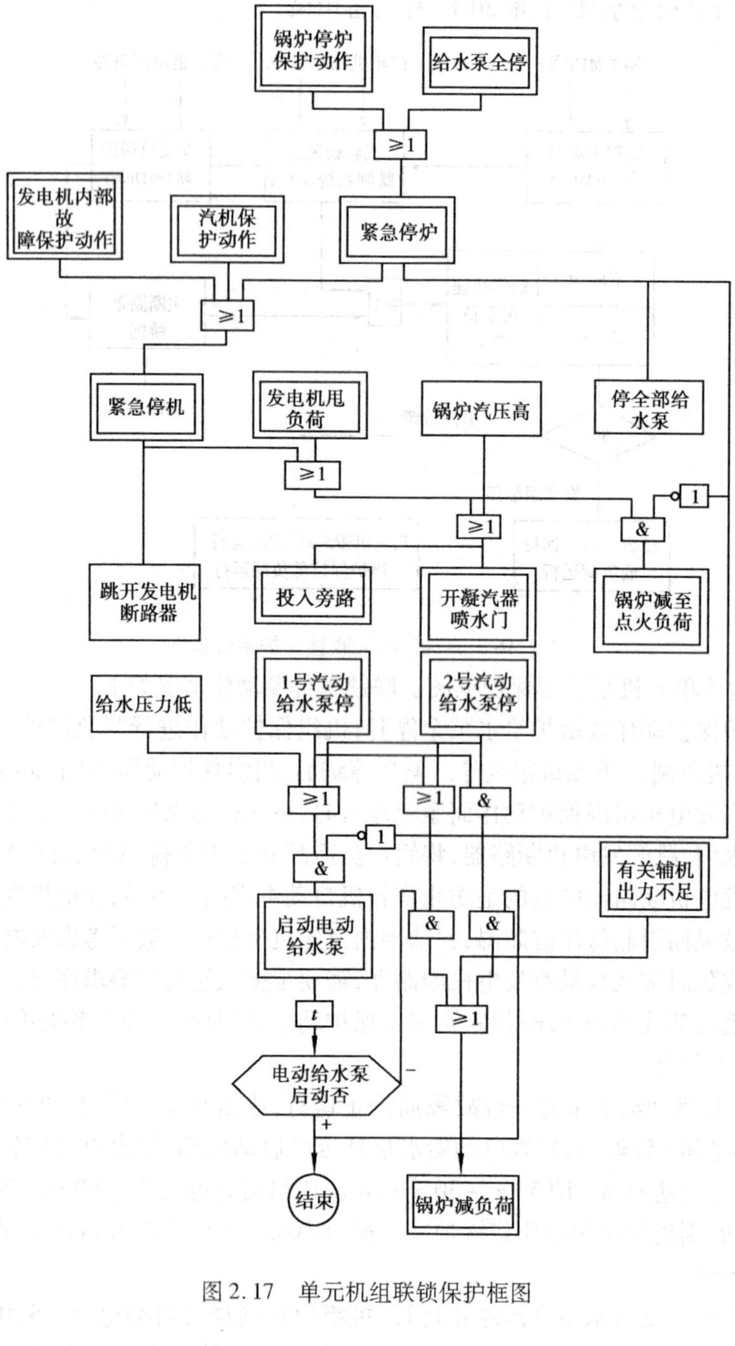

图 2.17　单元机组联锁保护框图

第 3 章 火力发电机组运行中的热应力、热膨胀和热变形

3.1 热力设备运行中的热应力

热应力又称温差应力，是由于设备不同部位金属在不同温度下其热胀冷缩相互受限而在部件材料内部产生的拉伸和压缩应力。火力发电机组中的锅炉、汽轮机、发电机、给水泵、空预器、回热加热器、除氧器、高温汽水管道等各种热力设备和电器设备在启动、停运及变工况运行过程中都会因温差的存在而不同程度地产生热应力。热应力的客观存在对火力发电机组运行的安全可靠性、变工况运行的机动性及设备使用寿命产生极大的影响，成为制约机组启动、停运及负荷调节速度的关键因素。

热应力对火力发电设备使用寿命的影响具有潜移默化、积累渐进的特点。合理、有效地控制热应力，确保设备预期的使用寿命是火力发电机组集控运行的重要任务之一。

3.1.1 厚壁热力设备在启、停和变工况运行过程中的热应力

火力发电机组的热力设备中热应力问题比较突出的是厚壁的高温高压容器及转子。如自然循环锅炉的汽包、直流锅炉的汽水分离器、除氧器、高压加热器、汽轮机汽缸、汽轮机转子、发电机转子、高压给水泵泵壳及转子、高温高压的蒸汽管道及给水管道等。

(1)厚壁高温高压容器的热应力

热应力由部件不同部位的温差引起。汽包、分离器、除氧器、高压加热器、汽轮机汽缸、高压给水泵泵壳等在工作时均为单向受热的厚壁部件，它们在机组启动、升降负荷及停机过程中都会因由内壁向外壁的单向受热或由外向内的单向冷却而产生内外壁温差。其内外壁温差由下式的规律确定：

$$\Delta t = \frac{c\gamma}{2\lambda} b s^2 \tag{3.1}$$

式中 c——金属材料比热，J/(kg · ℃)；

γ——金属材料密度，kg/m^3；

λ——金属材料导热系数,w/(m·k);

S——容器壁厚,m;

b——金属温度变化率,℃/s。

从式中可见,容器的内外壁温差与壁厚的平方成正比。要减小温差,最有效的方法是在保证容器机械强度的前提下尽量减小壁厚,故大型高参数汽轮机汽缸要采用多层汽缸。

从式中可见,容器的内外壁温差与金属温度变化率成正比。故要减小温差,就应降低容器的金属温度变化率。但容器金属温度变化率降低将使设备启动、停机及升降负荷的速度减慢,对生产过程的经济性和机动性产生不利影响。故在壁厚一定的条件下,对厚壁高温高压容器的内外温差及金属温度变化率应作优化匹配选取。

若把筒形容器的壁厚视为一平板,则在不稳定受热时沿壁厚任一点的热应力可近似由下式表示,该式可作为定性分析用,反映了热应力与部件内部不同部位温差成正比的基本规律。

$$\sigma = \frac{\beta E}{1-\mu}(t_{av} - t) \tag{3.2}$$

式中 t_{av}——沿壁厚的平均温度,℃;

t——沿壁厚任一点的温度,℃;

β——材料的线膨胀系数,1/℃;

E——材料的弹性模量,Pa;

μ——材料的泊松比。

对于汽轮机汽缸这类特殊的压力容器,其热应力的最大值在内、外壁边界点。汽缸内壁的热应力值是外壁的两倍,在计算中习惯将压应力以负值表示,拉应力以正值表示。其内、外壁热应力用以下公式表示:

$$\sigma_i = \pm \frac{2}{3}\frac{\alpha_1 E}{1-\mu}\Delta t \tag{3.3}$$

$$\sigma_0 = \pm \frac{1}{3}\frac{\alpha_1 E}{1-\mu}\Delta t \tag{3.4}$$

(2)厚壁高温高压容器热应力与机械应力的叠加问题

厚壁高温高压容器热应力与机械应力同时存在,两者可相互叠加,也可相互削减。机械应力是指由高压容器内部工质压力与外部压力之差引起的作用在容器金属壁面上的应力,该应力在壁面任意点的三个方向均为拉应力,且均与容器内压力成正比。随着容器内汽压的升高,机械拉应力将越来越大。

在高压容器的升温升压过程中,容器内外壁温差越来越小,热应力也越来越小,机械应力则随着升压过程越来越大。升温过程引起的热应力在内、外壁有不同的方向,内壁为压应力,外壁为拉应力,外壁的冷拉应力与机械拉应力是叠加的,而内壁的热压应力与机械拉应力是相互削减的,故外壁的合成应力大于内壁。

在高压容器的降温降压过程中,内壁的热应力为拉应力,外壁为压应力,内壁的冷拉应力与机械应力是叠加的,而外壁的热压应力与机械拉应力是相互削减的,故内壁的合成应力大于外壁。对于汽轮机汽缸,因内壁热应力是外壁的两倍,故内壁的合成应力远大于外壁。

热应力形成的拉应力与机械拉应力叠加的峰值出现在升温升压过程或降温降压过程的某个中间阶段。对于锅炉及汽轮机汽缸这类重要热力设备,要注意把握其应力叠加及峰值出现的内在规律，实时控制好升温升压速度，控制好内外壁温差。

(3)**转子类设备的热应力及合成应力**

转子类设备为非圆筒形的圆柱形设备，有空心与实心两种，工作时高速旋转。转子类设备的壁厚远大于容器类设备。其启动加热或停机冷却时也是单向受热或单向冷却，从而产生内外温差。内外温差的变化规律，可近似由如下的定性分析式表示：

$$\Delta t = \frac{R^2}{4\alpha}b \tag{3.5}$$

式中　R——转子半径，m；

α——转子导温系数，m^2/h；

b——转子表面温度变化率，℃/h。

从上式可见，转子类设备的内外壁温差与转子半径的平方成正比。转子半径即轴径，由转子的强度需要确定，对于汽轮机转子主要指高压调节级后和中压第一级后断面处的轴径。对于不同汽轮机型式，转子半径不同。冲动式汽轮机为转轮形转子，转子轴径较小，反动式汽轮机为转鼓形转子，转子轴径较大。

转子类设备的内外壁温差与金属温度变化率成正比，通过控制转子金属温度变化率即可控制内外壁温差，从而控制热应力。

转子类设备在不稳定受热时沿壁厚任一点的热应力同样可近似由前式(3.2)表示，其沿壁厚的平均温度 t_{av} 可用下式表示：

$$t_{av} = \frac{2}{r_2^2 - r_1^2}\int_{r_1}^{r_2} tr\mathrm{d}r \tag{3.6}$$

汽轮机转子内部的温度梯度 tr 分部如图3.1所示，可由转子的温度场求解得出。

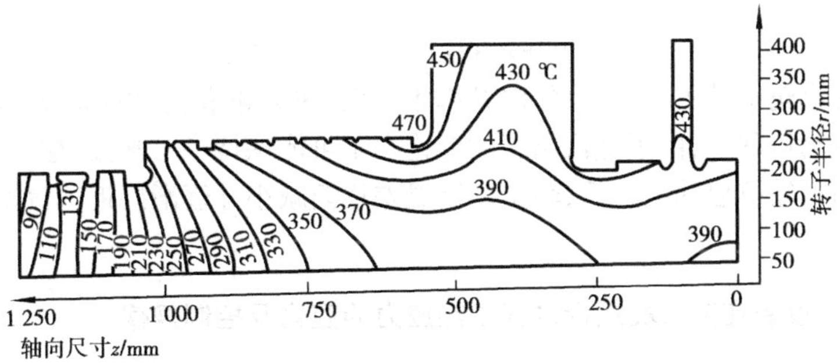

图3.1　某汽轮机转子纵剖面温度分布

汽轮机部件中，转子工作条件最恶劣，转子的裂纹断裂与汽缸等部件相比将是灾难性的，故汽轮机的寿命决定于转子的寿命，汽轮机的热应力分析和寿命管理重点和难点在于实时监控转子的温度场变化工况。

由于转子在高速下运行，转子沿半径承受很高的离心拉应力与在汽轮机启动加热(或停机冷却)过程中沿半径出现的热应力，两者相叠加，成为合成应力。在启动加热时，如图3.2所示，转子外表面压缩热应力与离心拉应力反向而使总拉伸应力减小；而转子内表面的热应力为拉应力，其与离心拉应力同向而使总拉伸应力增大，因此在启动加热时，中心孔内表面承受的拉应力较危险。在停机冷却时则反之，即转子外表面拉伸热应力将同离心拉应力叠加，尤其是在转子与叶轮连接处、轴封凸肩和防热槽等应力集中区最为危险。

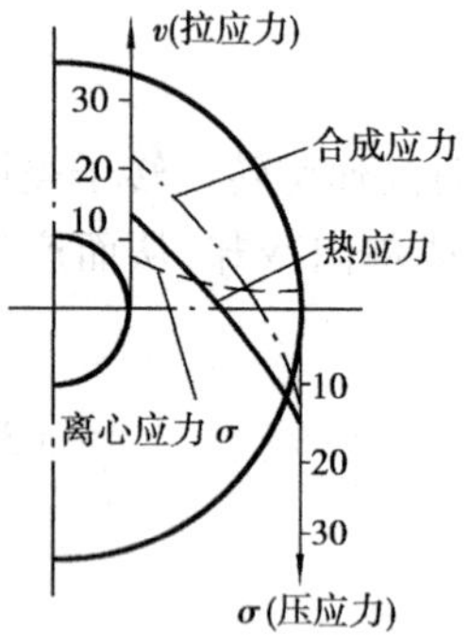

图 3.2　启动加热时转子断面内热应力和合成应力分布

对于现代大型汽轮机转子，容易产生较大温差和热应力的部位是高压调节级和中压第一级区域。因为变工况时这些区域的温度变化最大。

一般来说，转子和汽缸内外壁温差取决于以下几个因素：转子和汽缸的几何尺寸、材料热导率、蒸汽温度变化速率和变化范围以及蒸汽和金属表面换热系数、汽缸保温质量等。图 3.3 给出了一台汽轮机当蒸汽温度以温升率 2.5 ℃/min 变化时，调节级处高压转子金属温度随时间的变化关系。在起始阶段，转子表面温度随蒸汽温度迅速上升。由于热量在转子内部传导需要一定时间，转子中心孔的温度总要滞后一段时间才开始上升，因而转子表面温度和中心孔温度就形成了温差。随着整个温升过程温差值持续增大，在经过一定时间以后，温差达到最大值，并不再随蒸汽温度的升高而升高，保持内外壁温差最大且不变化。通常称这个温差达最大值的时刻为准稳态点。

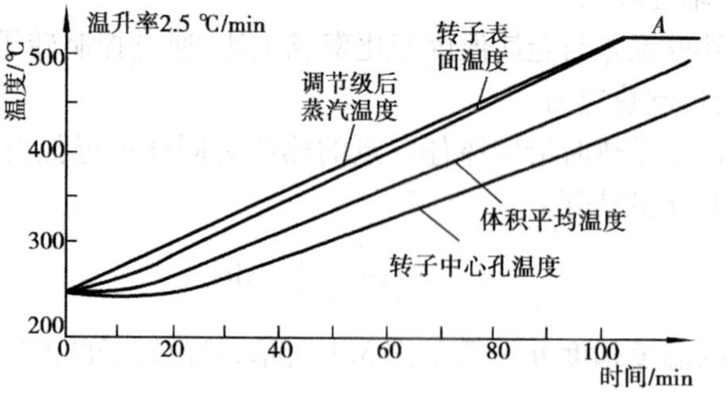

图 3.3　高压转子温度分布随时间变化曲线

对于一般的汽轮机转子，当蒸汽的温升率不变时，进入准稳态的时间为 80 ~ 100 min。但在汽轮机实际启动过程中，由于蒸汽温度的变化率不可能保持一个常数，往往不会达到准确的准稳态工况。当汽轮机启动结束后，转子内壁温差逐渐减小并逐渐接近蒸汽温度，此时汽轮机进入稳定工况运行。

3.1.2　热力设备在变工况运行过程中热应力的变化及控制规律

(1)汽包及无头除氧器等筒形容器在启、停过程中因热变形引起的交变热应力

汽包及大型高压无头除氧器等筒形容器在进水和升压过程中都将出现上、下壁温差。进水时，水总是先与容器下壁接触，然后逐渐升高与上壁接触，这样壁温就是下高上低，容器产生下凹变形，导致下壁受压而上壁受拉；反之，当容器起压后，上、下壁温差转而为上高下低。这是因为容器上部空间为汽、下部为水，都对器壁进行单向传热。但蒸汽对容器上壁的放热为冷凝相变换热，而水对容器下壁的放热为微弱的对流换热，放热系数差别很大，前者比后者要大 2 ~3 倍。所以容器上壁的受热要比下壁受热剧烈得多，使容器上壁温度上升很快，因而造成容器上、下壁温差，容器产生上凹变形(如图 3.4 所示)，导致上壁受压而下壁受拉。升压速度越快，饱和温度增加得越快，容器上、下壁温差就越大。

一次进水和起压过程就使容器上、下壁的应力状态经历了一次拉与压的应力循环。由于启停一次应力变化的幅值与最初的压应力有关，而应力循环幅值大小会影响容器的低周疲劳

寿命,所以启动前进水应限制进水温度和时间,尽可能减小上、下壁温差。

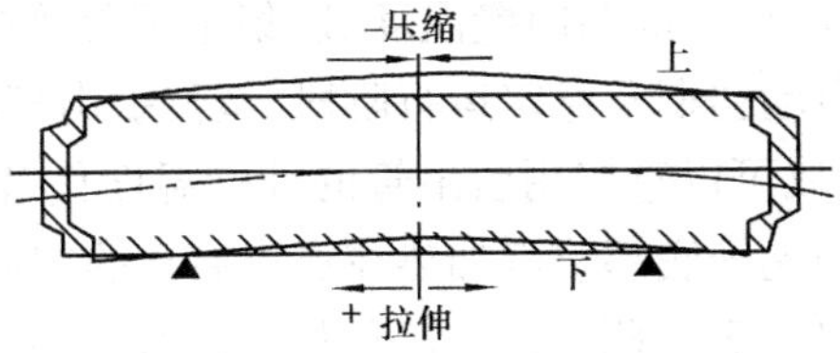

图3.4　汽包在上下壁温差作用下的变形

汽包及大型高压无头除氧器等筒形容器因上、下壁温差而产生弯曲变形时,还受到与之相连管道的约束,从而引起极大的附加应力,严重时可能会使联箱、管子弯曲变形和管座焊缝产生裂纹。

对于汽包,可在内部结构上采用环形夹套减小上、下壁温差。美国CE公司控制循环锅炉通常采用环形夹套汽包结构,某些亚临界参数自然循环锅炉在设计中亦借鉴了该技术的先进经验,整个汽包或仅汽包下部采用内夹套结构。汽水混合物由汽包上部进入,沿着汽包两侧流下,进入用挡板形成的狭环夹套中。该挡板夹套与汽包筒体是同心,其中充满具有足够流速的汽水混合物。夹套把锅水、省煤器来水与汽包内壁分隔开,其内壁均与汽水混合物接触,从而使汽包上、下壁面温度均匀。在锅炉启、停过程中,不再需要汽包上、下壁温差的监视,可加快启、停时间,确保汽包安全运行。

在停炉过程中,汽包上、下壁也会形成温度差,导致变形热应力。随着锅炉的冷却,压力逐渐下降,饱和温度也随之下降。汽包外壁有保温层,温度下降很慢。与点火情况相反,停炉以后是汽包向上部的蒸汽和下部的炉水传热。汽包内的饱和蒸汽被上壁加热成为过热蒸汽,过热蒸汽的比重较饱和蒸汽小,在汽包上部内壁上形成一层过热蒸汽薄膜。过热蒸汽的导热性能较差,而且也不能形成对流换热,因此在汽包上部的冷却很慢,而汽包下半部接触的是炉水,在停炉冷却过程中,炉水仍在循环,汽包下部在炉水对流换热的冷却下,温度下降较快。所以在停炉冷却过程中,仍然是汽包上半部温度高,下半部温度低,而形成温差。

(2)汽包内、外壁温差引起的热应力的变化规律

汽包内、外壁温差出现于锅炉进水和锅炉升压过程中。进水时热水只与汽包内壁接触,外壁接受内壁热流故其温度低于内壁,产生内、外壁温差。

点火后随着汽压的上升,饱和温度也升高,同水和蒸汽接触的汽包内壁温度接近于饱和温度,但外壁温度的升高则受到金属导热及壁厚的限制,因而造成内、外壁之间的温差。锅炉在稳定运行时,由于汽包的导热系数很大,所以汽包壁内的温差较小,热应力也较小,可以略去不计。然而,锅炉在启停或变负荷过程中,由于汽包内的介质温度不断上升,故产生了较大的热应力。升压速度越快,汽包内、外壁温差及热应力越大。

汽包内外壁和上下壁温差的最大值通常出现于启动之初。其原因一是启动之初,水循环弱,水扰动小,汽包下半部与几乎不动的水接触传热,使汽包下部金属升温慢;二是低压阶段压力不大的变化会引起饱和温度的很大变化,即引起锅水和汽温产生较大的变化,使水、汽对汽包壁的放热量也相应发生较大变化,加大了汽包的上下壁温差和内外壁温差。

锅炉启停必须严格控制压力变化的速度,很主要的一个原因就是考虑汽包的安全。

(3)汽包内外壁和上下壁温差的监测

为保护汽包,整个启停过程必须不断监视汽包上、下壁温差以及内、外壁温差。为此,在大型锅炉的汽包壁上，安装有若干组温度测点。由于汽包内壁金属温度不能直接测量，故常以饱和蒸汽引出管外壁温度代替汽包上部的内壁温度，以集中下降管外壁温度代替汽包下部的内壁温度。根据试验规律，在启动初期及稳定运行阶段，蒸汽引出管的外壁温度与汽包上部内壁温度相差仅0～3 ℃范围内，故可以直接用引出管的外壁温度代替汽包上部内壁温度；在启动初期及稳定运行阶段，尤其是先经底部蒸汽加热在点火启动的初期阶段，集中下降管外壁温度与汽包下部内壁温度相差仅0～5 ℃范围内，故可以用前者代替后者。

在监护和控制温差时，按以下方法计算壁温差：以最大的引出管外壁温度减去汽包上部外壁最小温度，差值即为汽包上部内、外壁最大温差；若减去汽包下集中下降管外壁最小温度，差值即为汽包上、下内壁最大温差；同理也可计算得到汽包下部内、外壁最大温差等。有的锅炉还引入汽包的压力等数据对上述计算进行修正。一般国内机组对汽包上、下壁温差和内、外壁温差启动中的最大允许值，均控制在50 ℃以内，这一指标相对保守。如在汽包内部结构上有相应的均温措施，则可适当放宽，以提高启动速度。

汽包上、下壁较大温差容易出现在0～1 MPa这段时间。因此，运行人员在这段时间内要特别监视汽包上、下壁温度和温差。

(4)**汽包启动应力控制**

锅炉启动过程中，机械应力随汽压上升而增大，逐渐成为汽包应力的主要部分，汽包热应力则随汽压上升而渐渐减小，并且它只与汽包壁温差有关。在汽包内壁，内外壁温差引起压应力与机械应力相抵消，汽包外壁引起拉应力与机械应力正向叠加。如果没有孔边应力集中，则外壁拉应力将成为最大峰值应力。但若汽包温差过大，则最大峰值应力也可能在外壁某点达到。从低周疲劳角度分析，启动初期，饱和温升率是影响循环过程中谷值应力的主要因素，降低谷值应力水平则可有效减小启停过程的交变应力幅值，从而减小启停过程的疲劳寿命损耗率。随着压力的升高，当机械应力占据主导地位后，则可适当采用较高的温升速率。在汽轮机冲转以后，锅炉的启动速度还要受到汽轮机运行方式的限制，升压过程主要是控制过热汽温的升温速率，而启动热应力所允许的壁温差通常是自然满足的。停炉过程中最大峰值应力通常在停炉初期阶段出现，这时机械应力最大，而壁温差产生的热应力在内壁又是与机械应力相同的，叠加后得到最大的应力值。为减小应力幅值，应注意该阶段对降温速度的控制，不宜过大。

如上所述，启动应力控制的重要标志是汽包的上下壁温差和内外壁温差。实际操作中，是以控制压力的变化率作为控制壁温差的基本手段。锅炉启停中防止汽包壁温差过大的措施有：

①启动中严格控制升压速度，尤其是低压阶段的升压速度应力求缓慢。这是防止汽包和分离器壁温差过大的根本措施。为此，升压过程应严格按给定的锅炉启动曲线进行，若发现汽包壁温差过大，应减慢升压速度或暂停升压。

控制升压速度的主要手段是控制燃烧率，此外，还可加大向空排汽量或改变旁路系统的通汽量进行升压过程的控制。

②设法尽快建立正常的水循环。水循环越强，上升管出口的汽水混合物以更大的流速进入并扰动水空间，使水对汽包下壁的放热系数提高，从而减小上、下壁温差。因此，能否尽早建立起正常的水循环，不仅影响水冷壁工作的安全性，而且也直接影响到汽包上、下壁温差的大小。

③初投燃料量不能太少，炉内燃烧、传热应均匀。初投燃料量太少，水冷壁产汽量少，水流动慢，流量偏差大，且炉内火焰不易充满炉膛，有可能使部分水冷壁处于无循环或弱循环状态，

与这部分水冷壁相对应的汽包长度区间内的上、下壁温差增大。因此保持均匀火焰是启动燃烧调整的重要任务。初投燃料量与控制升压速度的矛盾，可用开大旁路系统调门的方法解决。

④控制降压速度。停炉尤其在高参数停炉之初需谨慎控制降压速度，以免发生更大的汽包壁温差和峰值应力；降压降负荷分阶段进行，即降压过程安排几个降压平台，以缓和温度变化引起的热应力。

⑤锅炉进水应严格控制进水参数。一般控制进水温度与汽包温度之差不大于90 ℃，进水时间冬季不少于4 h，夏季不少于2 h（进水速度也影响壁温差）。启动时适当将汽包水位维持在较高水平，对控制汽包壁温差也有一定的作用。进水参数控制主要用于降低循环的谷值应力。

（5）水冷壁相邻管间温差引起的热应力及控制

汽包炉在升压初期水冷壁受热较弱，管内工质含汽量少，故水循环很弱；因升压初期初投燃料少，投入燃烧器分布不均，炉膛内火焰不均等原因，极易导致水冷壁管间受热不均，各管内的介质流速差别较大。若同一联箱上各根水冷壁管金属温度存在差别，就会产生热应力，严重时会使下联箱变形或水冷壁管损坏。

大型锅炉的水冷壁都是膜式水冷壁，管子间为刚性连接，不允许有相对位移，故邻管之间的温差会导致很大的热应力。为此，应限制相邻管子间的壁温差不得超过50 ℃。对于平行工作的水冷壁管，加热不均（如火焰偏斜）就会造成同回路不同管子间的受热负荷偏差，引起壁温偏差。假定有两根水冷壁管的壁面所受热负荷分别为q_1，q_2，那么，1，2两管的壁温偏差Δt_b按下式计算

$$\Delta t_b = \frac{q_2 - q_1}{\alpha_2} \tag{3.7}$$

式中　α_2——内壁对工质的放热系数，W/(m^2·℃)。

由上式可知，壁面热负荷偏差$\Delta q = q_2 - q_1$越大，壁温差Δt_b越大；管内放热系数α_2越小，壁温差Δt_b也越大。在锅炉起压之前，水冷壁内均为单相水且流动微弱，α_2很小，约为0.2×10^3 W/(m^2·℃)，这时，即使Δq仅为额定负荷的1/15，Δt_b即已达到50 ℃。可见，起压之前或水循环弱时，应特别注意使炉膛内火焰分布均匀。

水冷壁流动工况正常时，有正常水量进入水冷壁管口，且边流动边产汽，内壁周围有水膜，这是最好的冷却工况。但受热不均时，个别受热弱管（或管组）水流动很慢，甚至停滞，入口基本无水量流入。此时汽泡易在水冷壁转弯处、焊缝或水平段积聚，形成汽环，使该处管壁局部过热产生鼓包、胀粗或爆管。故要求启动之初均匀加热，否则个别受热很弱管子容易出问题。

（6）汽轮机转子的热应力及低周交变热应力

汽轮机在冷、热态启动、停机和负荷变化等过渡工况下，转子材料的径向和轴向均会产生温差，特别是径向内外壁温差会很大，从而导致热应力产生。

①冷态启动过程中转子内、外表面的单向热应力，如图3.5(a)所示，冷态启动时转子表面温度大于该截面的平均温度，此平均温度大于中心孔温度。转子外表面材料热膨胀受内部低温材料的约束，产生热压应力，如图中实线所示；而中心孔壁面产生热拉应力，如图中虚线所示。且热应力的大小随温度和时间而变化，当转子表面和中心孔表面的温差达到最大时，相应的热应力值也达到最大。当启动过程结束后，主蒸汽与第一级后汽温渐趋一致，热应力也随之减小。当转子表面温度与中心孔温度相等时，则热应力为零。

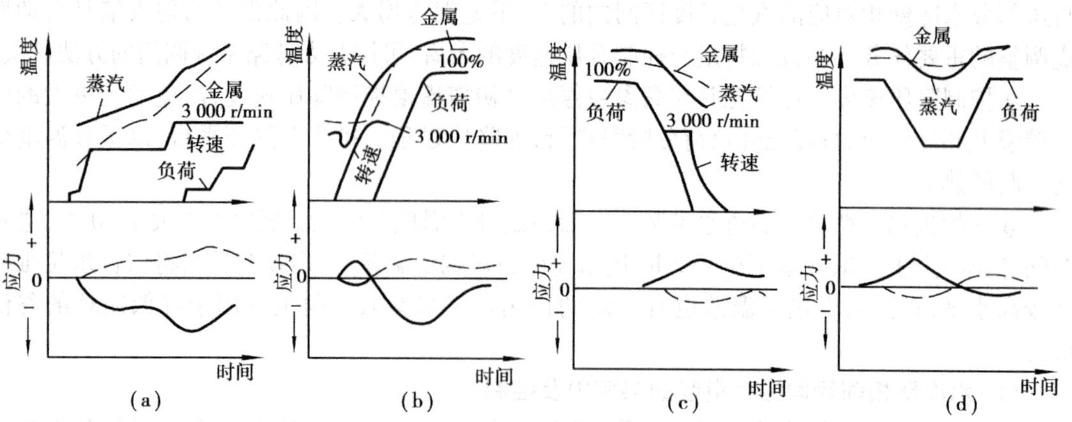

图 3.5 转子过渡工况时的热应力

（虚线表示中心孔面热应力，实线表示转子表面热应力）

(a)冷态启动;(b)热态启动;(c)停机;(d)负荷变化

②停机过程中转子内、外表面的单向热应力，如图 3.5(c)所示。随着蒸汽温度降低，转子表面首先被冷却，而中心孔表面稍滞后些，致使表面温度低于中心孔表面温度，它们之间的关系与启动时刚好相反。这时转子表面为拉伸热应力，而中心孔为压缩热应力。

故同一部件因不同部位温差而引起热应力的特点是“热压、冷拉”，压应力为“＋”、拉应力为“－”。

③一次启动—停机全过程中转子的交变热应力。从启动至停机，经历上述两个过程，转子表面“先压，后拉”，中心孔表面则“先拉，后压”，刚好完成一个交变的应力循环，过程中的热应力称交变热应力，但应力值不一定是对称循环。由于汽轮机启动后要保持较长时期的正常运行，直到需要停运时再停机，故启停周期长，交变热应力频率很低，因此把这种交变热应力称为低周交变热应力。交变热应力的变化规律类似 3.5(d)。

如果交变热应力超过转子材料的屈服极限，则会产生塑性变形，经历一定次数的交变热应力循环后，塑性变形的累积会使转于表面出现裂纹。故要控制每次交变热应力的幅度。

④负温差单向启动过程中转子的交变热应力。如图 3.5(b)所示，在极热态启动时，冲转的蒸汽初温可能低于第一级区段转子或汽缸金属温度（负温差匹配），进汽后，转子先受到冷却。转子表面和汽缸内壁因温度低，产生拉伸热应力；中心孔表面和汽缸外壁因温度高而产生压缩热应力。经一定时间后，随着蒸汽温度升高，第一级后蒸汽温度开始高于转子和汽缸的金属温度，则转子表面和汽缸内壁为压缩热应力，中心孔表面和汽缸外壁为拉伸热应力，形成一次交变应力循环。随着热态启动结束，转子表面和中心空表面的热应力逐渐减小。在稳定工况下运行时，它们的热应力都趋于零。汽轮机应避免采用负温差启动。

⑤一次升、降负荷过程的交变热应力。如图 3.5(d)，一次升、降负荷过程交变热应力产生的机理与一次启动、停机全过程相似，只是交变热应力的幅度及频率会不同，但都属低周交变。

⑥因汽缸内、外壁温差而引起的热应力及交变热应力。其产生机理及变化规律与转子相类似，故不再赘述。转子工作时的应力状态一般比汽缸恶劣，故对汽机热应力的监控应以转子为对象。即运行中保证转子不产生过度热应力，也就是控制转子内外表面温差不超限。一般用控制蒸汽升温率来控制转子内外表面温差。

3.2　热力设备的寿命管理

热力设备的寿命管理是火电机组运行管理中的一项重要工作,其内容包括对高温部件的蠕变监督和热应力监控。其目的是:通过寿命管理,指导集控操作员对热力设备启、停及变负荷过程中的寿命损耗进行合理控制,即通过控制机炉主要部件的温度水平、蒸汽温度变化幅度、变化速率,限制金属部件内的热应力,使机组寿命消耗率不超过要求的技术指标,保证机组在有效使用期内其部件不产生裂纹,避免机组设备(特别是汽包、汽缸及转子)发生灾难性的破损事故。热力设备的寿命损耗与材料的高温性能有直接的关系。

3.2.1　金属材料的高温性能

锅炉、蒸汽管道及汽轮机等热力设备的金属材料长期工作在高温、高压下,其组织结构将发生变化,从而引起其机械性能改变,如出现应力松弛、热疲劳损伤、蠕变断裂、热脆性断裂以及在高温介质中的氧化和腐蚀等现象。锅炉、汽轮机在启停或工况变化时,金属材料除了受机械应力的作用外,还要承受交变热应力的作用。金属材料在高温时所表现出来的性能和室温时的性能有很大的差别。如果在启停或负荷调节中操作不当,可能对设备造成永久的伤害,缩短设备的使用寿命。

(1)高温蠕变

蠕变是指金属在一定工作温度和应力作用下,随着工作时间的延长而缓慢地发生塑性变形的现象。蠕变与工作温度直接相关,不同金属材料,蠕变的起点温度不同,并且蠕变的速度也不同。碳钢及合金钢,当温度分别超过300~350 ℃和350~400 ℃时,在应力的长期作用下才会发生蠕变现象,而且温度越高、应力越大,蠕变的速度也越快。

金属的蠕变变形规律可用图3.6来表示。蠕变过程分三个阶段,即初始快变段、恒速蠕变段和加速蠕变段。初始快变段是热力设备的投用初期,因设备处于磨合期,要注意快速蠕变对运行安全的影响。恒速蠕变段是热力设备的正常工作期,不会因正常蠕变影响运行安全。加

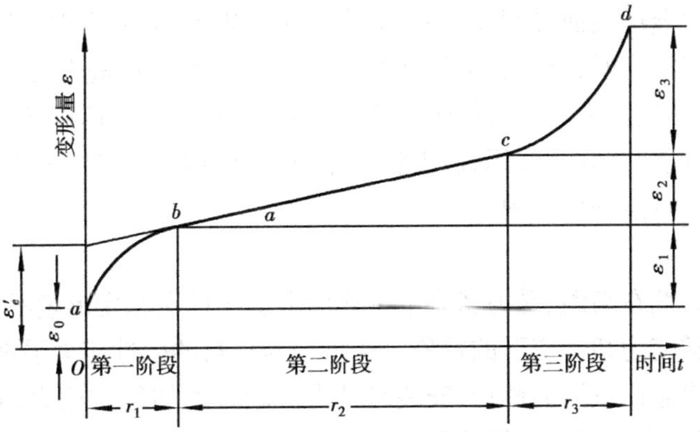

图3.6　蠕变曲线

Oa 段—瞬时变形部分;*ab* 段—蠕变第一阶段;

bc 段—蠕变第二阶段;*cd* 段—蠕变的第三阶段

速蠕变段是热力设备寿命终结的预兆期，易因蠕变突升而造成设备故障，如汽机高压缸隔板蠕变变形过大，导致轴向动静磨碰事故。

蠕变过程中，塑性变形不断增加，最终将导致在工作应力下的断裂。因此，在高温下，即使承受的应力不大，金属的寿命也是有一定的限度。此外，金属在温度变动频繁的条件下工作，如汽轮机的启动、运行、停机、再启动，由于热疲劳的交互作用，也会使蠕变速度加快。

蠕变寿命：蠕变寿命可用蠕变断裂时间来表示。图 3.7 表示汽轮机某转子材料 CrMoV 钢的蠕变断裂时间曲线，纵坐标是转子长期工作下受到的应力，横坐标表示蠕变断裂之前的工作时间（称蠕变断裂时间），曲线中的参变量表示转子工作温度。可以看出，在同一应力下，转子工作温度越高，蠕变断裂时间越短；同一温度水平下，转子承受应力越大，蠕变断裂时间越短。因为叶片、隔板等的微量伸长，都可能引起动静部分发生摩擦，所以汽轮机转子、汽缸、叶片、隔板等零部件的蠕变总变形量限制较严。在汽轮机中，把蠕变极限限定为运行 1×10^5 h 后，其总的变形量不超过 0.1%。

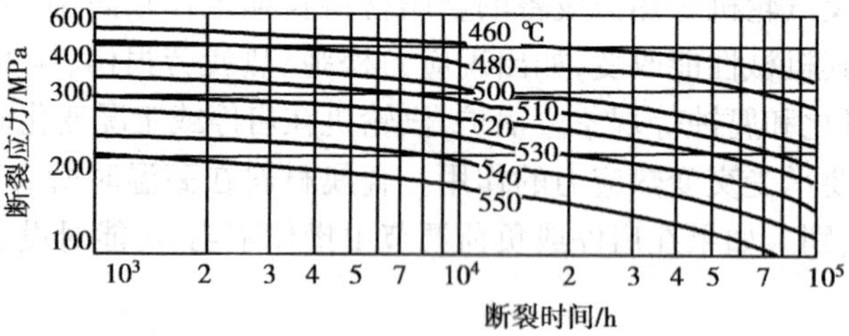

图 3.7　某种转子钢的蠕变极限曲线

（2）**热疲劳**

热疲劳是指在因温差而引起的拉、压热应力交替循环作用下材料机械强度下降的现象。热疲劳比单向应力更容易使材料达到破断。

由前述热应力一节已知，热力设备在启、停机及变负荷过程中都会产生低周热疲劳。经过足够次数的低周交变，最终产生裂纹或断裂。裂纹或断裂之前所经历的应力交变次数可称为疲劳寿命。钢材的疲劳寿命一般为 $10^4\sim10^5$ 次。

若因热疲劳引起金属表面微裂纹，裂纹会产生应力集中，应力集中又加剧了裂纹的扩展速度。当裂纹达到一定深度时，金属会突然断裂。对于大功率汽轮机来说，由于转子的直径大，内外壁温差大，造成热应力大。同时转子传递扭矩时，本身又在高速旋转，故受机械拉应力、弯应力、扭应力和振动应力的联合作用，应力状态十分复杂，因此是最易产生热疲劳的部位。对转子的热疲劳状态应重点加以监视。

（3）**应力松弛**

应力松弛是指长期在高温、受力状态下工作的金属构件在总变形量不变的条件下，其变形量由弹性变形逐渐转变为塑性变形的现象。也可视为材料的弹性应力强度逐渐减少的一种蠕变现象。例如紧固汽轮机汽缸的螺栓，安装时其内有较大的初始拉应力，其变形为弹性变形。随着工作时间的推移，在高温下的螺栓逐渐发生蠕变，螺栓的总长度不变，弹性变形有一部分转变为塑性变形，螺栓弹性应力强度逐渐减小，产生了应力松弛，对汽缸法兰的紧固作用力减小。当松弛达到一定程度后汽缸结合面就漏汽。

因此，对这类易产生应力松弛的紧固部件应定期进行监视，发现变形值超过标准时，应及时进行更换。

(4)**冷脆性及脆性转变温度**

冷脆性是指低碳钢和高强度合金钢材料随着工作温度的降低,其抗冲击韧性逐步降低而脆断性逐步升高的现象,这种在低温下金属材料呈现的脆性称为冷脆性。

脆性转变温度是指当冲击韧性显著下降时的温度。脆性转变温度用 FATT 缩写词表示。它是汽轮机和发电机转子材料的重要特性,FATT 也是区别汽轮机冷、热态起动的依据。不同的金属材料具有不同的脆性转变温度,即使材料相同,在不同的条件下,其脆性转变温度及转变范围也不尽相同。影响金属脆性能变温度的因素有:合金元素组成、加载的速度、晶粒度的粗细、热处理的方式等。随转子的钢材冶炼、热处理等方面工艺水平的提高,转子材料的脆性转变温度逐步在降低。鉴于金属材料的这种特性,在汽轮机启动时,应通过暖机或带一段时间负荷等措施将转子温度提高至脆性转变温度以上的一定范围后再进行超速试验,以使转子能够承受较大的离心力和热应力,避免造成转子的断裂事故。

集控员应掌握所控机组高中压转子和低压转子的 FATT 值。在进入高转速运行前,把转子温度提升到 FATT 值以上,以避开冷脆性。

(5)**应力腐蚀**

金属在拉应力和特定的腐蚀环境的共同作用下发生的脆性断裂称为应力腐蚀破裂。这是一种极为隐蔽的局部腐蚀形式,而且往往是事先没有明显预兆,因此易造成如汽轮机末级叶片断裂、末级叶轮飞裂事故。金属的应力腐蚀破坏是具有选择性的,一定的金属材料在一定的介质中才会发生。为此,在设计选用零件用钢时,除要考虑钢材的高强度外,还必须考虑钢材的耐腐蚀性能。另外有些电厂在现场运行中,还采用了对汽机叶片进行喷涂处理,以提高叶片的抗冲蚀能力和抗腐蚀能力。

3.2.2　热力设备的寿命及寿命损耗计算

长期在高温、高压下运行的热力设备,其零部件因蠕变和低周疲劳使机械性能发生变化,其强度有所降低。另外,由于这些零部件长期在高温介质中承受着静态和动态应力,非常容易产生裂纹甚至断裂。为了确保机组的安全,正确地判断热力设备部件的维修或更新时间,应对热力设备的寿命损耗进行计算和评判。

(1)**热力设备的寿命**

热力设备的寿命是指设备从第一次投运开始,直至因蠕变和疲劳损伤的累积,使应力集中处产生第一条通过低倍放大、用肉眼可观察到的微小宏观裂纹(称工程裂纹,约 0.5 mm 长、0.15 mm深)所经历的总工作过程时间。按设计条件正常工作的汽轮机及锅炉汽包等设备,其寿命一般为 30 年,调峰机组寿命要短些。

(2)**材料的高温蠕变对寿命的损耗**

热力设备长期在高温、高压下持续运行,其金属材料的蠕变不可避免。长期的蠕变损伤积累终将导致裂纹发生。通常用蠕变寿命损耗率 ϕ_c 来表示蠕变对金属材料寿命的损耗,部件在各种工作温度下运行的累积蠕变寿命损耗率可用式(3.8)表示

$$\phi_c = \sum_{i=1}^{n} \frac{t_i}{t_{ai}} \tag{3.8}$$

式中　t_i——在第 i 种工作温度和工作应力下的实际累积运行时间,运行统计求取;

t_{ai}——在第 i 种工作温度和工作应力下部件材料蠕变断裂时间，查材料手册求取。

(3)低周疲劳对寿命的损耗

热力设备的启动、正常运行、停机、再启动，或正常运行中的负荷升降变动，部件都将经历一个温度循环，在这个温度循环中，部件承受交变应力，每一次循环，将引起部件寿命损耗，这种循环损耗被称为低周疲劳损耗 ϕ_f。

材料的低周疲劳特性曲线，可由试验求得(见图3.8)。在一定的工作温度下，材料承受的交变热应力愈大，导致裂纹的产生所需的低周循环次数 N_{bi} 愈少，而每次循环引起的疲劳损伤 $1/N_{bi}$ 愈大。

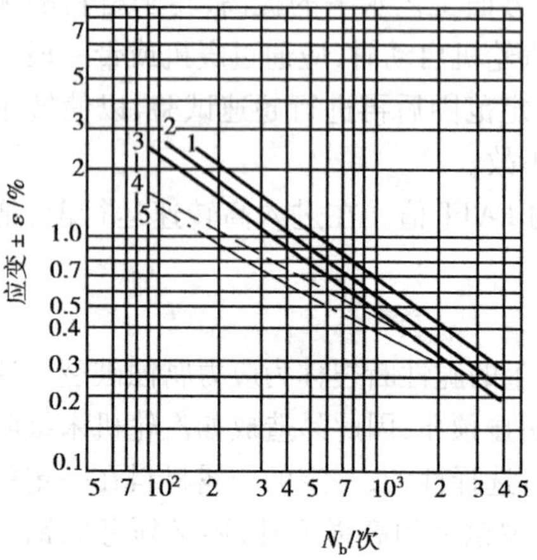

图3.8　几种钢材的低周疲劳试验

ε—半应变幅值；N_b—出现裂纹的循环数

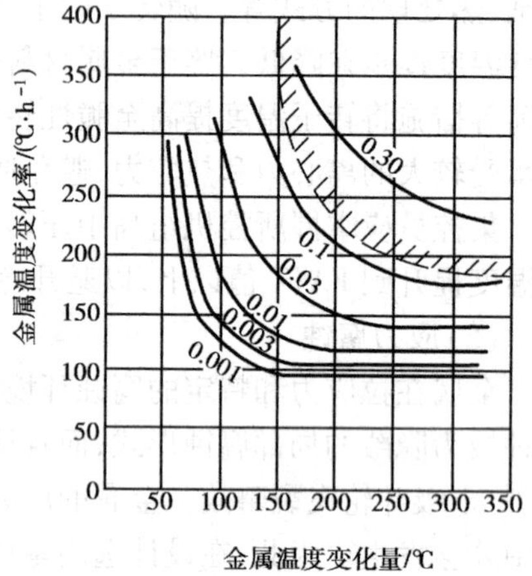

曲线上数值表示每一应变循环寿命消耗率，阴影部为中心孔应力极限区，运行中不要进入该范围。

图3.9　转子寿命消耗曲线

部件在各种可能的热交变工况下运行的累积低周疲劳损伤率 ϕ_f 可用下式计算

$$\phi_f = \sum_{i=1}^{m} \frac{n_i}{N_{bi}} \tag{3.9}$$

式中　n_i——在第 i 种低周交变应力循环工况下的实际交变运行次数，运行统计求取；

N_{bi}——在第 i 种低周交变应力循环工况下导致裂纹产生的交变运行次数，查材料手册求取。

(4)汽轮机转子低周疲劳寿命损耗曲线及应用

根据上述多次温度循环变化引起疲劳损伤的累积导致产生裂纹的原理，可由汽轮机制造厂家根据材料特性及汽轮机运行特性具体制定汽轮机转子寿命消耗曲线(见图3.9)。用户应严格按汽轮机制造厂家给出的寿命损耗曲线，将每次低周交变产生的转子寿命消耗率控制在寿命管理所规定的0.001%～0.15%范围内，不应超过0.15%。图3.9中的0.01%曲线属正常损耗，0.03%曲线属中度损耗，0.1%曲线属事故情况下的严重损耗。运行中按不同交变工况取定曲线，再根据变工况前后的金属温度变化量查取金属温度变化率，由此去调控锅炉的升、降温速率和汽轮机升降转速及负荷的速率，即可按规定控制好寿命损耗。

(5)转子寿命损伤的累积计算

高温部件长期运行后老化的机理很复杂，通常采用的寿命损伤累积方法认为，部件寿命总

损伤率为低周疲劳损伤率和蠕变损伤率之和,即

$$\phi_M = \phi_f + \phi_c \tag{3.10}$$

一般,在寿命期内各种可能工况的低周疲劳损伤率按 70% ~80% 分配,各种可能工况的高温蠕变损伤率按 20% ~30% 分配,如果 ϕ_M 达到 100% ,则表明部件寿命已经损耗完了,有可能出现裂纹。

(6)影响热力设备寿命的因素

①温度变化的影响。温度变化的影响分为两种情况,一种是频繁的周期性温度变动的影响,另一种是在两种以上不同的温度下长期运行的影响。但不论是哪种情况,都将对材料的强度产生影响。同时还会引起交变的应力循环,因此在机组启停或负荷变化过程中,对复杂的温度变化作长期的记录,以分析材料的剩余寿命。

②蠕变的影响。在高温静载荷的作用下,蠕变会使零部件缓慢地随时间的延长而导致断裂。当汽缸和转子的材质一定,工作温度和承受的应力也一定时,金属材料的蠕变断裂时间可从部件材料的蠕变极限曲线上查出。汽轮机每运行 1 h,金属材料就发生了 1 h 的蠕变,蠕变断裂的时间就要减少 1 h,即消耗了 1 h 的蠕变寿命。蠕变对金属材料的寿命损耗一般用百分数来表示,如果材料没有疲劳损伤,只是单纯的蠕变,则当其寿命损耗积累到 100% 时,材料会出现第一条宏观裂纹。启动过程中,一般金属温度低于设计值,所以可以不考虑金屑蠕变问题。当金属温度达到设计值时,才考虑蠕变寿命损耗,如果运行中能严格控制超温运行,并保持正常的应力水平,则蠕变寿命的损耗不会很大。

③低周波疲劳的影响。在热力设备启停和变工况时,由于温度的变化,部件中会产生热应力,因此会发生疲劳寿命损耗。尤其是调峰机组,由于其频繁的启停和变工况,对设备的寿命影响就更大。金属材料的疲劳寿命与应力或应变的关系称为疲劳曲线。金属的疲劳曲线一般由实验测取。对于确定的转子或汽包,热应力不同,则造成材料疲劳损伤的程度也不同。热应力越大,每次循环对材料所造成的损伤也越大,即材料损坏越快。对于每台汽轮机或汽包,由于其材料及结构尺寸是一定的,则可根据疲劳曲线判定出寿命损耗。

由于影响转子或汽包寿命的因素很多,因此要正确地估计其寿命损耗是十分困难和复杂的。目前常用的线性累积损伤计算法,只能作为评价参考,实际工作中还要结合物理及化学探伤,才能最终判定其寿命损耗的大小,决定设备是否报废。

3.2.3　汽轮机寿命管理

汽轮机的寿命管理通常包括两个方面:一是对汽轮机在总的运行年限内的使用情况作出明确的切合实际的规划,也就是确定汽轮机的寿命分配方案,即在整个运行年限内的启动类型及起停次数以及工况变化、变负荷次数等;另一个是根据寿命分配的方案,制订出汽轮机启停的及变工况运行的优化方案,保证在寿命损耗不超限的前提下,使汽轮机的启动最迅速,经济性最好。在正常运行条件下,汽轮机的寿命损耗主要包括低周疲劳损伤和蠕变损伤两部分,与机组担负的负荷性质、工况变化、启停方式等有关。

汽轮机寿命管理的工作及其具体措施和做法如下:

(1)合理分配和使用汽轮机寿命

①汽轮机的寿命分配一般取决于汽轮机的结构和使用特点、启停次数、启停方式、工况变化、甩负荷带厂用电的次数等。要根据不同机型及其运行方式进行分配。一般,由汽轮机制造

厂家给出分配方案，供运行厂家参考。运行厂家可视实际情况修正后执行。

②在汽轮机设计寿命年限内，应根据制造厂提供的寿命管理曲线合理分配低周疲劳寿命损耗，分配要留有余地，一般情况下低周疲劳寿命损耗中的80%左右作为正常损耗分配，其余20%以备突发性事故损耗。汽轮机寿命分配示例见表3.1~表3.3。

表3.1 《机械工程手册》(调峰篇)推荐的寿命分配数据(以设计寿命30年计算)

运行方式	损耗率/%	年运行次数	累计运行次数	寿命损耗累积/%
冷态启动	0.05	4	120	6
温态启动	0.01	1	30	0.3
热态启动	0.01	200	6 000	60
大修前停机	0.05	3年一次	10	0.5
甩负荷带厂用电	0.10	3年两次	20	2
大幅度变负荷40%	0.005	50	1 500	7.5
小幅度变负荷25%	0.000 25	~350	~16 500	4
$\sum$				80.3

表3.2 哈汽CLN600-24.2/566/566型汽轮机低周疲劳寿命损耗分配数据(以30年计算)

运行方式	寿命消耗/(%/次)	启动次数	累计损耗/%
冷态启动	0.03	300	9
温态启动	0.008	2 500	20
热态启动	0.004	4 500	18
极热态启动	0.002	500	1
负荷阶跃	0.001	12 000	12
总计			60

表3.3 日本三菱公司350 MW汽轮机寿命分配数据(按设计寿命30年计算)

运行方式	温度变化量/℃	温度变化时间/min	允许操作次数	寿命损耗率/%	累计运行次数	寿命损耗累积/%
冷态启动	500	300	10 000	0.01	100	1.0
温态启动	300	200	10 000	0.01	1 000	10.0
热态启动	200	100	11 000	0.009 1	3 000	27.3
极热态启动	180	30	3 500	0.029	10	0.3
正常停机	100	60	50 000	0.002	4 000	8.0
紧急停机	170	1 870	40 000	0.002 5	100	0.3
正常负荷变化	80	30	40 000	0.002 5	12 000	30.0
甩负荷带厂电	180	20	3 000	0.033	10	0.3
$\sum$						77.2

③带基本负荷的汽轮机，因其服役期的启停次数少，每次冷态启动的寿命损耗率可以分配得大一些，一般控制在0.05%/次；调峰机组的寿命损耗主要消耗在热态启停中，因其服役期的启停次数多，每次启停的寿命损耗率可分配得小一些，一般为0.01%/次。

(2)汽轮机转子寿命的监测与管理

①每台汽轮机应以制造厂提供汽轮机寿命管理曲线为依据，绘制各种工况启动曲线。

②每台汽轮机应建立并逐步完善转子寿命损耗数据库，根据制造厂提供的寿命管理曲线对升温率、升速率和升负荷率进行控制，使汽轮机寿命损耗处于受控状态，以便指导运行人员进行开停机操作和运行参数调整及对异常工况的处理。

(3)减少汽轮机转子寿命损耗的原则

1)启动中预防汽轮机转子脆性损伤

①启动时应根据汽缸金属温度水平合理选择冲转蒸汽参数和轴封供汽温度，严格控制金属温升率。

②一般以中压缸排汽口处金属温度或排汽温度为参考判断转子金属温度，特别是中压转子中心孔金属温度是否已超过金属低温脆性转变温度。

③汽轮机冷态启动时，可在盘车状态下进行转子预热，变冷态启动为热态启动。

④如制造厂允许，可以采用冷态中压缸启动方式，以改善汽轮机启动条件。

⑤危急保安器超速试验，必须待中压转子末级中心孔金属温度达到FATT以上方可进行。一般规定机组带10%~25%额定负荷并稳定暖机至少4 h后，再减负荷，解列，做试验。

2)运行中减少汽轮机转子寿命损耗

①避免短时间内负荷大幅度变动，严格控制运行中转子表面工质温度变化率在最大允许范围内。

②严格控制汽轮机甩负荷后空转运行时间。

③防止主、再热蒸汽温度及轴封供汽温度与转子表面金属温度严重失配。

④在汽轮机启动、运行、停机及停机后未完全冷却之前，均应严防湿蒸汽、冷气和水进入汽缸。

3.3　热力设备运行中的热膨胀和热变形

热力设备在工作温度升高或降低时，自然要产生各个方向的热膨胀或冷收缩。其膨胀或收缩量与材料的线膨胀系数成正比，与温升或温降幅度成正比，与部件原始尺寸成正比。

当热力设备不同部位的温度不一致或其热胀冷缩受到限制时，将会产生不规则的几何变形，即热变形。

火力发电厂的热力设备分燃烧设备、压力容器及转动机械等几大类。其中，转动机械（汽轮机、水泵、风机、球磨机、回转式空气预热器等）对热膨胀和热变形最为敏感。因为转动机械均由静子和转子两大部分组成，而静子和转子的受热及工作条件不一，导致运行过程中部件温度升高或降低程度不同、热膨胀或冷收缩不同，从而产生膨胀差，而膨胀差过大将导致静子和转子部件之间的径向或轴向预留间隙消失，产生摩碰或“抱芯”事故。

控制好转动机械动静部件的热变形、热膨胀和胀差是确保转动机械安全可靠运行的关键。

3.3.1 汽缸及转子的绝对热膨胀

金属在受热后，其长、宽、高各个方向都要膨胀。汽轮机从冷态到带负荷正常运行，金属温度变化非常巨大，大型汽轮机汽缸和转子的轴向、垂直和水平各个方向的尺寸都显著增大，故热膨胀量大。如300 MW汽轮机汽缸轴向总膨胀可达40 mm左右。为了满足汽缸几个方向自由膨胀的要求，保证机组不至于因膨胀不畅产生不应有的应力而导致机组振动，设置了汽轮机滑销系统。汽轮机的横销只允许轴承座和汽缸作横向膨胀，纵销只允许其纵向膨胀。分别通过横销和纵销作两条相互垂直的直线，其交点既不能作纵向移动，也不能作横向移动，称为汽缸的死点。另外，在汽缸和轴承座之间还设有立销，立销只允许汽缸在垂直方向膨胀，使汽缸中心与轴承中心在同一纵分面上，以保证汽缸与轴承中心一致，使转子中心与汽缸中心一致。汽缸膨胀定位的绝对死点一般在排汽口中心附近，转子膨胀定位的相对死点在推力轴承推力面处。

在汽轮机启、停和工况变化时，汽缸和转子的膨胀和收缩是否符合规定的技术要求，直接影响着机组的安全运行。汽轮机汽缸及转子自由膨胀数值及膨胀快慢，客观上取决于汽缸及转子的长度和金属材料的性质，主观上取决于集控员对汽轮机通流部分加热或冷却过程的调控水平。

汽轮机转子轴向的自由膨胀由推力轴承定位，推力轴承的安装有固定不动和随汽缸膨胀而移动两种定位方式。若为固定不动，则转子的膨胀为绝对膨胀；反之为相对膨胀。

3.3.2 汽缸和转子的相对膨胀

汽轮机启动、停机和工况变化时，转子和汽缸分别以各自的死点为基准膨胀或收缩。大型汽轮机具有厚重的汽缸和法兰，汽缸的质量大，接触蒸汽的面积相对较小。转子的质量相对较小，而接触蒸汽面积大。在转子转动时，蒸汽对转子的放热系数比对汽缸的要大，因此在启动加热过程中转子的膨胀要比汽缸膨胀得快，汽缸和转子之间热膨胀的差值称为汽轮机相对膨胀，又称为胀差。转子膨胀大于汽缸膨胀时，称为正胀差，反之称为负胀差。

大容量汽轮机轴系长度增加，采用双层缸、合缸等结构。汽缸的膨胀死点增多，使转子与汽缸相对膨胀比较复杂。在图3.10中示出了东方N300-16.7-537/537型汽轮机的膨胀系统。高、中压外缸的绝对死点在2号轴承座下两横销连线与汽缸中垂面的交点处；高压内外缸相对死点在高压缸进汽侧的定位环处；低压内外缸相对死点在低压缸进汽中心线处；低压外缸绝对死点在低压缸进汽中心线前350 mm处；转子的推力盘（相对死点）位于2号轴承座处。机组受热时，高中压外缸向前膨胀，推力盘不动，高中压转子以推力盘为绝对死点向前膨胀，低压转子则向后膨胀，低压外缸以绝对死点为界向前后膨胀。由于转子和汽缸的膨胀速度和方向不同，在机组启停和工况变化时，将会引起通流部分动静间隙不同程度的变化。为了保证机组安全运行，防止动静碰磨，需要严格控制机组相对膨胀值。

由于汽缸和转子质面比各不相同、与蒸汽的热交换条件各不相同，故加热升温或冷却降温的速度各不相同。转子质面比大，换热条件好，使启动加热时升温快，汽缸则反之，故启动加热时出现正胀差；相反，在停机冷却时，出现负胀差。

控制蒸汽的温变速度就可以控制汽缸与转子的温度差。因此在启停过程中为控制胀差值在安全范围内，应合理地控制蒸汽的温升（降）速度。

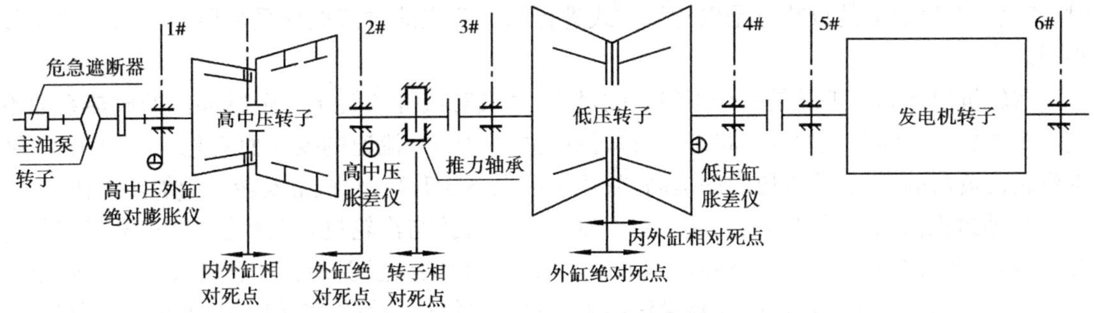

图3.10　N300-16.7-537/537型汽轮机汽缸和转子膨胀系统图

3.3.3　影响胀差的因素

胀差的产生和变化仅发生在汽轮机启、停动过程中。胀差异常变化时，会导致轴向动静磨碰事故，故集控员应掌握所控机组的胀差变化规律及影响胀差的因素，出现异常趋向时，及时采取相应措施控制。影响胀差的因素如下：

1）汽缸进汽量的大小。汽缸进汽量的大小直接影响蒸汽与转子的换热系数，进汽量大，转子升温比汽缸快，引起正胀差增大。故应控制好进汽量。

2）汽轮机滑销系统的工作状态正常与否。

3）蒸汽与转子和汽缸的热交换方式不同。蒸汽在汽轮机内膨胀做功的同时，还以对流的方式将热量传给汽缸、转子等金属部件的表面，然后以导热方式将热量分别从汽缸内壁传到外壁，从转子外表面传到中心孔。

在汽轮机运行工况稳定时，蒸汽传给汽缸内壁的热量等于汽缸从内壁传到外壁的热量，也即等于通过保温层散到大气中的热量，此时称为稳态传热过程。

在汽轮机启停和变工况时，由于蒸汽参数的变化，汽缸和转子表面的温度首先发生变化，随之金属部件内部的温度梯度也将发生变化。

一般情况下，汽轮机内的传热过程主要有两种，一种是蒸汽与金属表面的热量传递，称之为换热，其有凝结放热和对流换热之分；另一种是热量在金属部件内部的传递，称之为导热，整个传热过程称之为热传导。

①凝结放热的特点。当蒸汽与温度低于蒸汽压力对应饱和温度的金属表面接触时，金属表面就会有蒸汽凝结，从而发生凝结换热现象。蒸汽在凝结过程中放出汽化潜热。汽轮机冷态启动初期，汽缸、转子等金属部件温度很低，蒸汽在金属表面迅速凝结并形成水膜。蒸汽凝结时放出的热量要通过水膜才能传给金属表面，这种凝结传热方式称为膜状凝结放热。随着汽轮机转速的提高，在离心力的作用下，蒸汽在转子金属表面的凝结形不成水膜而分散为水珠，这时凝结方式变为珠状凝结，而汽缸表面为膜状凝结换热。珠状凝结的放热系数要比膜状凝结放热系数大得多，一般大15～20倍。故转子吸热升温比汽缸快。

凝结换热放热系数很大，且随汽压升高而增大。在大气压下为$6\times10^3\sim10^4$ W/($m^2\cdot K$)，剧烈的换热使金属部件内形成很大的温差。为了减小凝结放热阶段的金属部件温差，现代大型汽轮机多在冲转前采取低压蒸汽盘车预热的方式。

②对流换热的特点。当汽轮机金属部件表面温度达到或超过蒸汽对应压力下的饱和温度

时,蒸汽对金属表面的放热总是以对流方式进行的。蒸汽的对流放热系数要比凝结放热系数小得多。

汽轮机启停和变工况是一个不稳定的过程,蒸汽对汽缸和转子等金属部件的放热系数不是一个常数。它随蒸汽的流动状态以及蒸汽的温度、压力、流速的变化而变化。一般来说,随着汽轮机负荷的增加、蒸汽压力的提高,放热系数也不断升高,对汽缸及转子的加热加快。

4)轴封供汽温度及时间的影响。由于轴封供汽直接与汽轮机转轴接触,故其温度变化直接影响转子的伸缩。在冷态启动时,如果用过高的轴封供汽温度,或供汽过早,会使正胀差增大;热态启动时,如果用过低的轴封供汽温度,或供汽过早,会使负胀差增大;当胀差过大时,将导致动静部分的摩擦。现代大型机组轴封供汽系统还设置了温度控制设备,保持轴封供汽与金属间适当的温度匹配,对胀差是有利的。启动时过早投入轴封供汽会使正胀差增大,停机时过早停止轴封供汽会使负胀差增大,故投停轴封供汽的时机一定要合理。

5)汽缸法兰、螺栓加热装置的影响。使用汽缸法兰和螺栓加热装置,可加快汽缸受热及膨胀,促使汽缸与转子同步升温,即可减小胀差;同时,可有效地减小汽缸内外壁、法兰内外、汽缸与法兰、法兰与螺栓的温差。加热装置使用方法要恰当,否则可能造成两侧加热不均匀。为简化系统及操作,现代大功率机组都是力求从汽缸的结构上加以改进,而不采用法兰加热装置。普遍采用的技术一是选择窄高法兰或取消法兰,使汽缸成为圆筒形,如西门子公司生产的高压外缸是整体圆筒形,ABB 公司生产的汽轮机内缸取消了法兰,采用套环紧箍;二是采用汽缸法兰、螺栓内部自流加热与冷却,如东方机组。

6)高缸夹层加热或冷却的影响。在启停过程中适时采用外部不同温度的辅助汽源引入内外缸夹层,可有效地控制胀差。

7)凝汽器真空的影响。情况之一:当进汽量不变,凝汽器真空降低时,排汽缸温度降低,使正胀差增大;反之,使正胀差减小。情况之二:当凝汽器真空降低时,若要保持机组转速或负荷不变,必须增加进汽量,使高压转子受热加快,其高压缸正胀差随之增大;由于进汽量的增大,中低压缸摩擦鼓风的热量容易被蒸汽带走,因而转子被加热的程度减小,正胀差减小。当凝汽器真空升高时,过程正好相反。对不同结构的机组及不同的工况,凝汽器真空变化对汽轮机胀差的影响过程和程度是不同的。

8)排汽温度的影响。排汽温度的提高会使低压缸的膨胀增加而使低压正胀差值减小,排汽温度降低的影响则相反。

9)汽缸保温和疏水的影响。汽缸保温不良,会造成汽缸温度偏低或温度分布不均匀,从而影响汽缸的充分膨胀,使汽轮机正胀差增大。汽缸疏水不畅可能造成下缸温度偏低,影响汽缸膨胀,导致胀差值失常。

3.3.4 锅炉本体的膨胀及监护

锅炉在升压过程中,由于温度升高各部件都要相应的发生热膨胀。对新安装的锅炉或大修后的锅炉,都必须严格监视汽包、各联箱和管道的热膨胀情况,定期检查和记录汽包各监视点的壁温,各处膨胀指示器的指示方向值,以判断其膨胀是否正常。如果膨胀不正常,将会产生附加热应力和热变形,故必须限制升压速度,并查明原因,采取消除措施。

若各水冷壁的受热情况不同,则各水冷壁管子膨胀差异将使下联箱下移的数值也不同。因此水冷壁的受热均匀性可以通过膨胀量加以监督。当水冷壁及其联箱不能自由膨胀时即有热应力使其产生弯曲或顶坏其他部件。

对各部件膨胀指示值，在点火或炉底蒸汽加热前要做好指示记录，点火或炉底蒸汽加热后要定期记录好指示值外，一般在升压初期和汽轮机同步带负荷暖机，直到锅炉负荷达到70%额定负荷前，还应多次进行膨胀指示检查和记录，一般在升压初期检查间隔时间要短些。

当水冷壁管和联箱因受热不同而产生不均匀膨胀时，可用加强放水的方法，特别是加强膨胀量小的水冷壁回路放水的方法来解决。

工程实例：某DG1025/17.45-Ⅱ16型CFB锅炉膨胀系统。根据锅炉结构布置及吊挂、支承系统，整台锅炉在深度方向上共设置了六个膨胀中心：炉膛后墙中心线、旋风分离器和"J"阀回料器的中心线（三个）、前墙中心线和空气预热器支座中心。锅炉的炉膛水冷壁、旋风分离器及尾部包墙全部悬吊在顶板上，由上向下膨胀；炉膛左右方向通过刚性梁的限位装置使其以锅炉对称中心线为零点向两侧膨胀；尾部受热面则通过刚性梁的限位装置使其以锅炉对称中心线为零点向两侧膨胀。回料器和空气预热器均以自己的支承面为基准向上膨胀，前、后和左、右为对称膨胀。炉膛和分离器壁温虽然较为均匀，但考虑到锅炉的密封和运行的可靠性，两者之间采用非金属膨胀节相接；回料器与炉膛和分离器温差大，结构型式不同，故而单独支撑于构架上，用金属膨胀节与炉膛回料口和分离器锥段出口相连，隔离相互间的胀差。分离器出口烟道与尾部竖井间胀差也较大，且出口烟道尺寸庞大，故采用非金属膨胀节，确保连接的可靠性；吊挂的对流竖井与支撑的空气预热器间因胀差及尺寸较大，采用非金属膨胀节。所有穿墙管束均与该处管屏之间或封焊密封固定，或通过膨胀节形成柔性密封，以适应热膨胀和变负荷的要求。除汽包吊点、水冷壁前墙吊点、水冷壁及分隔墙上集箱、旋风分离器及其进出口烟道、包墙上集箱和前、后包墙吊点为刚性吊架外，蒸汽系统的其他集箱和连接管为弹吊或通过夹紧、支撑、限位装置固定在相应的水冷壁和包墙管屏上。

3.3.5　汽轮机的热变形

(1)上、下缸温差引起的热变形

汽轮机汽缸以水平中分面为界分为上下两部分，上部位于运转层上空，上部位于运转层下空，其间用法兰螺栓连接紧固为一体。在汽轮机启、停和变工况运行时，因各种主、客观原因，会使上下汽缸受热不均产生温差，一般都是上缸温度高于下缸，从而引起如图3.11虚线所示的上拱热变形，俗称"猫拱背"。猫拱背的危害是使汽缸及与之相固定的隔板的径向和轴向位置发生变化，导致汽缸及隔板这类静止部件与转子部件间的径向和轴向间隙发生不正常变化，使动静间隙减小的部位发生摩擦而产生事故；使动静间隙增大的部位产生蒸汽泻漏而使运行经济性降低。

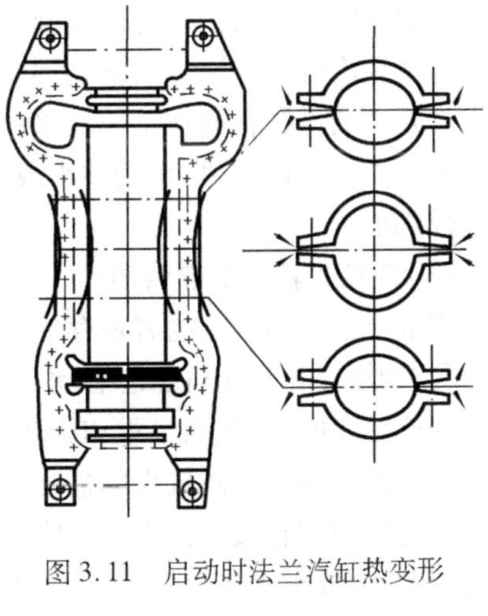

图3.11　启动时法兰汽缸热变形

一般，产生上下缸温差的主、客观原因如下：

①汽轮机上下汽缸的质量和散热面积不同。下汽缸比上汽缸的金属质量大，故受热升温慢，且下汽缸布置有通向低温设备的抽汽和疏水管道，相当于加大了强化传热面积使下汽缸的散热要比上汽缸快些。

②上下汽缸的保温及散热条件不同。下汽缸会因机组的振动而使悬包的保温层与缸壁脱离，保温效果劣于上缸；下缸的保温层直接与厂房内的对流空气进行热交换，上缸的保温层外有装饰板的遮挡。

③在启、停的凝结换热过程中，热蒸汽上升，冷凝水沿汽缸内壁下流；停机后缸内空气与汽缸对流导致热空气上升，均会使下缸温度低于上缸。

④停机后因阀门不严密或与汽缸相连的汽水系统没有可靠隔离，使汽缸进汽或进水。

实践证明，汽轮机在运行或停机时，其上下汽缸都存在着温差。通常调节级处上下汽缸温差每变化 10 ℃，该处动静体间径向间隙变化 0.1 ~ 0.12 mm。为了减小上下汽缸温差，使其在规定范围内(35 ~ 50 ℃)，必须严格控制温升速度，尽可能地使高低压加热器随机启动。同时停机后应保持盘车处于良好状态下，并注意应使下缸的疏水阀开足。安装时，下缸应采用优质保温材料，或加厚下缸的保温厚度。此外，尚应设法改进保温结构，以改善下缸表面的贴合和避免脱落，还可在下缸下部装设挡风板，以减小对流通风对下缸的冷却。

(2)汽缸法兰内外壁温差引起的热变形

为保证汽缸法兰的机械强度，高参数汽轮机法兰壁厚度比汽缸壁厚度大得多，在机组启动过程中，法兰处于单向加热状态，因此在法兰内外壁会出现较大的温差。由于法兰内侧的温差高于外侧，其内侧的热膨胀值大于外侧，使得法兰发生水平方向的内凸热变形，如图 3.15 所示。法兰的这种变形又会影响到汽缸横截面的变形，由图 3.15 可见，汽缸中间段横截面变成“立椭圆、内张口”(如图中粗实线所示)，即垂直方向直径大于水平方向直径，而且上下法兰间产生内张口使法兰从面接触变为线接触，使压应力剧增。汽缸前后两端横截面则变形为“横椭圆”，即水平方向直径大于垂直方向直径，而且上下法兰间产生外张口。前者使水平方向动静部分径向间隙变小，后者使垂直方向径向间隙减小。停机过程中汽缸法兰的温差及变形与启动过程相反。如果法兰热变形过大，就有可能引起动静体间的摩擦。同时还会使法兰结合面局部地方发生塑性变形，导致上下缸结合面出现永久性内外张口，这样就会出现法兰结合面漏汽及螺栓应法兰的张口力而拉断或螺帽结合面被压坏等现象。

为减少汽缸内外温差引起的热变形，在启停中要严格监控法兰内外壁、上下缸内壁温差。现代汽轮机的汽缸普遍在结构上采用窄高法兰，甚至于采用筒形汽缸，以减小法兰壁厚；采用法兰螺栓内部自流加热，大大减小或消除了汽缸法兰内外温差及变形影响，甩掉了繁杂的法兰螺栓外部加热装置。

(3)汽轮机转子的热弯曲

汽缸上下部温度差的客观存在也必然会导致转子上下温差的产生，从而导致转子热弯曲变形，这种情况在汽轮机热态启动时尤为突出。转子的总弯曲由三部分构成，一是制造精度上存在的原始弯曲，二是因自重和旋转不平衡离心力引起的弹性弯曲，三是因上下温差引起的热弯曲。在转子的热弯曲较大的情况下启动，不仅可能产生动静体摩擦，其偏心值产生的不平衡离心力还将使汽轮发电机组产生剧烈振动。剧烈的动静体摩擦还会使转子的摩擦部位产生永久性弯曲，铸成重大事故。所以，大型机组转子热弯曲值一般不允许超过 0.03 ~ 0.04 mm。减少转子热弯曲最有效的办法有：

①控制好轴封供汽的温度，掌握好轴封供汽投、停的时机。

②正确投入盘车装置。转子热弯曲是一种暂态弯曲，一般通过一定时间的连续盘车可以消除。

③启动时采用单阀调节全圆周进汽方式并控制好蒸汽参数变化。

④启动过程中汽缸要充分疏水，良好保温，尽早投用回热抽汽，保持上下缸温差在允许范围内。

⑤严防因局部磨碰，造成转子永久性弯曲。

转子弯曲值应通过在冲转前的盘车过程中测量转子轴端晃度得出，以作为冲转依据。

第4章 单元机组的启动和停运

4.1 单元机组启动概述

单元制火力发电机组是由锅炉、汽轮机、发变组、辅助设备及系统、DCS控制装置等有机组成的一体化电力生产系统。单元机组启动的任务就是严格按照科学的工艺操作逻辑和物理、化学变化规律，通过对投入燃料的燃烧控制，对工质压力、温度、流量及液位等诸多参数的控制以及对发出功率的控制，安全经济地把机组从停运状态（冷态或热态）启动过渡到额定的正常运行状态。

单元机组启动过程可分为三个阶段：从锅炉点火到汽轮机冲转，为锅炉的启动阶段；从汽轮机冲转到发电机并网，为汽轮机的启动阶段；从并网到带满负荷，为机组的升负荷阶段。不同阶段有其不同的状态变化规律及操控规律。

单元机组的启动过程包括启动的组织准备；辅助设备及系统的分步投运；锅炉上水、点火、疏水及暖管、升温升压；汽轮机冲转升速、定速暖机，升至额定转速后的相关试验、汽轮发电机同步并网、升负荷、定负荷暖机、升至目标负荷等内容。由于启动过程的启动及调控对象繁多，如600 MW机组控制对象多达上千个，各被控对象处于非稳定的过渡变化状态，需要密切监控的物理化学参数数量庞大，很多模拟量需要手动调控，使启动过程处于最危险和最不利的工况，操作危险点较多，极易发生设备损坏事故。启动过程中也极易出现偏离预期状态的异常工况，会给机组的安全运行带来隐患，增大设备的寿命损耗。因此，应科学合理地对单元机组的启动过程进行严密的计划组织，严格按照启动操作规程进行调控操作，按设备使用寿命损耗计划合理控制好热力设备的加热升温，把启动过程的资源消耗控制在最小，在安全可靠的原则下使启动过程达到最优化。

对于不同容量、不同设备及系统配置、不同启动初始状态的单元机组有不同的启动运行方式，因此要求单元机组的集控运行人员全面掌握各机电设备在各种启动工况下的启动运行规律和调控规律，配合单元机组的DCS自动控制系统，实现单元机组的优化启动。

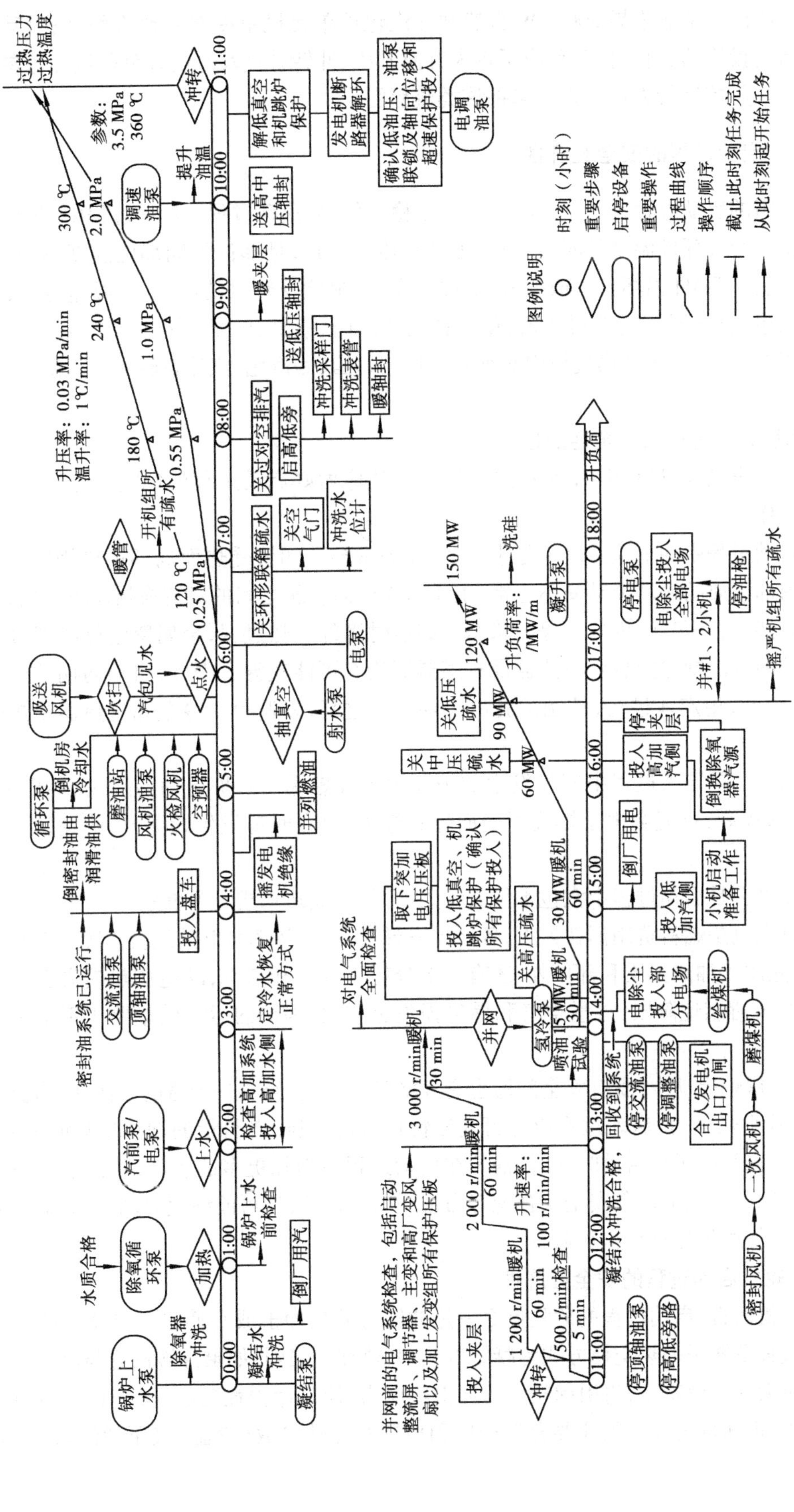

图4.1　300 MW亚临界自然循环汽包炉单元机组冷态启动流程

图4.1给出了某亚临界300 MW自然循环汽包炉单元机组冷态启动流程,该图反应了各主辅设备启动投停的逻辑时序,反应了点火升温升压、冲转升速及并网升负荷过程各参数变化及调控规律。集控运行人员应熟练掌握该类流程图。

4.1.1 启动过程的安全经济性

单元机组的启动过程是一个极其复杂的不稳定传热、流动过程。启动过程中,各热力设备中的工质温度及各部件温度随时间变化,由于受热不一致,且部件不同部位温度不同,因而产生热应力,甚至使部件损坏。一般说来,部件越厚,在单侧受热时的内、外壁温差越大,热应力也越大。汽包(分离器)、过热器联箱、蒸汽管道和阀门、汽缸、转子、高加、给水泵泵壳和转子等的壁厚均较大,所以在受热过程中必须妥善控制,尤其是汽包、汽轮机转子和汽缸、高压给水加热器等。

(1)锅炉启动过程的安全经济性

就锅炉而言,启动过程中的操作危险点较多,故应做好启动过程的危险点分析预控,确保不出现误操作。

锅炉启动过程中的危险点之一是水、汽循环失常导致四管受热面局部过热烧坏。启动初期受热面内部工质的循环流动尚不正常,工质与受热面金属之间的对流换热比较微弱,局部受热面内工质甚至在短时间内处于停滞状态。如这时管外受热过强,金属壁温可能超过允许温度。如锅炉的水冷壁、过热器、再热器及省煤器等均有可能超温。因此,启动初期炉内燃烧过程应渐进、均衡、稳定地进行,控制炉膛出口烟温不过高,以避免水冷壁和过热器受热面局部超温。

危险点之二是点火过程中容易发生的炉膛熄火及燃爆。锅炉启动初期,燃料量少、炉温低、燃烧不易控制,可能会由于燃烧不稳而导致熄火,重点时易发生燃爆,将使设备受到严重损害。

危险点之三是启动过程中汽包水位波动大,容易造成缺水或满水事故。

启动过程也是燃料费用消耗最大,各项损失最大,运行效率最低的运行工况。启动过程中所用燃料,除用于加热工质和部件外,还有一部分耗于排汽和疏水,既造成热损失也造成工质损失。在低负荷燃烧阶段,过量空气和燃烧损失也较大,锅炉的运行效率要比正常运行时低得多。

总之,在锅炉启动中,既有安全问题也有经济问题,二者经常是矛盾的。例如,为保证受热面的安全,减小热应力,启动过程应尽可能较慢地升温升压,燃料量的增加也只能缓慢进行。但是,这样一来势必延长启动时间,使锅炉在启动过程中消耗更多的燃料,降低了经济性。锅炉启动的原则是在保证设备安全及合理寿命损耗的前提下,尽可能缩短启动时间、减少启动燃料消耗量,并使机组尽早承担负荷。

(2)汽轮机启动过程的安全经济性

就汽轮机而言,启动过程的危险点之一是冲转时的热冲击或水冲击。启动初期蒸汽进入汽缸后与汽缸及转子的热交换方式为凝结放热,其热交换强烈,如果冲转汽温与汽机金属温度间的温差过大或蒸汽带水,将引起较大的冲击热应力,使寿命损耗超过计划值;还会使轴向推力异常增大,损伤推力瓦。因此要合理选用和控制好冲转参数(汽温、汽压和流量)。对于冷态启动可采用冲转前盘车预热方式提高缸温，以减小冲转温差，同时还可适当提高冲转参数，在保证寿命损耗合理的原则下加快启动进程，及时并网发电。

危险点之二是汽机本体疏水不畅。在汽轮机冲转、升速、升负荷过程中，汽缸内部凝结换热产生的疏水应及时排净，避免产生水冲击和增大上下缸温差。上下缸温差过大会导致汽缸上拱变形，导致通流部和轴封部位产生径向或轴向摩碰。

危险点之三是汽轮发电机组振动超标。在汽轮机冲转、升速、升负荷过程中，转子及轴承的振动对机组能否安全顺利启动有重要影响。启动过程中，转子振动超标的原因之一是热弯曲过大，从而导致旋转的不平衡离心力过大，该力是引起转子振动的重要因素。轴承工作不正常（油压、油温、油质不合格）也是引起振动超标的重要因素。

危险点之四是胀差和轴向位移超限。在升速、升负荷过程中汽轮机转子与汽缸间的胀差对安全启动有重要影响，若胀差过大将会引起保护动作，汽轮机跳闸。转子轴向位移过大也会引起保护动作，汽轮机跳闸。

危险点之五是超速事故。如升速至 3 000 r/min 后转速失控或在 3 000 r/min 下做超速实验都有可能发生超速事故。若转子中心温度未达脆性转变温度以上，做超速试验极易引发转子断裂的恶性事故。

（3）辅机启动过程的安全经济性

对单元制机组，辅机能否安全顺利启动直接影响到主机。特别是锅炉的引送风机、回转式空气预热器、电动及汽动给水泵组、凝结水泵、循环水泵、水环式真空泵、除氧器、转动机械的润滑油系统、汽轮机 DEH 的控制油系统、发电机氢冷系统、密封油系统、内冷水系统等一旦出现事故，主机便不能及时并网发电。若机组不能一次启动成功，将白白消耗数十吨的启动燃油。

单元制机组启动过程中，主辅机均在小负荷、小流量的特殊工况下工作，故要特别注意掌握其低负安全性能及防护措施的投用。例如，在锅炉点火后、汽机冲转前，再热器侧烟气挡板只能开 5% 开度，以保护再热器；汽轮机在冲转升至高速和并网带低负荷阶段，应投低缸喷水保护、给水泵要投最小流量保护等。

对于耗厂用电量较大的辅机，其启动时机的合理安排对节约启动过程的厂用电消耗有重要意义，故应根据每次启动的工期目标以及主辅机启动的逻辑时序关系，在启动准备工作万无一失的前提下按紧后安排的原则进行辅机的启动。

4.1.2　单元机组的启动状态

单元机组的启动状态一般以冲转前汽轮机的缸温来区别，分为热态和冷态。如我国东方 600 MW 亚临界汽轮机划分冷热态启动的依据是高压缸内缸下半第一级金属温度和中压缸下半第一级金属温度值。对于中压缸启动，如果温度小于 305 ℃ 为冷态启动，温度大于 305 ℃ 且小于 420 ℃ 为温态启动，温度大于 420 ℃ 且小于 490 ℃ 为热态启动，温度大于 490 ℃ 为极热态启动。对于高压缸启动，如果温度小于 320 ℃ 为冷态启动，温度大于 320 ℃ 且小于 420 ℃ 为温态启动，温度大于 420 ℃ 且小于 445 ℃ 为热态启动，温度大于 445 ℃ 为极热态启动。

而锅炉启动时的状态也有冷态和热态之分。冷态启动是指锅炉在没有压力，且其温度与环境温度接近情况下的启动，通常是新锅炉、锅炉经过检修或较长时间的备用后的启动。热态启动是指锅炉在保持有一定压力，且温度高于环境温度下的启动。

就单元机组整体而言，其启动状态便有：炉和机均为冷态，炉和机均为热态，炉为热态、机为冷态，炉为冷态、机为热态等形式。

了解单元机组启动状态的划分有助于掌握好机组各种状态下的启动特点及机、炉启动的衔接。比如冷态启动时，机组温度水平低，为使其均匀加热，不至于产生较大的热应力，锅炉升温、升压以及升速、升负荷都应缓慢进行。而热态、极热态启动时，机组各部件处于较高的温度状态，为不使高温部件受到蒸汽冷却，就必须尽快使工作参数达到机组部件的温度水平，此时锅炉进水、燃烧率控制、升速、升负荷都应明显加快，冲转参数也较高。

4.1.3 启动方式分类及其主要特点

(1)按启动前汽轮机金属温度高低分类

①冷态启动。在停机一周后，调节级处内下缸内壁金属温度在低于150～200 ℃情况下启动；在升速过程中，必须安排一定时间中速暖机，以便高、中压转子度过低温脆性转变温度和防止加热不均，引起过大的热应力和胀差。

②温态启动。一般在停机48 h后，调节级处内下缸内壁金属温度在200～300 ℃情况下启动；冲转前要注意上下缸温差和大轴晃度要符合规定值，冲转后在低速下进行全面检查，无须中速暖机，直接尽快升速到额定值(或缸温相应的负荷数值)。

③热态启动。一般在停机8 h后，调节级处内下缸内壁金属温度在350 ℃以上情况下启动；冲转前要注意上下缸温差和大轴晃度要符合规定值，冲转后在低速下进行全面检查，无须中速暖机，直接尽快升速到额定值(或缸温相应的负荷数值)。

④极热态启动。一般在短时期(2 h)停运后，调节级处内下缸内壁金属温度在400 ℃以上情况下启动；冲转前要注意上下缸温差和大轴晃度要符合规定值，冲转后在低速下运行全面检查，无须中速暖机，直接尽快升速到额定值(或缸温相应的负荷数值)。

(2)按冲转时高、中压缸进汽情况分类

①高、中压缸启动(HIP)。启动冲转时，蒸汽按正常顺序进入高压缸和中压缸进行冲转、升速并接带负荷。该启动方式为大型机组较常用的传统启动方式。早期国产125，200，300 MW汽轮机多用此方式。这种启动方式可使高中压合缸机组均匀加热，减小热应力。高、中、低压缸同时进汽，蒸汽焓降大，所需冲转流量小，故暖机时间长。

②中压缸启动(IP)。启动时，高压缸先隔离不进汽，新蒸汽经一级旁路和再热器进中压缸，用压力较低的再热蒸汽冲动转子升速，待转速升到2 500～2 900 r/min或机组带10%～15%负荷时，才切换为高中压缸联合进汽。启动初期，仅中压缸进汽，进汽量较大，有利于中压缸均匀加热和中压转子度过低温脆性转变温度，减小升速过程的摩擦鼓风损失，降低排汽温度。

启动及低负荷时，高压缸处于真空状态，可以防止两种不利情况，减少热冲击。一是避免常规的高压缸启动时因流量小、鼓风效应大所引起的高压缸过热现象。二是当汽轮机采用部分进汽结构时，避免喷嘴调节的常规启动方式使一级高压隔板热应力过高。

IP方式在冲转及低负荷运行期间切断高压缸进汽以增加中低压缸的进汽量，有利于中压缸的均匀和较快加热、减小热应力和汽轮机胀差；同时也可以提高再热器压力和流量，有利于启动初期迅速提升再热汽温，缩短了冲转至带负荷的启动时间。如由北京重型电机厂引进生产的 300 MW 机组，从冷态启动冲转到带至满负荷仅需 200 min；停机 8 h 后的两班制调峰热态启动，从冲转到带至满负荷仅需 50 min；停机 1 h 后的极热态启动仅用 0.5 h。比 HIP 方式启动缩短了时间。

IP 方式可以使汽机在低负荷下运行，不受时间限制（包括电力系统故障时可以单独带厂用电运行），汽轮机空转运行的时间也可比 HIP 方式长。

IP 方式调峰运行时汽轮机寿命损耗小。调峰机组热态启动频繁和负荷升降变化频繁，故要求每次启动或升降负荷的寿命损耗要小，但又要求启动和变负荷速度快，IP 方式能更好地满足其要求，如北重 300 MW 机组，每次热态启动的寿命损耗仅为 0.009%，每次 10% 负荷阶跃变化的寿命损耗仅为 0.001%。故法国 300～360 MW 汽轮机运行规程规定，不论冷态或热态均用 IP 方式启动，HIP 方式禁用。

(3)按控制进汽的冲转阀门分类

①高压缸调门控制冲转。冲转前主汽门全开，冲转时由高压调节汽门控制进入汽轮机的蒸汽流量。高压调节汽门控制方式有单阀和顺序阀可选。顺序阀为部分进汽，会引调节级处加热不均匀，热应力大。

②高压自动主汽门内旁路门控制冲转。冲转前调节汽门全开，用主汽门的内旁路门来控制进入汽轮机的蒸汽流量，进行冲转。调节级为全周进汽，蒸汽的流动均匀分布，加热均匀。在启动过程中内旁路门的节流作用使调节级后各级蒸汽温度较采用调节汽门顺序阀冲转时高。

③中压缸调门控制冲转。冲转时中压第一级为全周进汽、节流调节方式。

④高、中压缸调门联合控制冲转。

(4)按启动蒸汽参数分类

①额定参数启动。在整个启动过程中，汽轮机主汽门前的蒸汽参数保持为额定值。新蒸汽与汽缸、转子等金属部件的温差大，对机组的热冲击大。需控制很小的进汽量来保证机组不产生过大的热应力和热变形，故升速、暖机的时间长，并网时间较迟。启动过程中损失大量燃料和工质，降低了电厂的经济性，故目前仅用于母管制中小型机组上，大容量汽轮机几乎不采用额定参数启动方式。

②滑参数启动。在锅炉点火后的蒸汽升压、升温过程中，利用中低参数蒸汽进行暖管、暖机，并随着蒸汽参数的升高逐步提高机组的转速，待发电机并网后逐步增加负荷。汽轮机暖管、暖机与锅炉升压、升温过程同时进行，与额定参数启动方式比较，可提前并网带负荷，但定速时缸温不高，需在低负荷下进行暖机。这种启动方式对汽轮机热冲击较小，启动速度快，锅炉的燃料消耗量较低，故在大型机组中得到了广泛的应用。

滑参数启动又有真空法和压力法两种。

真空法是点火前从锅炉汽包到汽轮机之间的所有阀门开启，汽轮机抽真空，锅炉点火，汽轮机冲转、升速、并网带负荷全部由锅炉燃烧来控制。真空法启动存在疏水困难，蒸汽过热度低，转速难以控制，易引起水击，真空系统庞大等缺点，对中间再热机组更为不利。故目前一般不采用这一方法。

压力法滑参数启动是最为普遍的滑参数启动方式，它是指待锅炉产生的蒸汽具有一定的压力和温度后才冲转汽轮机。该方法是在锅炉点火后一段时间内汽轮机进汽阀关闭，锅炉送出的蒸汽通过高、低压旁路进入凝汽器，由旁路阀控制流量配合锅炉升温升压，待蒸汽达冲转参数时再打开汽门冲转汽轮机。在汽轮机冲转、升速、暖机、并网及带初始负荷过程中，维持蒸汽参数基本不变，多余的蒸汽仍通过旁路排入凝汽器。带初始负荷后汽机控制汽阀全开，旁路阀关闭，蒸汽全部进入汽轮机时，机组进入滑压运行。

采用压力法滑参数启动，蒸汽冲转动力大、流量大，易于维持冲转参数的稳定；锅炉可在不增加燃料量、不进行过多调整的情况下，提供足够蒸汽量满足冲转、升速、迅速跨过临界转速并达到全速的需要，且有一定的裕量。当然，该法在汽轮机冲转以前，蒸汽全部排入凝汽器，损失较大。

压力法滑参数的冲转参数与机组容量和启动状态有关。我国火电机组的冷态启动冲转参数为：200 MW 及以下机组，多采用低参数冲转，冲转压力为 0.8 ~ 1.5 MPa，冲转温度为 200 ~ 250 ℃；300 MW、600 MW 机组，用中参数冲转，冲转压力为 3 ~ 8 MPa、温度为 330 ~ 360 ℃。

热态启动时汽轮机冲转前的缸温不同，所采用的冲转参数也不同，缸温高则冲转参数高，反之则低。其具体数值应按汽轮机制造厂家规定的相关曲线，一般根据实测的汽轮机高压内缸调节级后金属温度、中压缸第一级后金属温度以及规定的匹配温差确定冲转汽温。

4.1.4 HIP 和 IP 启动时调节阀门的控制方式及转换

单元机组压力法滑参数启动，按照冲动转子时的进汽方式分为高中压缸联合启动（HIP）和中压缸启动（IP）两种方法。HIP 启动又有两种：一是中压调门全开，仅由高压调门控制冲转启动；二是高压调门和中压调门均参与冲转控制启动。

(1) HIP 启动时高压调节阀门的控制方式（阀门管理）

采用 DEH 控制的汽轮机，其调门均采用一拖一的油动机进行驱动控制，其阀门的开启顺序可通过计算机控制软件任意设定。一般将高压调门设定成“单阀”和“顺序阀”两种控制方式，并将其固定后可由集控运行人员任意选用，此也称为 DEH 的阀门管理功能。

所谓“单阀”就是所有调门同步动作开大或关小，而“顺序阀”则是指多个阀门依序动作开大或关小。“单阀”控制是一种节流调节方式，具有调节级全周进汽，对汽缸加热均匀，调节级后温度变化小，热应力小的优点，但也有节流损失大，经济性差的缺点。这种方式安全可靠性高，在启动过程中用得较多。

“顺序阀”控制则是一种喷嘴调节方式，具有调节级部分进汽，对汽缸加热不均，调节级后温度变化大，热应力大的缺点，但具有节流损失小，经济性好的优点，在额定负荷附近调节时用得较多。两种方式可根据强调安全性或经济性的不同要求人为选用，一般在 DEH 的控制程序中将其设定为启动过程中用“单阀”控制，升至额定负荷或附近后自动转换为“顺序阀”控制。

“顺序阀”控制也可因不同机组设定成不同的方式。例如，我国 125 MW、200 MW 及东方 300 MW 汽轮机高压缸有 4 个调节汽门，调节级相应有 4 个进汽室，其“顺序阀”开启顺序为：与右下和左上缸进汽室相连的 1,2 号调门先同步开，直到全开后，与左下和右上缸进汽室相连的 3,4 号调门再根据负荷增大的需求依序开。这种方式实际上是把“单阀”和“顺序阀”组合应用，以达到取长补短的控制效果。当负荷达到启动终了的目标负荷时，手动或自动转换为“单阀”控制。

又如我国上汽厂 300 MW 汽轮机高压缸有 6 个调节汽门，调节级相应有 6 个进汽室，其“顺序阀”开启顺序为：与左下和中下缸进汽室相连的 1,2 号调门先同步开，直到全开后，与右下缸进汽室相连的3号调门再根据负荷增大的需求依序开,3号门开完后,与左上缸进汽室相连的4号调门再依序开,4号调门开完后,与右上缸进汽室相连的5号调门再依序开,5号调门开完后,负荷可达额定值,若要超负荷,与中上缸进汽室相连的6号调门再依序开。

新机组投运初期,采用"单阀"控制可使调节级动叶片与叶轮间的受力趋于均匀,有利于后期调节级的安全运行。

(2)**调节型高压自动主汽门与高压调节汽门的切换**

国产机组的高压自动主汽门一般为开关型。而国外机组或部分国产引进型机组,其高压自动主汽门的内旁通门(预启阀)却具有调节功能,故启动初期,可用其进行冲转控制,而高压调门先保持全开,实现全周进汽启动。例如,上汽引进型300 MW组,HIP启动时高压调门全开,先用高压自动主汽门的内旁通门进行全周进汽冲转,当转速升至2 900 r/min,主汽门前汽温与调节级喷嘴室汽温相匹配后,再进行高压自动主汽门的内旁通门与高压调门控制权的切换,即在2 900 r/min下,高压调门从全开状态逐渐以单阀方式关小,高压自动主汽门的内旁通门及主门则逐渐开大至全开,DEH能准确的控制维持2 900 r/min所需的蒸汽动能不变,从而把高压自动主汽门内旁通门的进汽量控制权转交给高压调门。

又如日本三菱350 MW机组,其启动方式为HIP、高压自动主汽门内旁通门控制冲转。高压自动主汽门的内旁通门与高压调门控制权的切换是在5%~15%的初始负荷阶段进行的。切换开始时,高压自动主汽门的内旁通门维持5%的并网初始负荷开度不变,处于全开的高压调门则以单阀方式按先快后慢的分段速率关小至负荷转折点。此后,高压自动主汽门的内旁通门再按先慢后快的分段速率逐渐开大至全开,机组负荷升至15%并维持数分钟后,高压自动主汽门全开,其后则由高压调门控制进汽量升负荷。

(3)**IP启动时中压调门与高压调门的切换(高缸切换)**

采用IP方式启动的机组,对高、低压旁路的控制性能有较高的要求,即高、低压旁路调节阀应与高、中压缸调节汽门有良好的自动协调。启动初期阶段用中压调节汽门控制进汽,中期阶段(升自一定转速或一定负荷后)再"切缸"或称"倒缸",转换为高缸调门控制。"切缸"过程是机组启动过程的关键转折环节,"切缸"的关键是控制好高缸进、排汽参数与进排汽部位金属温度的合理匹配,控制好高压旁路流量和高旁后压力、温度。

例如,上汽引进型300 MW机组先用中压调门控制冲转,升速至2 600 r/min,达到"切缸"条件时进行第一次阀门控制方式的转换(即中压调门控制转向高压自动主汽门控制)。此时,中压调门逐渐关小至适当开度,高压自动主汽门内旁通门则逐渐开大,高压缸开始全周进汽,将机组转速提升至2 900 r/min。

转速稳定在2 900 r/min后,进行第二次阀门控制方式的转换(即高压自动主汽门内旁通门控制转向高压调门控制)。此时,发出阀切换指令,6个高压调门以"单阀"方式从全开逐渐关小至适当开度,高压自动主汽门则由原来的较小开度逐渐过渡到全开,整个过程中两类阀门协调配合,保证维持2 900 r/min所需能量的动态平衡,"切缸"结束。此后的过程则由高、中压调门继续控制升速、并网及带负荷。

IP方式启动的不同类型机组有不同的"切缸"方式。例如,法国阿尔斯通360 MW机组是在负荷达15%时开始"切缸",在此负荷点高压自动主汽门全开,高缸抽真空门关闭,排汽逆止阀开启,高压调门以"单阀"方式从全关状态开始开启。切换完成后,通过逐步开大高、中压调门和逐步关小高、低压旁路增加负荷。当高、中压调门全开和高、低压旁路全关后,从23%负荷点起转入滑压运行。

法国阿尔斯通 600 MW 机组冷态 IP 启动则是在并网达 5% 初始负荷时开始“切缸”，其“切缸”条件是：主蒸汽温度在 330 ~ 400 ℃的允许范围内，高压旁路系统最大流量大于高缸目标负荷要求流量，同时也大于根据再热蒸汽压力计算所得最小流量，热再热蒸汽压力达 0.8 MPa，主蒸汽流量大于 200 t/h，避免小流量主蒸汽进入高缸后，在其末级叶片处产生涡流，导致高缸排汽温度过高。

4.1.5 冷态启动时的高缸盘车预暖

中间再热汽轮机冷态启动时，高压缸的热冲击以及高压缸加热时间长是制约冷态启动速度及可靠性的重要因素，同时也限制了高缸冲转参数不能过高。因此，寻求合理的加热方式，利用机组冲转前的机动时间对高缸进行盘车预热成为国外机组和部分国内机组采用的有效措施，其实质就是利用等待冲转的机动时间把机组的冷态启动转化为温态启动。

中间再热机组，只要具备预暖功能，凡是冷态启动，不论用 HIP 还是 IP 方式启动都应该预暖，尤其是 IP 方式启动则必须预暖，以保证冲转时高中压合缸的缸温同步。

冷态启动冲转前的高缸盘车预暖方式有正暖和倒暖两种，预暖汽源可用本炉蒸汽或邻机辅汽。利用本炉蒸汽预暖，其开始时间受本炉蒸汽升温升压速度的限制，利用邻机辅汽则开始时间不受限制。如何选择应视整个机组主辅机启动过程的逻辑时序关系以及各项操作的机动时间长短、机组及管路系统的具体情况而定。

例如，东方 300 MW 机组冷态 HIP 或 IP 启动均采用高缸盘车倒暖。在汽机冲转前，强关高排逆止门及各抽汽逆止门，全关高排至凝汽器真空门，由高压旁路后蒸汽或辅助蒸汽通过倒暖阀进入高缸，保证高缸内压力在 0.4 ~ 0.5 MPa。蒸汽流经高缸放热后从高中压缸间汽封、高压主汽管疏水口和高缸疏水口排出。从高中压缸间汽封流出的蒸汽漏入中压缸，经中低压连通管进入低压缸、凝汽器。在高缸调节级处金属壁温达到 150 ℃，上下缸内外壁温差小于 50 ℃，高压内缸上下半左右法兰内外壁温差小于 50 ℃，中压缸进汽处和排汽口处内壁温度超过 50 ℃后，再保温 0.5 ~ 3.5 h（预暖前缸温高，保温时间短，反之则长），暖缸结束。东方 300 MW机组经盘车预热后，其冲转主汽参数为 3.45 MPa，320 ℃。

高缸预暖期间，若高压组合阀壳（主汽门与调门一体）内壁温度低于 150 ℃，则应打开 2 号高压主汽阀内旁通阀 10% 阀位，对高压组合阀壳（主汽门与调门一体）、主汽管进行预暖。预暖蒸汽压力为 0.4 ~ 0.8 MPa，温度为 200 ~ 250 ℃，并保持 50 ℃以上过热度。预暖时应保证 1 号主汽阀和调节阀关闭严密，严防因漏汽而导致转子冲转，盘车脱扣。要根据阀壳内外壁温差来控制 2 号主汽门内旁路门的启闭，当温差大于 80 ℃，则关旁路门；当温差小于 70 ℃，则开旁路门。重复此过程至阀壳内、外壁温度都达到 150 ℃以上，则结束预暖。

高缸正暖实例：美国 GE 公司 350 MW 机组 HIP 冷态启动采用高缸盘车正暖。正暖时全开高压调门，控制 2 号主汽门内旁路门开度进汽，使高缸内压力维持在 0.39 ~ 0.49 MPa，温升率不超过 38 ℃/h。当高压转子中心孔金属温度达到 150 ℃，中压转子金属温度达到 55 ℃时，须根据预热开始时转子金属温度和预热经历时间查给定曲线，得出预热保持时间，在盘车状态下继续预热这一保持时间后，才能结束盘车预热而冲转。盘车预热过程中，必须控制缸内压力和低压缸排汽真空，防止盘车脱扣而升速。GE 公司 350 MW 机组经盘车预热后，其冲转主汽参数为 7.85 MPa，315 ℃。

4.2 项目管理及网络计划技术在启动组织中的应用

4.2.1 项目管理的基本概念

(1)项目管理

项目管理最初仅用于建筑、国防、航天等行业的工程设计及建设,现已发展、提炼成一种具有普遍科学规律的理论模式而得到广泛应用。

项目管理最根本的目的是“如何有效地利用时间、技术、人力和物力资源”。用专业术语表述,项目管理就是“项目的管理者,在有限的资源约束下,运用系统的观点、方法和理论,对项目涉及的全部工作进行有效地管理。即从项目的投资决策开始到项目结束的全过程进行计划、组织、指挥、协调、控制和评价,在确保时间、经费和性能指标的限制条件下,尽可能高效率地完成项目任务,圆满达成项目目标”。

(2)火力发电工程中的项目管理

火力发电工程是系统庞大复杂、建设及营运资源消耗巨大的典型工业工程。涵盖的项目内容包括工程设计、建设安装、运营维护、机组计划性检修等不同环节。

与建筑工程及国防科技工程一样,火力发电工程中的设计、建设安装、机组计划性检修等工程项目也是最早实施项目管理的,且逐渐成熟和规范。

把项目管理引入火力发电工程的运营维护,则是近年来的开拓应用,其典型的应用是在现代大型火力发电机组启动过程的优化组织中。现代大型火力发电机组设备及系统庞大复杂,技术含量高,设备及系统运行的时间因素、物资耗费等对机组运行的经济性和安全性影响很大。例如:一次常规的300 MW机组冷态启动,涉及要按不同的、错综复杂的逻辑时序启动或停运成百上千的机电及热力设备,对启动过程的工期及时序有严格的要求。如从接到机组启动指令到机组稳定带上额定负荷,对外供电,所需时间为8 h。时间过短则会因设备温升过快使机组热应力过大,寿命损耗增大,严重时导致恶性事故;时间过长则会延缓机组向电网供电的时间,会增大启动过程中的物资消耗(如锅炉燃油量、厂用电),使经济效益和社会效益受到严重影响。若启动过程中运行操作人员操作启、停各设备及系统的逻辑时序不合理或发生误操作,则会导致无谓的资源消耗,甚至于造成启动失败。一次启动失败,意味着要白白浪费近20 t燃油和在启动过程中约18 MW功率的工厂用电。

鉴于大型火力发电机组启动过程的复杂性、风险性和逻辑时序的严密性,完全有必要将项目管理科学引入火力发电机组的整个启动过程,应用网络计划技术,严谨周密地作好启动组织工作。本着科学优化的原则,设计制订出不同启动方式下的启动过程网络图,并严格执行。同时对启动过程中潜在的风险也应有严格周密的预测、识别、防范及控制措施。

4.2.2 网络计划技术

(1)网络计划技术简介

网络计划技术是20世纪50年代中期发展起来的一种科学的计划管理技术,它是运筹学和图论的一个分支,是利用由箭线和节点组成的网状图形编制项目进程计划,并通过网络参数计算，对项目进程中的工期、费用和资源进行优化调控的现代化管理方法。其突出的优点是，能够反映工程的全貌和各项工作之间相互协调的关系，能采用优化技术进行时间、费用和资源的平衡，获取最佳计划方案，能在一定的人力、物力、投资情况下，以最短的时间和最省的资源、最佳的经济效益，完成产品的生产或工程项目任务。因此，网络计划技术应用有其深远的现实意义。

网络计划技术包括网络图绘制、网络图参数计算和网络图的分析调整三项主要内容。应用网络计划技术于项目进度计划，主要包括以下三个阶段：

1）计划阶段

将整个项目分解成若干个活动，确定各项活动所需的时间、人力、物力，明确各项活动之间的先后逻辑关系，列出活动表或作业表，建立整个项目的网络图以表示各项活动之间的相互关系。网络图可分为总图（粗略图）、分图、局部图（详细图）等几种，视需要而定。

2）进度安排阶段

这一阶段的目的是编制一张表明每项活动开始和完成时的时间进度表，进度表上应重点明确为了保证整个项目按时完成必须重点管理的关键活动。对于非关键活动应提出其时差（富余时间），以便在资源限定的条件下进行资源的处理分配和平衡。为有效利用资源，可适当调整一些活动的开始和完成日期。

3）控制阶段

应用网络图和时间进度表，定期对实际进展情况作出报告和分析，必要时可修改和更新网络图，决定新的措施和行动方案。

合理安排项目时间是项目管理中一项关键内容，它的目的是保证按时完成项目、合理分配资源、发挥最佳工作效率。它的主要工作包括分解定义项目活动、活动排序、每项活动的合理工期估算、制订项目完整的进度计划、资源共享分配、监控项目进度等内容。

①项目活动定义。将项目工作分解为更小、更易管理的工作或活动，这些小的活动应该是能够保障完成项目最终目标的可实施的详细任务。在项目实施中，要将所有活动列成一个明确的活动清单，并且让项目团队的每一个成员能够清楚有多少工作需要处理。

②活动排序。在将项目工作分解定义的基础上，要找出项目活动之间的依赖关系、工作顺序。在这里，既要考虑团队内部希望的特殊顺序和优先逻辑关系，也要考虑内部与外部、外部与外部的各种依赖关系以及为完成项目所要做的一些相关工作。设立项目里程碑是排序工作中很重要的一部分。里程碑是项目中关键的事件及关键的目标时间，是项目成功的重要因素。里程碑事件是确保完成项目需求的活动序列中不可或缺的一部分。

③活动工期估算。项目工期估算是根据项目范围、资源状况计划列出项目活动所需要的工期。估算的工期应该现实、有效并能保证质量。所以在估算工期时要充分考虑活动清单、合理的资源需求、人员的能力因素以及环境因素对项目工期的影响。在对每项活动的工期估算中应充分考虑风险因素对工期的影响。项目工期估算完成后，可以得到量化的工期估算数据。工期估算可采取以下几种方式：

a. 专家评审形式。由有经验、有能力的人员进行分析和评估。

b. 模拟估算。使用以前类似的活动作为未来活动工期的估算基础，计算评估工期。

c. 定量型的基础工期。当产品可以用定量标准计算工期时，则采用计量单位为基础数据整体估算。

d.保留时间。工期估算中预留一定比例作为冗余时间以应付项目风险。随着项目进展，冗余时间可以逐步减少。

④安排进度表。项目的进度计划意味着明确定义项目活动的开始和结束日期，这是一个反复确认的过程。进度表的确定应根据项目网络图、估算的活动工期、资源需求、资源共享情况、项目执行的工作日历、进度限制、最早和最晚时间、风险管理计划、活动特征等统一考虑。

在制订项目进度表时，先以数学分析的方法计算每个活动最早开始和结束时间与最迟开始和结束时间，得出时间进度网络图，再通过资源因素、活动时间和可冗余因素调整活动时间，最终形成最佳活动进度表。

关键路径法(CPM)是时间管理中很实用的一种方法，其工作原理是：为每个最小任务单位计算工期、定义最早开始和结束日期、最迟开始和结束日期、按照活动的关系形成顺序的网络逻辑图，找出必须的最长的路径，即为关键路径。

时间压缩是指针对关键路径进行优化，结合成本因素、资源因素、工作时间因素、活动的可行进度因素对整个计划进行调整，直到关键路径所用的时间不能再压缩为止，得到最佳时间进度计划。

⑤进度控制。主要是监督进度的执行状况，及时发现和纠正偏差、错误。在控制中要考虑影响项目进度变化的因素、项目进度变更对其他部分的影响因素、进度表变更时应采取的实际措施。

(2)网络图的绘制

网络图是由箭线和节点组成的，用来表示工作流程的有向、有序的网状图形。网络计划是在网络图上加注工作时间参数而编制的进度计划。

网络图也有各种不同的表达形式，常用的有单代号网络图和双代号网络图两种。国外多用单代号网络图，而我国习惯用双代号网络图。下面仅对双代号网络计划进行讲述。

1)构成双代号网络图的基本符号

双代号网络图是目前我国普遍应用的一种网络计划形式。用一条箭线表示一项工作，将工作的名称写在箭线的上方，完成该项工作所需的持续时间标注在箭线的下方，箭尾表示工作的开始，箭头表示工作的结束，在箭头和箭尾分别画上圆圈并加以编号，这就是双代号网络的表示方法。

①箭线。一条箭线表示一项工作，箭线的方向从左到右，其长短可任意画，见图4.2。

工作是泛指一项需要消耗人力、物力和时间的具体活动过程。工作与工作之间的逻辑关系有两种：一是由客观科学规律决定的“工艺关系”，二是由人为组织安排的“组织关系”。这些逻辑关系分为：紧前、紧后、平行、先行和后续五种。

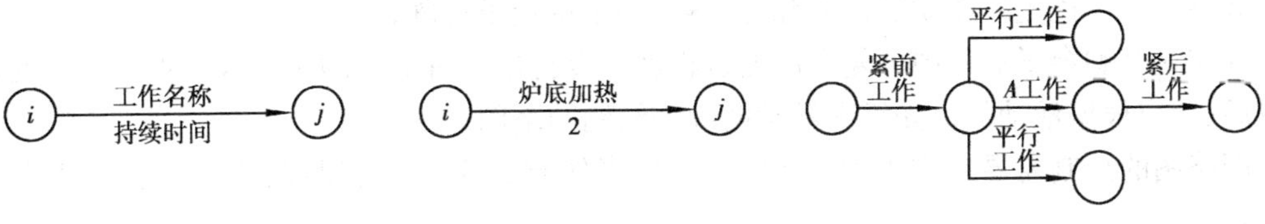

图4.2 箭线、工作及工作关系

箭线有虚与实之分，实箭线表示实实在在的一项工作；虚箭线则为虚工作，仅起到正确表达工作之间逻辑关系的承上启下作用，即区分、联系和断路三个作用。

②节点。节点用圆圈表示,代表工作之间的连接,是反映前后工作的交接点。节点有起始节点、中间节点和终止节点三类。一个网络图上只能有一个起始节点和一个终止节点,中间节点数任意。

节点编号用正整数(i-j),且箭尾节点和箭头节点的编号应满足 i 小于 j 的要求,即箭尾号应小于箭头号。每项工作都可用箭尾和箭头的节点编号(i,j)作为该工作的代号,如 $A_{i,j}$。

在同一个网络图中不能有相同的节点编号。

③线路。线路是指从起点沿箭线方向贯穿始终点的通路,在一个网络图中可能有多条线路。线路中各项工作的持续时间之和就是该线路的长度,即线路所需要的时间。

关键线路:在一个网络图的各条线路中,时间最长的一条或几条线路称为关键线路,用粗实箭线表示。其他线路时间小于关键线路,称非关键线路。

2)双代号网络图的绘图规则

一张正确的网络图,不但要明确表达出工作内容,而且要准确地表达出各项工作之间的先后顺序和相互关系。因此,绘制网络图必须遵守一定的规则。

①工序编号不能重复,一项工作只能有唯一的编号。不允许有两个及以上的实箭线同时从一个节点出发且指向同一个节点(出现此情况时,应增加虚工作进行联系)。

②不允许出现循环回路。循环回路就是从一个节点出发,顺着某一线路又回到出发点的线路。这在逻辑关系上是错误的,时间计算上是不可能的。

③同一项工作在一个网络图中不能表达两次及以上。

④不允许出现反向箭线。

⑤不允许出现无箭头和双向箭线。

⑥不允许出现无箭尾和箭头的箭线。

⑦一张网络图上只能有一个起始节点和一个终止节点。

⑧母线表示法。当网络图的起始节点有多条外向箭线或终止节点有多条内向箭线时,为使图形简洁,可使多条箭线经一共用的竖向母线段引出或引入。

3)双代号网络图的绘图方法

绘制双代号网络图,首先应根据项目涉及的各项活动(工作)列出工作明细表,按其客观的工艺逻辑关系画出关系矩阵。关系矩阵的画法是:以行坐标表示工作项目,以列坐标表示紧后活动,在活动行与该活动的紧后活动列的交叉格子里填写“1”。某项活动的紧后活动是指在逻辑上紧接该项活动的后继活动。

根据关系矩阵可以确定活动的优先级,其步骤如下:

①在关系矩阵中找出没有“1”的列所对应活动的优先级,即为第一优先级;

②划去第一优先级活动所在列和行,得到一个剩余子矩阵;

③在这个剩余子矩阵中重复上面的过程就可以得出所有活动的优先级。得出活动的优先级以后,就应根据活动的优先级和活动明细表绘制网络图。

网络图的绘制需要一定的经验和技巧,这当然有赖于通过实践锻炼。一般应注意以下几点:

①遵守绘图的基本规则。网络图是供人阅读的,为便于交流和沟通,必须遵循一定的基本规则,统一表达方式和符号,才能使人看懂,不致产生误解。

②遵守工作之间的逻辑关系。工作之间的逻辑关系主要有两种:工艺关系和组织关系。

所谓工艺关系,就是指工作与工作之间由工艺技术和工作规程所决定的先后关系,是由自然因素确定的。而组织关系在很大程度上是人为确定的,一般可作多种选择。

在确定网络计划中各工作的逻辑关系时,经常会出现多余的或重复的紧前或紧后逻辑关系,特别是对于大型复杂网络计划,更不易直观发现,给绘图和计算带来麻烦。为此,可应用工作关系逻辑矩阵表,按拓扑逻辑关系进行检查,便能及时发现和消除这些多余的逻辑关系。

③条理清楚,布局合理。人工画网络图,往往需要多次反复,开始先按分解任务后的逻辑关系表画出草图,再逐步调整和简化,经过多次修改,才能绘制出比较清楚的正规形式。

(3)网络图时间参数的计算

网络图时间参数计算的目的是确定各项工作最早开始和最早结束时间、最迟开始和最迟结束时间以及工作的各种时差,从而确定整个计划的完成日期、关键工作和关键线路,为网络计划的执行、调整和优化提供依据。

网络图时间参数包括节点时间参数和工作时间参数两大类。应先计算并标出节点时间参数,然后再推算出工作时间参数。

1)节点时间参数

节点时间包括节点最早可能开始和节点最迟必须开始时间。

①节点最早可能开始时间。就是以计划开始点的时间为0时,沿着各条线路达到每一节点的时刻。它表示该节点前面的工作全部完成,从该节点出发的后面的工作最早能够开始的时间。由于该节点前面的工作如果没有全部完成,从该节点出发的工作就不能开始,因此,计算时取节点前面工作的结束时间的最大值,作为节点的最早可能开始时间。

②节点的最迟必须开始时间。就是按网络图的最终完成期限,逆向计算出的各节点前面的工作最迟必须全部完成的时间。这个时刻,也就是从该节点出发的工作最迟必须开始的时间。

2)工作时间参数

工作时间参数包括各项工作的最早可能开始和最早可能结束时间,最迟必须开始和最迟必须结束时间四种。

①工作最早可能开始和最早可能结束时间。某项工作的最早开始时间等于该工作箭尾节点的最早可能开始时间。而它的最早可能结束时间等于它的最早可能开始时间加上工作的持续时间。

②工作最迟必须开始和最迟必须结束时间。工作的最迟必须开始和最迟必须结束时间是指在不影响计划总工期的情况下各工作开始时间和结束时间的最后界限,可以根据节点的最迟时间求得。某工作的最迟必须结束时间等于该工作箭头节点的最迟开始时间。而某工作的最迟结束时间减去工作的持续时间即其最迟必须开始时间。

3)网络图时间参数计算

根据上述时间参数的定义,设工作 $i-j$ 的持续时间为 D_{i-j},则可以归纳出以下时间参数计算公式:

①节点最早可能开始时间　　$ET_{\mathrm{j}} = \max(ET_{\mathrm{i}} + D_{\mathrm{i-j}})$　　(4.1)

②节点最迟必须开始时间　　$LT_{\mathrm{i}} = \min(LT_{\mathrm{j}} - D_{\mathrm{i-j}})$　　(4.2)

③工作最早可能开始时间　　$ES_{\mathrm{i-j}} = ET_{\mathrm{i}}$　　(4.3)

④工作最早可能结束时间　　$EF_{\mathrm{i-j}} = ES_{\mathrm{i-j}} + D_{\mathrm{i-j}}$　　(4.4)

⑤工作最迟必须开始时间 $LS_{i-j}=LT_j-D_{i-j}$ (4.5)

⑥工作最迟必须结束时间 $LF_{i-j}=LT_j$ (4.6)

时差的计算:所谓时差就是指工作的机动时间,按照其不同性质和作用,可以分为总时差、局部时差、干涉时差和独立时差四类。

①总时差 TF_{i-j}。总时差就是工作在最早开始时间至最迟结束时间之间所具有的机动时间,也可以说是在不影响计划总工期的条件下,各工作所具有的机动时间。它的计算公式为:

$$TF_{i-j} = LF_{i-j} - EF_{i-j} = LT_j - ET_i - D_{i-j} \tag{4.7}$$

总时差具有以下性质:

a. 总时差为0的工作称关键工作。

b. 如果总时差等于0,其他时差也必须等于0。

c. 某项工作的总时差不但属于本项工作,而且与前后工作都有关系,它为一条线路(或路段)所共有。

②自由(局部)时差 FF_{i-j}。自由时差就是在不影响后续工作按最早可能开始时间开始的范围内,该工作可能利用的机动时间。自由时差根据节点时间和工作的持续时间计算,可用下式表达:

$$FF_{i-j} = ET_j - ET_i - D_{i-j} \tag{4.8}$$

自由时差的主要的特点是:

a. 自由时差小于或等于总时差。

b. 以关键线路上的节点为结束点的工作,其自由时差与总时差相等。

c. 使用自由时差对后续工作没有影响,后续工作仍可按其最早可能开始时间开始。

③干涉时差(相关时差)IF_{i-j}。所谓干涉时差,就是在不影响计划总工期,但影响其后续工作在最早可能开始的情况下所具有的机动时间。它等于总时差减去自由时差。可用下式表达:

$$IF_{i-j} = TF_{i-j} - FF_{i-j} \tag{4.9}$$

④独立时差(从属时差)DF_{i-j}。某工作的独立时差是指在该工作箭尾节点的最迟必须开始时间到箭头节点最早可能开始时间之间所具有的机动时间。可用下式表达:

$$DF_{i-j} = ET_j - (LT_i + D_{i-j}) \tag{4.10}$$

各类时差的关系:各类时差的性质不同,其作用也不一样。总时差一般用于控制总工期,自由时差用于控制工程实施过程中的进度或称形象进度,干涉时差和独立时差用于作业管理和调度。

(4)关键线路及确定

关键线路就是由总时差为0的工作所组成的、各工作总的持续时间最长的线路。

关键线路的求法。网络图制成以后,计算各工作的总时差,就可知道哪些工作的总时差为0,把这些工作连接起来,就是关键线路。

例如,把图4.3中各工作的总时差用[ ]标在矢箭下方,并用粗线或双线表达总时差为0的关键工作 A,D,G,I,J,这些工作就组成了一条关键线路。

关键线路的特点如下:

①关键线路上的工作,各类时差(TF,FF,IF,DF)均等于0。

②关键线路是从网络计划开始点到结束点之间持续时间最长的线路。

③关键线路在网络计划中不一定只有一条,有时存在两条以上。

④关键线路以外的工作称非关键工作,如果使用了总时差,就转化为关键工作。

⑤如果非关键线路延长的时间超过它的总时差,非关键线路就变成关键线路。

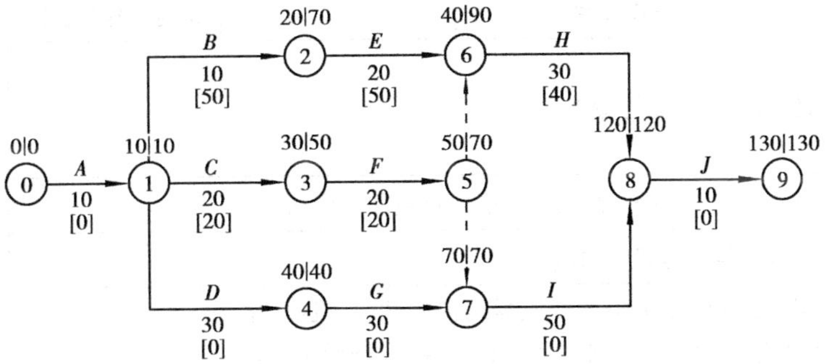

图 4.3　关键线路的确定

4.2.3　网络计划技术在火电机组启动组织中的应用实例

网络计划技术在中间再热单元机组冷态启动组织中的应用:某中间再热机组,其冷态启动从接到启动指令,作锅炉上水前检查开始,要经历锅炉点火、升温、升压,以及蒸汽参数达到要求后汽轮机进行暖管、冲转、暖机、定速至发电机并网、带基本负荷的众多繁杂操作过程。整个启动过程,机、炉、电、辅各专业联系紧密,互相制约,涉及的专业面广、人员多,操作复杂而烦琐。在主辅设备从静止到运转、金属部件加热升温的过程中,如果调度、安排不当极有可能发生安全问题而使启动失败,或造成启动过程拖延,使启动过程大大超过合理的时间,造成不必要的浪费。因此,启动过程中各环节的操作必须协调一致,互相配合,才能安全、经济地完成机组的启动过程。

如何保证机组安全、经济顺利启动,启动之前的运筹组织具有很关键作用,应用现代化管理科学中的“网络计划技术”来解决这一问题,具有良好的效果。

通过网络计划技术,找出总任务中关键操作和关键路线,并在执行过程中进行有效的控制和监督,保证合理的使用人力、物力和能源来完成任务。机组冷态启动过程的优化控制,实质上就是合理解决安全与速度的问题。从现场规程来看,点火后升温、升压速度及冲转过程升速、暖机时间均有客观严格的规定,可人为优化运筹的实际上是各专业的组织配合问题,尤其是点火前大量的准备工作及辅机投入运行的优化安排。

在本实例中,首先根据冷态启动过程的工艺操作内容及逻辑时序,将启动过程分解为 44 项操作(或称工作),按各项工作间的工艺关系及组织关系列出其紧前或紧后逻辑关系(如表 4.1)。为 44 项工作编写代号并按运行规程合理确定各项工作的持续时间(如表 4.2)。

根据表 4.1、表 4.2 所列出的各项操作及操作之间的逻辑关系,就可以按双代号网络图的绘图规则绘出网络图(如图 4.4)。根据网络图关系和各项工作的持续时间,计算标注出各节点的最早可能开始和最迟必须开始时间,找出时差为零的节点(时差 = 节点的最早可能开始时间 - 最迟必须开始时间)并将其用粗实线连接标注,即得到关键路线。从图 4.3 中可以看出,其最早可能开始时间及最迟必须开始时间之差为 0,就是说这些操作必须一气呵成,不得拖延,以便达到尽快安全并网发电的目的。而非关键线路上的操作,其最早可能开始时间及最迟必须开始时间之间总有时差，这就是运行人员可以灵活掌握的时间。

根据绘制的网络图，结合现场实际情况，对整个启动过程进行组织指挥、协调、监督。

表 4.1　某中间再热机组冷态启动操作项目及其逻辑关系

操作项目	紧前工作(注 1)	紧后工作
1)接到启动命令，作锅炉上水前的检查	—	2,3,4,6,10,11,12,13,15,16,18,19,21,25
2)除氧器作上水前的检查，通知输煤、出灰、化学，机组即将启动	1	5,16
3)汽机、电气全面检查，是否达到启动条件	1	16
4)作汽轮机主机保护试验，发电机-主变压器组传动试验，机-炉-电大联锁试验，作辅机联锁试验，测量各辅机电机绝缘，合格后送上电源(注 2)	1	33
5)除氧器进水	2	7
6)对辅助蒸汽联箱、母管暖管，暖好后带汽	1	7
7)除氧器水位进至正常水位，投入除氧器蒸汽加热	5,6	8
8)除氧器水温达 50 ℃时，对电动给水泵暖泵	7	9
9)除氧器水温稳定在 150 ℃时，调整再沸腾门开度	8	35
10)投入密封油系统；投入发电机氢气系统，对发电机充氢，压力稳定后，投运发电机内水冷系统	1	14
11)投运循环水系统	1	30
12)投运工业水系统	1	20,35
13)向凝结器热水井进水，投运凝结水系统	1	30
14)投运汽轮机润滑油系统进行油循环，达到 38 ℃后启动高压启动油泵、顶轴油泵，投入连续盘子	10	20,22
15)测量发电机定子、转子、励磁回路绝缘值，作发电机整流柜风机联锁及风机联跳整流柜试验	1	17
16)锅炉上水前检查完毕，用电动给水泵或升压泵开始上水	1,2,3	22,38
17)发电机恢复备用，发电机整流柜、励磁调节系统恢复备用	15	41
18)投入本炉燃油循环，必要时投入蒸汽加热	1	31
19)投入球磨机润滑油系统循环，必要时投入电加热	1	40
20)向 DEH 系统供电；投运汽轮机抗燃油系统	12,14	33
21)炉底加热母管、联箱暖管、暖箱	1	22
22)锅炉上水至汽包低水位，停止上水；投入炉底加热蒸汽	14,16,21	23,27,29,30,31,33
23)投冲灰水系统，投炉底水封，启动捞渣、碎渣机	22	24,33

续表

操作项目	紧前工作(注 1)	紧后工作
24)电除尘器投入振动装置、仓泵运行,投入灰斗加热,并作各电场空升实验	23	40
25)投入本机组压缩空气系统	1	26
26)试验本炉油枪	25	33
27)汽轮机轴封供汽母管暖管(逐渐暖至调整门前)	22	33
28)汽机作启动前全面复查,并开启、主再蒸汽管道及汽轮机本体有关的疏水门	16	33
29)汽包起压(压力 0.5 MPa 左右),逐渐将炉底加热联箱压力调整至 1.0 ~ 1.2 MPa,并缓慢开启Ⅰ、Ⅱ级旁路,逐渐开启过热器、再热器疏水,严密监视汽轮机缸壁温度,严防汽缸进水、进汽	22	33,35
30)启动水环真空泵,凝结器抽真空	11,13,22	32
31)锅炉作点火全面复查,引、送风机达启动条件	18,22	33
32)汽机凝汽器真空大于 30 kPa	30	33
33)锅炉汽包压力达 1.0 MPa 以上,汽包壁温在 200 ℃左右,过热蒸汽温度达 150 ℃左右,停止炉底加热,启动引、送风机,锅炉点火	4,20,23,26,27,28,29,31,32	34,36,39
34)电气作开机前的全面检查	33	40
35)检查电动给水泵达启动条件	9,12,29	36
36)锅炉水位开始下降,启动电动给水泵组补给水	33,35	33,35
37)对高压加热器进行注水试验	36	38
38)主汽压在 0.09 ~ 0.19 MPa,汽轮机夹层加热联箱暖箱	36,37	40
39)汽机作冲转前全面检查(冲转前约 15 min 向轴封送汽,使开始冲转时真空大于 74.3 kPa)	33	40
40)各参数达冲转条件,投入汽缸夹层加热,开始冲转(通知化学加强凝结水及蒸汽品质的监测)	17, 19, 24, 34, 38,39	41
41)转速 500 r/min,关高中压调门,对机组作全面检查	40	42
42)转速 1 600 r/min,中速暖机	41	43
43)机组全速,主油泵工作正常,停运交流电动油泵,停运时注意各油压的变化,汽轮发电机组并网前复查	42	44
44)发电机升压与系统并列	43	45
45)并列成功,全开调门,锅炉按启动曲线升温、升压	44	—

注:①紧前(后)工作系指相应项工作之前(后)直接相连接的工作;

②第 4 项操作根据检修进度与现场情况灵活安排,一些辅机的试验及送电必须在启动该设备之前完成。如投运循环水系统前循泵试验必须完成,电源也必须送上。由于机组试验项目及辅机较多,不便于一一列举,值长要密切与检修人员配合,设备检修完毕后立即安排做试验,试验合格后马上安排测绝缘、送电。总体上讲,该项工作必须在点火之前全部完成。

表4.2　某中间再热机组冷态启动工序及工序时间表

代　号	工　序	工作时间/min	代　号	工　序	工作时间/min
A	1→16	40	B1	16→28	30
A1	1→2	20	C	22→29	75
A2	1→3	30	C1	22→23	45
A3	1→4	200	C2	22→27	30
A4	1→6	40	C3	22→30	30
A5	1→10	30	C4	22→31	30
A6	1→11	50	N1	23→24	45
A7	1→12	40	N2	25→26	15
A8	1→13	50	D1	29→33	60
A9	1→15	50	O1	29→35	20
A10	1→18	40	E	30→32	40
A11	1→19	30	E1	33→36	30
A12	1→21	54	E2	33→34	15
A13	1→25	30	F	33→39	30
M1	2→5	15	F	36→38	15
M2	5→7	48	F1	36→37	15
M3	7→8	30	G	38→40	20
M4	8→9	70	H	40→41	20
M5	10→14	40	I	41→42	10
M6	14→20	30	J	42→43	35
M7	15→17	45	K	43→44	15
B	16→22	120(注)	L	44→45	10

注:机组冷态时汽包正常水位上水所需时间夏季不少于2 h,其他季节不少于4 h。

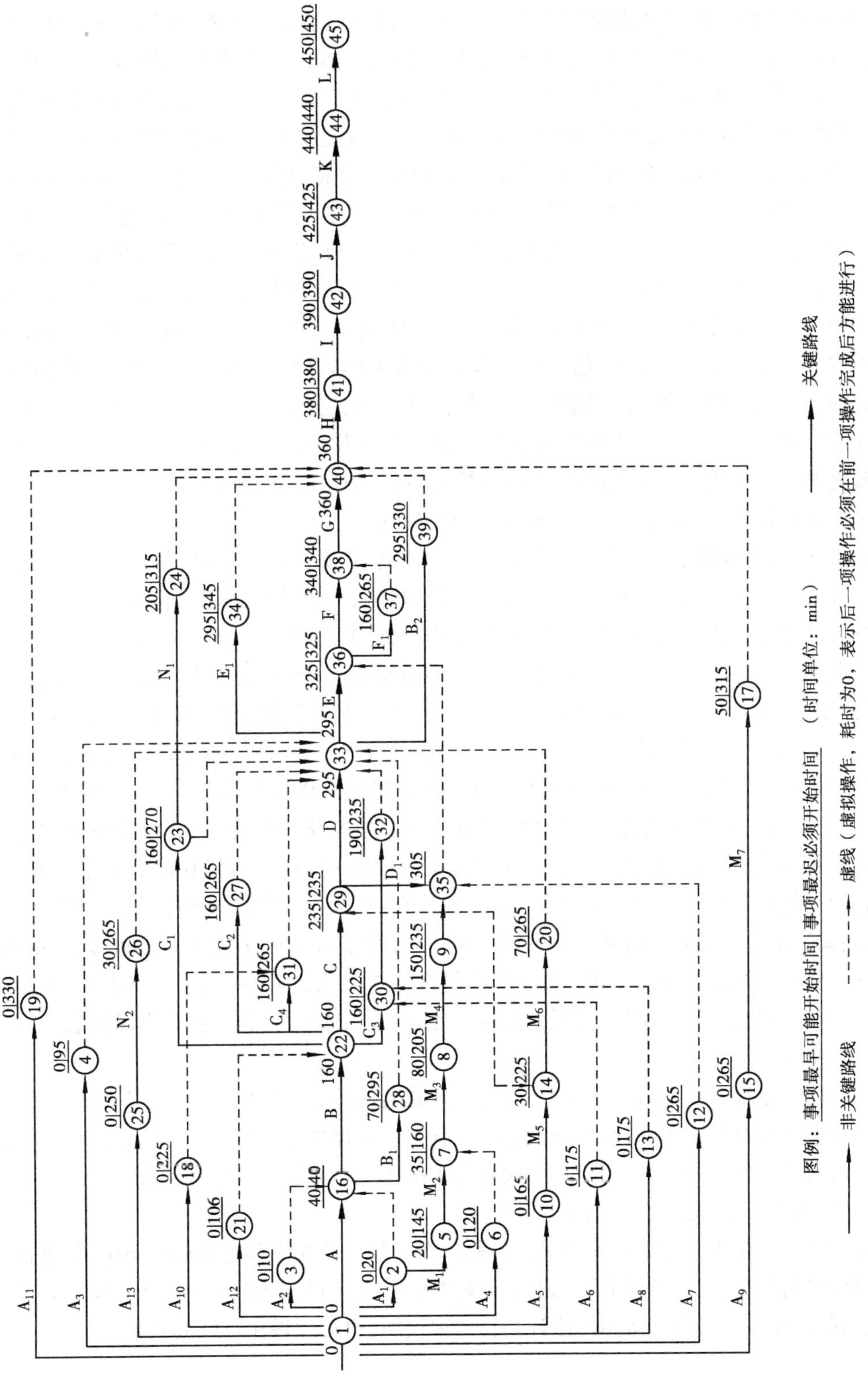

图4.4 某中间再热机组冷态启动网络计划

有几点需要说明的是,图 4.4 中所标注的时间是典型情况下的时间,因为现场的情况千变万化,且有些时间如上水时间、加热时间等受气候条件影响较大,冬天需时间长一些,夏天短一些,值长应该根据气候条件、主辅设备的检修进度及现场情况、紧紧抓住关键线路(主要矛盾线)来进行组织安排,对非关键线路上的操作把握一个原则:对投入辅机运行等要引起能量、物资消耗的操作,尽量按最迟开始时刻安排。如循环水系统通水,循环水泵电机容量大,通水通早了,必然造成厂用电不必要的浪费,在循环各项试验合格,循环水系统已作全面检查的前提下,循环水系统通水与下一步操作即启动射水泵轴真空之间的时间差应趋近于零。而对纯粹准备性的试验、检查操作等应根据人手情况尽早安排完成,以便留出人手应付意外情况,如主机、辅机的试验,辅机马达测绝缘、送电,发电机恢复备用等操作,应尽早安排完成。同时,值长也应密切注意各非关键线路上的操作,保证每一项操作均能在最迟开始时刻之前开始,否则该次要矛盾已经转化为主要矛盾,值长应立即调集人员(若系统设备问题应立即召集检修人员协助处理,若系运行人员操作问题应立即严格督促尽快完成),抓紧分分秒秒进行处理,以缩短时间,减少耗费。例如,点火后汽包水位开始下降,但给水泵组还未达到启动条件(暖泵未暖好或电源未送上或开关出现故障等),锅炉水位已迅速下降,被迫熄火停炉等待,此时应立即安排人员检查处理,必要时要求检修人员协助处理。

综上所述,关键线路上的操作是整个组织工作的纲,其操作时间及间隔时间基于安全的考虑已没有办法再缩短了,除首先要监督升温、升压、暖机、升负荷等速度严格按规程规定进行外,启动过程优化控制实质上就要严密监视整个进程,尤其是次要矛盾线上的操作,一些辅机投入早了造成厂用电白浪费,而一些由于这样那样的原因(如值长安排不妥,运行人员操作拖拉,辅机控制开关不灵,对气候等外界原因估计不足等)可能造成次要矛盾转化为主要矛盾,使启动过程延长。行之有效的经验是:一是启动过程中检修人员必须现场值班,以便随时协助运行人员检查处理缺陷;二是值长要头脑清醒(值长现场工作头绪较繁杂,启动现场人员较多,现场嘈杂),要不厌其烦地关注、监督网络图上每一项操作的情况,尤其要注意操作效果。从现场的实际情况来看,由于冷态启动过程比较长,一般要跨班(每班仅 6 h),因此,还有一个重点问题即是值长与值长之间的交接班问题,交接班时值长之间除了要交接启动过程的详细情况外,还要尽量将交接时间避开一些关键的操作,有时宁可推迟交接班的时间,以避免因交接班造成主要矛盾线上的操作拖延。如交接班恰逢锅炉点火,则上一班必须点火成功后方能交接,否则或长或短总要造成启动过程的拖延。在这些关键时刻,值长要有明确的态度,要有不怕辛苦的精神。

应用网络计划技术指导启动操作,不仅可以节省能源,减少物资消耗,缩短启动时间,而且还可使运行操作人员掌握主动权,根据网络图明确每一步操作在机组启动中的地位和作用,可以比较主动地发挥各方面人员的作用,积极地为解决主要矛盾创造条件,同时现场人员可以做到心中有底,避免慌乱,提高安全操作水平。

网络计划技术还可运用于单元制机组各种状态下的启动操作和正常停机操作,如热态、温态启动等停机后不久,机组各部分金属温度尚较高的状态下的启动;正常停机的减负荷、停机冷却的过程,以及水压试验等运用网络计划技术来组织,也可取得比较好的效果。

4.3　锅炉机组的启动

4.3.1　概述

现代燃煤火力发电所用的锅炉机组有自然循环和控制循环汽包炉、直流锅炉、循环流化床锅炉三大类，因其燃烧及水循环方式的不同，其启动特性及启动操作程序也各不相同。但启动过程的共性原则就两点，一是使锅炉机组各部件逐步和均匀受热而升温升压，使之不产生过大的热应力和过热而威胁设备的安全；二是在保证安全和寿命损耗的条件下，尽量缩短启动过程时间，减少启动过程的工质损失及能量损失。

(1)锅炉机组启动系统及重要性

锅炉机组的启动过程是一个流动和受热渐变的非稳态过程，要实现"使锅炉机组各部件逐步和均匀受热而升温升压，使之不产生过大的热应力和过热而威胁设备的安全"必须配备相应的启动汽水系统来辅助受热面内工质的非稳态流动和传热。

启动系统也就是在启动过程初期用于辅助汽水循环流动，循环排放，从而协助锅炉机组的主系统安全地完成暖管、疏水、排空气、升温、升压的非稳态流动及传热过程而特设的阀门及管路系统。

(2)锅炉机组启动系统的组成

就自然循环和控制循环汽包炉、直流锅炉、循环流化床锅炉三大类锅炉而言，因其汽水循环及燃烧方式的不同，使启动系统的组成及投用方式既有共性又有个性。集控运行人员必须根据机组实际熟练掌握。

①汽轮机旁路系统。汽轮机旁路系统是三大类中间再热机组都必须设置的启动系统，它既服务于锅炉也服务于汽轮机，不同之处在于启动过程中的投用方式。自然循环和控制循环汽包炉在点火后，汽轮机旁路系统就可投用，以配合锅炉的燃烧和升温升压，实施主蒸汽及再热蒸汽的暖管、疏水以及回收工质。直流锅炉则是在汽水分离器起压后投用汽轮机旁路系统。汽轮机旁路系统的设置通流量较大，可在30% ~100% BMCR。

②过热器旁路系统。过热器旁路系统是服务于锅炉本体的蒸汽排放系统，其作用是在锅炉起压产汽后的一段时期内通过改变过热器出口的流量来配合锅炉加快升温、升压。过热器旁路系统一般从过热器单管接出直接引入凝汽器，其设计通流量仅为5% BMCR。

③水冷壁、过热器及再热器的锅炉本体疏放水系统。水冷壁、过热器及再热器疏放水系统是防止锅炉在启动的非稳态过程中各受热面因非正常流动而过热的局部子系统。锅炉本体疏放水回路极多，一般设在各受热面的最低位置点。三大类中间再热锅炉机组均不同程度的设有该系统，各有其构成及投用特点。

④省煤器再循环系统。省煤器再循环系统是汽包锅炉在上水点火后初期的停止上水或间断上水过程中使汽包里的水通过省煤器再循环管及阀门流入省煤器入口的自然循环或强制循环管路系统，起到启动初期保护省煤器管不被烟气烧坏的重要作用。锅炉运行正常后，应关闭此系统，以防给水短路直接进入汽包。

⑤直流锅炉的分离器启动系统。直流锅炉的结构特点是没有汽包;工质强制流动,一次性通过各受热面;各受热面无固定界限。直流锅炉的启动特点是,为保证受热面的安全,点火前先要通过启动系统建立启动流量和压力(也可点火后建立压力),在启动过程中水的加热、蒸发及蒸汽的过热三个受热面是逐渐形成的;由于没有汽包,使启动升温过程较快。

直流锅炉的分离器有内置式和外置式两种,在分离器前后均设有比较复杂的启动系统。其作用有:辅助建立冷态和热态的循环清洗,这是由于直流炉对水质要求更高;辅助建立启动流量和启动压力,使水冷壁在启动初期就有较大的质量流速;辅助受热面内工质的膨胀;辅助管道系统暖管;回收热量和工质。

内置式和外置式分离器所构成的启动系统各有不同,操控规律繁简不一,目前多用内置式分离器启动系统。集控运行人员应针对实际熟练掌握,方能保证直流锅炉的安全启动。

(3)国内超临界压力机组的三种内置式分离器启动系统

①大气式扩容器启动系统。CE2SUL ZER合作设计的600 MW超临界压力机组大气式扩容器启动系统,如图4.5所示。启动流量为35% MCR,疏水除了进入大气式扩容器外,还设置了一路至除氧器,实现经除氧器回收工质和热量。

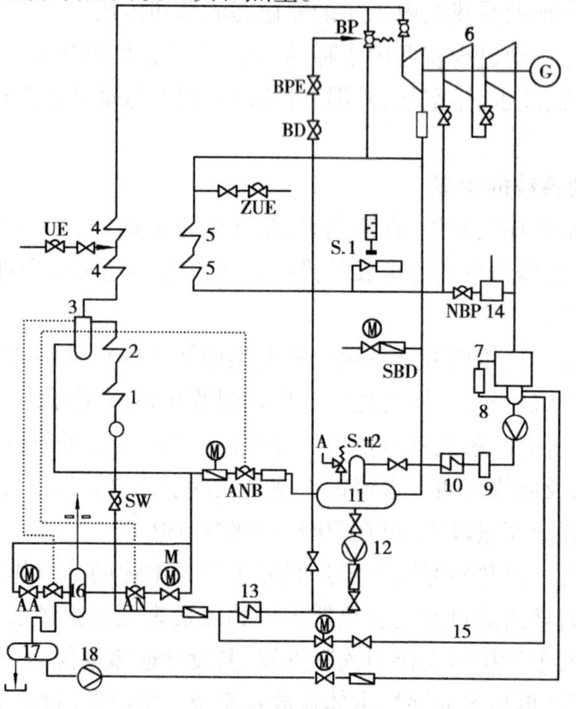

图4.5 CE2SUL ZER超临界锅炉启动系统

1—省煤器;2—蒸发系统;3—汽水分离器;4—过热器;5—再热器;6—汽轮机;7—凝汽器;8—凝结水泵;
9—凝结水除盐装置;10—低压加热器;11—给水箱及除氧器;12—给水泵;13—高压加热器;
14—低压减温器;15—再循环管道;16—大气扩容器;17—回收箱;18—回收水泵;
BP—100% MCR的高压旁路;BPE—高压旁路喷水阀;BD—减温水减压阀;NBP—低压旁路阀;
UE—过热器喷水减温阀;ZUE—再热器喷水减温阀;SBD—给水箱压力控制阀;SW—给水控制阀;
AA—汽水分离器疏水阀;AN—汽水分离器液位控制阀;ANB—汽水分离器液位控制旁路阀;
S.1—再热器安全阀;S.2—除氧器安全阀

②带循环泵式启动系统。国产 B&W 600 MW 超临界锅炉启动系统,见图 4.6。启动流量为 30% MCR,启动过程中分离器分离出的水进储水箱,通过再循环泵送回锅炉,回收全部工质和热量。仅在储水箱水位超高时才有少量水排入凝汽器回收工质,造成少量热量损失。

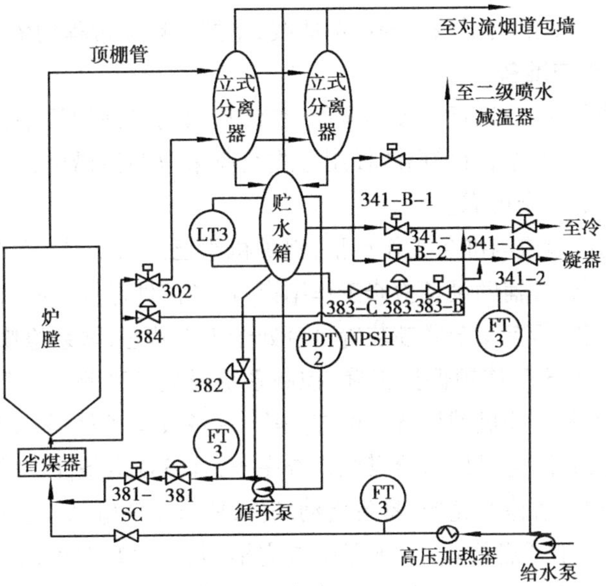

图 4.6　B&W 600 MW 超临界锅炉启动系统

③东方超临界锅炉启动系统。东方集团引进日本 BHK 技术制造 DG1900/25.4 锅炉启动系统,如图 4.7 所示。启动流量 25% MCR,启动前的循环清洗阶段,将不合格的水排入地沟。启动后合格的水排入凝汽器,回收工质而不能回收热量,启动热损失较大。但没有再循环水泵,减少了初投资和检修工作量,节省了厂用电。

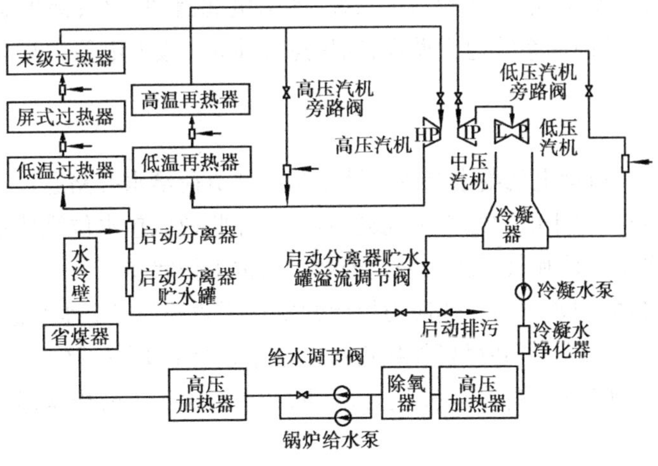

图 4.7　东方超临界锅炉启动系统

4.3.2 自然循环汽包锅炉机组的冷态启动程序

锅炉冷态启动一般包括启动前的检查准备、辅助系统投运、锅炉进水、投炉底加热、锅炉点火、升温升压、升负荷等步骤。下面结合某600 MW 亚临界汽包炉冷态启动的工程实例，详细介绍其启动程序。图4.8给出了该炉的启动曲线，是控制启动过程的依据。

(1)启动前的检查与准备

锅炉在点火启动前，必须进行详细的全面检查，从而明确锅炉设备是否具备启动条件，明确锅炉主、辅设备的初始状态，可采用的投用方式及应采取调控措施，以保证锅炉机组在启动过程中及投入运行后的安全可靠。

锅炉机组启动前的检查与准备工作包括：锅炉机组已经过酸洗，蒸汽管路已吹扫，安全阀已整定；锅炉本体及所属各辅助设备检修工作结束，炉各部件保温完好，锅炉各膨胀间隙正常，各部件能自由膨胀；核实所有安全联锁装置是否处于工作状态，联系检修仪控人员，确认SCS、BCS、FSS、BMS、MCS、DAS等连锁保护正确，控制系统投运各种测量、指示仪表或仪表确认参数显示正确；所有仪表及有关机械设备已检查完毕，具备投运条件；核实所有驱动装置的润滑和冷却系统满足投运条件；磨煤机与给煤机检查完毕，具备投运条件；风箱检查完毕，挡板位置合适；给水系统仪表和设备检查完毕，具备启动条件；所有空气输送设备检查完毕，具备投运条件，所有烟风道挡板处于开启位置；空预器检查完毕，其灭火装置可以使用；吹灰设备检查完毕，各吹灰器退出炉外，具备投运条件；所有喷水减温器调节阀和闭锁阀关闭；所有过热器、再热器疏水阀和排气阀处于开启位置；核实烟温探针伸入炉膛，火检冷却风投入正常，锅筒水位、炉膛火焰工业电视装置完好齐全；油燃烧设备检查完毕，具备投入条件，系统各阀门处于启动状态；输煤系统具备投运条件，各原煤仓煤位正常。

(2)辅助系统投运

锅炉机组启动前，应按要求逐步投入下列系统并检查其运行正常：厂用压缩空气系统；辅助蒸汽系统；闭式冷却水系统；开式冷却水系统；各辅机润滑油系统；锅炉渣斗水封系统，渣斗充水；锅炉燃油系统，炉前油系统建立循环；锅炉点火前8 h投入电除尘灰斗及绝缘子加热，投入振打装置。

(3)锅炉上水

具备上水条件后，启动电动给水泵或凝结水泵用低负荷给水旁路通过省煤器向汽包进水；上水至汽包最低水位后停用电动给水泵或凝结水泵，并监视汽包水位维持不变，否则应查明原因；上水后核实远操水位计和蒸汽压力表是否处于正常工作状态。

要根据锅炉汽包的初始壁温及热应力控制的要求严防控制好上水水温和上水速度。冷态启动时上水水温应大于21 ℃，并尽可能接近汽包壁温，水温和汽包壁温差不应超过50 ℃；汽包上水时严格控制上水速度，夏季上水不少于2 h，冬季不少于4 h，当水温与汽包壁温接近时，可适当加快速度。

汽包上水时，注意控制汽包上、下壁温差在安全范围内，如在50 ℃之内。注意控制好汽包水位，上水至汽包水位 -100 mm时，停止进水，开启省煤器再循环阀。

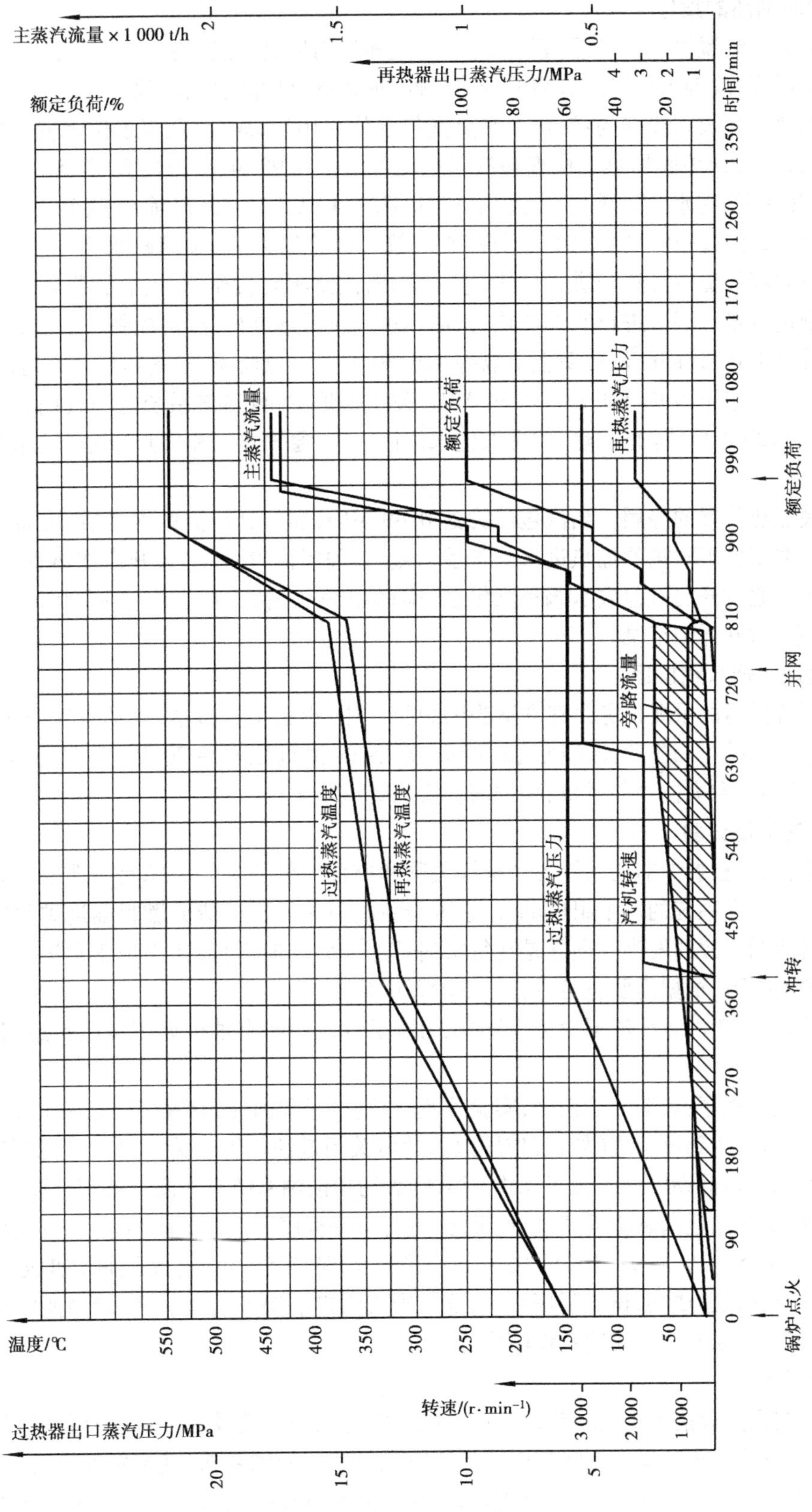

图4.8　东方600 MW自然循环汽包锅炉冷态启动曲线（长期停炉，汽轮机中压缸启动）

(4)**炉底加热的投停**

①炉底加热装置投入。自然循环汽包炉设置和投用炉底加热装置可促进汽包和水冷壁均匀升温和水循环，改善水冷壁点火后的受热条件，加快点火后的启动进程。

炉底加热装置投入步骤为：锅炉上水至汽包水位 -100 mm 处，观察水位无变化后汇报单元长和值长，准备投炉底加热。检查辅汽联箱压力大于 0.98 MPa，温度大于 350 ℃。开启炉底加热蒸汽集箱疏水门，开启供汽门 10LBG73/74AA002。微开辅汽联箱供汽手动门 10LBG21AA002 和 10LBG22AA001，进行疏水暖管。暖管结束后，关闭疏水门，逐个缓慢开启各水冷壁下联箱的蒸汽加热门进行加热，直至全开，注意不要发生水冲击，根据需要调整进汽手动门控制进汽量。锅炉进行底部加热时，加热过程应缓慢进行，严格控制炉水饱和温度温升率小于或等于 1.0 ℃/min，汽包壁上下温差小于 50 ℃。注意监视、检查辅汽联箱运行状态，严防炉水倒灌。汽包压力升至 0.18 ~ 0.34 MPa，关闭锅炉主、再热汽系统各空气门。汽包下壁温升至 100 ~ 120 ℃时，停止加热，冲洗汽包水位计一次，通知热工和检修冲洗压力表管和热紧螺丝。

②炉底加热装置的停用。当汽包压力达 0.49 MPa，加热到所需的温度后，准备停用炉底加热装置。关闭各下联箱的加热进汽支管手动截门，关闭供汽手动门，开启加热管道疏水门，疏水后关闭。通过开启汽包放水阀将汽包水位降至正常，保持汽包水位在 -100 mm。汇报值长，加热结束，做好详细记录。

(5)**锅炉风烟系统投运**

风烟系统投运的重要任务是建立适当的炉膛负压，投运项目包括：启动空气预热器；启动引风机；启动送风机；调节引送风机动叶开度，使炉膛负压在 -70 Pa 左右，总风量大于 30% MCR；启动一台火检冷却风机；根据需要投入暖风器运行。

(6)**燃油泄漏试验**

①试验目的：检查炉前油系统各油枪快关阀和燃油母管快关阀关闭是否严密。燃油系统的检漏是炉膛安全系统的一个组成部分，它可避免阀门关闭不严造成燃料漏进炉膛或管道破裂造成燃料泄漏事故的发生。通常是在每次锅炉点火启动前进行，在锅炉正常运行期间所有油枪停运的前提下，根据需要也可进行燃油泄漏试验。

②试验条件：燃油系统油泵投运，燃油压力满足要求。所有油枪处于停运状态，各油枪快关阀关闭。

③燃油试验程序：启动试验程序；实验开始时，进油阀和回油阀都打开，充油 3 min，然后关回油快关阀，压力达到设定值(如：工作压力)，随后关闭进油母管快关阀；待上述工况稳定后，开始计时 5 min，若此期间压降大于 0.4 MPa，则表明炉前油系统有泄漏，给泄漏试验程序失败信号出现，中断燃油泄漏试验程序进行；反之，进行下一程序。上述试验结束后，开启回油快关阀，压力降至 1.5 MPa 后关闭回油快关阀。稳定后保持 5 min，若此期间，如压力不高于 1.7 MPa，则燃油试验成功，试验程序结束；反之则表明进油快关阀有泄漏，燃油泄漏试验程序失败信号出现，中断燃油泄漏试验程序执行。

(7)**锅炉吹扫**

锅炉吹扫是点火前的重要环节，在点火之前，应将锅炉炉膛及烟、风道内可能聚积的可燃物吹扫干净，以防点火时爆燃。吹扫应满足相应风量和时间的要求，其确定原则有三点，一是清扫延续时间内的通风量应能对炉膛进行 3 ~ 5 次全量换气；二是通风气流应有一定的速度或动量,能把炉内最大的可燃质颗粒吹走;三是吹扫通风与点火通风衔接,把操作量减到最少。

一般吹扫通风量大致在(25% ~40%)MCR 范围内,清扫延续时间不小于 5min。本实例中炉膛吹扫的方法是:保证至少 30% 的 BMCR 工况下的二次风通过大风箱,同时切断所有通向炉膛的燃料通道,持续时间至少 5 min。

炉膛吹扫是在以下条件下进行:任一空预器运行,任意一侧送、吸风机运行,总风量大于30%且小于 40%,两台一次风机全停,火检风压力正常,给煤机全停磨煤机全停,所有磨煤机分离器出口挡板关闭,炉膛无火焰,两台电除尘器停止,汽包水位正常,炉膛压力正常,所有吹灰器未运行,MFT 后风烟控制挡板未闭锁,燃油跳闸阀关闭,燃油回油关断阀和油泄漏试验阀关闭。

(8)**锅炉点火,投油枪运行**

点火是锅炉启动操作的危险点之一。点火前应先进行以下操作及检查:投入炉膛火焰监视电视,确认炉膛火焰监视电视摄像头的冷却风压在 1.5 ~6.0 kPa;投入炉膛烟气温度探针;确认燃油循环已投入,油压油温正常;检查油枪投入公共条件满足;检查调风盘的开度 50%,内二次风轴向开度 45°,外二次风轴向叶片开度 60°。

锅炉油枪点火方式为:由高能点火器点燃油枪,在达一定的炉温和一定负荷前只用油枪维持运行,达到投粉时机时再投燃煤粉燃烧器。点火前须将燃油和蒸汽的压力、温度调至规定值,这是保证燃油雾化良好、燃烧正常的关键条件。

油枪的投运监控:投入油枪时,可按“组”成对投入,但不得同时投两组或两组以上油枪。投油初期,应加强燃烧调整,注意风量的调节和油枪的雾化情况;在投油过程中,应严密监视排烟温度,防止尾部烟道发生二次燃烧;锅炉投油后,应投入空气预热器吹灰系统;对燃烧不好的油枪要及时停用、吹扫并联系检修人员处理。

点火后注意观察炉膛火焰及排烟烟色,若火焰呈红色且冒出黑烟,说明风量不足,尤其是一次风量不足,需要提高一、二次风量;若火星太多或产生油滴,说明雾化不好应提高油压、油温和蒸汽压力,但油压太高会使着火推迟。

点火后 30 s 火焰监测器扫描无火焰,则证实点火失败,点火顺控系统在自动关闭进油阀后退出油枪,处理后重新点火;炉膛熄火后重新点火,则先进行炉膛通风清扫。

(9)**锅炉升温升压**

①对汽包和受热面升温、升压速率的控制。锅炉汽包内工质为保和状态,温度与压力相对应,升压也即升温。控制升压率也就控制了升温率。锅炉的升压速度与锅炉的产汽量与过热汽器排汽量之差成正比。故增大燃料量使产汽量增大,升压速度加快,反之则减慢;增大过热汽器排汽量使升压速度减慢,反之则加快。因此,升压速度除用燃烧率控制之外还可通过锅炉启动系统中的过热器旁路阀或汽轮机旁路阀灵活控制。

升温率除与升压率相关外,还与锅炉本体疏水门开度、炉内送风量及火焰中心高度有关。增大炉内送风量,同样燃料量下蒸发量 D_1 减小、过热器负荷 Q 增加,升温速度将增大;提高火焰中心高度,同样燃料量下蒸发量 D_1 减小,过热器热负荷 Q 增加,升温速度将增大。

为避免由于汽包和受热面温升过快而引起过大的内外壁、上下壁温差,避免较大的热应力和热变形,锅炉的升温升压速度不能太快。锅炉点火后升温升压速率按照机组启动曲线进行。

本工程实例的升温升压率限制如下:在点火升压阶段,升温率为 66 ℃/h,升压率小于 0.1 MPa/min;锅炉起压至 0.1 ~5 MPa(100 ~265 ℃)阶段,升温率为 90 ℃/h,升压率为

0.1 MPa/min；升压至 5 MPa 以上，升温率为 100 ℃/h，升压率小于 0.15 MPa/min。

在升压过程中汽包金属的温差和应力有三个不同阶段的特征。

第一阶段，在升压初期，只有少数油枪或喷燃器投入，燃烧较弱，炉膛里火焰充满程度较差，蒸发受热面的加热不均匀程度较大。同时，由于炉内温度以及炉墙、受热面和工质的温度都较低，而工质在压力低的时候，汽化潜热又较大，所以燃料燃烧放出的热量用于使炉水汽化的热量并不多，且压力越低汽化热越大，水循环不稳定，不能从内部来促使受热面的均匀受热。这样就容易使蒸发受热面设备尤其是汽包产生较大的热应力。所以在汽包上通常装有若干热电耦，用以监视汽包金属各处的温度。一般规定汽包金属的上下温差不许超过 50 ℃（50 ℃这个限制不一定很合理，但由于汽包形状和受热情况复杂，启动过程中温度场的规律难以描述，所以理论上对它的热应力尚不能精确地计算，考虑到它的价格贵，修理和安装困难，所以一般都不随便超越这个限值），所以升压过程初始阶段的温升速度应比较缓慢。

第二阶段，随着锅炉的受热加强，水循环渐趋势正常，汽包上下温差也逐渐减小，但是汽包壁的内外温差始终存在。工质升温愈快，内外壁的温差和由此而引起的热应力也愈大。所以必须限制升压速度。

第三阶段，汽压升高到接近额定值时，汽包金属的机械应力亦接近于设计值。这时如再有较大的热应力便很危险，所以升压速度也受限制。

在锅炉的升压过程中，升压速度太快，将影响汽包和各部件的安全；但如果升压速度太慢，将延长机组的启动时间，增加启动时的经济损失。因此，对于不同类型的锅炉，应根据其具体的设备条件，通过启动试验，确定升压各阶段的温升值或升压所需要的时间，由此即可制定出锅炉升压曲线，用以指导锅炉启动时的升压操作。升压过程中要求饱和温度的上升速度不大于 1 ℃/min，瞬时不大于 2 ℃/min。机组在启动过程中应严格控制升压、升温速度，严格监视汽包上、下壁温差不超过 40 ℃。从起压至 1 MPa 范围内要特别注意汽包上、下壁温差，若有超过的趋势应采取下列措施：联系汽机适当开大二级旁路，增加排汽量，加强定期排污。

②锅炉负荷升至投粉之前的燃油量控制。点火投油枪的升温、升压、升负荷过程中，应按一定时间间隔逐对增投油枪，直至投完初投燃料量所对应的所有油枪。油枪全投后的负荷点一般在 10% ~20% MCR，此时的燃油量称为初投燃料量，不同炉型有所不同。投油枪升温、升压至冲转所需蒸汽参数后维持参数不变。初投燃料量在一定时间内维持不变，可稳定锅炉燃烧，改善机炉升温及带负荷条条件。

③油、粉混燃及油枪的退出。负荷升至投粉点后锅炉进入油、粉混燃阶段，其间有一个投粉和退油的渐变过程。

投粉点的确定原则有四点，一是炉内已具备使煤粉稳定和完全燃烧的热力条件，即炉膛温度达到适合于该煤种的温度；二是要满足汽轮机大幅提升负荷的要求；三是考虑燃油的节省；四是防止因投粉后炉膛出口烟温过高而使过热器受过大热冲击而损坏。一般要求锅炉带 20% 以上的额定蒸汽负荷、热风温度在 150 ℃以上，才允许投粉。

投粉时要启动相应的制粉系统。对直吹式系统，因滞后小，可在达到投粉负荷点时启动；对中储式系统，因滞后大，应在达到投粉负荷点之前适时启动，一般是根据粉仓的粉位，在粉位大于 3 m 时才允许启动给粉机投粉。

投粉和退油过程应保证炉温及负荷的稳定。煤粉燃烧器应由下而上对角依次投；油枪应在该层煤粉燃烧器正常投运，煤粉燃烧器出口区域温度稳定后再退出。

油、粉混烧的过程易导致炉膛出口后的受热面积粉和二次燃烧。因此在燃烧允许情况下应力求减少油、粉混烧过程的持续时间。

④锅炉升压过程中的操作。汽包压力至0.18～0.34 MPa,检查关闭下列各电动阀门及手动隔离阀:汽包放空气阀,尾部竖井侧包墙下集箱疏水阀,水平烟道侧包墙下集箱疏水阀,尾部竖井前墙下集箱疏水阀,隔墙下集箱疏水阀,一级过热器到屏式过热器进口集箱的连接管上的放气阀,顶棚过热器进口集箱疏水阀。

汽包压力至0.3～0.5 MPa冲洗汽包各水位计,并核对各水位计、水位变送器指示正确。汽包压力达0.69 MPa时,关小下列阀门留两圈:屏式过热器进、出口集箱疏水阀,二级过热器进、出口集箱疏水阀,二级过热器出口集箱放气阀。

当负荷达5% MCR时,关闭上述过热器各疏水电动阀、放空气电动阀以及电动阀前手动隔离阀;汽包压力升至0.6 MPa左右,通知检修热紧螺栓,通知热控人员冲洗有关仪表管路;当主汽压力上升至3.45 MPa时,过热器出口PCV阀手动门开启并投入自动;旁路系统投入后,根据情况可关闭5%旁路疏水阀。

⑤锅炉升温升压过程中汽轮机高、低压旁路的调控规律。汽轮机高、低压旁路的重要作用之一是在单元机组启动过程中配合锅炉升温升压,以满足汽轮机在冲转、升速和并网升荷过程对主蒸汽及再热蒸汽参数变化的需求。

在锅炉升温升压过程中汽轮机高、低压旁路有三种不同的调控规律。

第一是从点火至达到冲转参数过程中的"阀位控制"方式。阀位控制是通过操作员手动设定旁路阀开度定值的开环控制方式,汽压变化过程中旁路开度保持所设定值不变。该方式可设最小阀位和最大阀位。最小阀位用于满足锅炉点火后有一定蒸汽流过再热器,对再热器进行通流保护;最大阀位用于满足锅炉提升汽温汽压至冲转值后有足够的蒸汽流量来冲转、升速、并网升负荷达滑压负荷点,保证在冲转、升速、并网升负荷达滑压负荷点的过程中燃烧率稳定。最小阀位和最大阀位设定值对不同机组可有不同,如设最小阀位15%～25%、设最大阀位40%～50%。

第二是从冲转至升负荷达滑压负荷点过程中的"定压控制"方式。定压控制是通过操作员手动或程序自动设定旁路控制系统中的主汽压和再热汽压定值,并投入该压力反馈的闭环压力控制方式。在该冲转升负荷过程中,旁路开度按汽压实测值与设定值之差自动开大或关小。例如,主汽压实测值大于设定值,说明锅炉产汽量大于汽机所需进汽量,故高旁阀应开大,旁路掉汽机所需的多余汽量,以维持高缸前主汽压不变;若主汽压实测值小于设定值,说明锅炉产汽量小于汽机所需进汽量,故高旁阀应关小,将更多蒸汽从旁路倒向高缸,满足汽机增大进汽的需求,并维持高缸前主汽压不变。

第三是从滑压负荷点至额定压力负荷点过程中的"滑压控制"方式。滑压控制是通过程序自动设定旁路控制系统中的主汽压和再热汽压定值与汽轮机所需蒸汽量之间的变化关系,自动产生随汽轮机负荷而变化的高、低旁压力给定值,并使其值始终大于主汽压和再热汽压的实测值。这是一种变参数的压力反馈闭环控制方式,在正常的滑压升负荷过程中可使旁路保持关闭跟踪状态,只有出现主汽压或再热汽压实测值异常增大时,旁路才会为满足泄压而开启。

(10)**汽轮机冲转升速**

暖炉结束,锅炉蒸汽参数满足冲转条件后,汽轮机开始冲转。此时,主蒸汽温度为345 ℃、压力为6 MPa、主蒸汽流量约为140 t/h；再热蒸汽温度为320 ℃、压力为1.0 MPa，蒸汽品质合格。冲转前应投入水位保护。汽轮机冲转过程中要选定安全转速作定速暖机。此阶段锅炉参数很易满足汽轮机的要求，汽轮机的冲转与锅炉主蒸汽压力温度增加相关不大。

（11）**并网**

汽轮机冲转结束后并网发电，机组带初始负荷暖机，维持汽温、汽压稳定。升负荷过程应根据汽轮机要求的升负荷率升至目标负荷。

（12）**升负荷至正常运行**

并网后应增加燃烧，保持主蒸汽压力继续以0.1 MPa/min升压率缓慢增加。继续控制在主蒸汽升温率大约1.4 ℃/min，直至主蒸汽温度达到额定值541 ℃；继续控制再热蒸汽升温率大约1.5 ℃/min，直至再热蒸汽温度达到额定值541 ℃。

制粉系统投运前应满足：汽包压力达5 MPa，热风温度达150 ℃，油燃烧器工作正常，炉膛压力控制系统正常，锅炉负荷、汽包水位以及蒸汽参数稳定。

投粉后蒸汽温度上升较快，要注意控制饱和温度升速率。当需要减温时，首先投入一级减温器。一级减温器的喷水量是有限制条件的，它的限制条件是：要使屏的入口温度与饱和温度之间保持一定的温差 Δt，以防蒸汽带水进入管屏，即推荐温差为28 ℃，报警温差为14 ℃。一级减温器是用来控制屏入口汽温不低于整定点（饱和温度加上推荐温差），二级减温器是用来控制过热蒸汽最终温度。

升负荷的操作：启动一次风机，调节一次风机进口挡板，使一次风压逐渐升高，并投入进口挡板自动调节。确认磨煤机组启动条件满足，按相应的辅机运行规程启动磨煤机组。投粉后，应检查煤粉燃烧着火良好，炉膛压力正常，并将磨煤机负荷、给煤机转速投自动，适当减小油量。开启过热器、再热器减温水总门，准备及时控制过热器、再热器金属壁温不超温。当负荷至25%时，给水切换为三冲量自动，暂停升负荷，开大连排调节门进行洗硅，直至汽水品质合格。负荷大于50%，可投入锅炉所有的连锁和报警保护。当第一台给煤机转速达70%时，可启动第二套制粉系统。机组负荷达到40% BMCR时，开大连排进行洗硅，整个升负荷过程中都必须保持炉水含硅量合格，否则停止升负荷。根据汽温情况投入主、再热喷水减温系统。当负荷达60% THA后，主、再热汽温达541 ℃，投入汽温自动调节（过热器减温水投自动，烟气调节挡板投自动）并确认正常。负荷稳定在70% BMCR后，对锅炉进行全面吹灰一次，以后在锅炉正常运行情况下，根据炉内积灰情况，进行吹灰。建议吹灰系统每八小时运行一次。燃烧器投煤着火稳定后，再逐步关小或停止部分油枪。当燃烧稳定，燃料安全系统联锁允许，可撤除全部油枪。随着负荷的增加，继续启动其他制粉系统，逐步投入燃烧自动、锅炉主控、协调控制系统。负机组荷达600 MW额定工况时，应对锅炉设备及联锁、保护投入情况进行全面检查。

4.3.3 循环流化床锅炉机组的冷态启动程序案例

近年来国内有不少300 MW循环流化床锅炉机组相继投运。掌握大型循环流化床锅炉机组的启动调控规律及操作技能，已成为各电厂培养集控人才的当务之急。以下结合某300 MW机组工程实例，介绍循环流化床锅炉从点火前的吹扫准备开始的启动操作流程。

图4.9给出了某300 MW循环流化床锅炉冷态启动过程曲线。

（1）**锅炉点火前的吹扫准备**

①顺控启动“J”阀风机—引风机—二次风机—一次风机—播煤风机，炉膛负压系统投自

动,炉膛出口给定值为 -50 Pa。

②启动两台高压流化风机,调整风压在50 kPa之间。高压流化风机投备用的方法:将风机投"备用"控制方式,则风机出口阀关,关闭流化风机对空排气门,置流化风机进出口调节门为最小开度。

③二次风机启动后,总二次风量控制在最小流量,所有控制挡板投自动,使二次风箱风压为12.5 kPa(调节风机入口挡板),同时调整各分二次风挡板,确保各喷口的最低风量,以避免一次风机启动时,床料反窜到二次风道及燃烧器中。

控制上层二次风口的风量为 $18 \times 1\ 500 = 27\ 000\ \mathrm{Nm^3/h}$;下层二次风口的风量为 $14 \times 1\ 500 = 21\ 000\ \mathrm{Nm^3/h}$;启动一次风机,一次风流量调至最小流化值 172 661 $\mathrm{Nm^3/h}$ 以上;调整总风量在25%~40%。

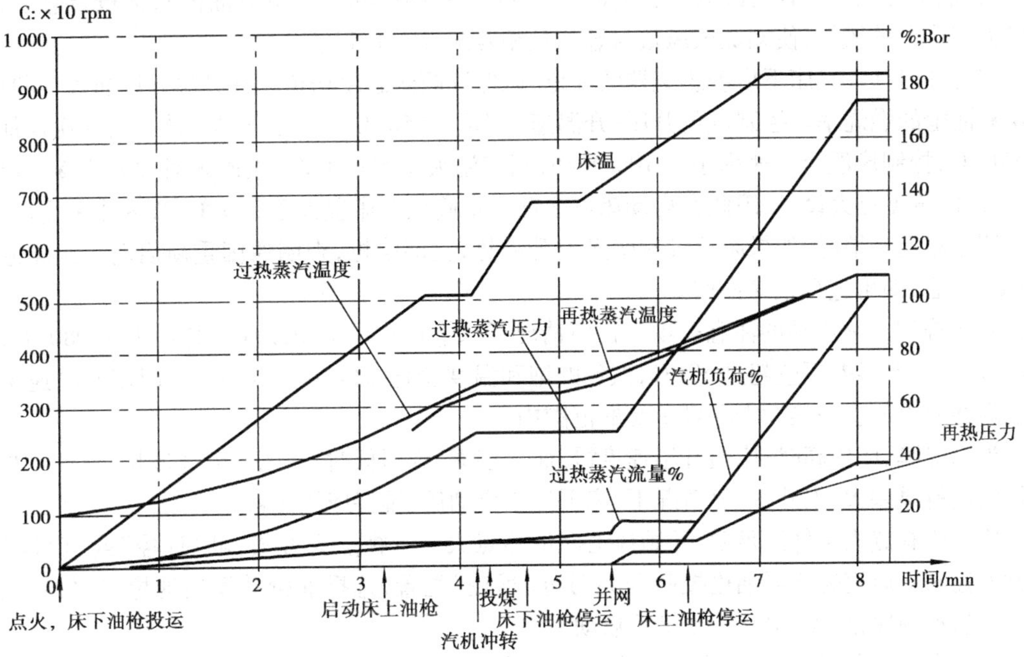

图4.9 300 MW循环流化床锅炉冷态启动过程曲线

(2)**锅炉点火前吹扫**

在锅炉每次冷态启动前及切断主燃料后(床温低于650 ℃且无任何启动燃烧器在运行时)的启动前,必须对炉膛、旋风分离器及尾部受热面区域进行吹扫。

吹扫程序:将一次风量调整为最低流化风量 172 661 $\mathrm{Nm^3/h}$,再调整去前后墙的上层二次风量为 $2 \times 27\ 000\ \mathrm{Nm^3/h}$,下层二次风量为 $2 \times 24\ 000\ \mathrm{Nm^3/h}$。

当吹扫条件都满足后,可按下"启动吹扫按钮",发置吹扫位指令,吹扫条件满足后开始5 min的吹扫计时。在这期间内若任一吹扫条件不满足,则认为吹扫中断,计时清零。否则,5 min之后吹扫完成,允许复位MFT。

(3)**锅炉点火**

1)点火前的相关操作。汽机侧启动真空泵抽真空,投入汽轮机轴封系统。设主蒸汽压力小于0.4 MPa时,高旁阀处于5%的最小开度状态。确认过热器、再热器所有疏水门开启。确认各风道燃烧器油枪进油手动门开启，打开燃油进油速断阀，将燃油回油阀投自动，保持炉前燃油压力不低于2.5 MPa。

2）启动燃烧器投运。锅炉启动需首先投用床下、床上启动燃烧器，加热床料至投煤温度。投煤后逐渐增加风量和燃料量。在点火升温过程中，需控制包括床下启动燃烧器在内的所有烟气侧温度测点的温度变化率小于100 ℃/h，汽包的饱和温度变化率限制在56 ℃/h，汽包上下壁温差小于40 ℃。控制锅炉床温上升率在0.5～1.5 ℃/min，最大不超过3 ℃/min；控制点火烟道壁温在1 500 ℃以下，床下燃烧器出口烟气温度控制在980 ℃以下，风室温度在870 ℃以下。

启动燃烧器点火：首次启动床下燃烧器，调整点火枪与油枪相对位置，确保点火成功。启动时，一次风量不得低于临界流化风量，油枪以最低的燃烧率投入。若点火时通过稳燃器的风量过大，油不易点燃，所以控制瞬时燃烧风：4 000～5 000 Nm^3/h（单只油枪），油枪点燃后，迅速增大燃烧风的风量，使燃烧风风量与燃油量相匹配（$\alpha=1.1$）。

应对称启动2只床下启动燃烧器的油枪，以保证两侧温度均衡。按升温升压曲线，同时提高4只油枪的燃烧率。控制汽包升压，升温速度不超过50 ℃/h。床下燃烧器可将一次风加热至870 ℃，控制床温上升速率小于100 ℃/h，当床温大于500 ℃时，按两侧对称方式逐一启动床枪，因床枪无点火设备，因此在启动床枪之前一定确认下床温大于500 ℃，投入床枪之后，密切观测床温上升情况，如果床温没有明显上升趋势，立即停枪，查明原因重新启动。当床温达到610 ℃后，即可进行投煤操作。

3）燃烧器点火启动的注意事项。任何情况下床下点火风道温度应保持不大于980 ℃，保证汽包上、下壁温差不应超过50 ℃，汽包的饱和温度变化率限制在56 ℃/h，限制升温速率是保证耐磨耐火材料的热冲击在可承受的范围内。

当床层厚、床压高时，床温升温速度慢；而床层薄、床压低时，床温升温速度快，且炉膛与回料阀的返料温差大；因此，一般情况下，床下油枪启动后，维持床压7 kPa。

确认所有点火条件满足后，开始风道燃烧器点火。选择点火方式，可“远控”或“就地”确认就地控制箱风道燃烧器油枪控制开关切至“远控”位置，选择油枪并发出油枪点火指令后，油枪的启动顺序是“A1，B1”“A2，B2”启动。

就地点火控制，将风道燃烧器油枪控制开关切至“就地”位置，在就地操作盘上进行油枪的投运。操作步骤是：进油枪→进点火枪→点火枪打火15 s（打火15 s后停止打火，退点火枪）→开油阀→火焰建立→油燃烧器工作。

锅炉点火后应就地查看着火情况，确认油枪雾化良好，配风合适，风道燃烧器壁温不超过1 500 ℃，如发现某只油枪无火，应立即关闭快关阀，对其进行吹扫后，重新点火。锅炉启动燃烧器油枪两次点火失败，锅炉MFT，必须重新吹扫炉膛方可再次点火。

确认点火成功后，保持风道燃烧器出口烟温不高于980 ℃。维持汽包正常水位，根据炉水的品质，按要求进行锅炉排污。

（4）**锅炉升温升压**

锅炉点火后，当汽包压力达到0.069～0.103 MPa时，关闭空气门后投入高、低压旁路系统。低旁开启时先开三级减温水电动隔离门，注意真空应高于－60 kPa，低旁减温水投入自动（定值150 ℃）。

锅炉点火后，首先控制燃油出力4～6 t/h，进行暖炉，30 min后，再根据升温情况增加燃油出力。点火后，严格控制风道燃烧器出口烟温低于980 ℃。通过控制燃油压力和投入的油枪数量来控制升温升压速度，保证以不大于2.5 ℃/min、0.03 MPa/min的升温、升压率进行升温升压。

随着炉膛温度上升，蒸汽侧压力逐渐上升，当过热器、再热器有蒸汽流过后，应对主汽管道进行暖管，此时高旁维持一恒定开度，同时控制低旁维持一定开度。监视汽包水位，尽可能将汽包水位调节系统投入自动。因为此时烟气温度较低，当蒸汽通过各受热面时，部分蒸汽将被冷凝，因此必须开启过热器和再热器的疏水。

升压过程中应随时注意汽包水位的变化，维持水位在±50 mm之间。当汽包压力上升至0.069~0.103 MPa时，关闭所有过热器、再热器空气门。当汽包压力上升至0.5 MPa时，关闭顶棚管入口联箱疏水电动门，通知检修热紧螺丝，记录膨胀指示一次。当汽包压力上升至1.5 MPa时，关闭锅炉侧所有过热器疏水门，记录膨胀指示一次。高温过热器出口和屏式再热器出口集箱及以后管道输水阀须在进入汽机蒸汽量达到其额定气量10%时关闭。

当汽压达到4.2 MPa时，高旁控制由手动方式切至压力控制方式，汽压控制在4.2 MPa不变，靠提高燃烧率以增大蒸汽量。控制低旁压力，再热蒸气压力在0.5 MPa以下。启动两台给煤机(A,B侧炉堂各一台)；将其出力调至炉膛额定燃料的15%，脉动给煤，即给煤90 s，停90 s，值班员应到就地观察当皮带上煤到出口时及时汇报主值班员(脉动计时以煤入炉时间开始计算)，观察床温开始降低，随后升高；烟气含氧量一开始不变，随后降低。如此脉冲给煤三次，并获得以上结果，则根据具体情况，以适当给煤量投入该条给煤线运行及确认脉冲给煤时间。上述方式投入另外的给煤线运行。

当主汽压力上升至4.2 MPa，温度上升至320 ℃，再热器温度上升至280 ℃时，锅炉按汽机要求控制参数，汽机准备冲转、升速、并网带初负荷。

本机组汽轮机的冲转启动方式有两种。一是高压缸启动控制方式，二是高中压缸联合启动控制方式。两种方式对高、低压旁路的使用规定不同。

选用高压缸启动方式时，停用旁路系统。先关闭高压旁路门，确认再热蒸汽压力到零后，关闭低压旁路门，检查高、低旁减温水及三级减温水阀应关闭。尽快进行冲车。

选用高中压缸联合启动方式时，调整旁路系统：先关小高压旁路门，开大低压旁路门，保持主蒸气压力4.2 MPa，打开高压缸排汽通风阀及其减温器喷水阀，控制再热蒸汽压力小于或等于0.2 MPa，或投高、低压旁路自动设定压力。在高压缸排汽通风阀未开之前，再热汽压力控制小于或等于0.1 MPa。高压缸进汽量与中压缸进汽量按1∶3的比例进行控制。

采用高中压缸联合启动方式时，升速过程中或机组定速后，若出现高压缸闷缸现象，经处理无效(开大低压旁路门，降低再热蒸汽压力)，高压缸排汽温度仍高达427 ℃时，应手动停机。

(5)汽机冲转后的燃烧控制

汽机冲转过程中，锅炉通过调整燃烧的方法，来维持主汽温度在320 ℃以上，调整燃烧使再热汽温维持在280 ℃以上，它的最低值必须比饱和温度高50 ℃。

并网后，逐渐增加给煤量，维持床温上升达到760 ℃，并根据床温情况逐步停止床上油枪。在增加给煤量的同时，氧量会减小，当床温升至790 ℃时，逐渐增加燃烧风量，并调整二次风量使总风量合适；同时应缓慢减小油燃烧器燃烧功率，降低风道燃烧器温度至540 ℃。加大燃烧强度，调整风煤配比，继续减小油枪出力，床温达830 ℃时切除床下风道燃烧器。为了自动升负荷,所有风量控制回路均应备好:即将一次风流量投入自动,并将二次风控制也投自动。

炉膛底部的排渣阀投入自动控制。在最低流量下启动一条石灰石线。以先加风,后加煤的原则控制床温在910 ℃左右提升负荷。投入 SO_2 控制,石灰石给料机投"自动"。通过冷渣器的运行或添加床料的手段,维持床压在7 kPa。监视床温、主汽温度、主汽压力、再热汽温和再热蒸汽压力。

初负荷暖机阶段投入以下自控项目:炉膛负压、送风量控制;高压流化风压力控制;辅助风挡板控制;空预器冷端温度控制;投入机、电、炉大联锁。

当负荷达到30 MW时检查主汽压力炉侧5.4~5.6 MPa(机侧5.0 MPa),主蒸汽温度在355 ℃,再热蒸汽温度在330 ℃,且有56 ℃以上的过热度。

负荷105 MW时,机侧压力9.5 MPa,主汽温度应达到475 ℃,再热蒸汽温度应达到440 ℃。由105 MW负荷升至300 MW负荷时,在协调主画面设定目标负荷150 MW,升压率为0.10 MPa/min,升负荷率为1.5 MW/min,按下"进行"键;当主蒸汽压力达到9.8 MPa后,按表4.3各压力下的要求进行洗硅。

表4.3 各洗硅阶段的定压要求

压力/MPa	9.8	11.8	14.7	16.7	17.7
SiO_2 含量/($mg \cdot L^{-1}$)	3.3	1.28	0.5	0.3	0.2

升负荷过程中应按表4.4满足各负荷段对主蒸汽、再热蒸汽参数的要求。

表4.4 各负荷段对主、再热蒸汽参数的要求

负荷/MW	主蒸汽压力/MPa	主蒸汽温度/℃	再热蒸汽温度/℃
30	5.0	330	300
60	6.8	380	350
105	9.5	450	420
150	11.8	530	500
240	16.7	538	538

4.3.4 锅炉热态启动的特点

(1)温态、热态启动特点

锅炉温态、热态启动,关键是控制主蒸汽、再热蒸汽温度与汽轮机高压缸、中压缸内缸金属温度相匹配,其基本操作过程类似于锅炉冷态启动,应按相应的启动曲线进行,汽机升速、升负荷速度较冷态启动时稍快,在达到相应工况点前,应尽量减少不必要的停留。

温态、热态启动的特点是锅炉内存有锅水,只需少量进水调整水位;蒸汽管道与锅炉内都有余压与余温,升温、升压与暖管等工作在现有的压力温度水平上进行;锅水、蒸汽品质一般都合格,不必进行洗硅过程;冲转汽轮机的蒸汽参数要适应汽轮机的金属温度。其他方面与冷态启动基本相同。

温态、热态启动的注意事项:为满足汽轮机冲转参数要求,通常在汽轮机冲转以前就投入

制粉系统运行。温态、热态启动时严格参照锅炉启动曲线,锅炉点火前,在各项准备工作完成以后,再启动引风机、送风机进行炉膛吹扫,尽可能地减少引风机、送风机启动后对炉膛不必要的冷却。热态启动时,应严格控制各受热面管壁温度,防止超温。

(2)锅炉热态启动的特殊规定

热态启动前检查和准备与冷态启动基本相同,启炉过程参照锅炉热态启动曲线进行。除此之外热态启动还有以下一些不同于冷态的操作。

1)锅炉点火前相关排放阀及挡板的阀位状态

汽包放气阀:若汽包压力小于 0.18 MPa,汽包放气阀应开启;若锅炉点火前,汽包压力大于 0.18 MPa,则汽包放气阀保持在关闭状态。

锅炉点火前顶棚过热器进口集箱疏水阀和过热器对流传热区集箱疏水阀:若汽包压力小于 0.18 MPa,上述疏水阀应在锅炉点火前开启,待汽包压力大于 0.18MPa 后连同汽包放气阀同时关闭;若锅炉点火前汽包压力大于 0.18 MPa,则在锅炉点火前开启 1 min 后关闭。

锅炉蒸汽系统所有疏水阀在锅炉闷炉保温期间应保持关闭,锅炉点火前开启;在过热器管屏内积水蒸干后关闭。锅炉点火后,全开过热器和再热器疏水阀,汽轮机冲转后关闭。

锅炉吹扫时,核查再热器侧与过热器侧烟气挡板均已打开,吹扫后过热器侧全开,再热器侧全关。

2)锅炉点火后的其他操作

锅炉点火后,在保证汽包壁温和热应力的情况下,应尽快投入全部油枪使锅炉蒸汽参数尽快地达到汽轮机冲转条件。升温、升压应按热态启动曲线进行,一般推荐注意汽包上、下壁温差小于 50 ℃。为配合升负荷工作,应事先做好磨煤机的准备工作。对于内部有存煤的磨煤机,应尽早进行惰性处理和水清洗,减少启动过程中的耽搁,缩短机组启动时间。

汽轮机冲转前,锅炉燃烧率维持在 25% BMCR,主蒸汽、再热蒸汽温度根据汽轮机高压缸、中压缸内缸金属温度查曲线后确定。汽轮机暖机、冲转及定速稳定期间,应尽量保持各参数稳定。

并网前,烟温探针处烟温小于 538 ℃,并网后视情况退出烟温探针。并网后,应根据升负荷速度及时投入制粉系统;并根据升温速度投入减温水,防止受热面管壁超温。

热态启动中,根据化学要求,调整连续排污,控制全部炉水、蒸汽品质合格。通过高低压旁路系统建立蒸汽流后,改变高压旁路阀后蒸汽温度,可以调节再热蒸汽进口温度。

(3)锅炉极热态启动的特殊规定

对机组状态进行以下全面检查:①调节电动给水泵转速,维持汽包水位稳定。②若高低压旁路系统快开动作,当主机压力降至额定汽压时,手动关小高低压旁路阀(低压旁路阀控制切至手动,保持在最小开度位置或关闭),控制再热蒸汽压力,短时维持再热蒸汽压力,并迅速投入备用的辅助蒸汽源。③如果引风机、送风机在运行状态,控制炉膛压力在下降范围内。保持锅炉跳闸前的风量,对炉膛吹扫 5 ~ 10 min,再将锅炉总风量减至最小,维持引风机、送风机运行。如两组引风机、送风机都跳闸,应全开烟风系统的挡板,炉膛进行自然通风。在锅炉点火前各项准备工作完成以后,再进行炉膛吹扫。

对跳闸后的磨煤机尽早进行惰性处理和水清洗。

锅炉点火前有关疏水、放气阀的状态参见锅炉温态、热态注意事项。

待机组缺陷消除以后,马上进行炉膛吹扫,吹扫结束即开始锅炉点火。

在汽轮机冲转以前,投入一组或两组制粉系统运行,控制主蒸汽压力、再热蒸汽压力,主蒸汽、再热蒸汽温度根据汽轮机高压缸、中压缸内缸金属温度确定。

在汽轮机冲转前,自过热器集箱中疏出的应为清洁的凝结水,到这时再把疏水阀关紧。在每次锅炉启动时,甚至是机组仅仅停用了几分钟都应该采用这样的程序,因为只要是一熄火,凝结水就有可能在过热器内形成。

4.4 汽轮机组的启动

汽轮机组的启动包括汽轮机主机的冲转启动和汽轮机辅机的配合启动两个部分。汽轮机主机的冲转启动过程是将汽轮机由静止或盘车状态加速至额定转速,并将负荷逐步增加到额定值的非稳态加热过程。汽轮机冷态启动初期,转子和汽缸的温度等于室温。而在正常稳定运行时,转子和汽缸的温度很高,如亚临界参数的大型凝汽式汽轮机,在额定负荷状态下稳定运行时,调节级处的金属温度约为510 ℃。这就是说在整个启动过程中,调节级处的金属温度要升高约485 ℃。

汽轮机启动时,由于各金属部件均受到剧烈的加热,使得启动速度受到了以下一些因素的制约:汽轮机零部件的热应力和热疲劳,转子与汽缸之间的胀差,各主要部件的热变形以及机组的振动等。启动过程应寻求合理的方式,使启动过程中机组部件的热应力、热变形、转子与汽缸之间的胀差以及振动值等均维持在允许范围内或尽可能低的水平,在保证安全经济的条件下,尽快把机组的金属温度均匀地提高到工作温度,使之进入正常的稳定运行状态。

汽缸和转子的热应力、热变形、转子与汽缸的胀差均与蒸汽的温升率有关。在启动过程中,合理的控制蒸汽的温升率,就能使金属部件的热应力、热变形、胀差等维持在允许的范围之内。

汽轮机的启停应以转子的寿命分配方案所确定的每次启动的寿命损耗率、寿命管理曲线作为依据,确定部件允许的最大热应力,然后确定部件允许的温升率。但是根据转子寿命所确定的温升率只能满足热应力的要求,不一定能满足热变形和胀差的要求。因此,机组的启停速度要综合考虑各方面的因素,通过试验确定最佳的温升率。

在一般情况下,大型汽轮机启动时主蒸汽的温升率不应大于2 ℃/min。在换热系数较小的情况下可以加快到3~4 ℃/min,对于一些采用无中心孔转子的机组,由于转子没有内表面,转子应力降低,温升率即使选得稍大一些,也不会增加转子的寿命损耗,如华能路璜电厂的360 MW汽轮机转子就是采用的无中心孔转子。

除了温升率之外,影响汽轮机热应力、热变形和胀差的因素还很多。例如,汽缸、转子结构不合理,滑销系统有缺陷、管道阻碍汽缸的膨胀以及汽缸保温不良等,因此,在启动过程中除了主要监控蒸汽的温升率外,还应当监视汽缸内外壁温差、法兰内壁外温差、上下缸温差、汽缸的绝对膨胀、转子与汽缸的胀差、轴及轴承振动等。上述监控指标,只要有一个超过允许值,都可能会引起设备的损坏。

为了使汽轮机汽缸变形和胀差不成为制约启动过程的关卡,大型汽轮机从结构上均采取了一系列改进措施,例如:在保证通流部效率不降低的前提下增大通流部轴向和径向间隙;采用轴承座不动,汽缸猫爪在轴承座顶面上支承滑动,高、中压缸膨胀时互相推拉的措施简化滑销系统等;减小汽缸法兰厚度或采用圆筒形汽缸等。

在汽轮机启过程中,锅炉蒸汽参数以及旁路系统参数的控制应密切配合汽轮机启动的要求,使汽轮机进汽参数呈线性变化,以保证满足汽轮机寿命损耗所要求的温升率。与汽轮机主机启动相关的辅助设备、系统的投运和调整应及时可靠地与汽轮机主机密切配合。

4.4.1　汽轮机冲转前的准备和检查

在启动前做好一切准备和检查工作,是安全启动、缩短启动时间的必要条件。经验证明,启动前准备不周和设备系统检查不够时会使启动时间延长,甚至会导致设备损坏的严重事故。启动准备工作包括启动方案的制订,启动操作程序的确认,运行操作人员的分工,与锅炉、电气、热工的联系配合,对启动中所需要的测试仪表等工具的准备等。

启动前的检查工作包括以下内容:

①汽轮机本体及辅助设备的检查。启动前应对设备进行检查,对在停运中因消除缺陷和设备改动过的地方尤其应仔细检查,应保证设备完好无缺,并应弄清改进设备的性能。在进行本体状况检查时,应注意汽缸热膨胀、相对胀差、轴向位移和汽缸各点金属温度。

②控制和测量仪表的检查。汽轮机启动前应检查主蒸汽和再热蒸汽参数、转子弯曲度、转子轴向位移、汽缸膨胀、胀差以及汽缸金属温度等主要仪表必须完备、准确,检查除低真空保护以外的所有保护项目应在投入状态,检查 DCS 监控盘面上一切监控信息均处于正常的初始状态。

③汽水系统各阀门位置的检查。应逐步按蒸汽、凝结水、给水、真空、循环水等系统进行检查,系统中的阀门、设备应完好。电动门配电盘带电,并进行电动阀门操作试验正常。汽水系统各阀门位置应符合规程规定的启动要求。特别应注意汽轮机本体有关管道及疏水管道上的阀门位置,启动时影响真空的阀门以及汽水可能倒流的阀门均应关闭。

4.4.2　投入汽轮发电机组辅助设备及系统

①发电机氢气、密封油及内冷水系统投入。大型汽轮发电机组中的发电机氢气、密封油及内冷水系统均属单元机组的热力系统范畴,系统中介质的压力、温度、流量、液位等参数均有相同的投用及调控规律。

启动密封油系统,发电机充氢:氢冷发电机一般在检修或较长时间的停机后需进行发电机充氢的工作。大机组充氢一般采用中间介质置换方法,通常用 CO_2 气体作为中间介质,以避免氢气与空气直接混合形成可爆气体的可能性。首先启动密封油系统,进行氢密封油自动系统和发电机严密性试验,然后向发电机内充入纯度为85%以上的 CO_2,再用氢气将 CO_2 换出,直至氢气纯度达96%以上,充氢工作结束。按规程启动内冷水系统。

②启动润滑油、顶轴油系统、投入盘车、测量转子弯曲度。检查油箱油位符合要求,油位计灵活,并与控制室指示一致,在启动油泵前,油箱底部彻底放水一次,排出沉淀物。检查排油烟机具备启动条件后,启动排油烟机。检查润滑油泵具备启动条件后,启动交流润滑油泵,进行油循环。检查润滑油压及各轴承回油油流情况,并确认润滑油系统和调节系统无漏油。

试验润滑油泵低油压自启动装置,试验方法视不同系统而异。如用低油压继电器压力油管泄油的方法时,首先关闭油压继电来油门,停止交流润滑油泵运行,缓慢打开油压继电器放油门,当油压降至低二值时,直流润滑油泵应启动。试验正常后,保持交流润滑油泵运行。

为了保证在轴瓦中能建立正常的油膜以及维持轴承工作稳定，汽轮机启动时，油温不能过低。一般盘车时应不低于25～30 ℃，中速时应达到35～45 ℃。当油温过低时，应通过暖油装置或事先开启油泵，进行油循环，来提升油温。

对具有顶轴油泵的汽轮机应启动顶轴油泵，确认各轴承处轴已顶起且顶起油压正常。

油循环合格、顶起油压正常，即可投入盘车。投盘车是汽轮机启动操作的危险点之一，要注意避免发生设备事故。投入后应检查汽轮机内部及各转动装置有无摩擦和异音。对双水内冷发电机，在投入盘车前必须先投入水冷系统，防止转子进水密封件损坏。

投入盘车后即可用晃度表测量转子弯曲度，以判别转子弯曲情况。

③投入控制液系统。现代大型汽轮机采用电液调节，汽轮机的控制油和安全保护系统用油均采用高压抗燃液，既避免了油系统着火事故的发生，又大大提高了调节控制及保护控制动作的快速性。

控制液系统与润滑油系统是完全独立的两个系统，控制液系统的控制液压力比较高，如法国阿尔斯通360 MW机组为12 MPa。在控制液系统投入之前，控制液应保证具备合格的黏度、纯度和稳定性，否则应进行温度调节，过滤再生处理，控制液箱液位应正常，控制液系统的各阀门阀位应处于规程规定的位置。

控制液的温度如果低于35 ℃，应采用电加热或控制液泵再循环加热。当控制液参数合格后可启动一台控制液泵，并启动控制液功能指令。

对控制液系统的控制液泵联锁保护功能、控制液压力异常保护功能、控制液温度异常保护功能、控制液箱液位异常保护功能等应进行试验，保证其正确可靠。

④DEH及ETS装置静态检查试验。润滑油和控制液系统投运正常后，即可通过DEH及ETS系统的相关操作界面对各主汽阀、调节阀及抽汽逆止阀的液压执行机构做调节及保护动作试验。

用DEH的阀门试验功能开启和关闭自动主汽门和调节汽门，应动作灵活，并能按规定顺序动作，然后保持自动主汽门和调节汽门在开启位置。手动危急保安器，主汽门、调节汽门以及各段抽汽逆止门应迅速关闭，且关闭严密。

用ETS中的手动和电动跳闸装置做保护跳闸试验。如手动危急保安器、轴向位移保护、低润滑油压保护、低抗燃液压保护、超速保护、胀差保护、低真空保护以及其他一些特殊保护。保护动作信号均应自动快关汽轮机自动主汽门、调节汽门和抽汽逆止门。OPC电超速防护动作后，仅关闭调节汽门，经一定的延时后，再开启调节汽门。试验正常后，关闭主汽门、调节汽门，等待机组启动。

⑤投入循环水系统。首先检查循环水泵的联动装置和信号设备，对岸边泵房还应检查回转滤网等设备。循环水泵的启动应根据水泵的不同型式，制定不同的操作方法，如轴流泵应在出口阀开启的情况下启动，离心泵应该在出口阀关闭的情况下启动等，防止启动时，负荷过大而损坏设备。循环水泵启动后，检查系统无泄漏，将系统各段分别排空投入。岸边泵房离厂区较远时，启动循环水泵前要先灌水排空，防止大流速的空气经过凝汽器铜管时，产生振动而损坏设备。

大型混流式循环水泵与其出口的液控碟阀是循环水系统中的关键设备，一般采用PLC可编程控制器进行泵、阀联控。液控碟阀具有截止和逆止的一阀两用功能，采用液压驱动，其开度可作快、慢调节，以消除管道水锤的危害。集控人员应掌握其泵、阀联动规律。

⑥投运凝结水系统和发电机冷却系统。凝汽器汽侧充水，检查试验凝结水泵、凝结水升压水泵运转以及联动正常后，保持一台凝结水泵运行，进行凝结水系统冲洗，水质合格后，向除氧器上水，并调整凝结水再循环水量，以保证凝结水泵和轴封加热器的冷却水流量，凝结水泵启动后，可向真空阀及其他用水设备供水。对水内冷以及双水内冷的发电机，应向其冷却水系统灌水，并进行系统冲洗，水质合格后，启动水冷泵试验正常，保持一台泵向发电机供水。

对凝汽器水位测量及调控系统、再循环调控系统做相关检查试验，确保正常投用。

⑦投入除氧器、启动给水泵、锅炉上水。现代机组所用除氧器有分体和一体化两种，结构上又分为喷雾填料分体式、旋膜填料分体式和碟形喷盘一体式，启动投入方式各有不同。除氧器的投入要注意防止热应力过大和除氧器振动。除氧器水位正常后，开启辅助汽源至除氧器供汽门，投入除氧器加热，并先按定压方式运行。

300 MW 及以上大机组均配备电动和汽动给水泵组，启动过程的给水调控规律如图4.10所示。一般先投用电动给水泵组，待主机启动达一定负荷后再投汽动给水泵组，停用电动给水泵组。并泵时要注意并列运行的稳定性。每套给水泵组的辅助系统较多，调控规律繁杂，应作认真的检查试验后按操作规程投入或程控方式投入。给水泵组的投入潜在较多的运行危险点，要给以充分关注。

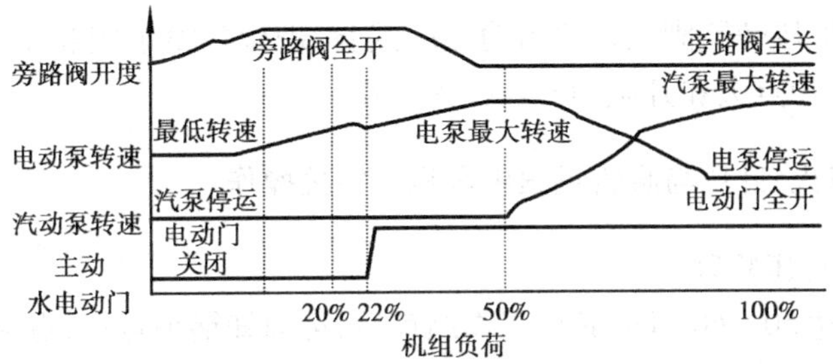

控制方式	单冲量			三冲量			
运行方式	旁路阀		电泵	电动给水泵	电/汽泵并列运行		两台汽泵运行
旁路阀	手动	自动	全开	旁路阀手动关闭	旁路阀全关		
电动给水泵	手动		自动	自动	自动-手动-停运		电泵停运
汽动给水泵	停运-手动				手动	自动	自动
电泵状态	最低转速		电泵运行				电泵停运
汽泵状态	汽泵停运				汽泵运行		
旁路阀状态	未全开		全开	主给水电动门全开、旁路阀关闭			

图 4.10　某 300 MW 机组启动过程给水调控规律

锅炉的上水方式有电动给水泵上水、凝结水泵上水等多种方式，应根据不同机组的规定选用。如用电动给水泵上水，开启再循环门，启动给水泵，检查各部运转正常，开启出口门向锅炉上水。有的给水泵在冷态投用前先要进行预暖，以保证热应力及热变形不大，防止因给水泵动、静体热弯曲而抱芯（转子与泵壳间卡住）。汽动给水泵组启动时的小汽机盘车过程中，也易产生给水泵抱芯，特别是盘车转速低的汽动泵。

⑧启动抽真空系统。现代汽轮机的真空系统均采用性能优良的水环式真空泵组来建立和维持凝汽器真空。在泵组启动时，真空泵内形成水环，并把真空泵泵组系统内的气体排出。泵入口有一只气动蝶阀，当气动蝶阀的前后压差小于定值（如某机组为 3 kPa）时，气动蝶阀开启，凝汽器真空系统的气体经气动蝶阀抽入真空泵。这样就避免了因启动真空泵而引起大量

空气经真空泵倒灌进入正在工作的凝汽器真空系统，确保凝汽设备及系统的正常工作。

机组一般配置2×100%容量的真空泵组，一台处于"手动操作"运行状态，另一台备用并处于"自动操作"运行状态。当真空泵的吸入压力低于预定压力(如4 kPa)时，处于"自动操作"运动状态的备用泵泵组自动停泵，并关闭气动蝶阀。处于"手动操作"运行状态的真空泵继续运行。当真空泵的吸入压力高于预定压力(如6 kPa)时，备用真空泵立即投入。从而使真空泵泵组始终保持在预先设定的吸入压力范围内运行。

汽轮机转子冲转前必须建立适当的冲转真空，不同的机组有不同的规定值。冲转真空一般为60~70 kPa。这主要是考虑真空过低，冲转时可能引起排汽缸大气安全门动作；真空若过高，一方面延长了建立真空的时间；另一方面，真空过高使得汽轮机进汽量减小，对暖机不利，同时使转速也不易控制。

⑨旁路系统试验并投入。在机组启动过程中旁路系统起到配合机、炉调控汽轮机所需的主蒸汽及再热蒸汽参数(压力、温度及高中缸通流量)的作用。必须保证旁路系统动作的灵活、可靠。首先检查其操作机构动作正确，对气动旁路应检查压缩空气系统运行正常，对电动旁路应检查电气系统正常，对液动旁路应检查其供油系统运转正常，然后进行以下旁路系统功能试验：远方操作旁路阀、喷水阀应动作平稳、灵活，进行高、低压旁路系统快速开启功能试验，进行凝汽器故障时低压旁路阀快速关闭功能的试验，进行各喷水阀联动调整试验。一切试验正常后，即可配合锅炉点火和升温、升压，投入旁路。

4.4.3 锅炉点火、升压与暖管过程中汽机的相关操作

(1)锅炉点火、升压阶段

①凝汽器真空达50~60 kPa，其他工作结束后，可通知锅炉点火，点火后蒸汽通过一、二级旁路排入凝汽器，根据主蒸汽、再热蒸汽参数的需要，调整一、二级旁路的开度。

②投入凝汽器喷水装置，进行轴封和汽缸夹层、法兰、螺栓加热装置供汽管暖管。

③根据启动状态的不同要求，锅炉进行升温升压。

(2)暖管及疏水阶段

暖管及疏水是汽轮机启动前很重要的一项操作。暖管的目的在于均匀加热低温管道，逐渐将管道金属温度提升到接近于启动时蒸汽的温度，防止管道产生过大的热应力。此外，暖管过程中还要及时排出管内的凝结水，以免蒸汽带水进入汽轮机发生水冲击。暖管操作具体步骤如下：

①锅炉点火前，开启主蒸汽和再热蒸汽管道上的所有疏水门。但当凝汽器未建立真空时，应适当节流这些疏水门。

②锅炉主蒸汽压力升至0.3~0.5 MPa时，开启电动主汽门旁路门开始暖管。对于不设电动主汽门的机组，锅炉点火后就直接进行暖管。

③随着锅炉压力，温度逐渐升高，主蒸汽管道温度也逐渐升高，直至达到冲转参数。

④再热蒸汽管道的暖管通过高压旁路和低压旁路配合升温，升压来完成。

⑤额定参数启动的机组，暖管是在达到冲转参数时进行，这时应断续开启电动主汽门的旁路，控制升压率不超过1.0 MPa/min，升温率不超过5 ℃/min，避免蒸汽管道受到较大的热冲击。但现代大机组不采用额定参数启动，主汽管上也不装电动主汽门。

4.4.4　汽轮机滑参数启动

中间再热机组均采用机炉单元制配置、滑参数启动方式。启动时锅炉与汽轮机协同动作，机炉操作密切地联系在一起，可以合理协调机炉的启动过程，缩短启动时间。另一方面，由于采用中低压微过热蒸汽冲转，减小了汽轮机进汽与金属间温差，减小了热冲击。

滑参数启动按缸温不同有冷态启动和热态启动之分；按其启动初期进汽冲转方式又有高、中压缸联合进汽启动和中压缸进汽启动之分，按启动过程的控制方式又有手动控制启动和程序控制启动之分。

滑参数启动与额定参数启动相比有如下的优缺点：

①额定参数启动时，从锅炉点火升压至蒸汽参数达到额定值，一般需要2～6 h。达到额定参数后方可进行暖管疏水，然后进行汽轮机冲转，并要分阶段暖机，以减少热冲击。而采用滑参数启动时，锅炉点火后，就可以用低参数蒸汽预热汽轮机和锅炉之间的管道，当锅炉压力、温度升到一定值后，汽轮机就可冲转、升速、接带负荷。随着锅炉汽温、汽压的逐渐提高，机组负荷自然滑升，直至带到额定负荷。这样就大大缩短了机组启动过程时间，提高了机组运行的机动性。

②滑参数启动冲转时使用较低参数的蒸汽加热管道和汽轮机金属，加热温差小，金属内温度梯度也小，使热应力减小；另外由于低参数蒸汽在启动时，容积流量大，流速高，放热系数也就大，可在较小的热冲击下得到较大的金属加热速度，从而改善了机组加热的条件。

③滑参数启动时，蒸汽的容积流量大，易于调控汽轮机的转速与负荷，且不致造成金属温差超限。

④随着蒸汽参数的提高和机组容量的增大，额定参数启动冲转前，工质和热量的损失相当可观。而滑参数启动时，锅炉基本不对空排汽，几乎所有的蒸汽及其热能都用于暖管和启动暖机，大大减少了工质的损失，提高了电厂运行的经济性。

⑤滑参数启动升速和接带负荷时，可做到调节汽门全开，实现全周进汽，使汽轮机加热均匀，缓和了高温区金属部件的温差和热应力。还可采用中压缸启动，使启动更灵活。

⑥滑参数启动时，通过汽轮机的蒸汽流量大，可有效地冷却低压段，使排汽温度不致升高，有利于低压排汽缸的正常工作。

⑦滑参数启动可事先做好系统的准备工作，使启动操作大为简化，各项限额指标也容易控制，从而减小了启动中发生事故的可能性，为大机组自动化和程序启动创造了条件。

总之，滑参数启动时，蒸汽参数的变化与金属温升是相适应的，反应了机组启动时金属加热的固有规律，能综合满足安全和经济两方面的要求。

(1)冷态滑参数启动程序

1)冲转前的轴封供汽和汽缸预暖、冲转参数的确定

①轴封供汽。为快速建立冲转真空以减少启动的能量消耗，一般应提前向汽轮机轴封供汽。但提前的时间随机组而定，有的机组明确规定，在盘车状态下即可通过轴封向汽轮机供汽进行暖机，而有的机组则不允许过早地向轴封供汽，以免在冲转前转子与汽缸有过大的胀差，冲转后胀差无法控制。对于大容量机组，由于转子较长，胀差控制复杂，同时为了有利于上、下缸温差的控制，一般不宜过早地向轴封供汽。冷态启的轴封供汽应尽量用低温辅助汽源的蒸汽，送汽后应注意检查轴封风机和轴封加热器的工作是否正常，以防止轴封蒸汽沿轴外泄并通

过轴承箱油挡进入轴承，造成润滑油质的恶化。

②汽缸预暖。汽轮机冷态启动冲转时，进汽量小，调节级处于真空状态，汽缸和转子金属温度很低，甚至低于该真空下的饱和温度，此时蒸汽接触金属就要发生凝结放热，引起热冲击。为了避免启动时产生热冲击，加快冲转后的启动进程，可采用冲转前盘车预热的方式，在盘车状态下引入低温蒸汽预暖汽轮机转子、汽缸金属部件，使金属温度尽量升高到低温脆性转变温度以上，有利于避免转子在高转速下发生脆性断裂。

经过盘车预热后，转子和汽缸温度都比较高，故根据情况可缩短或取消中速暖机。盘车预热可以在锅炉点火以前进行，用辅助汽源蒸汽进行预热，缩短了启动时间。

③冲转参数的确定。冲转时主蒸汽和再热蒸汽参数的确定原则是：尽量使主蒸汽、再热蒸汽在经过高压调节级或中压第一级做功后的蒸汽温度与该处金属温度相匹配。即要求冲转时调节级后汽温与内缸壁温有一匹配温差（极限范围是 +150 ～ −50 ℃）；中缸启动冲转时，中压第一级后汽温与内缸壁温有一匹配温差（极限范围是 +150 ～ −50 ℃）。正温差一般取 10 ～90 ℃，需快速启动的极端情况才取 150 ℃；负温差尽量避免采用，若用则取 −20 ℃，−50 ℃仅在极端情况下用。根据机组冲转前的缸温状态及机制造厂家规定的冲转压力，即可按相关曲线求取冲转所需的主蒸汽和再热蒸温度。下面给出东方机组确定冲转汽温及升温率的工程实例及相关曲线。图4.11为确定主汽温所用的曲线。

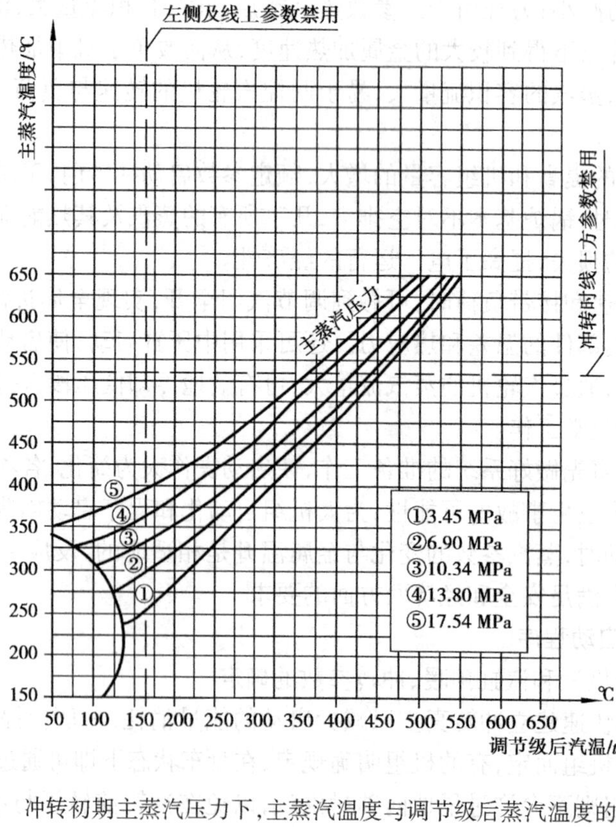

图4.11 冲转初期主蒸汽压力下，主蒸汽温度与调节级后蒸汽温度的关系曲线

主蒸汽温度确定方法如表 4.5；再热蒸汽温度确定方法如表 4.6（厂家规定再热蒸汽经中压第一级做功后的温降为 37 ℃）。

表4.5 确定冲转主汽温的工程实例

计算步骤	计算依据	计算结果/℃
冲转前高压缸调节级后金属温度	测得 t_j	150
$\Delta t = t_q - t_j$ 的匹配允许值	Δt(取定)	90
调节级后蒸汽温度 t_q	Δt + 调节级后金属温度	240
主蒸汽温度 t_0(由 P_0 = 3.45 MPa 和计算得出的 t_q 查图)	查图4.11	320

表4.6 确定冲转再热汽温的工程实例

计算步骤	计算依据	计算结果/℃
冲转前中压第一级后金属温度	测得 t_j	50
根据匹配 Δt 规定	Δt(取定)	150
中压第一级后蒸汽温度	Δt + 中压第一级后金属温度 t_0	200
再热蒸汽温度	中压第一级后蒸汽温度 + 中压第一级温降(37 ℃)	237

$$\text{主蒸汽流量百分比} = \frac{\text{某主蒸汽参数,某一开度上各高压调节阀总流量}}{\text{同参数下各高压调节阀全开时总流量}} \times 100\%$$

,后面定义均相同,

$$\text{功率百分比} = \frac{\text{机组在某主蒸汽参数,某主蒸汽流量百分比下的电功率}}{\text{300 MW(汽轮机额定功率)}} \times 100\%$$

启动过程中主蒸汽温度变化率确定:由运行人员在启动前先设定机组应达到的某一稳定运行目标负荷,根据图4.12、图4.13或图4.14计算出目标负荷下高压调节级后金属温度,并与冲转前高压调节级后金属温度比较,确定出从冲转至达目标负荷时高压缸金属温度变化量,再根据高压转子寿命损耗曲线(图4.15)确定高压调节级后金属温度变化率(相当于主蒸汽温度变化率)。方法如表4.7。

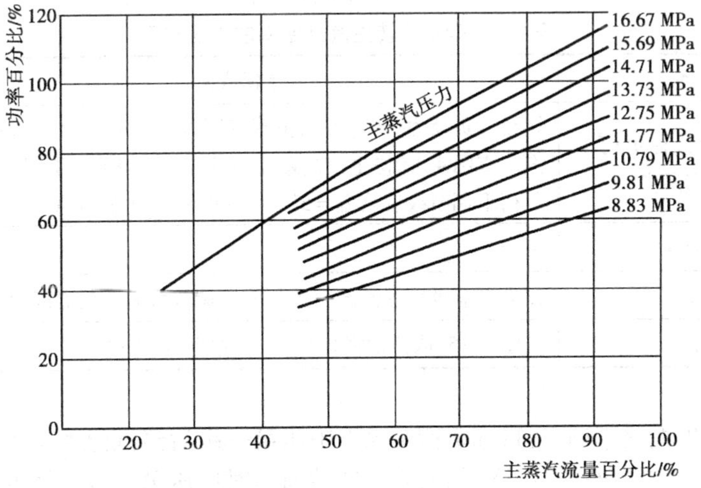

图4.12 主蒸汽流量与功率关系曲线

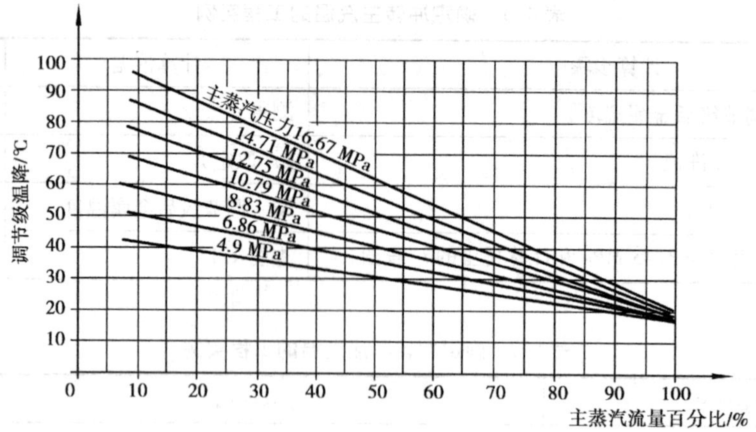

图 4.13　高压调节阀单阀运行时调节级温度变化曲线

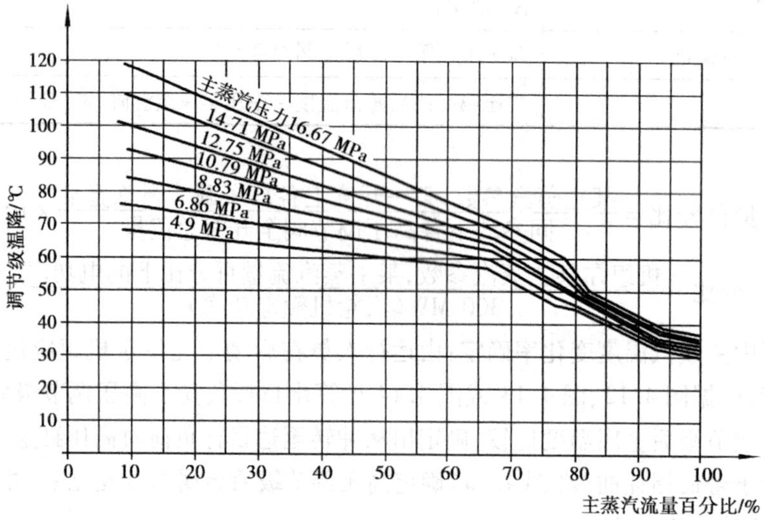

图 4.14　高压调节阀顺序阀运行时调节级温度变化曲线

表 4.7　确定冲转主汽升温率的工程实例

计算步骤	计算依据	计算结果
在某一稳定运行目标负荷下高压调节级后蒸汽温度	设目标负荷为 50% ECR,主蒸汽压力 10.79 MPa,采用单阀进汽。查图 4.12 得主汽流量比、查图 4.13 得调节级温降,目标负荷下调节级后汽温 = 537 ℃ − 调节级温降 37 ℃	500 ℃
冲转前调节级后金属温度	测定	150 ℃
金属温度变化量 Δt	Δt = 调节级后蒸汽温度 500 ℃ − 调节级后金属温度 150 ℃	350 ℃
主蒸汽温度变化率	查图 4.15,取正常损耗 0.01%,根据 Δt 查取	57 ℃/h

再热蒸汽温度变化率确定:目标负荷工况下中压第一级后蒸汽温度是由中压进汽额定温度减去额定工况下中压第一级温降得到,并与冲转前当时中压第一级金属温度比较确定出中压缸金属温度变化量,再根据中压转子寿命损耗曲线选取中压第一级金属温度变化率。方法见表 4.8。

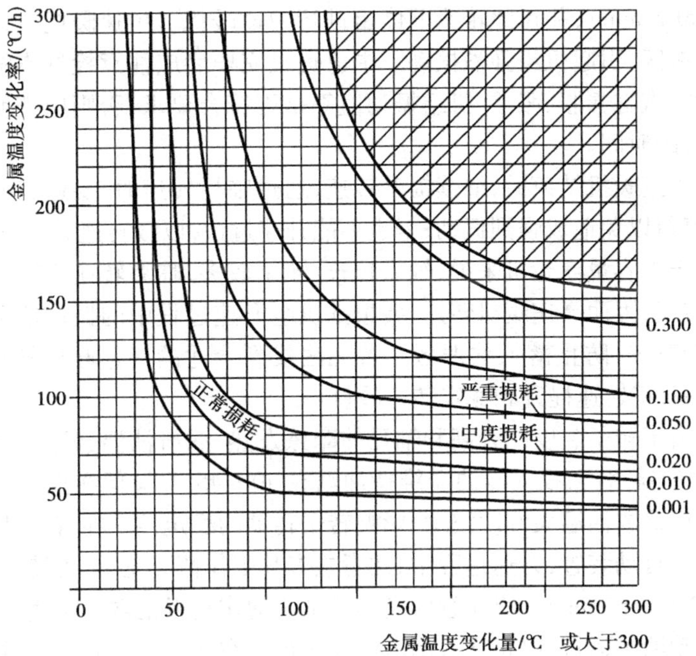

注：①阴影区是转子应力极限区，当金属温度增加时不得进入该区，在金属温度下降时允许进入；
②曲线上的寿命损耗值用寿命周期的百分比表示。

图4.15　高压转子寿命损耗曲线

表4.8　确定冲转再热蒸汽升温率的工程实例

计算步骤	计算依据	计算结果
中压第一级后蒸汽温度	(537 - 37)℃	500 ℃
冲转前中压第一级后金属温度	测定	50 ℃
金属温度变化量	第一级后蒸汽温度 - 第一级后金属温度	450 ℃
再热蒸汽温度变化率	查中压转子寿命损耗图，取正常损耗得	84 ℃/h

2)冲转、升速和暖机

锅炉参数达到冲转要求，汽轮机各项指标(如汽轮机进汽参数、凝汽器真空、润滑油压力和温度、高中压缸金属温度、绝对膨胀、胀差以及轴弯曲度等)符合冲转条件，做好冲转前的各项记录，准备冲动汽轮机。

冲转及惰走摩检：用汽轮机DEH转速控制功能及阀门管理功能的操控界面开启冲转汽门，冲转汽轮机。转子冲动达500 r/min后，暂态关闭冲转汽门，在转子惯性惰转过程中，用听针或其他专用设备检查倾听汽缸内有无动静摩擦。确认无异常情况后，重新开启冲转汽门，维持400 ~ 600 r/min转速下，对汽轮发电机组进行短时间的全面检查。

转子冲转以后，检查盘车装置应自动脱开，检查各轴承的振动和回油情况，以及发电机密封油系统的工作情况。

升至中速并停留暖机：低速检查结束后，以100 ~ 150 r/min升速率，将汽轮机转速升高到中速(1 100 ~ 1 200 r/min),并在此转速下停留进行中速暖机。中速暖机时,要注意避开临界转速,防止落入共振区,引起机组强烈振动。中速暖机完毕后应注意检查汽缸各点金属温度、各对应点金属温差、汽缸膨胀、胀差、机组振动值等是否符合要求,否则应查明原因,必要时应适当延长中速暖机的时间。

过临界转速:中速暖机结束后,继续提升转速,通过临界转速时,要迅速而平稳地通过,切忌在临界转速下停留以免造成强烈振动;但也不能升速过快,以致转速失控,造成设备损坏。

高速暖机:对于大容量汽轮机来说,轴系较长,转子较多,临界转速比较分散,往往找不到合适的高速暖机转速,因而高速暖机转速,要根据机组升速过程中的振动情况来确定,并要严格控制转速的波动范围,防止落入共振区。若无法找到合适的高速暖机转速时,应以 100 ~ 150 r/min 的升速率,将转速提升到额定转速暖机。

升速过程中,由于转子温度的升高和轴瓦的摩擦发热,润滑油温会逐渐升高,当油温达到 45 ℃时,应开启冷油器水门,投入冷油器维持油温在 40 ~ 45 ℃。但在投入冷油器时,要注意油温的变化,切不可造成油温大幅度波动,影响转子转动的稳定性。在有自动油温调整装置的机组上,应事先投入自动装置,升速过程中,注意检查其工作情况正常,维持给定油温。

当转速接近 2 800 r/min 时,应注意检查调节系统动作是否正常。定速后确认主油泵工作正常后,可停止启动油泵运行,停止交流润滑油泵运行。在 3 000 r/min 时,根据汽轮机各状态参数和试验要求,决定是否立即并网。

中速和高速暖机的目的,一是控制缓和汽缸与转子间胀差,二是防止材料脆性破坏和过大的热应力。在定速暖机的过程中,若暖机转速控制得太低,则放热系数小,温度上升过慢,延长了启动时间;若暖机转速控制得太高,则会因离心力过大而带来脆性破坏的危险。因此,在确定暖机转速时,要两者兼顾,同时还应考虑避开转子的临界转速。

汽轮机的上述冲转升速过程也可以通过 DEH 的 ATC 程序控制自动完成。

3)并网、接带负荷、从定压转滑压

汽轮机达额定转速,经全面检查,确认设备运转正常,并按规定完成相关试验后,可将汽轮发电机并入电网,接带初始负荷(一般为额定负荷的 5% ~ 10%),进行初始负荷下的带负荷暖机。从此阶段起,汽缸及转子开始充分膨胀,正胀差会异常增大,要采取相关措施加以控制。

低负荷暖机结束,在定压下逐渐开大调节汽门增加负荷,到高压调门接近全开时,机组转入滑压升负荷。汽机调门开度不变,转由锅炉控制负荷。锅炉开始加强燃烧,按冷态启动曲线升温升压,增加负荷。机组电负荷随锅炉蒸汽压力滑升而逐步增加,当主蒸汽、再热蒸汽达到额定参数后,机组又进入定压段,锅炉维持主蒸汽压力为额定值,逐渐开大调节汽门,继续增加负荷,直到额定负荷或电网要求的负荷为止。

在整个升负荷过程中,要相应进行有关的辅机调整操作。如达一定负荷、汽机本体不再有疏水产生时,应关闭本体相关疏水门;当四段抽汽压力超过除氧器定压运行压力时,除氧器汽源由辅助汽源供汽切换为本机四段抽汽供汽,除氧器转入滑压运行;当端部汽封自密封系统供汽母管汽压达到规定值时,检查汽封系统进入自密封状态,各控制站动作正常,切断外界轴封供汽汽源;对于凝结水泵、给水泵等为半容量的辅机,当负荷升至 50% 左右时,应启动第二台设备投入运行,保证能连续接带负荷;负荷升至一定值时,关闭高、低压旁路阀等。

4)回热加热器的投入

一般情况下,低压加热器都是采用随机启动的方式投入,高压加热器则是在机组带至一定负荷或抽汽压力高于大气压力后投入。但在真空系统、高压加热器疏水系统允许时，高压加热器也可随机投入。这样可增强下汽缸的蒸汽流动，使下汽缸换热增强，有利于暖机，同时可以提高给水温度，使锅炉参数易于控制。

高压加热器投入时，应重点控制加热器壳体金属温升率，通常采用控制给水温升率来控制。首先进行加热器水位保护试验，水位高一值时，有声光报警；水位高二值时，应联动关闭加热器进汽门，切断水侧进水，自动走旁路供水。正常后，稍开进汽门和事故疏水门，进行加热器暖体和冲洗，控制给水温升率不超过3 ℃/min，加热器冲洗后，倒换为正常疏水，然后，继续以3 ℃/min的温升率，逐渐开大进汽门。高压加热器投入时应根据压力由低到高的顺序依次投入。有的机组加热器的投入采用了程序控制，它以高压加热器各部金属温升及温差为限制条件，自动完成高压加热器投入的全过程。

5)启动过程中的注意事项

机组冷态滑参数启动过程中，应加强监视。在下列情况下禁止汽轮机启动或运行。

①主蒸汽和再热蒸汽参数没有达到冲转要求。

②危急保安器动作不正常，自动主汽门、调节汽门、抽汽逆止门卡涩不能关闭严密。

调节系统不能维持汽轮机空负荷运行或机组甩负荷后不能维持转速在危急保安器动作转速以内。

③汽轮机转子弯曲超过原始值的0.03 mm。

④高、中压外缸的上、下缸温差超过50 ℃，内缸上、下缸温差超过35 ℃。

⑤盘车时，汽轮机内部有明显的金属摩擦声；任何一台油泵或盘车装置失灵。

⑥润滑油及控制油系统油质不合格，油箱油位或油温低于规定值。

⑦汽轮机各系统有严重泄漏，设备保温不合格或不完整。

⑧主要保护装置或主要电动门失灵。

⑨主要仪表失灵，包括转速表、挠度表、振动表、热膨胀表、胀差表、轴向位移表、各轴瓦乌金及回油温度表、润滑油压表及金属温度表等。

为了保证汽轮机启动的顺利进行，防止由于加热不均使金属部件产生过大的热应力、热变形以及由此而引起的动静部分摩擦，应按规定控制好下面几个指标：

①蒸汽温升率不大于1～1.5 ℃/min，金属温升率不大于1.5～2 ℃/min。

②上下缸温差不大于50 ℃。

③汽缸内外壁温差不大于35 ℃。

④法兰内外壁温差不大于80 ℃。

⑤汽缸与转子的相对胀差在制造厂规定范围以内。

汽轮机滑参数启动中，在冲转和并网后的加负荷过程中金属加热比较剧烈，特别是低负荷阶段，汽缸与转子之间容易出现较大的温差。启动过程中出现较大胀差时，应停止升温、升压，并在该负荷下进行暖机，必要时采取其他措施来减小胀差值。

在启动过程中，要注意检查机组振动情况。在一阶临界转速以下，汽轮机振动应不超过0.03 mm，通过临界转速时，振动不超过0.1 mm，否则应立即打闸停机，严禁硬闯临界转速和降速暖机。此时运行人员必须处理果断，防止大轴弯曲和通流部分损坏事故的发生。

在启动和升速过程中，应按规定的曲线控制蒸汽温度的变化，偏离时应及时调整。当汽温在10 min内下降50 ℃及以上时，应打闸停机。

在升负荷过程中，应监视发电机氢、油、水系统工作情况正常，调整发电机进口风温在40 ℃左右。密封油控制站油氢差压阀、平衡阀动作灵活，维持密封油压高于氢压0.03～0.05 MPa。

（2）**热态滑参数启动**

热态启动是指缸温高于转子脆性转变温度的启动。这时高、中压转子的中心孔温度已达到脆性转变温度以上，因此在升速过程中不需要暖机，只要检查和操作能跟上，应尽快地达到对应于该温度水平的冷态启动工况。但由于汽轮机热态启动时各部件的金属温度都比较高，且存在温差，特别是汽轮机的上下缸温差和转子的径向温差可能成为妨碍汽轮机热态启动的主要因素。

1）热态启动的重要原则

①上、下缸温差要控制在允许范围内。由于汽缸的结构、保温、外部环境条件等因素的影响，造成汽轮机停机后，上、下缸温差在一定的时间内由小向大发展。汽轮机启动时，上、下缸温差超限的直接危害在于因汽缸变形，改变了汽轮机动静部件之间的径向和轴向间隙，造成轴封和汽封片与转子接触并发生摩擦。严重时会造成转子局部过热导致大轴永久性弯曲。一般规定上下缸温差不超过50 ℃，双层缸内缸上下金属温差不超过35 ℃。

②转子弯曲不超过允许值。汽轮机转子由于自身重量及旋转不平衡离心力的原因，旋转时存在一定的弹性弯曲，加之制造精度引起的固有弯曲，使转子客观上存在一原始弯曲值。但当汽轮机转子由于径向温差的存在，将引起弹性热弯曲。该弯曲值超过一定值时，累积弯曲使转子重心与旋转中心有更大偏离，所产生的不平衡离心力将成为汽轮机启动、升速过程中的激振源，转速升高振幅随之增大，其结果可能引起汽轮机内部径向动静磨碰，进一步导致大轴弯曲，因此汽轮机启动时转子弯曲度不允许超过原始值0.03 mm。

汽轮机转子的弹性热弯曲可以通过连续盘车来消除，弯曲严重造成局部发生摩擦时，应先间断盘车180°，直轴后再进行连续盘车。一般规定汽轮机热态启动时，连续盘车不得少于2～4 h，中间间断时，应延长间断时间的10倍时间连续盘车。

③启动参数的匹配。汽轮机热态启动时，各部件的金属温度都很高，为提高冲转蒸汽参数，在汽轮机启动冲转前应投入旁路系统运行，确保汽轮机进汽时不会引起金属部件产生冷却过程。所以通常要求热态启动时主蒸汽、再热蒸汽温度高于汽缸金属温度50～100 ℃。否则，一旦发生冷却过程，转子表面受冷，会产生较大的热拉应力，并且和机械拉应力叠加，会出现危险工况，从转子寿命考虑，又增加了一次疲劳寿命损耗，另外，转子冷却快于汽缸，会产生负胀差，严重时引起动静摩擦。

经验表明，热态启动时主蒸汽温度较易满足与高缸温度匹配的要求，同时由于冲转时，主汽门、调节汽门的节流作用会使汽轮机内部接触汽温下降，因此主蒸汽温度应取上限值。而再热蒸汽温度由于其提升速度慢，不易满足要求，且中压缸多为全周进汽，故再蒸汽与中压缸温度的匹配可取下限。

2）热态启动程序及注意事项

①启动前的准备工作。汽轮机热态启动时，由于汽轮机汽缸和转子的金属温度较高，启动过程时间短，启动前的准备工作必须充分。与冷态启动相比，热态启动除了必须检查确认各系统设备处于启动前正常良好状态以外，还应对给水泵、磨煤机等做好充分的启动准备，必要时可先投入运行，以满足汽轮机冲转、并网后快速带负荷的要求，做到调节级出口蒸汽参数与转

子金属温度正匹配。另外，启动前准备工作中，要杜绝一切可能使冷汽、冷水进入汽轮机的误操作，防止机组受冷变形。

②旁路系统的投入。再热机组热态启动时，汽轮机对冲转蒸汽参数的要求很高，如果仅仅依靠大主蒸汽管疏水阀的办法提高汽温，一是延长了汽轮机等待冲转蒸汽参数的时间，二是会因大量主蒸汽疏水的排放造成锅炉补水不及，因此应提前投入旁路系统，来迅速提高主蒸汽和再热蒸汽温度。

③投入轴封供汽、抽真空。启动过程中，轴封是受热冲击最严重的部件之一，特别是热态启动时，汽封处的转子温度很高，一般只比调节级处汽缸金属温度低 30 ~ 50 ℃，因此，热态启动时，轴封供汽温度一定要与汽封金属温度相匹配，不能用低温蒸汽供给，以免轴封段转子受冷，产生热变形，并使负胀差猛增，严重时会使动静间隙消失，产生动静摩擦。

④主蒸汽和再热蒸汽管道疏水、暖管。虽然旁路系统投入运行后，汽轮机能获得冲转所需的蒸汽参数，但主蒸汽管道的疏水工作仍不可缺少，特别是为了提高主蒸汽和再热蒸汽管道死区的蒸汽参数，必须充分疏水。另外，应明确主蒸汽管道的暖管，疏水不仅仅是冷态启动才需要，热态启动也是必须的，只不过热态启动的暖管疏水不但是为了提高蒸汽管道的金属温度，防止水冲击，而且更主要的是为了防止冲转时蒸汽温度大幅度变化，造成汽轮机的热冲击。

⑤启动过程操作特点。汽轮机具备热态启动条件后，冲动汽轮机转子，除了在500 r/min左右短时停留，对汽轮机进行听音检查外，应迅速以 200 ~ 300 r/min 的升速率将转速提升到额定转速，之后立即将机组并入电网，并迅速以(3% ~5%)Pn/min 的升负荷率，尽快地将汽轮机负荷提高到目标值，启动中要加强对蒸汽参数、负胀差的监视，防止动静间隙消失而产生摩碰事故，防止汽缸进水或进冷汽。

⑥加强机组振动的监视。机组热态启动时，因启动时间短，应严格监视振动情况，如果突然发生较大的振动，必须立即拉闸停机，转入盘车状态，绝不允许降速暖机或等待观望拖延时间以至扩大事故，只有消除引起振动的原因后，才允许重新启动汽轮机。

(3) **中压缸启动**

中压缸启动方式最初仅在引进的大型机组上采用，例如重庆珞璜电厂法国 360 MW 机组规定中压缸启动为唯一方式。后来在一些已投产的国产机组上进行了改进试验，并取得了良好的效果，从而得以推广。如东方机组运行时就可灵活选用两种方式。

大型中间再热机组中压缸冷态启动冲转前须倒暖高压缸，启动初期高压缸不进汽，由中压缸进汽冲转，机组带到一定负荷后，再切换到常规的高、中压缸联合进汽方式，直到机组带满负荷。切换进汽方式时的负荷称为切换负荷。有些机组不是在带负荷后切换，而是在机组中速暖机之后、进入定速前切换成高中压缸联合进汽方式。

对于一些国产机组，由于设计时没有考虑到采用中压缸起动方式，要采用中压缸起动，必须对系统采取一系列的改进，具体来说应考虑以下几点：

①采用中压缸启动时，由于高压缸采用了倒暖方式，使金属温度水平提高。因此，进汽参数及升速过程与高中缸联合进汽时有所差别。

②采用中压缸启动时，应详细核算轴系轴向推力情况，对高中压缸反向布置的机组，中压缸单独进汽时轴向推力比较恶劣的情况是在切换进汽方式之前。

③对汽轮机调节系统作适当改进，保证启动时中压缸进汽，而高压调节汽门关闭，达到切换负荷时，高压调节汽门又能迅速平缓打开。

④改进高压缸排汽逆止门的可控制性能，最好高排逆上门加装旁路，以便实现高压缸倒暖。

⑤改进高压缸抽真空系统，增强高压缸温度的可控性。

1）中压缸冷态启动操作要点

机组冷态启动时，汽缸温度较低，锅炉点火后开始提升参数，待再热器冷段蒸汽温度达到一定数值后（一般比高压内缸温度高出 50 ℃左右），即可打开高压缸排汽逆止门，对高压缸进行倒暖。倒暖时，要注意控制温升速度，不能升温太快，否则转子、汽缸会产生过大的热应力和寿命损耗。在进行倒暖的同时，主蒸汽、再热蒸汽温度、压力仍按规定方式升高，待蒸汽参数达到冲转要求时，即可用中压缸进汽启动。此时，可以恰到好处地将高压缸温度暖至 150 ~ 190 ℃。

中压缸冲转至中速暖机后，可停止倒暖，同时开大高压缸至凝汽器管道上的真空阀，使高压缸处于真空状态控制其温度水平。暖机结束后，继续升速至额定转速。如果在额定转速下需要延长空转时间（如进行电气试验），那么高压缸由于鼓风，缸温会升高，这时可用真空调节阀将温度控制在适当水平。同时，由于高压缸不做功，在同样的工况下，进入中低压缸的蒸汽流量较高中压缸联合启动时要大，低压缸尾部的冷却要充分一些。

当机组具备并网条件后，即并网接带初始负荷。然后根据规定的升负荷方式继续升负荷，升至切换负荷时，即可关闭抽真空门，进行进汽方式的切换，即将中压缸进汽方式切换成高中压缸联合进汽方式。这时，再热蒸汽压力由中压调节汽门控制。高压缸进汽后，应关小高压旁路，切换过程结束时，高压旁路应全关。整个切换过程较短，一般持续 3 ~ 5 min。在切换时，应特别注意高压缸温度的匹配问题，避免产生过大的热冲击。高压缸调节汽门开启的同时，应逐渐关闭高、低压旁路，保持主蒸汽、再热蒸汽参数稳定。此后的启动过程与常规启动方式相同。图 4.16 给出了东方 600 MW 机组中缸启动的阀门调控规律。

2）中压缸热态启动的操作要点

这种启动方式是调峰机组常见的启动方式，启动时汽轮机金属温度很高。在此工况下启动时，可以保持合适的再热蒸汽压力，建立较大的旁路流量，快速提升蒸汽参数。达到规定的启动参数后，在高压缸处于真空的状态下，用中压缸进汽方式来冲动汽轮机，并升速并网、接待负荷，这一过程可按运行人员期望以较快的速度进行，并不用考虑高压缸的热应力。中压缸加大进汽量的同时，逐步关闭低压旁路以保持再热器压力的稳定。当负荷带至切换负荷时，即可进行进汽方式的切换，切换过程结束后，可按预定的启动程序来完成随后的启动过程。

需要注意的是，从启动初期直到高压缸切换带负荷结束，锅炉流量要保持稳定，也就是说，在这一过程中，经过旁路的流量要全部转移到汽轮机。

3）中压缸启动方式的优越性

汽轮机采用中压缸进汽方式启动具有以下几方面的优点：

①缩短启动时间。由于汽轮机冲转前利用等待冲转的机动时间对高压缸进行倒暖，使冲转时的高压缸温达到温态，这样在启动初期，启动速度不受高压缸热应力和胀差的限制；另外，由于高压缸不进汽做功，在同样的工况下，进入中低压缸的蒸汽流量大，暖机更充分迅速，缩短了低速暖机时间，从而缩短了整个启动过程的持续时间。

②汽缸加热均匀。中压缸启动时，高中压缸加热均匀，温升合理，汽缸易于胀出，胀差小。与常规的高中压缸联合启动相比，虽然多一个切换操作，但从整体上可提高启动的安全性和灵活性。

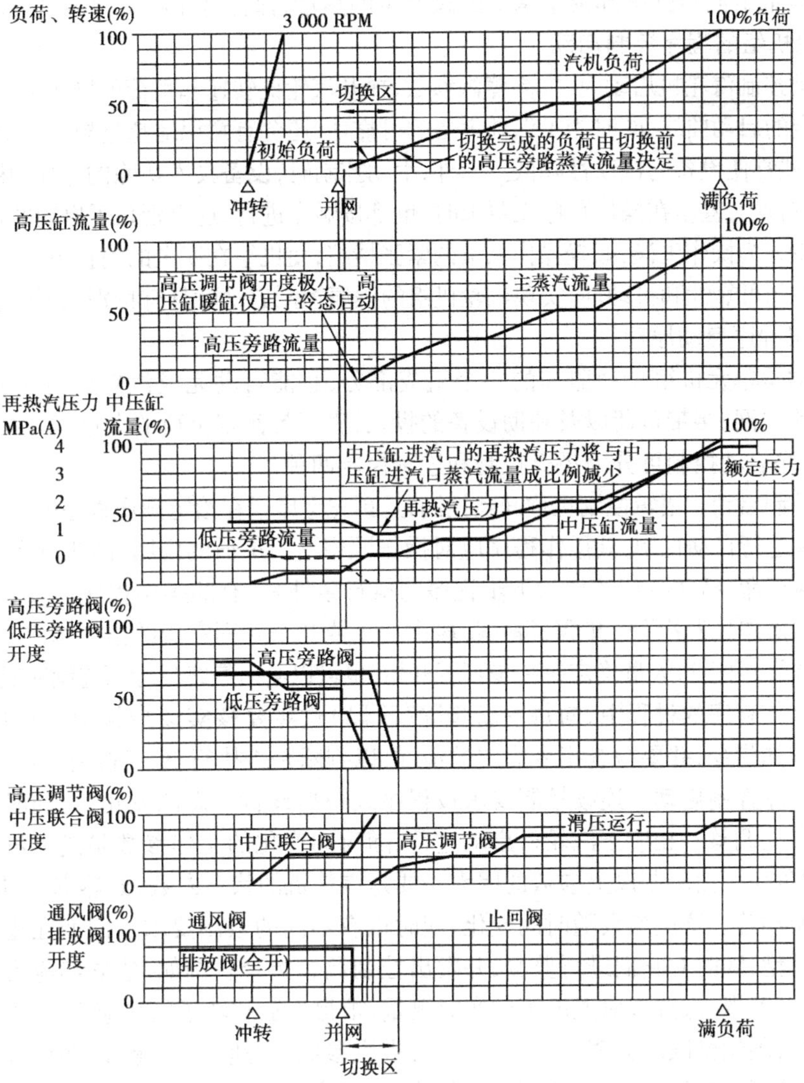

图 4.16　东方 600 MW 机组中缸启动的阀门调控规律

③提前越过脆性转变温度。中压缸启动时，高压缸倒暖，启动初期中压缸进汽量大，这样可使高压转子和中压转子尽早越过脆性转变温度，提高了机组高转速运转的安全可靠性。

④对特殊工况具有良好的适应性。主要体现在空负荷和极低负荷运行方面：机组启动并网过程中，有时遇到故障等待处理或在并网前要进行电气试验时，就常常遇到要在额定转速下长时间空负荷运行的情况。在采用高、中压缸联合启动的传统方法时，即使是冷态启动，也会带来很多问题，比如高压缸超温。然而采用中压缸启动方式，只要关闭高排逆止门，维持高压缸真空，汽轮机即可安全地长时间空负荷运行。

另外，采用中压缸进汽方式，只要打开旁路，通过反切缸，隔离高压缸，汽轮机就能以中低缸运行方式在很低的负荷下长时间运行。在单机带厂用电的情况下，也可以采用该方式运行，这样，一旦事故排除后，就能迅速重新带负荷。

⑤抑制低压缸尾部温度水平。采用中压缸进汽，启动初期流经低压缸的蒸汽流量较大，这

样就能有效地带走低压缸尾部由于摩擦鼓风产生的热量,保持低压缸尾部温度在较低的水平。

(4)**汽轮机组的程序控制启动**

采用手动控制汽轮机启动时,提高蒸汽参数,提升汽轮机转速和负荷的操作都不可避免地会偏离规程给定的启动曲线,同时为了保证设备的可靠性,还会有意识地超过规程预定的启动持续时间,所有这些都使设备的机动性降低。另外,手动控制时,设备投入切除的操作、热力系统的切换均是依次进行的,甚至在操作程序无要求时,也都按顺序进行,这也延长了启动的持续时间。

为了减少人为操作失误,减轻操作人员的紧张情绪,使机组在安全的前提下,缩短启动时间,从而提高机组的可靠性和机动性,实现汽轮机组的程序控制启动就具有特别重要的意义。

1)汽轮机程序启动原理

程序启动是单元机组自动监控的一个组成部分,它能自动完成汽轮机启动前的检查、冲转、暖机、定速并网、接带负荷以及辅助设备的投入,直至带额定负荷的全过程。根据其程序的构成不同,程序启动控制可分为逻辑控制和连续控制两种。

①逻辑控制启动。逻辑控制也称间断控制,是预先考虑了在给定操作程序中,对状态间断变化的控制对象进行自动控制,其操作程序应对操作顺序给出单值的说明,即执行命令的条件、执行命令以及执行命令后的结果(作为下步程序的执行条件)。有的操作程序还按运行人员习惯把较大系统的操作分为若干个步骤,每一阶段由一个或几个并列完成的指令构成。控制程序既可以按步骤进行,由运行人员确定每一步可否开始,也可以给出最终目标而连续完成。

在执行操作程序的过程中,向每一新步骤(阶段)过渡要核实该步骤操作开始的可能性,形成基本操作的指令,并要检查指令完成的情况,以判断是否执行下一程序指令。

②连续程序控制启动。连续控制要求按程序或根据设备状态的变化,对随时间改变的启动参数进行自动调整。相应于汽轮机启动过程,随时间变化的工作参数是进入汽轮机的蒸汽参数、转速和负荷。而限制以上参数的因素主要是汽轮机的状态参数,如热应力、热变形、绝对膨胀、胀差、振动等。这些参数随时间变化,同时也有不同的限制要求。因而在程序中建立了相应的数学模型,随时对它们进行监测,并发出控制调整指令。例如,建立热应力计算数学模型,通过对蒸汽参数、汽缸金属温度等的实时测量,求得汽缸和转子的热应力,并按合理的寿命管理分配原则,限制极限应力值,去改变汽轮机进汽参数、转速、负荷等,以保证各状态参数在允许范围内,若程序执行时,某参数超过极限值,程序能有选择地将机组状态返回到前面某一程序中等待新的指令。上海汽轮机厂生产的 300 MW 机组汽轮机自启动程序由 17 个子程序组成,完成对汽轮机各状态参数的监视、测量、比较以及控制调整,实现汽轮机全程自启动。该汽轮机的自启动(ATS)程序见图 4.17 所示。

2)程序控制启动的功能

①自动启动控制。在汽轮机脱离盘车状态之前,首先核对有关汽轮发电机组的参数,在这些参数未达到所需的范围以前,机组不脱离盘车状态。当机组脱离盘车,冲转升速过程中,如果升速的任一条件超过报警极限时,机组立即保持转速。在确认报警解除后机组将按启动建议导则,一直加速到暖机转速。

在暖机过程中,机组将根据计算的暖机时间自动暖机,一旦暖机完成,机组将在启动建议导则的指导下,自动加速到主汽门控制与调速汽门控制的切换转速。在加速过程中,各速率将根据实际转子应力和转子预计应力的比较值来控制,并自动加速到同步转速和进行并网操作。

②自动加负荷控制。自动加负荷控制有管理方式和自动方式两种。在管理方式下,控制

系统自动对主要的状态参数进行监测，并实时计算出合理的升速率和升负荷率，为运行人员及时提供操作指导。

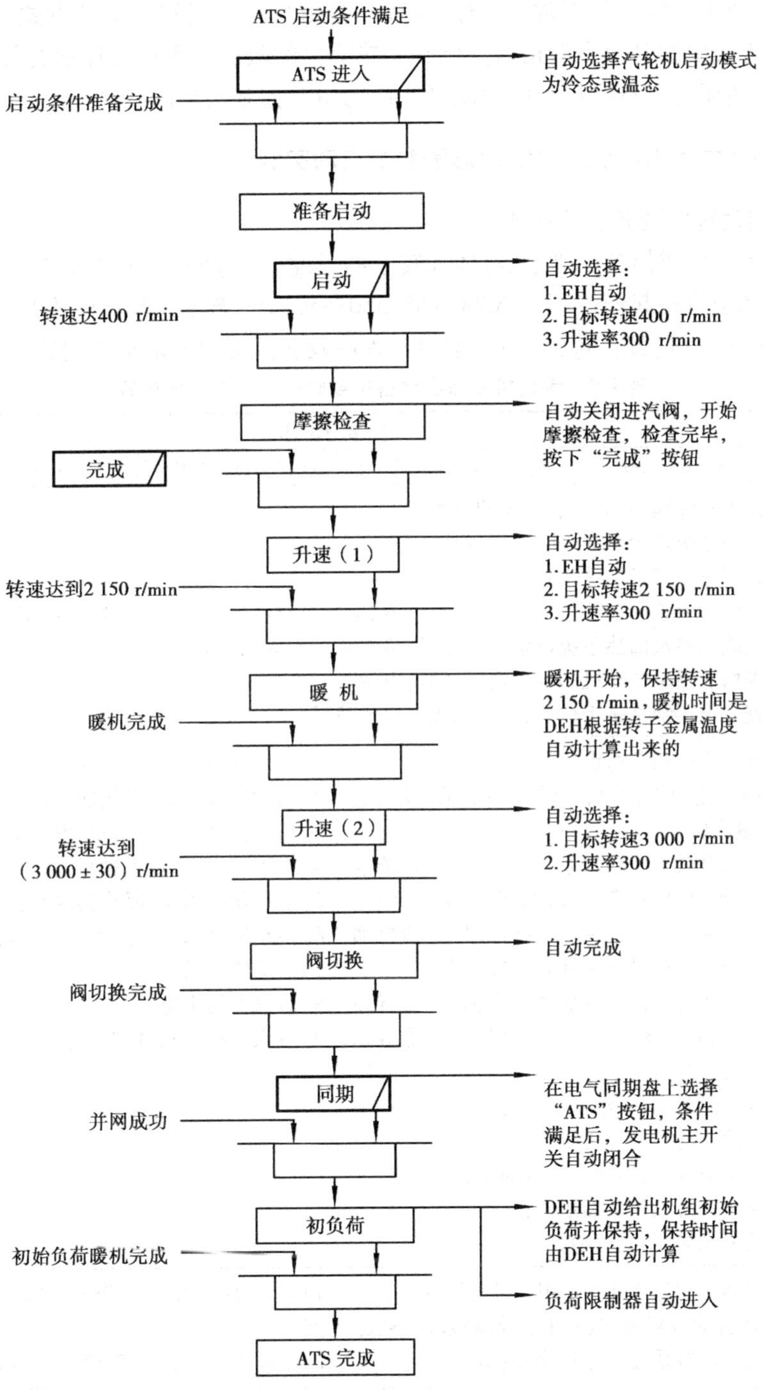

图 4.17 上汽 300 MW 汽轮机自启动(ATS)程序

在自动方式下，升负荷过程不需要运行人员作具体操作，而是由自启动程序来增加，降低或保持升(或降)负荷过程中汽轮机的负荷变化率，以便在动态过程中把各种变量(如金属膨胀、蒸汽压力和温度、转子热应力、轴承振动等)保持在其允许的范围以内。

当系统的参数超过设定的报警极限时,报警信息将被全部打印出来;如果通过负荷变化率的调整,这些参数仍不能恢复正常时,自启动程序会由自动方式转入管理方式,改由操作员控制。转速控制方式中的升速率严格地受到转子热应力的限制。而负荷控制的负荷变化率除了热应力限制外,还要受来自锅炉或电网调度方面的协调控制信息的限制。

4.4.5 国产中间再热机组 HIP 冷态滑参数启动实例

(1)冷态启动程序及其主要操作

汽轮机组大小修或停备一周后,缸体和转子的温度低于 150 ~ 200 ℃(或等于室温),在此状态下的启动属于冷态起动。国产 N300-165/550/550 型汽轮机(配直流锅炉)和国产 N200-130/535/535 型汽轮机(配汽包锅炉)冷态启动程序及各主要阶段的操作内容见表 4.9。

表 4.9 汽轮机冷态启动各主要阶段的主要操作内容

<table>
<tr><th rowspan="2">启动阶段</th><th colspan="2">主要操作</th></tr>
<tr><th>国产 N300-165/550/550 汽轮机(配直流锅炉)</th><th>国产 N200-130/535/535 汽轮机(配汽包锅炉)</th></tr>
<tr><td>启动前的准备</td><td colspan="2">1)检查各系统阀门,处于启动前的位置;
2)检查油系统是否漏油,油位、油温是否正常;
3)检查调速系统各部件是否完好;
4)检查保护装置和自动调整装置、热工仪表、信号,所有仪表一次门全开,指示正确;
5)检查凝汽器及回热系统设备是否完好,给水泵处于备用状态;
6)检查所有辅机电动机的绝缘情况,接通电源;
7)检查发电机绝缘是否良好,冷却水源和水质情况。</td></tr>
<tr><td>附属设备启动</td><td>1)发电机水冷系统通水;
2)启动交流润滑油泵,启动顶轴油泵,投入盘车,测量大轴晃度;
3)启动凝升泵和凝结水泵,建立凝结水系统水循环,进行低压系统清洗,循环路线是:凝汽器→凝结水泵→Ⅱ级除盐→凝升泵→轴封加热器→低压加热器→除氧器→凝汽器;
4)启动给水泵,建立给水系统大循环,进行高压系统清洗,循环路线是:凝汽器→凝结水泵→Ⅱ级除盐→凝升泵→轴封加热器→低压加热器→除氧器→给水泵→高压加热器→锅炉→启动分离器→凝汽器;
5)启动调节油泵,停交流润滑油泵;
6)由备用汽源供除氧器用汽;
7)启动射水泵,凝汽器抽真空。</td><td>1)启动低压油泵、密封油泵;
2)启动冷水泵,发电机通水;
3)启动排烟和防爆风机,发电机充氢;
4)投入盘车,测量大轴晃度;
5)启动循环水泵,凝汽器通水;
6)启动凝结水泵,保持凝汽器水位正常;
7)启动给水泵;
8)凝汽器抽真空;
9)投入汽缸喷水,控制排汽温度在 60 ~ 70 ℃。</td></tr>
<tr><td>锅炉点火、暖管</td><td>1)凝汽器压力达 0.074 6 MPa 时锅炉点火;
2)开启启动分离器出汽门,进行暖管,汽缸加热系统和轴封系统进行暖管、暖箱;
3)向轴封供汽,维持凝汽器压力为 0.048 MPa。</td><td>1)凝汽器压力达 0.087 9 MPa 时,通知锅炉点火;
2)电动主闸门前主蒸汽管道暖管和电动主闸门后二段暖管,轴封系统暖管,法兰、螺栓加热系统暖管;
3)投入旁路系统,向轴封供汽,维持凝汽器压力 0.041 3 ~ 0.034 7 MPa。</td></tr>
</table>

续表

启动阶段	主要操作	
	国产N300-165/550/550汽轮机(配直流锅炉)	国产N200-130/535/535汽轮机(配汽包锅炉)
冲转、升速、暖机	1)冲转条件: ①主蒸汽压力0.98～1.47 MPa,主蒸汽温度250～300 ℃,再热蒸汽温度200 ℃以上,过热度不低于50 ℃; ②凝汽器压力0.048～0.034 7 MPa; ③高、中压缸上下温差不大于50 ℃; ④盘车运行正常,无异音。 2)开启高、中压调节汽门,冲动转子,盘车自动脱扣,维持转速在500～600 r/min下进行全面检查; 3)投入汽缸法兰、螺栓加热装置; 4)逐渐开大调节汽门,升速到1 200～1 800 r/min,中速暖机60～90 min; 5)当高压缸调节级处内下缸内壁温度在250 ℃以上,中压缸第一级处内下缸内壁温度在250 ℃以上,其他情况正常,可结束中速暖机,继续升速到3 000 r/min; 6)停用高压油泵,进行有关调整和检查。	1)冲转条件: ①主蒸汽压力1.37～1.57 MPa,主蒸汽温度240～250 ℃,再热蒸汽温度120 ℃以上,过热度在30～50 ℃; ②凝汽器压力0.041 3～0.034 7 MPa; ③主轴晃度不大于原始值0.02 mm; ④调速油压、润滑油压、高中压缸上下温差等在允许范围。 2)开启自动主汽门、调节汽门冲转,保持400～500 r/min,进行全面检查; 3)盘车自动脱扣,停止停车和顶轴油泵; 4)投入汽缸、法兰、螺栓加热装置; 5)用100 r/min的速度提升转速到1 100～1 400 r/min,暖机30～40 min; 6)以100～200 r/min提升转速到3 000 r/min; 7)停用高压油泵; 8)定速后进行全面检查。
发电机并列和带负荷	1)发电机并列,带10～20 MW负荷,暖机30 min; 2)锅炉通过膨胀; 3)逐渐增荷到40～50 MW,暖机60～90 min; 4)切除启动分离器,当高压缸胀20 mm,中压缸胀6 mm以上,高压缸调节级处的下缸内壁温度达400 ℃以上时,切除分离器,切除后负荷为90～100 MW; 5)锅炉过热器升压,逐渐关小调节汽门进行升压,升压速度每分钟不超过0.294 MPa,在升压的同时增加负荷,提高温度,防止调节级处汽温下降过大; 6)负荷带到100 MW以上时,进行下列主要操作: ①除氧器汽源切换到四段抽汽; ②高、中压外下缸外壁温度360 ℃以上,胀差、温差趋于稳定,停用汽缸、法兰、螺栓加热装置; ③启动另一台给水泵; ④逐台投入高压加热器,疏水水质合格,疏入除氧器; ⑤投入汽轮机联动跳闸、锅炉保护和电超速关闭调节汽门保护。 7)以每10 min增荷30 MW的升荷速率增至满负荷。	1)并列后缓慢开大调节汽门带负荷,调速汽门全开后按滑参数启动曲线升温升压加负荷。 2)停用旁路系统。 3)并列30～40 min后加负荷至20 MW,暖机60 min。 4)主蒸汽温度350 ℃,关闭主、再热蒸汽系统疏水,负荷30 MW时,关闭汽缸疏水及其他疏水。 5)主蒸汽压力升到3.43 MPa,汽温420 ℃,负荷加到50 MW,暖机60 min。 6)二段抽汽压力0.33 MPa,除氧器改用二段抽汽;四段抽汽压力0.33 MPa,除氧器改用四段抽汽。 7)一段抽汽压力0.784 MPa停止汽缸加热,高压外下缸内壁350 ℃,停法兰、螺栓加热。 8)负荷加到60 MW,启动低加疏水泵。 9)负荷加到80 MW,关闭凝结水再循环门,关闭排汽室喷水门,暖机60 min。 10)负荷加到100 MW,暖机30 min。 11)高压加热器随机启动,疏水视汽侧压力排往低压加热器或除氧器。 12)主蒸汽压力8.7 MPa,汽温500 ℃,负荷加到150 MW。 13)继续升温升压,关小调门,保持负荷。 14)当蒸汽到达额定值时,带满负荷。

(2)汽轮机启停过程主要控制指标(如表 4.10 所示)

表 4.10　汽轮机启停过程主要控制指标

名　　称	机组形式					
	N300-165/550/550		N200-130/535/535		N125-135/550/550	
	升温	降温	升温	降温	升温	降温
①温升率/(℃·min^{-1}):						
主蒸汽温度	2.5	1.5	1.0~2.0	1.0~1.5	小于2~2.5	小于1.5
再热蒸汽温度	3.5	2.5	1~2	1.0~1.5	小于3~3.5	小于2.5
主蒸汽、再热蒸汽管道外壁温度	8.0		8.0		小于8	
高压自动主汽门、调节汽门、中压联合汽门壁温	6.0		4~5		小于4~6	
汽缸、法兰壁温度	2.5		2~2.5		小于2~2.5	
②温差/℃:						
法兰中心与螺栓	50		35		小于35~50	
汽缸外壁与法兰外壁	+80~-40				小于80	小于40
汽缸上下壁	35		35		小于30~35	
法兰上下壁	30		15		—	
法兰左右壁	25		5		小于25	
法兰内外壁	100~-80		小于100		小于100	小于85
③胀差/mm:						
高压胀差			-1~+5		0~+6	
中压胀差			-1~+4.5		—	
低压胀差			-3~+6(东汽D06机组)		-1.5~+7	
④振动(轴承)/mm:						
n 小于1 500 r/min	小于0.04		小于0.03		小于或等于0.05	
n 大于150 r/min	小于0.05		—		小于或等于0.05	
过临界	小于0.15		小于0.10		—	
⑤大轴晃度/mm						
不大于原始值			0.02		0.05	

(3)汽轮机组的冲转参数(如表 4.11 所示)

表 4.11　几种类型机组的冲转参数

机组类型	启动状态	冲转前缸温/℃	推荐的冲转参数			
			主蒸汽参数		再热蒸汽参数	
			P/MPa	t/℃	P/MPa	t/℃
国　产 N300-165/550/550	冷态	小于200	0.98~1.47	250~300	—	大于200 不低于中压缸缸温
	温态	200~370	2.45~2.94	高于缸温50	—	
	热态	大于370	2.45~2.94	过热度不低于50	—	

续表

机组类型	启动状态	冲转前缸温/℃	推荐的冲转参数			
			主蒸汽参数		再热蒸汽参数	
			P/MPa	t/℃	P/MPa	t/℃
国　产 N200-130/535/535	冷态	小于 150	1.37 ~ 1.56	240 ~ 250	—	大于 120
	热态	大于 150	—	高于缸温 50 ~ 100 过热度不低于 50	— —	高于缸温 30 ~ 50 过热度不低于 50
国　产 N125-135/550/550	冷态 热态	小于 150 大于 150	0.784 ~ 0.98	220 ~ 250	— —	接近主蒸汽温度
日本产三菱 350 MW 机组	冷态	小于 120	5.88	360	—	—
	温态	200 ~ 300	7.84	360		
	热态	300 ~ 400	11.76	430		
	极热态	大于 400	13.72	480		
法国产 300 MW 机组	冷态	小于 275	4.9	350	—	—
	温态	300 ~ 350	4.9	400		
	热态	400	7.84	450		

(4)**启动过程曲线**

每种型号的汽轮机应以制造厂提供的汽轮机寿命管理曲线为依据，绘制各种工况的启动曲线。图 4.18 为国产 300 MW 汽轮机冷态滑参数启动曲线，图 4.19 为国产 300 MW 汽轮机热态启动曲线。

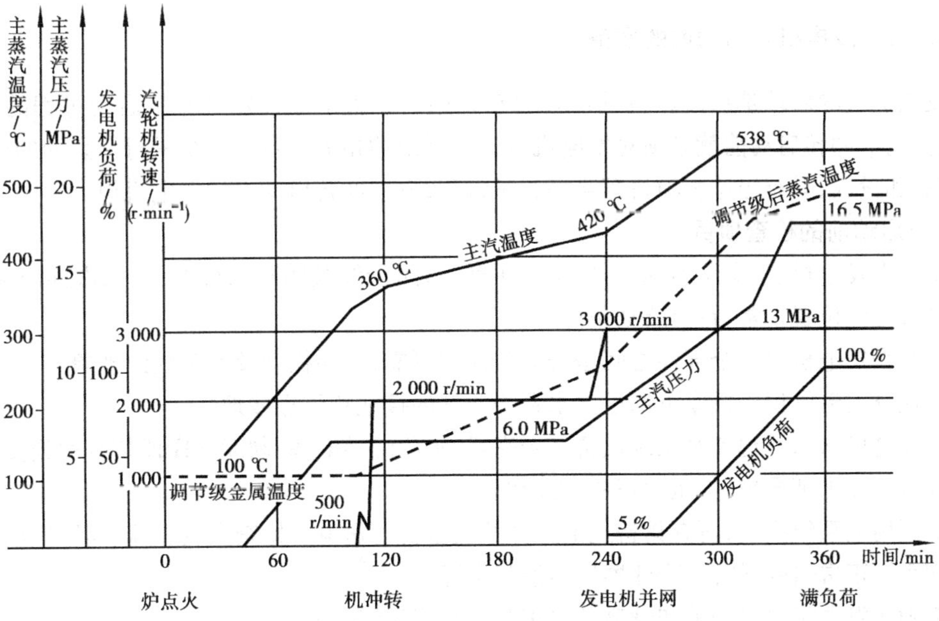

图 4.18　国产 300 MW 汽轮机冷态滑参数启动曲线

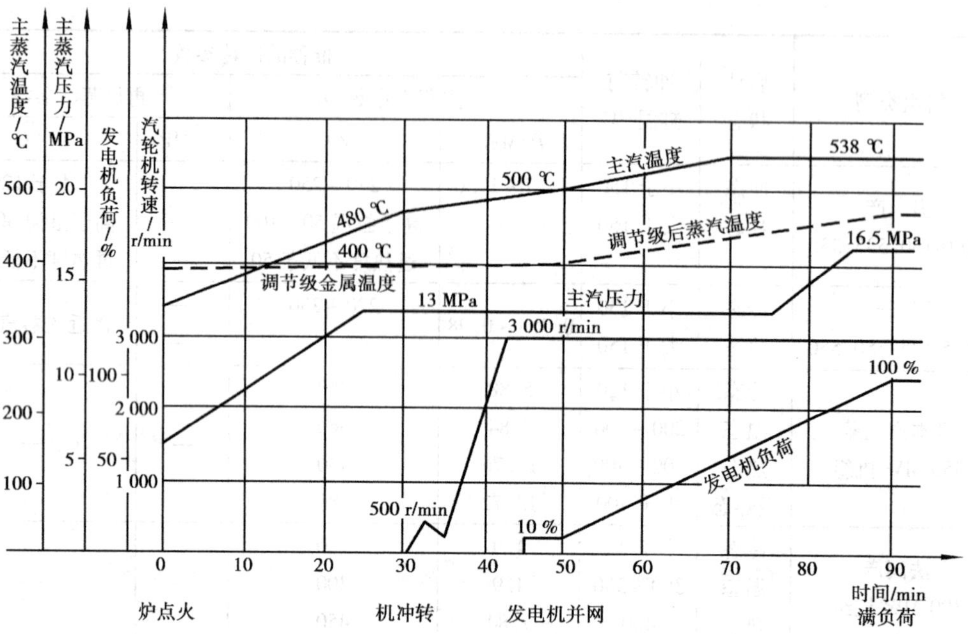

图 4.19　国产 300 MW 汽轮机热态启动曲线

4.5　发电机组的启动

4.5.1　发电机组启动前的准备

发电机组的启动是从汽轮机的冲转启动开始的。为了保证发电机组启动过程的安全可靠，在汽轮机冲转启动前就必须对发电机及变压器组的相关设备和系统进行一系列的检查、测量、试验和投入，只有当这些项目都合格和正常后，方可冲转启动汽轮发电机组。

(1)启动前的检查项目

①检查发电机、主变压器、高压厂用变压器、封闭母线及励磁系统的一、二次回路无异常、回路中各刀闸位置正常，符合启动条件。

②检查发电机组各个部件之间是否安装连接可靠，有无松动及不牢固的现象。

③检查汇流管位于机座下部进出水管法兰处的接地片可靠接地。

④发电机通水前检查水系统设备是否完好，水质的导电率、硬度、pH 值是否达到要求。

⑤定子充水情况良好，压力正常，无泄漏。

⑥厂用电系统投入，所有具备送电条件的设备均已送电。检查主变压器、高压厂用变压器的冷却系统正常，各散热器、冷油器进出油门全开。

⑦确认发电机出口开关和励磁开关正常。直流系统投入。

⑧检查发电机自动准同期并列装置状态正常可用。

⑨检查发电机、主变压器、高压厂用变压器及辅助系统的各监测及保护装置正常。

(2)**启动前的测量项目**

①在冷态下测量转子绕组直流电阻和交流电阻抗。

②测量定子绕组和转子绕组的绝缘电阻。用2 500 V摇表测定子绕组绝缘电阻应不小于5 MΩ,用500 V摇表测转子绕组绝缘电阻应不小于1 MΩ。

③测量发电机励磁回路绝缘电阻应不小于0.5 MΩ。

④测量各辅机电机绝缘良好。

(3)**启动前的试验项目**

①在DCS的发变组监控画面上试验发电机及系统的所有信号正确。

②安装、大修后,应该检查励磁系统有关动、静试验合格。

③主断路器、灭磁开关、励磁系统各个开关、6 kV厂用分支断路器的跳、合闸试验、联动试验及保护传动试验等均合格。

④励磁系统联锁试验合格。

⑤安装、大修后的发电机应做水压、定子反冲洗及气密性试验。

⑥根据规程投退有关保护压板及熔断器。

(4)**完成氢、油、水系统的相关准备及检查**

①氢冷系统。发电机启动前,对氢冷系统的所有管路、阀门均检查实验合格并组装完毕。氢气置换工作均已结束并对氢气纯度和密封性检查合格,测量仪表、保护装置均已校验完毕并安装就位。自动补氢装置应动作灵敏,压力整定值校验合格。

②密封油系统。所有管路、阀门均检查实验合格并组装完毕。工作油泵与备用油泵之间的联动回路完好,低油压信号与低油压联动的整定值正确。全套密封油回路应进行充分的油循环,彻底清除可能遗留的任何杂质,检验油系统工作状况正常。

③内冷水系统。所有管路、阀门均检查实验合格并组装完毕。内冷水泵试验正常,工作泵与备用泵间低水压联动试验良好,整定值正确。联动开关处于自动位置;断水保护延时跳闸及各种信号报警装置校验无误。

对机外内冷水管路及水箱进行冲洗及排污,然后对内冷水全系统进行通水循环。在运行水压下检查水路各处接合部有无渗漏。对内冷水质进行化验,保证其合格。

按制造厂要求,将内冷水箱补水至正常水位。启动内冷水泵向发电机进水,若机内尚未充氢,进水压力不应超过0.05 MPa。未装进水温度自动调节器时,内冷水冷却器的冷却水暂不投入。为保证内冷水水温不致过低,必要时应对内冷水进行加热。

④发电机氢、油、水系统投入、初始运行参数正常。

4.5.2　发电机的启动

发电机充氢后,当发电机内的氢纯度和内冷凝结水水质、水温、压力及密封油压等均符合规程的规定,气体冷却器通水正常,高压顶轴油压大于规定值时,即可起动转子,在转速超过1 200 r/min时,可以停止顶轴油泵。发电机开始转动后,即应该认为发电机及其全部设备均已经带电。

对于安装和检修后第一次启动的机组,应该缓慢升速并监听发电机的声音,检查轴承给油及振动的情况,检查发电机、励磁机的机械部分,在确认无摩擦、碰撞之后,迅速增加转速。在通过临界转速的时候，应该注意轴承振动及集电环上碳刷是否有跳动、卡涩或不良接触等现象，如果没有异常的现象即可升至额定转速3 000 r/min。

对已充氢的水氢氢冷却方式的发电机组，启动时应控制定子内冷水温大于氢温，氢压和内冷水压力可适当降低，至发电机并网后，再投入氢冷器冷却水。随着负荷加大和氢温提高后，逐渐开大氢冷器冷却水门、提高氢压和内冷水压，并及时投入内冷水冷却器的冷却水。

4.5.3 发电机的升压

当发电机升速至额定转速且冷却系统已经投运的情况下，即可开始按照励磁系统的有关规定，合上励磁开关，提升发电机电压至额定值。发电机加励磁后，对有刷励磁机组应检查碳刷运行情况，如出现火花，则查明原因并消除之，投入自动刷励调节。

加励磁升压操作。对发电机定子电压的上升速度不加限制，但要求加励磁时速度平稳，使电压能匀速上升至额定值。

在升压的过程中操作可采用手动或自动调压两种方式，要缓慢、谨慎，并密切关注三相定子电流，保证转子电流、电压及定子电压均匀上升，保证不出现绕组匝间短路现象。同时要及时测量发电机转子励磁回路有无接地现象。

4.5.4 发电机的并列

检查确认汽轮发电机组在3 000 r/min定速下运行正常，机炉具备并网条件，检查所有保护压板投入，自动同期并列操控装置正常，即可并网。同步发电机的并列有两种方式，即准同期并列和自同期并列。准同期并列分手动和自动两种，为了安全可靠，一般采用自动。

准同期并列是在发电机并列前已励磁，当发电机的频率、相位和电压与待并电网近似相等时，将发电机出口断路器合闸，完成并列操作。这种操作的优点是正常情况下，并列时的冲击电流较小，不会使系统电压降低，缺点是并列操作时间长，如果合闸时机不准确，可能发生非同期并列事故，造成设备损坏。因此，对准同期并列的要求很高，必须由有丰富经验的运行人员或自动准同期装置完成。现代大型发电机组均设有手动和自动准同期装置，作为发电机组并列操作时使用。

自同期并列是先不给发电机励磁，当发电机的频率接近电网频率时，将发电机出口断路器合闸，然后再给发电机加上励磁，由系统将发电机拖入同步。该方式的实质是先并列后同期，因此不会造成非同期合闸，且并列过程快。其缺点是：不经励磁的发电机并入电网时会产生较大的冲击电流，会从系统吸收大量无功，引起机组振动和系统电压下降。因此，自同期并列仅在小容量汽轮发电机、水轮发电机及同步调相机的同期并列上使用。

发电机并列操作是电力系统中很重要的一项操作。为了使并列操作后发电机迅速进入同步运行，一般用准同期并列。

在准同期并列操作过程中应该符合下列规定：

①发电机电压与系统电压差不超过±(5%～10%)额定电压。

②发电机频率与系统频率差不超过±(0.2%～0.5%)额定频率。

③发电机电压相位与系统电压相位一致，相差不大于5°。

上述三个基本条件不满足时并网，产生的后果将是严重的。当电压不等时，发电机与电网间将产生无功性质的环流；当频率不等时，将产生拍振性质的电压和电流，后者的有功分量将在发电机轴上产生拍振力矩，导致机组轴振动加大；当相位不一致时，将产生很大的冲击电流，使发电机定子端部绕组及铁芯遭到损坏。因此，发电机的并列操作是一项十分重要的操作。

④安装或大修后的发电机还应该检查与系统相序的一致性。

⑤同步表转动太快、跳动或停滞时禁止合闸。

⑥同步表连续运行时间不应该超过 15 min。

4.5.5　发电机带负荷

机组并网带上 5% ~10% 的初始负荷后，要作一定时间的定负荷暖机，再根据实际情况增加负荷。负荷的调节包括有功负荷和无功负荷的调节。在调节机组有功负荷时，要同时调节机组的无功负荷，以保持发电机的功率因数为一定值。

发电机有功功率 $P = G\Delta H\eta_i\eta_m\eta_g$。有功功率由机炉 CCS 协调控制装置或汽轮机 DEH 控制装置通过调节汽轮机进汽量 G 和蒸汽的比焓降 ΔH 来控制，电气操作人员则负责有功功率 P 的监视。有功功率的增加速率由锅炉和汽轮机的工作条件决定，一般不宜过快。

发电机无功功率的调节主要取决于发电机的调压系统。调节调压系统的电压给定值就可调节发电机承担电网中无功功率的大小，这也是维持电网电压恒定的主要措施。调压是通过调节发电机励磁绕组的励磁电流来实现的。发电机的无功功率比较抽象，它是用于电路内电场与磁场的交换，并用来在电气设备中建立和维持磁场的电功率，不对外作功。无功功率通过 EGC 自发电控制系统自动调整，以维持机端电压。

当发电机有功功率升到目标值并且运行稳定时，应该按照值长的命令进行用电操作。发电机增减电负荷的时候，必须监视发电机氢气的温升、定子的水温、铁芯温度、绕组温度及电刷、励磁装置的工作情况。当发电机加满负荷的时候，应该对发电机及二次回路进行一次详细的检查，注意接头的发热情况，电刷是否有跳动、冒火，引水管道有无抖动、渗水和振动等现象。

4.6　单元机组的停运

单元机组的停运分正常停运和事故停运。正常停运是指机组从带负荷的正常运行状态，到按规定的速率和方式逐步减去全部负荷、锅炉灭火、发电机解列、汽轮机打闸、汽轮发电机转子惰走、盘车装置投入、锅炉降压、机炉冷却、各辅机配合主机分步停运等过程。停机过程对热力设备来说是一个逐渐冷却的过程。停机过程中的主要问题是防止由于机组零部件冷却不均匀而产生过大的热应力、热变形和胀差，同时又要满足不同停机目的对停机速度和停机后炉温与缸温的不同要求。集控人员要根据不同的停机目的，合理选择不同的正常停机操作方式。

故障停机是指机组发生异常情况，保护装置自动动作或人为操作的非正常停机，以达到保护机组不致损坏或使损失减小的目的。故障停机可分为紧急故障停机和一般故障停机。紧急故障停机是指发生故障对设备系统造成严重威胁，此时必须立即打闸，解列、破坏真空，尽快地把机组停下来，紧急停机无须请示汇报，主值直接按运行规程进行处理即可；一般故障停机可以根据故障的性质不同，尽可能做好联系或汇报工作，在不使故障扩大的前提下，尽量减小停机过程的寿命损耗,按规程规定稳妥地把机组停下来。

4.6.1 单元机组正常停运方式

单元机组的正常停运是指按电网计划安排的停运。例如,按预定检修计划停运、调峰机组低谷停运等。正常停运按停机过程中蒸汽参数是否变化又可分为额定参数停运和滑参数停运两种方式。也有的现代大型机组将上述两种方式取长补短,综合使用,可称为综合停运。

(1)额定参数停运

额定参数停运是一种在定压条件下逐步减负荷的停机过程,即停机过程中,蒸汽的压力和温度保持额定值,通过控制汽轮机调节汽门开度减小进汽量,可用较快的速度减负荷停机。采用这种方式停机时,汽轮机的冷却作用仅来自于通流部分蒸汽的流动和蒸汽的膨胀温降,对汽轮机冷却慢,加之减负荷时间短,故停机后汽缸温度可以维持在较高的水平。

额定参数停运过程中汽轮机的减负荷操作有单阀调节和顺序阀调节两种。单阀调节时调节级后温度变化小,故负荷减到零时的缸温下降小;顺序阀调节则相反。故应根据不同的停机目的,灵活选用单阀调节和顺序阀调节。

额定参数停运方式不论是单元制还是母管制机组都可采用。采用此方式进行单元制机组两班制运行的调峰停机,可在停机后保持较高的炉温和机温,有利于次日的启动。

额定参数停运时,由于减负荷速度快,各项操作就显得紧张,因此,在停机前必须做好充分的准备工作,保证停机每一环节顺利进行,防止设备损坏。大容量再热汽轮机组减负荷过程中,锅炉始终要维持额定参数,这给运行调整带来一定难度,同时也造成燃料浪费,因此要根据实际需要选用这种停机方式。

(2)滑参数停运

滑参数停运是指在调节汽门全开或开度不变的状态下,借助锅炉降低蒸汽参数来减小汽机负荷和冷却机组的停机方式,它可以使机组停机后汽缸金属温度降低到较低的水平,并大大缩短了汽缸冷却时间。此方式使机炉部件的温度变化大,故要控制好温降速度。

滑参数停运也有两种不同方式:一是在停机减负荷过程中,蒸汽压力和温度交替滑降,停机后可获得较低的炉温和机温;二是在停机减负荷过程中,只滑降蒸汽压力,温度则保持不变,停机后可获得较高的炉温和机温。若为了停机后揭缸检修,应采用前者。

滑参数停运过程中首先要保证主、再热蒸汽温度均匀下降。这是汽轮机各部件和锅炉汽包能否均匀冷却的先决条件,也是滑参数停机成败与否的关键,因此,滑参数时的温降率应严格限制并与降压相配合,交替进行。和滑参数起动的道理一样,滑参数停机也是采用低参数、大流量的蒸汽冷却汽轮机,一般以保持调节级处蒸汽温度比该处金属温度低 20 ~ 50 ℃的原则来降汽温。由于滑参数停机时,调节汽门开度大且不变,蒸汽全周进入汽轮机,可以使金属部件均匀冷却,而且金属温度可以降低到很低的水平。另外,降温过程中,转子表面受热拉应力和机械拉应力的叠加应力,因此,蒸汽降温率要小于启动时蒸汽的升温率。

当单元机组为消除某些设备外部缺陷或两班制调峰停机,使停机后保持较高缸温时,就可以按定温滑压的方法,保持调节汽门全开,主、再热蒸汽温度不变,逐渐降低主蒸汽压力,使负荷逐渐下降,这种停机方式称为滑压停机。它主要是为了在消除缺陷后或调峰要求再次启动时,汽轮机与锅炉的金属温度水平都较高,启动或加负荷的温度变化较小,即使有较大的温升率,汽缸和转子的热应力也不会超过允许值,从而不仅缩短了启动时间,而且增加了机组的灵活性。

在滑参数停运的操作方法上，有的电厂习惯于一开始就按照滑参数停机曲线进行滑参数降负荷；另一些电厂则一开始就先用调节汽门减去一定负荷，并进行必要的设备系统切换，然后再降温降压降低负荷，这种方式也称作复合滑参数停机。

综上所述，由于停机的目的不同，停机后所需要保持的汽缸金属温度水平也不同，在运行操作上也有所不同。因此在正常停机操作前，要针对停机目的，合理选择停机方式。无论是用何种方式停机，均要求汽轮机各受热部件能够均匀冷却，把胀差、热应力、热变形及机组振动控制在允许的范围内，保证停机过程的安全。额定参数停机时，汽缸温度变化小，易于控制；而滑参数停机时，无论是蒸汽温度还是金属温度变化都较大，因而滑参数停机操作要比额定参数停机操作难度大。

4.6.2　机组正常停运前的准备

单元机长接到停机命令后通知并联系电气、热工、化学、燃运等人员，做好机组停运准备工作，机组停运前应对各系统设备进行一次全面检查，记录缺陷以便停机后安排消除。

(1)**汽机停运前的检查**

①启停试验交流油泵、直流事故油泵、顶轴油泵、空试盘车电机工作均应正常，若试验不合格，非紧急故障停机条件可暂缓停机，待消除故障后再作停机操作；

②做好轴封供汽系统，夹层加热系统，高、低压旁路、除氧器备用汽源的暖管工作；

③检查电动给水泵组处于良好备用状态；

④做好汽轮机组的疏水准备工作；

⑤做好自动主汽门和调节汽门的活动试验，保证其动作灵活。

(2)**锅炉停运前的检查**

①对燃油系统全面检查一次，试投油枪，确认整个燃油系统备用良好；

②冲洗汽包就地水位计，校对上下水位计一次；

③停炉前对各受热面进行一次全面吹灰，以保持受热面在停炉后处于清洁状态；

④查原煤仓的存煤，停炉超过7天应将原煤仓内存煤烧空，以防自燃。

(3)**发变组停运前的准备**

①接到电网调度员解列发电机指令后，集控人员应按值长命令填写倒闸操作票，并经审查核准后执行；

②按操作票切换厂用电后，拉开本机供厂用电开关，将本机的有功及无功负荷转移到其他运行机组上。

4.6.3　锅炉机组的停运

锅炉的正常停炉分为检修停炉和热备用停炉两种：前者停炉时间较长，是为大小修或冷备用而安排的停炉，要求停炉至冷态；后者停炉时间短，是根据调峰或锅炉外围紧急抢修的需要而安排的，要求停炉后炉、机金属温度保持较高水平，以便重新启动时，能按热态或极热态方式进行，从而缩短启动时间。

根据停炉过程中蒸汽参数是否变化，又分为滑参数停炉和额定参数停炉两种：滑参数停炉的特点是机、炉联合停运，利用停炉过程中的余热发电和强制冷却机组，这样可使机组的冷却快而均匀,对于停运后需要检修的汽轮机,可缩短从停机到开缸的时间;额定参数停炉的特点是停炉过程中锅炉参数不变或基本不变,通常用于紧急停炉和热备用停炉。不论采用哪一种停炉方式,汽轮机和发电机也都随之停止运行。

(1)正常滑参数停炉至冷态的操作过程

正常停炉至冷态多采用压力和温度交替滑降方式。其一般步骤包括停炉前准备、降温降压减负荷、停止燃烧和降压冷却等几个阶段。

降温、降压减负荷:降温、降压减负荷是一个逐步减若炉内燃烧的动态变化过程,要保证其连续、稳定和完全燃烧。在逐步降低锅炉燃烧率的过程中,按照一定的速率(如1.5% MCR/min)降低机组负荷。随着负荷的降低,汽压和汽温也逐渐下降。各煤粉燃烧器或磨煤机按照拟定的投停编组方式减弱燃烧。在减弱煤粉燃烧的同时可投入相应层的油枪,以防止灭火和爆燃,最后完成从燃煤到燃油的切换。随着燃料量的不断减少,送风量也应当减少,但最低风量不应少于总风量的30%。

降负荷方式的转变:当机组负荷降至某一较低负荷时,锅炉可暂停燃烧调节,改用开大汽机旁路继续降负荷。借助汽轮机调节汽门和旁路汽门的配合调节,汽轮机逐渐降低负荷而机前汽压和汽温保持基本不变,主蒸汽和再热蒸汽都保持有50 ℃以上的过热度。锅炉负荷减至5%左右即可停止燃烧,汽轮机打闸停机,或可继续利用锅炉余热所产蒸汽发一小部分电之后停机。

降压与冷却:锅炉停止燃烧、汽轮机打闸后,锅炉即进入降压与冷却阶段。这一阶段总的要求是要保证锅炉设备的安全,所以要控制好降压与冷却速度。逐步关闭一、二级旁路系统,将过热器、再热器出口联箱各疏水门打开一段时间后关闭,以防止汽压、汽温回升并控制降压与冷却速度。在维持5~10 min的炉膛吹扫后,停掉送、引风机,并关严炉门和各烟风道风门、挡板,以避免停炉后降压冷却过快。何时恢复通风,依停炉目的而定。对停炉热备用的锅炉,不需要通风冷却;正常停炉至冷态时,可进行自然通风;对于需紧急抢修的锅炉,应强制通风。回转式空气预热器须待烟温降至规定值以下后才能停止运转。停止上水后,开启省煤器再循环门。根据放水时的压力和温度要求,当锅水温度降至一定值后,可将锅水放掉。

停炉过程中压力、温度变化速率的控制:滑参数停炉过程中,为使汽包壁温差不超过规定数值,要求汽包内工质温度以1 ℃/min左右的速度下降,相应的降压速度视蒸汽压力不同为0.05~0.15 MPa/min,开始时汽压较高,降压速度可较大,后阶段的汽压较低,降压速度应较小。主要由燃烧率控制降压速度。在汽压下降的同时汽温也会下降,汽温下降速度取决于汽轮机冷却的要求,通常过热蒸汽的降温速度大约为2 ℃/min,再热蒸汽降温速度大约为2.5 ℃/min。要控制再热汽温与过热汽温变化一致,不允许两者温差过大,同时应始终保持过热汽温有不低于50 ℃的过热度,以确保汽轮机的安全。为此,除用燃料量和使用减温水调节汽温外,还可通过汽轮机增加负荷的办法共同进行控制。

(2)某600 MW机组亚临界汽包炉正常滑停至冷态操作实例

1)停炉操作程序

①机组逐渐减负荷,与蒸汽流量减少的同时,减少燃烧率。可以随负荷减少,降低压力来加速冷却。按汽轮机要求确定降温速度,汽温控制、燃烧控制和给水控制仍保持自动,直到手动更好地控制时为止。

②当所有给煤机转速降到最大转速的50%时,将准备停运的磨煤机对应的燃烧器油枪投

入,将该磨煤机切换到手动位置,逐渐降低给煤机转速,当降低到最低时,关掉给煤机。关掉给煤机的煤闸门,而磨煤机继续运行,待磨煤机排空后,停磨煤机,调节风量,使燃烧稳定。除非事故状态,停磨煤机前总是应该排空磨煤机。

③磨煤机切除后,对应燃烧器的二次风套筒和分级风风门应关至冷却位。

④当切除到只剩下两台磨煤机,而且有一台磨煤机的给煤机转速降到最大转速的50%之前,投入相应的油枪运行。

⑤投入全部吹灰器。

⑥随着燃料量的减少,相应减少风量,燃烧器全部停止和机组解列前,风量不能低于最大风量的30%。

⑦在降负荷时应检查机组热膨胀位移情况。

⑧在最后一台磨煤机停运后,退出稳燃油枪,机组解列。

⑨汽轮机解列后,汽轮机旁路应自动打开。立即全开过热器和再热器出口排气阀和疏水阀,如果要进一步降低压力,则要打开过热器系统其他疏水阀。

⑩打开省煤器再循环管道阀门,关闭减温水隔绝阀。

⑪熄火后引风机和送风机至少运行5 min(风量为总风量的30%)来吹扫炉膛。

⑫当锅炉主蒸汽压力降至0.18 MPa时,打开锅筒排气阀。

⑬空气预热器进口烟温降至150 ℃时,才能停运空气预热器和风机。

⑭若锅炉要全部排空,可采用带压放水余热烘干,在疏水前炉水温度至少降到150 ℃。

2)停炉操作注意事项

①滑停过程中汽机、锅炉要协调好,降温、降压不应有回升现象。停用磨煤机时,应密切注意主汽压力、温度、炉膛压力和汽包水位的变化。注意汽温、汽缸壁温下降速度,汽温在10 min内急剧下降50 ℃,应打闸停机。

②监视主蒸汽温、再热汽温降温率及金属温降率应在允许范围内,主汽温降小于1.5 ℃/min,再热汽温降小于2.5 ℃/min,金属温降在1~1.5 ℃/min。

③关汽包加药门前,应通知化学停止加药泵。

④锅炉熄火后,应专人监视控制汽包水位和汽包壁温差,温差控制在汽包冷却曲线规定的范围内。

⑤停止磨煤机、油枪时严格执行停止步序,吹扫要彻底。

⑥严密监视空预器进、出口烟温,发现烟温不正常升高和炉膛压力不正常波动等再燃烧现象时,应立即采取灭火措施。

⑦减负荷过程中及时调整燃料量和风量,保持燃烧稳定,及时投入油枪助燃。

3)锅炉冷却的操作

①正常冷却。锅炉熄火6 h后,打开送吸风机进出口及有关风门、挡板,使锅炉自然通风冷却。锅炉熄火12 h后,启动单侧吸、送风机维持30% BMCR风量对锅炉强制通风冷却。利用过热器疏水门或高低压旁路控制汽包降压速度不超过0.2 MPa/min。当汽包压力为0.17 MPa,过热器出口汽压降至0.1 MPa,汽包壁温小于或等于111 ℃时,打开炉顶所有空气门、水冷壁各放水门和省煤器各放水门,锅炉全面放水。当予热器入口烟气温度降至120 ℃以下,根据需要可以停止予热器、引风机、送风机运行;如锅炉停运后炉膛、尾部烟道有人进入,则需要运行予热器、引风机、送风机至予热器入口烟气温度40 ℃以下。捞渣机在刮板上没有灰

渣后停止运行。引风机停止 2 h 后,停止电除尘振打装置运行。当炉膛温度 80 ℃以下时,停止火检风机运行。当省煤器、空预器、电除尘下灰斗不落灰时,停止干除灰系统运行。

②强制冷却。锅炉的强制冷却应按照汽包冷却曲线进行。当锅炉受热面有抢修工作或其他原因需将锅炉快速冷却消压时,可采用下列冷却方法:

锅炉熄火吹扫后停运所有吸、送风机,关闭烟气系统挡板闷炉,熄火 4 h 后启动单侧送、引风机保持 25% MCR 风量强制通风冷却。

若锅炉一次汽、水系统受热面爆破、泄漏严重,锅炉熄火吹扫完停运一组送、引风机保持 30% MCR 风量进行强制冷却。

锅炉熄火吹扫后,若要立即进行强制通风冷却,应经总工师批准。

应尽可能将汽包水位维持在高水位,直至放水前,否则开电泵上水。

用过热器疏水控制降压速度。当过热器出口汽压降至 0.1 MPa,汽包下壁温小于或等于 111 ℃时,打开水冷壁各放水门、省煤器各放水门和汽包空气门,将炉水放尽。如需干燥热放水,当汽包压力降至小于或等于 0.5 MPa 时,开启锅炉各放水门快速放掉炉水。

(3)**热备用停炉操作要点及案例**

对于自然循环汽包炉,热备用停炉时应尽量维持较高的锅炉主蒸汽压力和温度。减负荷过程汽轮机调门逐渐关小以维持主蒸汽压力不变。汽温将随锅炉燃烧率的降低而降低,但应始终保持过热汽温有不低于 50 ℃的过热度,否则应适当降低主蒸汽压力。机组负荷降至一定值后锅炉熄火,主蒸汽阀关闭。熄火后应紧闭炉门和各烟风道风门、挡板,以免锅炉急剧冷却。但由于熄火时蒸汽参数较高,应监视受热面金属壁温,防止超温。对于分离器外置式直流锅炉,热备用停炉时不必投入启动分离器,其余则与停炉至冷态一样。

某 600 MW 机组亚临界汽包炉热备用停炉案例:如果锅炉停炉时间短而且要保持在某个压力和温度下,除遵循正常停炉类似程序外,还应遵循如下要点:

①机组减负荷时,汽包降压速度要比正常停炉小,当汽轮机解列后锅炉已达到要求保持的压力时,可用关闭全部过热器排气阀的方法来保持锅炉压力,再热器排气阀和疏水阀仍维持打开状态。

②不需要关闭给煤机入口闸门,也不必排空磨煤机和给煤机。当磨煤机退出运行后,关闭该磨煤机热风门。当风粉混合物降至 49 ℃,停给煤机。磨煤机继续运行直至排空,然后停磨煤机。

③炉膛熄火后,引风机、送风机与空气预热器继续保持运行直至空气预热器进口烟温降至 150 ℃以下。在关闭空气预热器和风机后关闭所有烟道、二次风道和分级风风道挡板。

④锅炉处于热备用状态时,应按正常运行进行巡回检查。

(4)**锅炉在冷备用期间的防腐保养**

锅炉在冷备用期间会受到氧化腐蚀。氧的来源,一是溶解在水中的氧,二是从外界漏入锅炉的空气中所含的氧。减少水中和外界漏入的氧,或者减少受热面金属与氧接触的机会,就能减轻氧化腐蚀。

锅炉冷备用保养时所采取的防腐方法应当简便、有效和经济,并能适应使备用炉在较短时间内就可投入运行的需求。根据锅炉冷备用的不同情况和条件,锅炉停用期间的防腐保养方法有湿式防腐法、干式防腐法、气体防腐法三大类。

1)湿式防腐保养法

①充压防腐法。当锅炉停止运行转为备用,备用期不太长并且承压部件又无检修工作时,大多采用充压防腐。即在锅炉中保持一定的压力和高于100 ℃的炉水温度,防止空气进入锅炉,达到防腐的目的。

当锅炉停止运行适当时间后,应进行锅炉换水的工作,换水的目的是促使炉水的品质合格。换水时,通过锅炉各下部定期排污门进行放水,而由给水管路省煤器进口门的旁路门向锅炉补水。换水过程中锅炉水位应保持一次水位计上部最高可见水位,在保证汽包壁温差不超过规定数值下,可以加快换水速度。当炉水品质合格后,停止换水,将各管路系统与其他锅炉系统隔绝。在汽压和过热器管壁温度降到较低数值时,即可通过给水管路向锅炉上水充压,使整个锅炉充满水。

压力防腐时的压力一般保持在10~30 kg/cm^2 的范围内。充压防腐期间,炉水磷酸根、溶解氧等指标应符合化学监督的规定,如不符合应继续换水。检修后的锅炉转入压力防腐时,应点火升压至适当压力后停下来,再进行充压防腐。由于压力防腐的方法简单、方便,故应用较为普遍。国内电厂常用的充压防腐方法有蒸汽压力法和给水压力法两种。

蒸汽压力法:锅炉如需短期热备用停炉时采用此方法,保持炉内蒸汽压力0.5~0.98 MPa范围之内,定期检查炉水中的溶解氧,严密关闭各门、孔、风、烟挡板,尽量减少压力下降,如压力低于0.5 MPa,投入邻炉蒸汽加热或重新投油枪升压。实践表明,这种方法不但能保证锅炉不会产生氧腐蚀,而且又比较经济。

给水压力法:此方法适用冷热备用锅炉,停用期限在一周左右,锅炉停用后,待压力降至零,锅炉进满水顶压保持在0.5~0.98 MPa。如果压力下降,应重新启动给水泵顶压。

②氨-联氨防腐法。锅炉冷备用,停用期一周以上采用联胺防腐效果较好。停炉后,待压力降至零,锅炉进满水顶压,保持压力在0.5~0.98 MPa以上,化学人员将氨-联氨溶液加入炉水中。

联胺是较强的还原剂,联胺与水中的氧或氧化物作用后,生成不腐蚀的化合物从而达到防腐的目的。联胺防腐以前,应将锅炉各联箱及管道水放尽,关闭各放水门和省煤器入口门,并将各管路系统与其他锅炉进行隔离。给水管路处于备用状态。联胺是剧毒品,配药必须在化学工作人员的监护下进行,并应做好防护工作。

在专门的水箱内配好药后,用泵将一定浓度(如300 mg/L)的联胺药液先经过热器反冲洗管路使过热器充满药液,再经下降管使整个锅炉充满药液。然后开启给水管路省煤器进口门的旁路门用给水进行顶压,使压力保持在0.98 MPa以上的范围内。

联胺防腐后,锅炉进行启动或需要转入检修时,都必须先放尽药液并用水冲洗干净,使炉水中的联胺含量和氨的含量小于规定数值后,才能点火或转入检修。

③碱液防腐法。锅炉停用后在锅炉受热面中充满pH达到10以上的碱性溶液,例如采用苛性钠(NaOH)、磷酐(P_2O_5)、亚硫酸钠(Na_2SO_3)、磷酸三钠(Na_3PO_4)溶液等,能使金属表面生成一层保护膜,因而减少了氧气与锅炉受热面接触的机会。

进行碱液防腐时,应预先清除锅炉受热面内外的污垢,并使各管路系统与其他锅炉隔绝,然后将碱性溶液经专用泵打入锅炉使其充满整个受热面。在整个备用防腐期内,锅炉的压力应高于大气压力(一般为2~4大气压),并保持炉水中的药液浓度;当药浓度降低到一定数值时,应补加药液。

无论采用哪一种湿式防腐法,都应当注意在冬季不能使炉内温度低于零度,以防止冻结损坏设备。

2)干式防腐保养法

①炉放水余热烘干法。对于按计划进行大、小修的锅炉,一般采用热炉放水负压余热烘干法。在关闭锅炉主汽门后,利用向空排汽门或启动旁路系统(点火管路)来控制降压速度使之符合规定,并严密关闭锅炉各风门、挡板、入孔门、看火孔,防止炉内热量散失。当锅炉压力下降至较低的数值(如1.0 MPa以下)、汽包壁温降至约200 ℃以下时,开启事故放水门放水。在汽压达0.8 MPa以下时,可解列给水管路,开启定期排污门和省煤器放水门向地沟放水。炉水放完后,关闭启动旁路系统,投入负压抽气器进行抽真空。并开启与邻炉的热风联络门,保持低温省煤器后的烟气温度在110 ℃以上,利用炉内的余热来烘干锅炉,使炉内的存水蒸发。由于炉水具有一定碱度,可在金属表面生成一层保护膜,因而能起一定的保护作用。当烘干完毕,停用负压抽汽器,然后启动风机对锅炉进行通风冷却。

热炉放水的注意事项:在带压热炉放水过程中,汽包上、下壁温差达到45 ℃时,应暂停放水,待温差稳定后,重新进行放水;当炉膛内有大块的炉渣包住炉管,应根据具体情况,适当放慢放水速度或放水时间,防止该处炉管过热;在放水过程中,应检查各处膨胀是否正常。停炉后应开启再热器对空排汽门和冷段疏水门,以供烘干再热器。

②干燥剂防腐法。锅炉停炉后,当炉水温度降至100～120 ℃时,将锅炉各部分的水彻底放空,并利用余热或利用点火设备点微火烘烤,将金属表面烘干。清除沉积在锅炉汽水系统中的水垢和水渣,然后按锅炉容积放置一定数量的具有吸湿能力的干燥剂(如无水氯化钙$CaCl_2$、硅胶、生石灰等,其用量为1～3 kg/m^3),来保持锅炉金属表面的干燥状态。干燥剂装入无盖器皿中放入锅内,锅炉应处于密闭状态,然后定期进行检查和更换干燥剂。

干燥剂防腐法比较麻烦,效果也不够好,因而现在很少采用。

3)气体防腐保养法

气体防腐法适用于长期备用的锅炉,有充氮防腐和充氨防腐两种。

①充氮防腐。在氮气来源方便的条件下,可以采用此法。氮(N_2)为惰性气体,当锅炉内部充满氮气并保持适当压力时,空气便不能进入炉内,因而能防止氧气对金属的侵蚀。

充氮的方法是先将锅炉各系统与其他锅炉系统隔绝,当锅内压力降至低于氮气母管的压力时,开启充氮气阀门,将氮气充入锅内(例如从汽包充入)。充氮时,锅炉可以一面放水一面充氮,叫做湿式充氮;也可以先放尽炉水,然后再充氮,叫做干式充氮。

充氮防腐时,氮气压力一般保持3 kg/cm^{2}左右。每隔一定时间开启氮气阀门顶压一次。并由化验人员定期化验氮气纯度,一般是在99.8%以上,当纯度下降时,应进行排气,并充氮至合格。

②充氨防腐。当锅炉停炉放尽炉水并充入一定压力的氨气后,氨气(NH_3)溶解于金属表面的水珠内,在金属表面形成一层氨水(NH_4OH)保护层,此保护层具有强烈的碱性反应,可以防止腐蚀。

氨气应从锅炉的最高点充入(例如将氨气瓶放置于锅炉最高处,并用管子与锅炉上部的空气门相连)。氨气从上部流入锅内时,由于空气的比重较氨气大(氨气比重为0.59 g/m^3,空气为1.29 g/m^3),就使空气从锅炉下部排出;当氨气到达锅炉的最低点时(可以从气味来判断),即可关闭下部的阀门。充氨防腐时,锅炉内保持的过剩氨气压力约为100 mmHg汞柱。

当锅炉停止备用时,点火以前应将氨气全部排出,并用水冲洗干净。

4.6.4　汽轮发电机组的停运

汽轮发电机组的停运过程包括减负荷、发电机解列、汽轮发电机转子惰走、盘车装置投入、辅机停运等内容。

(1)减负荷过程中的操作

在减负荷过程中要按寿命损耗的要求控制好降负荷的速率，一般为(1～3) MW/min，滑参数停机与额定参数停机的降负荷速率不同。滑参数停机时因汽温汽压滑降，使缸温下降较大，为控制热应力及胀差不超限，降负荷速率应取小。额定参数停机时因汽温汽压不变，降负荷时缸温的下降仅取决于蒸汽在机内的膨胀状态变化，故缸温下降较小，降负荷速率可取大。

滑参数停机时，为防止汽缸应力超限，应控制主、再热蒸汽温度的下降速度不超过1～1.5 ℃/min，对应金属温度下降速度不超过1～1.5 ℃/min。控制调节级后蒸汽温度低于该处金属温度30～50 ℃，且有50 ℃的过热度。当主蒸汽压力滑降至低于3 MPa后，过热度不易保证，此时要特别注意防止汽轮机发生水冲击事故。

负胀差的控制是安全停机的关键所在，在减负荷过程中，当负胀差增长过快时，应采用投用汽缸夹层冷却装置使汽缸的收缩与转子同步、调整轴封供汽温度、改变降负荷速度等相关措施，将负胀差控制在安全范围内。

在减负荷过程中，负荷降到相应定值时，须及时执行如下相关的辅机操作：①投入凝结水泵的再循环系统；②切换除氧器汽源；③切换轴封供汽汽源；④随着负荷的降低，按顺序先后切除高压加热器、低压加热器，并停止其疏水泵运行；⑤将高压加热器疏水至除氧器切换为疏向凝汽器；⑥随着负荷的降低，逐个减少凝结水泵和循环水泵的台数；⑦在单元制系统中装有汽动给水泵时，当负荷降至相应数值时，例如30%～50%额定值，锅炉给水改用电动给水泵，汽动给水泵按其运行规程停下；⑧开启汽轮机本体疏水门；⑨对于单元制机组，当汽轮机负荷低于30%～40%额定值时，根据锅炉正常运行的需要，须及时地投入旁路系统。

在减负荷过程中，随着有功功率的减小，要相应减小无功功率，以保证发电机功率因数约为0.9。负荷减至一定值后，可停用自动调节励磁装置。减负荷后发电机转子和静子电流相应减小，线圈和铁芯温度降低，应及时减少各发电机冷却器的冷却水量。

(2)发电机解列、汽轮机断汽与转子惰走

当发电机有功负荷降到零，无功负荷降到接近于零后，汽轮发电机组的停转操作有两种方式：一是先切断发电机—变压器组出口断路器，使发变组与电网解列，再按下汽轮机停机按钮，关闭自动主汽门、调节汽门和各抽汽逆止门，切断汽轮机进汽。二是先按下汽轮机停机按钮，关闭自动主汽门、调节汽门和各抽汽逆止门，切断汽轮机进汽，再使发变组与电网解列。

采用先打闸断汽、后解列的方式，可有效防止解列时机组发生超速事故。但要注意，在打闸断汽后，若不能及时与电网解列，则汽轮发电机组便处于特殊的无蒸汽、逆功率运行方式。汽轮机及发电机制造厂家对其运行持续时间有相应规定，一般允许时间极短。

若采用先解列方式，在机组与电网解列时，潜在有机组超速的可能性。解列后汽轮发电机组处于空转，如不打闸，应及时调节励磁，使发电机定子电压降至额定值以下，防止发电机超压。应断开灭磁开关，停止主变压器、厂用高压变压器的冷却装置。如发电机必须停转，应断开发电机出口母线隔离开关及厂用变压器回路的隔离开关。停用发电机封闭母线风扇，保持封闭母线微正压装置的运行。

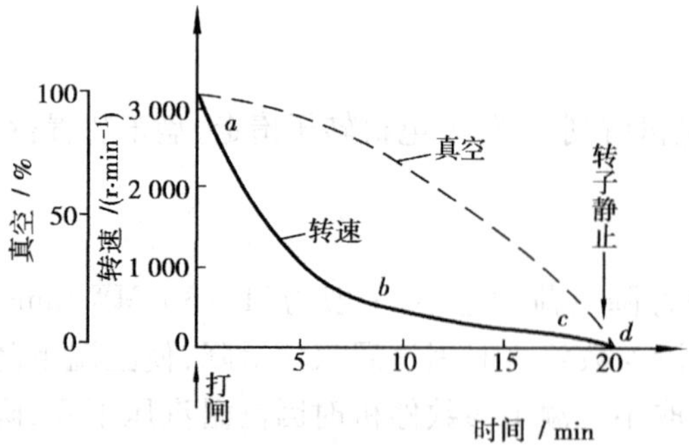

图 4.20　转子惰走曲线

汽轮机打闸断汽后，汽轮发电机转子进入惯性惰走，转子仍需继续转动一段时间后才能静止下来。从自动主汽门关闭起，到转子完全静止的这一段时间，称为转子惰走时间。表示转子惰走时间与转速下降关系的曲线称为转子惰走曲线(如图 4.20 所示)。转子惰走曲线的形状与汽轮发电机转子的惯性力矩、摩擦鼓风损失及机械损失有关。

新机组投运或机组大修后启动，应测绘转子惰走的标准曲线，今后每次停机所测绘的转子惰走曲线应与标准曲线相比较，从而分析判断汽轮发电机组是否存在轴瓦损伤、动静部分机械摩擦、汽门关闭不严等缺陷。转子惰走过程中不应停止轴封供汽，以防冷空气倒入汽缸，使轴封段转子受冷收缩，造成轴封摩擦。当转子静止、真空到零时应及时停止轴封供汽，防止停转后轴封供汽使转子弯曲，缸内金属材料受腐蚀。

图 4.21 给出了某东方 600 MW 亚临界机组滑参数停机过程曲线。

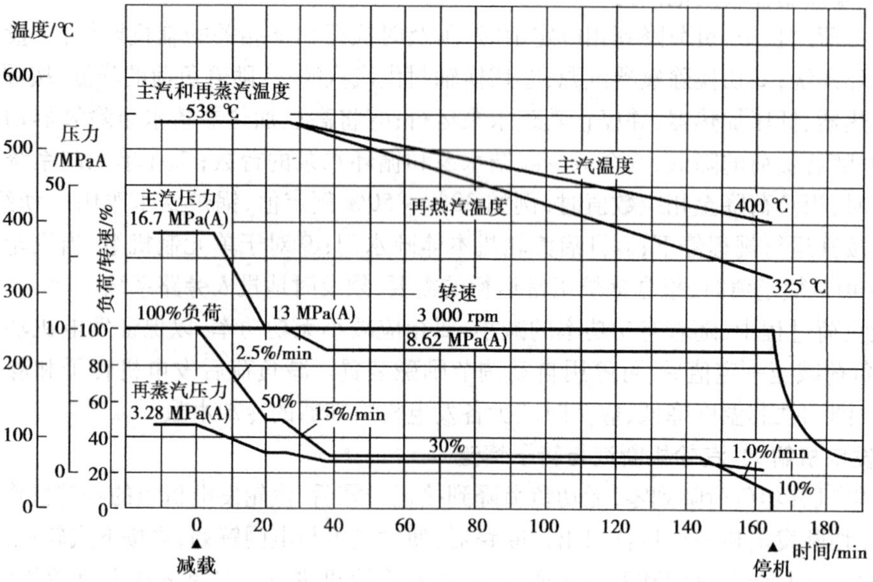

图 4.21　某东方 600 MW 亚临界机组滑参数停机过程曲线

4.6.5　某 300 MW 机组滑参数停运实例

为了缩短锅炉停运后的冷却时间，使汽轮机停机后的汽缸金属温度降到较低水平，尽早停盘车装置，揭缸检修，本机组的大、小修计划停机一般选用滑压、滑温的停机方式。该方式汽机跟随锅炉按滑压曲线滑压减负荷，同时逐渐全开调速汽门。在降负荷期间，运行人员严密监视高压内缸调节级后金属温度和中压缸进汽区域金属温度变化梯度。在“手动”和“操作人员自动”状态降负荷时，负荷率限制值由运行人员在操作盘给定。

(1)滑停过程的参数控制

在停机过程中,由于汽机要求在某些阶段需要稳定参数和负荷,所以负荷下降率应由汽机控制,必要时停止降负荷。根据汽机要求按表4.12参数降低负荷:

机组以1.5 MW/min的速度降负荷,锅炉按滑参数停机曲线降温、降压。减负荷限制要求:主、再热汽温以不大于1 ℃/min的速度降温,主、再热蒸汽以小于0.098 MPa/min速度降压。在减负荷过程中,保持主、再热蒸汽温度过热度大于50 ℃。

汽缸金属温度下降速度不超过1 ℃/min,在主蒸汽温度下降30 ℃左右时,应稳定5~10 min后再降温,目的是控制主蒸汽与再热蒸汽的温差在规定范围内,并保证汽轮机的热膨胀和胀差均匀收缩下降。当调节级后蒸汽温度降到低于高压内缸调节级处法兰内壁金属温度30 ℃时应暂停降温;并延长稳定暖机时间。减负荷过程中应注意高中压缸胀差的变化,当负胀差达到-1 mm时停止减负荷,若负胀差继续增大,采取措施无效而影响机组安全时,应快速减负荷到零。

表4.12 某300 MW机组滑参数停运参数控制

负荷/MW	减负荷时间/min	主汽压力/MPa	主汽温度/℃	暖机时间/min	备 注
300~270	30	16.7~14.5	537~500	10	高调门近全开
270~240	30	14.5~13	500~470	10	
240~210	30	13~11	470~440	10	
210~180	30	11~10	440~410	10	过热度大于或等于100 ℃
180~150	30	10~8	410~380	10	投入夹层加热
150~120	30	8~6.5	380~350	10	电、汽泵切换
120~90	30	6.5~5	350~320	20	过热度大于或等于50 ℃
90~60	30	5~3.5	320~300	20	
60~30	30	3.5~2.2	300~270	30	
30~15	30	2.2~1.4	270~250	30	
15~0	1	1.4	250	0	
300~0 MW滑停共需460 min					

(2)机组滑停过程操作要点

在"操作员自动"控制方式下,负荷目标值选择270 MW,负荷变化率选择1 MW/min,将"进行/保持"键置"进行",减负荷至270 MW。投入调节级压力反馈,随着锅炉减压降温,高调门渐近全开,退出调节级压力反馈,或者切为手动控制方式,随着锅炉减压降温,操作"阀位升"按钮,负荷不变,渐开高调门直至全开。

机组开始进入滑参数降负荷时,随着锅炉汽温、汽压的逐渐降低,注意整个滑降过程中汽温汽压的匹配关系。在降温降压的同时,可逐步减小各组制粉系统给煤机的转速,同时减小一次风量,在减给煤机转速时各组制粉系统同步进行,磨煤机一次风控制门均匀操作。当给煤机转速减至60%左右时,可根据负荷下降情况陆续选择停运第一、二组制粉系统。在停运制粉系统时根据燃烧情况决定是否投油。制粉系统切除后，要调整二次风门挡板，以配合燃烧率的降低。剩余两组制粉系统在给煤机转速降至40%，可再停运一组制粉系统运行，此时必须投部分油枪助燃。投油后空预器吹灰每两小时一次，并通知电除尘值班人员退出电除尘器运行。

根据自动装置工作情况，逐步解除机、炉协调，锅炉主控，燃烧控制，汽温控制，送风，引风控制，一次风控制等自动装置。负荷降至180 MW以下时，轴封系统冷段参与供汽，不足时调整定值由新蒸汽供轴封，注意低压轴封汽温的变化，并关闭高压门杆一档门杆漏汽至三抽隔离门及高压轴封一腔室漏汽至四抽隔离门。

负荷150 MW时，启动电动给水泵，停运一台汽泵，将给水切手动方式，手动升高电泵转。降低待停汽泵转速，注意汽包水位的变化，待停汽泵转速降至3 000 r/min时，由汽机停止待停汽泵运行，调整水位至正常，此时应特别加强监视水位和汽温的变化。

减负荷过程中应注意高中压缸胀差的变化，当负胀差达至－1 mm时停止减负荷，若负胀差继续增大，采取措施无效而影响机组安全时，应快速减负荷到零。严密监视机组振动，发生异常振动时应停止降温、降压，立即打闸停机。当调节级后蒸汽温度降到低于高压内缸调节级处法兰内壁金属温度30 ℃时应暂停降温。根据运行情况及时投入旁路系统，并注意低压缸喷水冷却系统的投入。

负荷降至90 MW时，停止另一台汽泵运行，调整水位正常。逐渐关小直至关闭减温水，逐步开大低温再热器通道调温烟气挡板。负荷降至20%时，可停止最后一组制粉系统运行，5～10 min后停运两台一次风机，此时已改为全油燃烧。负荷降至10%左右时，开启过热器疏水；根据负荷下降情况开始逐步对角减少油枪运行，在燃烧全部停止和机组解列前，风量不能低于最大风量的30%；油枪停运后，应将其吹扫干净，接到值长熄火命令后，停止全部油枪运行，锅炉熄火，MFT应动作，退出炉前油系统（若全厂锅炉均停运，可通知油泵房停运燃油泵）；负荷降至50 MW时，开凝结水再循环门，以保证凝结水泵的正常工作和凝汽器的水位。当新汽压力降到4.9～5.88 MPa，汽温降到330～360 ℃，在定压下将负荷降到5%额定负荷，检查机组无异常后应打闸停机，高中压主汽阀、调节阀和抽汽逆止阀均应全部关闭。锅炉荷降至零时参数应为：主汽压为3.43 MPa，主汽温为330～350 ℃。锅炉熄火后，要防止参数回升和管壁超温，否则应适当开启疏水阀。保持30%的通风量和－200 Pa的炉膛压力，进行5～10 min的炉膛吹扫，然后停运送、引风机，关闭各烟道挡板。

汽轮机在减负荷过程中应注意轴封及除氧器汽源的切换，并注意对疏水系统的控制：在30%额定负荷时打开低压段疏水，在20%额定负荷时打开中压段疏水，在10%额定负荷时打开高压段疏水。

（3）**机组停运后的工作**

汽轮机跳闸以后，交流润滑油泵应自动启动，否则应手动启动，同时开始记录并绘制汽轮机惰走曲线。转速降到1 200 r/min时启动顶轴油泵，在机组惰走到300 r/min时，打开真空破坏阀破坏真空，（如不停炉可不打开真空破坏阀）机组转速降到零时投连续盘车，停真空泵，同时记录大轴变曲值及盘车电流，真空到零，停轴封供汽，停轴封风机。高压内缸上半内壁温度降到200 ℃左右时，可以采用间歇盘车，每半小时翻转180°，温度降到150 ℃以下时停盘车和停顶轴油泵，在停盘车后过8 h再停润滑油泵。在停机后，即可停抗燃油系统；确信主油箱内无油烟时，方可停排烟风机。

锅炉解列和完全熄火、汽机破坏真空后即打开再热器疏水。关闭各取样门、加药门、连续排污门。停炉后6~8 h视情况可开启烟道挡板进行自然通风冷却。当空预器入口烟温达150 ℃以下时，停运空预器。炉膛出口烟温降至149 ℃以下时，方可停止火检冷却风机。

汽包压力达0.3 MPa且汽包壁温差小于或等于20 ℃，汽包壁温各点均小于或等于200 ℃时，将所有排污门，疏水门全部打开，快速带压放水，进行余热烘干。汽压达0.07 MPa时，开启汽包及过热器空气门。

将汽包水位上至可见水位最高处，然后关闭全部给水阀，若给水旁路调整门关不严，可将其调门前截止门关闭，停止给水泵，打开下降管至省煤器再循环门。

锅炉停炉后的快速冷却：①停炉前尽量将主汽压降至4.0 MPa以下。②停运后4 h，锅炉换水一次，注意保持汽包壁温差不得超标，换水方法：将汽包补水至最高可见水位，待壁温稳定后，开启下降管排污门放水，水位至低水位时停止放水，再将汽包上水至最高可见水位。以后视汽包壁温差情况，可每小时换水一次。③锅炉停运6~8 h后，开启引、送风机进、出口烟风挡板，打开炉膛各处看火孔和炉底水封门，进行自然通风冷却，如遇汽包壁温差超标，应立即关闭烟、风挡板停止通风，待壁温差正常后再打开。④锅炉停运16 h后，可启动一台引风机运行以增强通风，但必须保证汽包壁温差不超标，否则停止引风机运行。⑤待汽包压力降至0.5 MPa，汽包壁温各点均低于200 ℃时打开所有排污门，放水门带压放水。⑥汽包压力降至0.2 MPa，打开汽包及过热器空气门。

4.6.6　某300 MW机组额定参数停运实例

额定参数停机一般用于临时停机。机组若计划停机后检修，采用喷嘴调节方式是有利的，因该方式停机后金属温度较低，可缩短机组冷却时间。对于停机时间只有几小时的调峰机组或其他短暂的临时停机，为了使停机后金属温度较高，有利于再次快速启动投运，通常采用节流调节方式。根据不同停机目的，可以在操作盘上选择阀门管理方式——单阀控制或顺序阀控制（即节流调节或喷嘴调节）。

额定参数停机减负荷时，锅炉降压速度要比滑参数停机减负荷时小，一般设定减负荷率为1 MW/min，停炉时，主汽压不低于8 MPa。减负荷时，注意高中压缸和低压缸胀差的变化，如胀差太大，应放慢减负荷速度，应注意轴封气源的切换。当胀差达-1 mm时停止减负荷，稳定运行适当时间，若负胀差继续增大且采取措施无效，影响到机组安全时，应快速减负荷到零，或打闸停机。在减负荷过程中，对疏水系统的控制，根据锅炉运行情况随时投入旁路系统，注意除氧器汽源的切换。

负荷降至50 MW时，开凝结水再循环门，以保证凝结水泵的正常工作和凝汽器水位。负荷降到5%额定负荷情况下，检查机组无异常后，按下汽机跳闸按钮，发电机解列，高中压主汽阀、调节阀和抽汽逆止阀均应全部关闭；其他操作同滑参数停机。

热备用停炉中的注意事项：

①确机组减负荷时，锅炉降压速度要比滑参数停炉小，一般设定减负荷率1 MW/min，停炉时，主汽压不低于8 MPa。

②当汽机解列后锅炉已达到要求保持的压力时，可用关闭全部过热器排气阀的办法来保持锅炉压力，停炉后，再热器疏水阀仍维持打开状态。

③汽温尽量维持在额定值，在解列减温器后仍维持不了时，可任其自然下降，但必须保证过热度自始自终在50～100 ℃，主汽温不小于500 ℃。

④炉膛熄火后，应保留一组风机以25%～30%的风量对锅炉通风吹扫5～10 min后，停引、送风机运行，在停掉引、送风机后关闭所有烟道和辅助风门挡板，使风烟系统处于密闭状态，空预器继续保持运行，直至预热器入口烟温降至150 ℃以下。

⑤上水至汽包最高可见水位，当汽水系统压力不再自行回升后，关闭各疏、放水阀，取样阀、排污阀等，使汽水系统密闭，但须密切监视管壁温应不超限。当水位降至－200 mm处时，可重新上水。

⑥监视仪表及安全阀、热工保护、报警信号等安全监视装置，仍应处于投入或备用状态（汽包水位保护退出），未经值长批准，不可进行影响设备备用状态的检修工作。

其他停炉过程和操作方法与滑参数停炉基本相同。

4.6.7 单元机组的紧急停运

（1）机组紧急停运处理原则

①事故的处理，应以保证人身安全，不损坏或尽量少损坏设备为原则；

②机组发生事故时应立即停止故障设备的运行，并采取相应措施防止事故蔓延，必要时应保持非故障设备的运行；

③事故处理应迅速、准确、果断；

④应保留好现场特别是保存好事故发生前和发生时仪器、仪表所记录的数据，以备分析原因，提出改进措施时参考；

⑤事故消除后，运行值班人员应将观察到的现象，当时的运行参数，处理经过和发生时间进行完整、准确的记录，以便分析事故原因时供有关人员查询。

（2）机组紧急停炉

出现下列任意一种情况时，MFT动作，锅炉自动停炉：

①汽机跳闸且负荷大于30%（投入机跳炉保护时）；

②两台引风机或送风机全停；

③汽包水位低三值；

④炉膛压力高二值或低二值；

⑤火检探头失去冷却风（延时5 min）；

⑥负荷大于25%时，总风量小于25%超过5 s；

⑦所有燃料失去或全炉膛灭火；

⑧在少于5支油枪工作时，两台一次风机跳闸；

⑨BMS电源失去；

⑩两台空预器全停；给水泵跳闸且负荷大于20%。

出现下列任意一种情况时，应手按下两个MFT键，紧急停炉：

①MFT应动作而未动作时；

②给水、蒸汽管道破裂，不能维持正常运行或威胁人身设备安全时；

③省煤器、水冷壁爆管不能维持正常水位时；

④过热器、再热器严重爆管，不能维持汽机所允许的最低汽温汽压时；

⑤锅炉压力急剧上升,且所有安全门等拒动无泄压手段造成锅炉超压时;
⑥所有水位计损坏不能监视水位时;
⑦尾部烟道发生二次燃烧,排烟温度大于 250 ℃时;
⑧热工仪表控制电(气)源中断,无法监视、调整主要运行参数。
出现下列任意一种情况时,应请示值长要求故障停炉:
①炉内承压部件因各种原因泄漏时;
②炉水、蒸汽品质严重低于标准,经努力调整无法恢复正常;
③锅炉严重结焦难以维持正常运行时;
④两台电除尘器各电场均停电,短时间内无法恢复时;
⑤安全阀起跳后无法使其回座时;
⑥锅炉或电除尘器严重积灰,经提高引风机出力,降低机组负荷仍无法维持炉膛负压时;
⑦过热器或再热器管壁实际温度超过允许值,经多方调整仍无法恢复正常时;
⑧燃油系统严重泄漏,无法保证正常供油或有火灾危险时;
⑨除就地水位计外其余所有水位监视失灵。
MFT 故障时的特征:
①MFT 声光报警;
②“MFT 首出”画面上显示 MFT 动作原因;
③锅炉所有燃料切断,锅炉熄火;
④汽机跳闸(投入炉跳机时)。
MFT 动作后,FSSS 自动进行下列动作,否则手动干预:
①关所有油枪角阀及油跳闸阀;
②停所有制粉系统;
③关所有一次风挡板,一次风机全停;
④电除尘器全停;
⑤吹灰器全停;
⑥关闭过热器和再热器减温水,调温烟气挡板均自动开至 50%;
⑦FSSS 送给引风机控制系统一个超前信号,关小引风机导叶,防止灭火后炉膛负压太大引起内爆;
⑧如系炉膛压力异常造成的 MFT,因压力高引起跳送风机,如因压力低引起跳引风机;
⑨汽动给水泵跳闸,电动给水泵联动;
⑩汽轮机跳闸,发电机解列。
MFT 后的手动处理原则:
①确认 MFT 自动处理正常,否则手动处理;
②手动控制锅炉水位正常;
③查明 MFT 动作原因,并加以消除;
④进行炉膛吹扫,MFT 复位;
⑤接值长命令点火,若 MFT 动作前正在油煤混烧,点火前须进行油枪吹扫;
⑥点火后升温、升压、带负荷按热态开炉进行;
⑦如 MFT 动作原因一时难以查清或消除,则按热备用停炉处理,并作好随时恢复的准备。

(3)**汽轮机紧急停机**

在下列情况下,机组打闸后应立即破坏真空紧急停机

①机组发生强烈振动,瓦振达0.08 mm以上、轴振达0.25 mm;

②汽轮机或发电机内有清晰的金属摩擦声和撞击声;

④汽轮机发生水击或主蒸汽或再热蒸汽温度10 min内急剧下降50 ℃以上;

⑤主、再热蒸汽管破裂,危及机组或人身安全时;

⑥任一轴承回油温度升至75 ℃或任一轴承断油冒烟时,任一支持轴承巴氏合金温度升至115 ℃或推力轴承巴氏合金温度升至110 ℃;

⑦轴封或挡油环严重摩擦,冒火花;润滑油压低至0.06 MPa,启动辅助油泵无效;

⑧油系统着火不能很扑灭,严重威胁机组安全时;轴向位移超过跳闸值,而轴向位移保护装置未动作;

⑨汽轮机转速超过3 330 r/min,危急遮断器不动作;

⑩主油箱油位降至低油位停机值以下,补油无效;发电机冒烟着火或氢系统发生爆炸时。

在下列情况下,机组可不破坏真空立即停机:

①循环水中断不能立即恢复;

②凝汽器压力升至19.7 kPa以上(凝汽器真空快速降到71.3 kPa以下);

③凝结水泵故障,凝汽器水位急剧上升,备用水泵不能投入;

④在额定负荷下,主、再热蒸汽温度升到557 ℃或降到430 ℃,经整无效时;

⑤抗燃油压下至9.8 MPa以下或抗燃油位低到本世纪末100 mm以下时;

⑥油系统严重漏油无法维持运行时;

⑦高压缸排汽温度大于或等于420 ℃;

⑧调节保安系统故障无法维持正常运行;

⑨机组甩负荷后空转或带厂用电超过15 min;

⑩机组处于电动机状态运行时间超过1 min;高中压缸、低压缸账差增大,调整无效超过极限值。

紧急停机操作步骤:

①主控打闸或就地打闸后,检查确认机组转速下降,同时注意下述操作自动进行,否则手操完成。高中压自动主汽门及调速汽门快速关闭;各段抽汽逆止门和高排逆止门快速关闭;高低加进汽电动门联动关闭;疏水门自动联开;旁路系统动作正常;汽泵跳闸,电泵联动;轴封汽源切换正常。

②立即启动交流润滑油泵。

③全开真空破坏门,停止真空泵运行。

④检查联动电动给水泵运行,跳闸两台汽动给水泵转速下降。

⑤维持除氧器在正常水位以下,真空接近零时,禁止热汽热水排至凝汽器;根据需要关旁路,注意调节减温水。

⑥注意关闭轴封一档漏汽至除氧器电动门;关闭高压门杆漏汽门。

⑦低压缸喷水应"自动"投入,否则改"手动"投入。

⑧凝汽器再循环流量电动门联锁打开,凝泵运行正常,注意调节凝结水母管压力及除氧器、凝结器水位正常。

⑨转速降至1 200 r/min时应启动顶轴油泵。

⑩注意机组惰走情况，真空到零，转子静止，停运轴封汽，投入连续盘车，记录盘车电流、大轴晃动值、解列及静止时间。

不破坏真空立即停机步骤：

①在条件允许的情况下先降负荷至零，启动交流油泵运行正常后，再打闸停机；

②除不破坏真空，其他操作均按紧急停机过程处理，条件允许，先降负荷至零；

③非保护动作停机，应先启动交流油泵并确认运行正常后，再打闸、解列停机；

④重新恢复机组运行前，应进行全面检查，并做好启动前的准备工作；

⑤轴封可优先选择主汽提供。

4.6.8　汽轮机停运后的保养

汽轮停机后，定时记录相关参数，注意检查缸体上下壁温差、排汽温度、凝汽器及除氧器水位，防止汽水返至汽缸。停机后，高排逆止门后疏水应处于全开状态，疏水罐水位保护投入正常。冬季期间应做好设备防冻工作，放尽易冻设备的水。停机时间超过两周以上，应考虑采用热风干燥进行保养。

转子静止后应立即投入连续盘车，注意打开盘车油门。盘车投入后即投入大轴晃度表，并调整该表至"0"位，定时记录转子晃度的变化。当缸温降至200 ℃以下时也可改为间歇盘车，每半小时翻转180°。连续盘车至高压缸上半内壁温度至150 ℃时，可停止盘车运行，8 h以后可停止润滑油泵，记录转子停止时间，投入大轴晃度表，并调整该表至"0"位。在重新投入盘车时，先翻转180°，当转子晃度值回到"0"时，恢复连续盘车。盘车电机故障造成不能电动盘车时，应查明原因尽快恢复，并设法手动间断盘车180°，如果由于其他原因造成盘车不动时，禁止用机械手段强制盘车或冲转。盘车过程中，若失去顶轴油压时，应尽快降低润滑油温到30 ℃左右，并保证盘车电流正常。

停机后，发电机氢气系统置换时或发电机内排氢气时，应将补氢总门关严并挂上"警告牌"防止误开造成事故。若发电机未排氢时，应保证氢压不低于0.16 MPa，并维持密封油系统运行，但应注意监视扩大槽油位、浮子油箱油位油压的变化，防止发电机进油。停机期间应加强监视浮子油箱及真空油箱油位及发电机壳体液位计，勿使发电机密封油进入机壳。当发电机氢压降至0.2 MPa以下时，允许停止内冷水泵运行。内冷水系统进行反冲洗时，维持水压在0.2 MPa以下。

停机后应放尽系统管道、加热器、除氧器水箱的余水，采用铜管换热的凝结器、冷油器在无检修工作时，应保持通水状态或将铜管吹干，严禁将湿润的铜管暴露在空气中。

汽轮机停机后，汽缸及其附属设备、相连管道中因残留蒸汽的存在引起高湿度。另外，进入机组的空气也产生大量的湿气，空气中的水蒸气接触到冷金属并达到露点温度将不断凝结。由于氧气和金属表面电解液的联合作用，会产生各种电化学腐蚀，对汽轮机零部件及汽水系统中的低合金钢，腐蚀危害是很大的。经验都表明，在整个停机期间，如果保持系统中空气的相对湿度低于35%，同时大大降低露点温度，就可有效地防止停机期间产生的腐蚀，也可防止水蒸气在系统的最冷表面上凝结。为达到此目的，可从高、中压缸上用于强制冷却的空气入口，鼓入稍高于强制冷却空气压力的干燥冷空气，并经不断的循环，就可把汽缸及相连设备、管道中的空气相对湿度降到35%以下，有效地防止了湿汽对金属的腐蚀。

干空气保养所用的管道设备也就是强制冷却所用的管道设备，只是进行干空气保养时，空气入口孔板必须换成较小孔径的孔板，以便控制流经高压缸和中、低压缸的空气流量约为 100 N·m^3/h，汽缸内空气压力为 15 mmH_2O，干空气的纯度及湿度与强制冷却用空气相同。

当停机打闸断汽后，汽轮机的凝汽及抽真空系统一般仍需运行一段时间，以便依靠真空将汽缸及相连设备，管道中的残留凝结水尽量地吸收排出，当疏水疏完后，迅速从所有被保护的设备通入干空气直到凝汽器，以干燥整个系统。

某 360 MW 汽轮机本体的保养操作实例：

①保养时限的规定：停机的第一个月内，每周一次；停机的第二个月内，每半月一次。

②保养措施：在停机过程中，除了对抽汽管道和汽机本体进行充分疏水外，应保持连续盘车；向高、中、低压缸注入干燥风，通过连续循环实现干燥；尽可能排尽凝汽器热井存水；定期启动顶轴、盘车装置；在干燥风机故障时，抽凝汽器真空。

③干燥前的准备：检查高压主汽门、调门、高排逆止门、高缸真空疏水门、轴封供汽门均应关闭；检查中压主汽门、调门、6 号和 7 号高加抽汽电动门，2 号、3 号、4 号低加抽汽电动门，5 段抽汽电动门均应关闭；检查凝汽器汽侧人孔门应开启。

④启动干燥风机实现循环：将两台移动式干燥风机分别就位，管系法兰连接好；插好电源；检查风机运转正常；高压缸干燥空气从两端轴封排出，从高压调门后疏水管排出，中缸干燥空气从两端轴封排出，从凝汽器人孔门排出，低压缸干燥空气从两端轴封排出，从凝汽器人孔门排出。

⑤干燥风循环操制：每台干燥设备可输出 100 m^3/H 的空气，压力为 15 MPa。可在 24 h 内空气温度为 20 ℃时，把相对温度为 60% 的空气中的水分除掉 29 kg；干燥设备保证除湿能力，所用空气未带油、不含尘；检查除湿机进、出口温度、湿度和压力；如果干燥风机故障，可用仪用空气代用，压力维持 15 MPa。

4.6.9 汽轮机停机后的强制冷却

随着机组容量增大、蒸汽参数的不断提高，保温条件改善，使得停机后汽轮机自然冷却的时间也越来越长，额定参数下停机到允许停止盘车一般需要 7 天时间，滑参数停机也需要 4 天左右时间，在这段时间内汽轮机处于连续盘车状态，无法对汽轮机本体及轴承等设备进行检修工作。自然冷却大量占用了消缺检修的时间，降低了机组的可用率。特别是在事故抢修的情况下尤为突出。

额定参数停机后采用强制冷却，可以使机组由停机到停盘车的时间缩短 2～5 天，有明显的经济效益，与滑参数停机相比，还有节约厂用电和节油的效益。汽轮机停机后的强制冷却是用蒸汽或空气作为冷却介质，冷却汽轮机汽缸及转子。当前国内已有蒸汽顺流冷却、蒸汽逆流冷却、空气顺流冷却、空气逆流冷却等多种快冷方式，不论是用蒸汽或空气作为冷却介质，采用顺流或逆流冷却方式，只要运用得当，都可以达到预期的效果。

为了机组的长期安全运行，对停机后的快速冷却系统及操作有以下几点基本要求：

①要正确选择热应力敏感部位，检查和增设监测仪表，制定控制指标，使快冷对停机的寿命消耗没有影响；

②快冷系统要因地制宜，尽量利用电厂已有的条件，操作力求简单；

③冷却介质的接入和引出处要有合理的设计，防止局部过大的热应力和应力集中，防止运

行中积水或零件脱落进入管道设备中；

④对于将要采用的快冷方式，应经过必要的试验，并作出分析，加以改进，成熟后将操作步骤、有关技术指标编入运行规程；

⑤停机后快冷要进行专门记录，记录各部分金属温度、膨胀、振动等数据；

⑥统筹选取最佳冷却速度，必须确保热应力敏感部位的长期安全。从目前国内外实践来看，自机组打闸到允许停盘车为止，平均汽缸温度下降率 12 ~ 18 ℃/h 为最佳值。对空气冷却方式，若温降率过高会使空气量太大；对蒸汽冷却方式，若温降率过高则使机组转速增高；

⑦快冷过程中转子必须处于转动状态，绝对禁止在停止状态下导入冷却介质；

⑧快冷应该和停机保养一起考虑，特别是用蒸汽作为冷却介质，冷却后机内湿度大，加剧停机腐蚀。

某 360 MW 汽轮机计划停机和非计划停机后的强制冷却实例：

强制冷却是为了减少汽机冷却所需的时间。冷却时间定义为达到使转子停转和关闭润滑油系统的温度水平所需时间。该机的强制冷却系统基本上是按两天的总冷却时间设计的。

360 MW 汽轮机计划停机的强制冷却分为蒸汽冷却和空气冷却两个阶段。蒸汽冷却阶段通过滑降蒸汽热力参数及负荷，使整个汽轮机温度快速且均匀下降。冷却过程中，锅炉以 1 ℃/min的最大温度下降率，并保持汽机入口蒸汽有不小于 80 ℃的过热度滑参数、降负荷。

空气冷却阶段是当汽轮机打闸断汽、凝汽器真空破坏后（也就是蒸汽冷却阶段结束后）接着进行的，它通过向汽轮机高中压汽缸夹层通入压缩空气实现对汽机的快速冷却。

压缩空气经过滤和去湿后进入柔性连接管，再分别经移动式高压缸进气总管和移动式中压缸进气总管引入高、中压缸进汽端的内外缸夹层。空气通过两个喷嘴进入高、中压内外缸之间的间隙内，尽量靠近入口圆周平面，空气通过外缸轴封、高压缸排汽逆止阀上游疏水管及凝汽器人孔排出。

在中压缸，空气还进入五级抽汽室，以便冷却隔板套和外缸排汽部分。在整个冷却过程中，应对汽缸的温差及胀差进行监视。由于投入夹层冷却空气，使汽缸的冷却跟上或超过转子的冷却，负胀差能得到较好的控制。整个空气冷却过程中，应保证所有可能使汽缸进入蒸汽或水的阀门严密关闭。为防止腐蚀，压缩空气必须在真空破坏后尽早注入。

对冷却用压缩空气的要求是：喷入的空气必须干净、干燥、无油，含尘量小于或等于 1 mg/(N · m^3)；含油量小于或等于 2mg/(N · m^3)；相对温度（环境温度下）小于或等于 40%，汽机入口空气压力为 1.5 ~ 2 Pa，所需空气流量约为 2 000 N · m^3/h。

对于 360 MW 汽轮机非计划停机后的强制冷却，只能采用空气冷却方式进行，即在按正常的非计划停机程序打闸断汽和真空破坏后，向高、中压缸夹层通入压缩空气，对汽机进行强制冷却，其方法及流程与计划停机强制冷却中的空气冷却阶段相同。

第 5 章

火力发电机组的正常运行维护和调整

火力发电机组的正常运行是指除启动和停机工况之外的常规运行。由于每天的 24 h 中，机组发出的负荷要随电网及热网的负荷需求而变化，故机组的正常运行不是绝对的稳定，而是处于不同程度的相对变化状态，这就要求集控操作员要高度集中地对机组的运行状态进行监视、跟踪，必要时进行人工干预调整。

火力发电机组在正常运行中的维护和调整是一项经常性的细致工作。机组能否长期安全、经济运行，除了要做好启动、停运、事故预防和处理工作之外，更多的时间是要通过监盘操控过程做好以下几个方面的工作：

①通过监盘，定期抄表，巡回检查等方式监视和掌握机、炉、电设备及系统的运行状态；掌握入炉煤质的变化情况，电网及热网对热、电负荷的需求情况；进行运行参数分析对比，检查分析机组运行的安全及经济情况。

②根据外界用户热、电负荷需求及机组实际状态，调整运行方式和相关运行参数，使各项经济指标保持对应工况的应达值；贯彻负荷经济分配原则，合理分配运行机组的负荷；落实贯彻班组运行小指标考核，尽可能使设备在最佳工况下运行，降低热耗率和厂用电率，提高运行的经济性。

③加强对缺陷设备、故障系统和特殊运行方式下设备的监视，做好机组运行的危险点分析预控工作；用先进手段及方法协助做好设备的点检定修管理工作，预防事故的发生和扩大，提高设备利用率，保证设备长期安全运行。

④定期进行主、辅机的各种保护试验及运行性能试验，定期进行备用辅助设备的正常切换工作。

现代单元制火力发电机组自动化功能十分完备，但正常运行监控的参数和自动调节控制项目非常之多，控制逻辑和调节规律十分复杂。就单元机组的机、炉、电三大系统而言，运行监控任务的繁杂程度各有不同。其中，锅炉因工作时的物理及化学反应过程复杂多变，扰动因素极多，例如煤质的不稳定等，使监控调整任务最为紧张和繁重。特别是大型循环流化床锅炉机组，在偏离设计工况运行时，有些关键的自动调节项目不能正常投用或投用效果不好，需手动介入调节，其道理就像在特殊路况下开汽车，总是手动挡比自动挡节油。

汽轮机需监控的项目也较多，但自动控制投入率较高，需要人为介入调节的任务不如锅炉重。作为大型旋转机械的汽轮机本体，在正常运行时其状态比锅炉更稳定，且具有成熟完备的自动保护系统支承。发变组在正常运行中的监控调整任务则相对较轻。

全能值班要求集控操作员全面掌握炉、机、电、控的变工况运行及一体化调控规律。

5.1 单元机组的变工况运行与负荷调节

现代大型火力发电厂的火力发电机组均为单元制机组,由于机组的负荷要随电网一次及二次调频的需求变化(称为外扰)而变化,其运行工况也就自然处于相对变化之中。机组有时运行于设计工况,有时要在低负荷或超负荷工况下运行。另外,机组的运行状态还会因入炉煤质的变化、当地环境气温的变化,各设备及系统的局部异常或故障等内扰因素而变化。变工况就是指因外扰和内扰而引起的机组运行状态的变化。变工况运行是指机组从一种稳定运行状态过渡到另一种状态的变化过程。机组在稳定状态运行时,集控操作员的任务仅在于监视;机组在变工况状态运行时,集控操作员的任务一是监视,二是跟踪自动调控过程,三是人工介入辅助调控。

由上可知,单元制机组的正常运行包括了稳态运行和变工况运行两个方面。稳态运行应是指既无外扰又无内扰的运行方式,但单元制机组设备众多、系统复杂,运行时不可能无内扰,如煤粉细度,烟道漏风和积灰等情况的变化都会影响机组的工作;另外,一次调频的外扰也是随时存在的。故单元制机组的正常运行不存在绝对的稳态运行,而是变化幅度不同的变工况运行。了解引起变工况的因素,掌握变工况运行的调控规律是对集控人员最基本的要求。

5.1.1 引起单元机组变工况的因素及工况变化规律

单元制机组变工况运行时,负荷要随外界电、热负荷需求而变。单元机组负荷有三层含义:一是发电机发出有功负荷(功率 P_e);二是汽轮机热负荷,包含高缸热负荷 $D_0(i_{gr}-i_{gp})$ 和中低缸热负荷 $D_r(i_{zr0}-i_{dr1})$;三是锅炉热负荷 $D(i_{gr}-i_{gs})+D_r(i_{zr0}-i_{zr1})$。三种负荷间关系由(5.1)式和(5.2)式表示,并相互关联。当外界负荷需求变化时,锅炉要通过改变燃料量 B 调整向汽机输出的热负荷,汽机接受的热负荷再经热功转换,产生从发电机输出的电负荷 P_e。其间要产生锅炉损失、汽机损失和发电机损失。减小损失,提高效率,煤耗下降。

$$B=\frac{D(i_{gr}-i_{gs})+D_r(i_{zr1}-i_{zr0})}{\eta Q_r}\quad \text{kg/s} \tag{5.1}$$

式中 D——锅炉蒸发量,t/h;

i_{gr}——过热器出口蒸汽焓,kJ/kg;

i_{gs}——给水焓,kJ/kg;

i_{zro},i_{zr1}——再热器进口、出口蒸汽焓;

η——锅炉效率,%;

Q_r——燃料发热量,kJ/kg。

$$P_e=\frac{D_0(i_{gr}-i_{gp})\eta_{gi}+D_r(i_{zr0}-i_{dr1})\eta_{zdi}}{3.6}\eta_m\eta_g\quad \text{W} \tag{5.2}$$

式中 D_0——高压缸进汽量,t/h;

i_{gp}——高压缸排汽焓,kJ/kg;

η_{gi}——高压缸内效率,%;
D_r——中压缸进汽量,t/h;
i_{zr0}——中压缸进汽焓,kJ/kg;
i_{dr1}——低压缸排汽焓,kJ/kg;
η_{zdi}——中、低压缸内效率,%;
η_m——汽轮机机械效率,%;
η_g——发电机效率,%。

(1)**外扰因素及工况变化规律**

电厂的负荷决定于用户的需要,是随时变动的,这种来自外界的需求变化干扰称为外扰,也就是需求侧扰动。外扰因素较为单纯,因素之一是电网频率的变化,但这种扰动只有在单元机组的CCS系统或DEH系统投用一次调频功能时才起作用,此时,只要电网频率变化超过调节死区,单元制机组的CCS就会去调节锅炉燃烧和汽机调门开度,或仅由DEH去调节汽机调门开度,从而改变机组发出的负荷,机组的运行状态也就相应改变。因素之二是电网的二次调频指令,可是人工指令或AGC指令,其作用过程同前。因素之三是供热机组的用户端热负荷需求变化引起的调整抽汽压力变化,其结果也会使单元制机组的CCS或DEH动作,改变机组运行状态,以适应用户用汽量变化而用汽压力不变的需要。

需求侧扰动有正常扰动和异常扰动之分。正常扰动是渐变性的,扰动因素如前所述,可在自动调节的有效范围内自动调控;异常扰动是突发性和阶跃性的,自动调节难度大,需人工介入辅助调控。异常扰动的因素是单元机组所联电网故障而使发电机甩去部分或全部负荷,此时因单元机组负荷大幅减小,炉—机—电—控各主辅设备及系统的运行状态将有极大变化。

例如,发电机甩去全部负荷,这是一种突发性的供、需两侧严重不平衡的极端变工况方式。此时要求锅炉供给侧负荷快速调整到不投油的最低稳燃负荷(如40%);为维持汽轮发电机组空转,汽轮机负荷(即进汽量)要控制在6%~10%,汽轮机处于小流量工况状态;锅炉供给侧多余的负荷(蒸汽量)要经汽轮机旁路系统的快开控制消耗掉;发电机及主变压器侧则处于空负荷运行状态。此时凡是两台并列运行的辅机都要停运一台;机、炉、电的相关热力系统要进行必要的切换和隔离;发变组一次系统要作相应的倒闸、切换和隔离。单元机组大量的模拟量参数要作人工调节,大量的开关量要作人工控制。

又如,发电机甩去外界负荷,带厂用电运行。此时机、炉、电设备及系统运行状态也会发生类似前者的变化,但又有其特殊的调控规律。

(2)**内扰因素及工况变化规律**

就单元机组整体而言,相对于外界热、电负荷的需求,运行时的内扰是一种供给侧内部的扰动,影响因素极多,可在炉—机—电—控各主辅设备及系统的任一环节发生。而锅炉相对于汽机而言,汽机侧的热负荷需求变化又是锅炉供给侧的外扰。

1)锅炉侧内扰

锅炉侧内扰是指相对于一定的汽轮机热负荷需求,在锅炉侧产生的局部异常变化。当这类局部异常变化发生时,为维持汽轮机热负荷需求不变,炉侧要进行相应的抗内扰调节。常见的锅炉侧内扰可分为燃烧放热侧内扰、引风侧内扰、送风侧内扰、制粉侧内扰、锅炉给水侧内扰等。

①燃烧放热侧内扰。燃烧放热侧内扰的直接因素是入炉煤质的变化。入炉煤质变化又包

括原煤化学成分变化、煤粉细度变化、循环流化床燃煤粒度的变化。入炉煤质变化将直接影响炉内燃烧效果及燃烧的稳定性，从而引起汽温、汽压以及锅炉供出侧的热负荷变化。此时，为保证不影响汽轮机需求侧对汽温、汽压及流量的正常需求，锅炉侧要及时进行燃烧调整。

入厂原煤煤质的变化将引起制粉系统运行工况的变化，如煤质过硬或湿度过大，都会影响磨煤机出力和煤粉细度，导制影响入炉煤质、使给粉机出力受限，直吹式制粉系统尤为敏感。

②引风侧内扰。锅炉引风侧积灰，引风机及调节机构工作异常，炉膛、烟道及空预器漏风等，均会使引风量变化，引起炉膛负压变化，导致燃烧失稳；使省煤器、过热器及再热器放热侧的流动及传热工作异常，导致汽温异常变化。

③送风侧内扰。锅炉送风侧送风机及调节机构工作异常、空预器工作异常，使送风压力、温度、流量等异常变化，均会引起炉膛负压变化，导致燃烧失稳，还会引起制粉系统运行工况异常变化。

④锅炉给水侧内扰。因机组回热系统工作异常使入炉给水温度变化，因给水泵及调节机构工作异常使入炉给水流量变化等。这类扰动使锅炉吸热侧四管（省煤器、水冷壁、过热器及再热器）的流动及吸热工况发生变化。

2）汽轮机侧内扰

汽机侧内扰是指相对于一定的发电机电负荷及热用户热负荷需求，在汽机侧内部产生的局部异常变化。当这类局部异常变化发生时，为维持外界电、热负荷需求不变，汽机和锅炉侧都要进行相应的抗内扰调节。常见的汽机侧内扰可分为进汽侧内扰、排汽侧内扰、回热抽汽侧内扰、汽轮机本体通流部内扰等。

①进汽侧内扰。汽轮机的进汽侧内扰有：高、中压汽缸进汽压力及温度的异常变化。在外界电、热负荷需求不变时，这种扰动使蒸汽在汽轮机中的比焓降变化，导致供出负荷大于或小于外界需求；汽轮机调门开度的异常变化，这会使进汽量及蒸汽在汽轮机中的比焓降变化。

②排汽侧内扰。排汽侧内扰有：凝汽器真空的变化及排汽缸温的异常变化引起的排汽压力变化。这类扰动与汽轮机凝汽设备及系统的运行异常相关，与低压缸通流部摩擦鼓风效应及小流量工况相关。当排汽压力变化时，使蒸汽在汽轮机中的比焓降变化，导致供出负荷大于或小丁外界需求。

③回热抽汽侧内扰。有回热加热器因故切除，各回热加热器出口水温异常变化，除氧器压力异常变化等。任一发生，均会使汽轮机相应回热抽汽口下游各级的蒸汽通流量变化，导致各级做功量变化，使汽轮机供出负荷大于或小于外界需求，严重时会导致事故。例如，当高加保护跳闸时，高加抽汽全部切除，抽汽口下游各级流量骤增，汽轮机将严重超负荷，末级叶片可能因受载过大而断裂。故出现这种情况时，汽机调门应自动快速关小，以限制汽轮机进汽量。

④汽轮机本体通流部内扰。如汽轮机通流部因蒸汽品质不佳而积垢，或喷嘴缺损、喷嘴堵塞，隔板汽封、叶顶汽封、轴端汽封等部件磨损使漏汽间隙增大等，都会使汽轮机内效率下降，由 $P_i = G\Delta H_t \eta_i$ 的热功转换定性分析式可知，此时，因汽轮机内效率下降，就必须增大进汽量或蒸汽比焓降，才能保持负荷不变。

3）发变组侧内扰

发电机及变压器组侧内扰的因素有：发电机及主变压器冷却设备及系统异常，励磁调节系统统异等。发生时均会影响发出功率，并使发出功率受到限制。

（3）外扰及内扰的判断

单元机组汽压的变化与机侧蒸汽流量的需求变化紧密相关，机组运行工况的变化是因内扰还是外扰引起，可通过汽压与蒸汽流量的变化关系来判断。

如果汽压 P 与蒸汽流量 D 是反方向变化，则工况变化一般是由外扰引起。例如，当 D 增加而 P 下降，表明工况变化由外扰需求引起。

在汽轮机调节汽门未动作之前，如果汽压 P 与蒸汽流量 D 同方向变化，则工况变化一般是由内扰引起。例如，当 P 下降，同时 D 也下降，表明工况变化由异常内扰引起。

当然，机组运行工况的变化也会同时由外扰和内扰引起。

5.1.2　单元机组正常运行时的负荷调节

单元机组的负荷是指机组向电网和热网输出的电负荷和热负荷，其值在正常运行时必须随用户需求的变化而调节。负荷的变化与汽压密切相关，负荷调节方式有定压运行调节和滑压运行调节两种。一般将两种方式取长补短，即以定—滑—定方式，综合应用在单元机组的不同负荷段，以保证不同负荷段均有较好的安全经济性。如图 5.1 为某 600 MW 机组定—滑—定方式运行时主汽压力、调门开度与机组负荷的关系。

（1）定压运行负荷调节

①增减负荷的调节方法。当外界负荷变动时，机前新汽压力维持在额定压力范围内不变，依靠改变汽轮机调节汽门开度来适应外界负荷的变化，调门开度改变的方式有单阀和顺序法可选，单阀经济性好，应作为正常调负荷的主要方式。如图 5.1 所示机组，在 0 ~ 40% 和 90% ~ 100% 负荷段就是用的定压运行方式调节机组负荷。

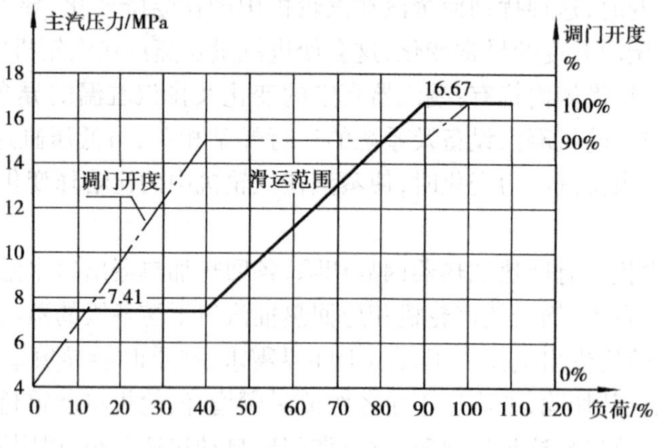

图 5.1　某 600 MW 机组定—滑—定方式运行曲线

定压运行的负荷变化率。定压运行调节的负变化率受汽机转子热应力限制，按厂家规定确定，一般比滑压运行小。如东方 300 MW 机组定压运行最大负荷变化率为 3% ECR/min。

某 600 MW 亚临界机组规定了不同负荷段的负荷变化率如下：50% BMCR 以下，±2%/min；50% ~ 70% BMCR，±3%/min；70% BMCR 以上，±5%/min。

②定压运行调节的优、缺点。优点是负荷响应快，缺点是汽机调门开度的变化引起炉侧主汽压力变化大、降负荷时引起机侧进汽机构节流损失增大，故仅在较小的高负荷范围内使用，以保证机组有较高的循热效率及汽轮机内效率。在一定的低负荷范围内使用定压调节，是为

了保证锅低负荷运行的稳定性和避免机组循热效率过低。低负荷范围内定压运行的最佳压力,要根据锅炉低负荷特性、机组循环热效率、锅炉效率、汽轮机内效率及调速给水泵耗功综合优化确定。本实例为亚临界汽包炉机组,采用直吹式双进双出球磨机制粉系统、W 火焰炉,低负荷范围内定压运行的最佳压力取 7.41 MPa。

定压运行调节负荷时对炉侧汽压影响较大,故应采用机炉协调控制。协调控制具有既抗外扰,又抗内扰的功能,可以在保证负荷调节速度的同时也能保证汽压的稳定。

③定压运行的汽压调节。定压运行时,在机组所设定的定压运行负荷范围内,始终要维持主蒸汽压力的稳定值。如图 5.1 的 600 MW 机组,在 0% ~40% 负荷段,维持主蒸汽压力为 7.41 MPa;在 90% ~100% 负荷段,维持主蒸汽压力 16.7 MPa。

定压运行时汽压因受机侧的需求扰动而变化,其变化反映了锅炉输出的热负荷与汽轮发电机组所需的热负荷不相适应。汽压降低,说明锅炉燃烧出力小于汽机侧负荷需求;汽压升高,说明锅炉燃烧出力大于汽机侧负荷需求。因此,无论引起汽压变化的原因是外扰还是内扰,都可以通过改变锅炉燃烧率,从而改变锅炉蒸发量作为基本的调节手段,把汽压调回到给定值。只要锅炉汽压降低,即增加燃料量、风量;反之,则减少燃料量、风量。

当异常情况使汽压急剧升高,而单靠锅炉燃烧调节来不及恢复汽压时,可通过开启旁路或过热器疏水、排汽门的非常规方式快速降压。

④定压运行时的汽温调节。仅考虑负荷变动对汽温的影响,则过热汽温随负荷的增大而上升,故此时应增大减温水量;反之则减小减温水量。定压运行时可用减温水调节汽温在额定值的负荷范围是 60% ~100%;负荷低于 60% 时减温水为零,如继续降负荷,过热汽温只能按汽温特性自然下降。负荷变动对再热汽温的影响也是正向的,即负荷升高,再热汽温升高,欲维持再热汽温不变,要关小再热器烟道挡板;反之则开大再热器烟道挡板。

(2)滑压运行负荷调节

①增减负荷的调节方法。滑压运行方式是指当外界负荷变动时,保持汽轮机调节汽门处于较大开度不变,保持主蒸汽温度及再热蒸汽温度基本不变,通过调节锅炉燃烧及给水压力(给水泵转速),使机前汽压在一定的经济范围内随机组负荷需求变化而滑动。如图 5.1 所示机组,在 40% ~90% 负荷段就是用的滑压运行方式调节机组负荷。40% 负荷点称为下滑点,90% 负荷点称为上滑点。这两点的选择,必需综合考虑机组循环热效率、锅炉效率、汽轮机内效率及调速给水泵耗功等因素的影响,使之达到最佳的经济性和安全可靠性。

滑压运行的负荷变化率。滑压运行调节的负变化率受锅炉汽包温差及热应力限制,不受汽机转子热应力限制,按厂家规定确定,一般比滑压运行大。如东方 300 MW 机组滑压运行最大负荷变化率为 5% ECR/min。

滑压调节负荷可有两种方式:即纯滑压调节和节流滑压调节。

纯滑压调节是在整个负荷变化范围内,汽轮机调门全开的运行方式。它单纯依靠锅炉汽压变化来调节机组负荷。这种方式由于无节流损失,高压缸可获得最佳效率和最小热应力,给水泵耗电也最小。其缺点是汽机侧无快速调负荷手段,对负荷的适应能力差,因为锅炉调节时滞大,因而不能满足电网一次调频的要求,一般较少采用。

节流滑压调节为弥补纯滑压运行负荷适应性差的缺点,采用正常情况下汽轮机调门不全开,预留 5% ~15% 的节流度,以备负荷突然增加时开启,利用锅炉的储热量来暂时满足负荷增加的需要。待锅炉出力增加、汽压升高后,调速汽门恢复到原位,再进行滑压运行。即当负荷波动或急剧变化时,由调速汽门开度的变化予以吸收。这种方式有节流损失,不如纯滑压运行经济,但能吸收负荷变动,调峰能力强。

②滑压运行调节的优、缺点。滑压运行调节有以下优点:

汽轮机可保持较高的内效率:因汽机调门开度大,且不随负荷变化,故汽机进汽节流损失小;调节级前后的压力比及其后各级的压力比都基本不变,故各级焓降基本不变。另一方面,主蒸汽压力随负荷而升降,低负荷时压力也低,蒸汽容积流量基本不变,汽轮机的级效率同级的焓降及通过级的蒸汽容积流量有关,这两项基本不变,则各级的效率也基本不变,使低负荷时汽轮机内效率高于定压运行。表5.1给出了某600 MW汽轮机采用节流调节或喷嘴调节方式,在定压运行和滑压运行时高压缸效率的比较。当低负荷为46%额定出力时,因阀门节流损失,使定压运行时的高压缸效率较滑压运行时低10.65%~26.26%。

表5.1 变压运行对汽轮机高压缸热力性能的影响

负荷/%	定压运行			变压运行	
	100	69	46	69	46
节流调节(全周进汽)					
理想比焓降/($kJ \cdot kg^{-1}$)	381.95	467.78	552.73	401.40	401.40
有效比焓降/($kJ \cdot kg^{-1}$)	328.50	335.04	332.85	347.65	347.16
高压缸全缸效率/%	86.01	71.62	60.22	89.61	86.48
喷嘴调节(部分进汽)					
理想比焓降/($kJ \cdot kg^{-1}$)	381.95	467.78	552.73	—	484.95
有效比焓降/($kJ \cdot kg^{-1}$)	327.43	376.28	385.58	—	389.95
调节级效率	85.36	67.63	47.77	—	67.63
高压缸全缸效率/%	85.73	80.44	69.76	—	80.41

其他优点:汽轮机调门由于经常处于全开状态而大大减轻了磨蚀并可减少维修工作量;因给水泵压力随负荷下降而下降,使调速给水泵耗功大为减小;采用变速给水泵,使得给水泵、除氧器、高压加热器随同主机滑压运行,简化了机组的运行操作;机组升降负荷时基本不会引起汽轮机缸温变化,使汽机变负荷速度不受转子热应力的限制;低负荷时压力降低,减轻了从给水泵一直至汽轮机高压缸之间的所有部件的负载,延长系统各部件寿命。

滑压运行调节的缺点有:汽包锅炉的负荷响应慢。对于汽包锅炉,在定压运行时,可以利用蒸发系统中饱和汽水和金属的储热量,对小的负荷变化做出快速的响应。而滑压运行时,汽轮机调门不动,故负荷变化所需能量主要只能由改变燃烧率来获得。不仅燃烧系统的滞后较大,而且在加大或减弱燃烧时,锅炉蒸发系统中的水与金属将吸收或释放一部分热量,进一步抑制蒸汽量(负荷)的改变。故应采用滑压协控方式改善其负荷响应特性。

滑压运行时机组的循环热效率随负荷下降而降低。由于主蒸汽压力随负荷下降而下降,因此朗肯循环的效率随负荷下降而下降。这将部分地抵消由低负荷时汽轮机内效率的提高所带来的收益。

滑压运行时，由于水冷壁储热能力高，过热器、再热器储热能力低，所以压力变化速度慢，温度变化速度快，过热器、再热器容易超温，需要加强汽温和金属壁温的监视；低负荷运行时压力低，汽水比体积变化大，水位波动也会加剧，需要根据水位超前信号控制水位。此外，由于汽包的壁温差变化较大，锅炉的升温升压速度也要受到限制。

③滑压运行时的汽压调节。滑压运行的汽压调节方法与定压运行的汽压调节方法相比，并无多大差别。不同之处仅在于滑压运行时，主汽压力根据滑压运行曲线来控制，要求主汽压力与压力定值保持一致。压力定值是一个变量，其与发电负荷在滑压运行曲线上有一一对应的关系。

④滑压运行时主蒸汽温度和再热汽温的调节。滑压降负荷时，汽压降低，蒸汽比体积增大，流过过热器的蒸汽容积流量几乎同额定负荷时的相同，即蒸汽流速几乎不变；过热器外壁的烟温虽然随负荷减少而降低，但由于压力降低后饱和蒸汽温度也相应下降，所以过热器的传热温差变化不大。综合上述各因素，在滑压运行时主蒸汽温度可以在很宽的负荷范围内基本维持额定值。

滑压运行时可用减温水调节汽温在额定值的负荷范围比定压运行宽，可达30%～100%；负荷低于30%时减温水为零，如继续降负荷，过热汽温只能按汽温特性自然下降。

滑压运行变负荷对再热汽温变化的影响与过热汽温相似。但汽温特性的改善更好些。这是因为定压运行时，高压缸排汽温度和再热汽温随负荷的降低而减小。而滑压运行时，由于高压缸的容积流量基本不变，使高压缸的排汽温度(再热器进口温度)变化不大，甚至略有上升。此外，滑压下的主蒸汽焓在汽温相同时要高于定压运行，也使高压缸的排汽焓升高。因此再热汽温也能在很宽的负荷范围内维持额定值。

综上所述，机组正常运行调节负荷时，应综合定压和滑压运行的优点，克服其缺点，优化确定滑运范围，采用最佳的定—滑—定复合滑压方式调节负荷。

5.1.3　汽压变化幅度及变化速率对机组运行的影响

(1)汽压变化幅度对机组运行的影响

主汽压力是蒸汽质量的重要指标之一，滑压运行时，一定的负荷对应一定的汽压；定压运行时要求压力为恒定值，不随负荷变化。汽压变化幅度过大会直接影响到锅炉和汽轮机的安全与经济运行。

汽压降低会减少蒸汽在汽轮机中膨胀做功的焓降，使蒸汽做功能力降低，当外界负荷不变时，汽耗量也随之增大，随之煤耗增大，从而降低发电厂运行的经济性，同时，汽轮机的轴向推力增加，容易发生推力瓦烧坏等事故。如蒸汽压力降低过多，严重时将会使汽机被迫减负荷而不能保持额定出力，影响正常发电，资料表明，当汽压较额定值低5%时，汽轮机的汽耗率将增加1%。

汽压过高，机械应力大，使汽轮机转子及汽缸，锅炉承压管道内机械应力过大，将危及机、炉和蒸汽管道的安全；当安全阀发生故障不动作时，则可能发生爆炸事故，对设备和人身安全带来严重危害。当安全阀动作时，过大的机械应力也将危及各承压部件的长期安全性。另外，安全阀经常动作不但排出大量高温、高压蒸汽，造成工质损失和热损失，使运行经济性下降，而且由于磨损和污物沉积在阀座上，也容易使阀关闭不严，造成经常性的泄漏损失，严重时需要停炉检修。

汽压变化对汽包水位和蒸汽温度等主要运行参数也有很大影响。当汽压降低时，由于相应的饱和温度下降，会使部分锅水蒸发，引起锅水体积“膨胀”，汽包水位要上升。反之，锅水体积要“收缩”，汽包水位下降。此时的水位变化成为“虚假水位”现象。如果汽压的变化是由于负荷变动所引起，那么上述水位变化只是暂时现象。例如，电负荷增加瞬时引起汽压下降，造成汽包水位上升时，在给水没有增加之前，由于蒸发量大于给水量，故水位很快会下降。由此可知，汽压变化对水位有直接影响，在汽压急剧变化时，这种影响尤为明显。若运行调整不当或误操作，容易发生满水或缺水事故。

汽压变化对汽温也有影响，一般是汽压升高时，过热蒸汽温度也要升高。这是因为，当汽压升高时，相应的饱和蒸汽焓值增加，在燃料量未改变时，锅炉的蒸发量要瞬时减少，通过过热器的饱和蒸汽数量减少，在传热系数、传热面积和传热温差基本不变的情况下，平均每千克蒸汽的吸热量必然增大，导致过热蒸汽温度升高。

(2)汽压的变化速率对机组运行的影响

汽压的变化速率对机组运行的影响主要体现在锅炉侧，主要有以下三方面：

①汽压的突然变化。负荷突然增加使汽压突然降低，汽包水位突然升高时，汽包的蒸汽空间高度和容积会突然减小，蒸汽携带能力增加(蒸汽速度提高)，将可能造成蒸汽大量携带锅水，使蒸汽品质恶化和过热汽温降低(若是由于燃烧恶化引起汽压突然降低时，一般不会增加蒸汽的机械携带)。

②汽压的急剧变化还可能影响锅炉水循环的安全性，变化速率和幅度越大，影响越严重。根据高压锅炉研究的结果，不至于引起水循环破坏的允许汽压下降速度，建议不大于0.25～0.3 MPa/min，锅炉在中等负荷以上时，压力升高率不大于0.25 MPa/min，否则将会破坏锅炉水循环。

③汽压经常反复地变化，使锅炉承压受热面金属经常处于交变应力的作用下，如果再加其他应力(如温差热应力)的影响，可能导致受热面金属发生疲劳损坏。

(3)引起主汽压力大幅变化的因素

机组日常运行过程中，在下列情况下容易引起主汽压力较大的变化，应注意监视并对症调整：汽机侧热负荷需求变化大时，启动制粉系统或给煤机、磨煤机、燃烧器工作不正常时，燃烧不稳定时，煤质变化时，减温水变化时，高压旁路开启时，自动控制失灵时，调速给水泵工作异常时。

5.2 锅炉运行中的监视与调节

现代大容量锅炉是一个集化学反应、传热与流动为一体的复杂热工对象，其工作过程要受诸多内、外扰因素的交差影响，使运行工况复杂多变；锅炉各关键部件分别工作在高温、高压、负压、腐蚀及污染的环境中，使其工作的安全可靠性受到严峻考验。故锅炉运行监控的任务比单元机组中的其他任何对象都重。

锅炉运行工况的变化以及对运行安全经济性的影响,主要体现在过热蒸汽和再热蒸汽温度、过热蒸汽压力、汽包水位、炉膛压力、流化床温与床压、烟气含氧量这几个关键参数上。锅炉运行的监视与调节也就是围绕上述主要运行参数进行的。关于主汽压力的监视调节,因与机组负荷调节密切相关,已在本章上节论述,本节不再讨论。而再热蒸汽压力是随主蒸汽流量成正比变化的,当旁路投用时也受其影响,变化规律单纯,故也不再讨论。

5.2.1　蒸汽温度的监视与调节

过热蒸汽温度和再热蒸汽温度是蒸汽质量的重要指标。运行中如果过热蒸汽和再热蒸汽温度偏离额定值过大,将会直接影响到锅炉和汽轮机的安全经济运行。

过热汽温偏高,会加快金属材料的蠕变。还会使过热器蒸汽管道、汽轮机高压缸等部分产生额外的热应力,从而缩短设备的使用寿命。如12CrWoV钢在585 ℃下工作时有1.0×10^5 h的持续强度,当温度升到595 ℃下工作时,经历3.0×10^5 h则丧失强度。发生严重超温时,甚至会造成过热器管爆破。当压力不变而过热汽温降低时,蒸汽的热焓必然减少,因而做功能力下降。在汽轮机的负荷一定时,汽耗量就必须增加,电厂经济性降低。通常超高压-亚临界压力的锅炉机组,过热器出口汽温每下降10 ℃,汽耗量将增加1.3%～1.5%,大约会使循环热效率降低0.3%。

再热汽温过高也会使设备使用寿命缩短,甚至发生爆管事故。特别是再热汽温的急剧变化,将可能导致汽轮机中压缸与转子间的胀差发生显著变化,即汽轮机中压缸转子相对于汽缸长度出现显著的伸长或缩短,这可能引起汽轮机的剧烈振动,威胁设备的安全。再热汽温低,也将使汽轮机的耗汽量增加,循环经济性下降。如果再热汽温过低,会使汽轮机低压缸最后几级叶片处的蒸汽湿度加大,会加剧汽水对叶片的侵蚀,缩短叶片寿命,严重时还会发生水冲击,直接威胁汽轮机设备的安全。而且当压力不变,汽温降低时,蒸汽的热焓必然减少,因此蒸汽的做功能力减小。在汽轮机的负荷一定时,汽耗就必然要增加,电厂的经济性将降低。通常超高压-亚临界压力的锅炉,过热蒸汽温度每降低10 ℃,汽耗将增加1.3%～1.5%,大约会使循环效率下降0.3%。所以,现代锅炉对蒸汽汽温的要求非常严格。

(1)影响汽温变化的主要因素

影响汽温变化的因素很多,一般分为烟气侧影响因素和蒸汽侧影响因素两个方面,这些影响在实际运行中常常可能同时发生。

1)常见的烟气侧影响因素及规律

常见的烟气侧影响因素有:负荷变化、煤质变化、风量变化、磨煤机启停、烟气通道挡板开度变化、锅炉吹灰、燃烧器运行方式变化、受热面清洁程度变化。

锅炉负荷的影响。负荷变化是运行中引起汽温变化的最基本因素,这里说的负荷是指蒸汽流量。蒸汽流量变化自然要引起过热器管内流动吸热工况变化、引起燃烧率变化,导致管外放热工况变化,从而影响汽温。锅炉负荷与过热器及再热器出口汽温间的对应关系称为汽温特性,其有正向特性和反向特性两种。对流过热器为正向特性(出口汽温随负荷升高而升高,反之降低),辐射过热器为反向特性(出口汽温随负荷升高而降低)。

煤质的影响。煤质变差,过热汽温就升高;煤质变好,过热汽温就降低。所以,运行中应加强监督,当煤质变差时要注意金属壁温是否有超温现象。

风量变化的影响。炉膛烟气量增加,炉膛出口烟温基本不变,理论燃烧温度降低,炉内单位辐射热量减小，不论对流式过热器还是辐射式过热器，其工质焓升都会增加的，因而主蒸汽温度、再热蒸汽温度升高。

受热面清洁程度的影响。炉膛水冷壁结焦，炉内辐射换热量和水冷壁蒸发量减少，炉膛出口烟温升高，过热汽温升高；过热器外壁积灰或油垢，则使过热器的传热热阻增大，对流传热量减少，过热汽温降低，同时排烟温度升高。

2）常见的蒸汽侧影响因素及规律

常见的蒸汽侧影响因素有：负荷变化、汽压波动、给水温度变化、水位变化、减温水温度和流量变化。

汽压波动的影响。汽压降低时，饱和蒸汽焓值增大，汽化潜热增加、过热热减小，汽温升高；汽压降低则反之。

给水温度变化的影响。给水温度变化对汽温的影响是反向关系，即给水温度降低则汽温升高；反之则降低。

水位变化的影响。水位升高易使蒸汽带水，汽温降低。

另外，机组定压运行和滑压运行的再热汽温特性不一，定压运行时再热器进口汽温随负荷降低而降低，因此低负荷时，再热器需要吸收更多的热量才能维持额定的出口温度。变压运行的机组，在负荷降低时，再热器进口汽温有所提高，因此，可以在更宽的负荷范围内保持额定汽温。

锅炉正常运行中应尽量减少引起汽温变化的因素，使汽温保持稳定。

（2）过热汽温的调节

过热器蒸汽温度，一般采用两级或三级喷水减温器来调节，其原理是利用给水做为冷却工质去直接冷却蒸汽，以改变蒸汽的焓增量。为此需要设置减温器，它是将给水直接呈雾状喷射到过热蒸汽中去与之混合，吸收蒸汽的热量使本身加热、蒸发、过热，最后也成为过热蒸汽的一部分。被调温的过热蒸汽由于放热，所以温度下降，达到减温目的。通过调节喷水量使高温蒸汽和低温水混合达到所需的蒸汽温度。喷水来自锅炉的给水系统，在高压加热器前引出，通过管路引至喷嘴。某 W 火焰炉采用两级调温，一级喷水减温器布置在一级过热器到屏式过热器进口集箱之间的连接管道上，左、右各一只，作为粗调节；二级喷水减温器布置在二级过热器进口集箱，左、右各一只，作为细调节。

设置两级减温器的目的是使一级减温器在起减温作用的同时降低屏式过热器入口的工质温度，增加屏式过热器中的蒸汽流量，以提高屏在运行中的可靠性，减少屏式过热器上的积灰和结渣。运行中以一级减温水为粗调，二级减温水为细调，调节时应注意要根据汽温变化幅度进行调节且减温水量不可过大或过小，以防止汽温大幅波动和过热器管发生水塞危及减温器的安全，当需要减温时，首先投入一级减温器。一级减温喷水量的控制条件：使屏式过热器入口工质温度与饱和温度之间保持一定的温差。

机组定压运行时，报警温度应按照满负荷时正常汽包运行压力确定。只有在调温幅度受到一级减温器容量限制，或上述大屏进口蒸汽温度的限制而难以实现时才开启二级减温器。在这种运行方式下，一级减温器是用来控制屏的入口汽温不低于整定值，二级减温器用来控制过热蒸汽最终温度。机组滑压运行时，报警温度应根据推荐曲线来定。运行中，如果一级减温器出口蒸汽温度超过设计值较多，这表明两级减温器所喷入的总喷水量过大。其可能的原因是过剩空气量过大，水冷壁污染严重，锅炉在低于额定汽温下运行。

当锅炉负荷低于额定蒸发量10%时，建议不要使用减温器。因为蒸汽流量很低时蒸汽的最终温度可能接近过热器出口处的烟温，这时用喷水来控制蒸汽的最终温度是没有多少效用的。同时在蒸汽流量很低时进行喷水，有可能使汽、水不能充分混合，从而使喷入的水进入过热器甚至汽轮机中造成各种事故。还应该尽量避免减温器时开、时停的运行工况。这种工况一般出现在所要求的调温幅度不大，喷水量在零值及某一喷水量间不断往复的时候。这样会引起循环的热冲击，从而损坏减温器、阀门及蒸汽管路。

机组运行中磨煤机跳闸或其他甩负荷工况出现时，要及时解除减温水自动控制至手动调整，以防自动调节迟缓大，造成主汽温大幅度波动。

（3）**再热汽温的调节**

对于中间再热锅炉，再热汽温偏离额定值同样会影响机组运行的经济性和可靠性。再热汽温过低，也将使汽轮机汽耗量增加；再热汽温过高，也可能会造成金属材料的损坏。特别是再热汽温的急剧改变，将会导致汽轮机中压缸与转子间的膨胀差发生显著的变化，引起汽轮机的剧烈震动和事故，威胁汽轮机的安全。因此，运行中也要采取必要的调节措施，使再热汽温保持在规定的范围内。

常用的再热汽温调节方式有：分隔烟道烟气挡板调温、摆动式燃烧器调温、烟气再循环调温和再热器进口事故喷水减温器调温。

1）烟气挡板调温。主要靠调整后烟井过热器和再热器分隔烟道的烟气挡板开度，改变两侧的烟气流量来实现，在调节烟气挡板时应注意始终保持过热器和再热器烟气挡板开度之和不低于100%。调节挡板的位置应设在分隔烟道出口的较低烟道温区，以保证其动作的可靠性，这是一种主要方式。

2）摆动式燃烧器调温。是利用改变燃烧器倾角大小变动火焰中心，改变炉膛出口烟温和各受热面的吸热量分配，从而调节汽温，是一种较为多用的方式。比如CE锅炉所装的燃烧器能以再热汽温为信号在±30 ℃内改变倾角以控制再热汽温为定值，为了保持一定的火焰分布，全部器部燃烧器一起动作。当炉内火焰位置上下移动时，过热器吸热也随着改变，所以同时要调节减温水量才能维持一定的过热汽温。

3）烟气再循环烟调温。烟气再循环是指从省煤器后由再循环风机把部分烟气抽出，并从炉膛下部送入炉内，用较低温度烟气来降低炉内温度水平，从而减少辐射传热和增加对流加热，此方式应用不广。

4）喷水减温器调温。在再热器进口管段上装设喷水减温器，在事故情况及启、停炉过程中再热器入口温度超过允许值时可用事故减温水进行调节，这是一种辅助方式。

（4）**汽温监视和调节中应注意的问题**

①运行中要控制好汽温，首先要监视好汽温，并经常根据工况的改变分析汽温的变化趋势，尽量使调节工作恰当地做在汽温变化之前，如果在汽温变化以后再采用调节措施，则必然形成较大的波动。

②虽然汽温调节自动调节装置，但运行人员除应对有关表计加强监视以外，还需熟悉有关设备的性能，如汽温特性，喷水调节门的阀门开度与喷水量之间的关系，以便在必要的情况下由自动切换手动，使能维持汽温的管并确保设备的安全。

③在进行汽温调节时，操作应平稳均匀。例如对于减温调节门的操作，不可大开大关，以免引起急剧的温度变化，损害设备安全。

④由于蒸汽流量不均或受热不均,过热器或再热器存在热偏差在并联工作的蛇形管中总可能有少数蛇形管的汽温和壁温较平均值为高,因此运行中不能只满足汽温不超限,而应在燃烧调节上力求做到不使火焰偏余,避免水冷壁发生局部结渣,注意烟道两侧烟温的变化,加强对过热器和再热器受热面壁温的监视,以确保设备的安全并使汽温符合规定值。

5.2.2 汽包水位的监视与调节

保持汽包正常的水位是保证锅炉和汽机安全运行的重要条件之一,是运行人员一刻也不能疏忽的工作。严格说来,汽包中的水位面从来不会平静,总是上下波动的。为保证安全,应使水位面的波动限制在一定范围以内。汽包水位面的上限是由热化学试验决定的。在锅炉水含盐浓度一定和最大蒸发量时,逐步提高水位则蒸汽带盐逐渐增多;当水位到达某一高度时,蒸汽带盐会突然大量增多,这一水位叫做临界水位。运行中的最高水位应当比临界水位稍低,才能保证工作安全。汽包中的最低水位应当在下降管进口以上,并有一定的高度,不使蒸汽进入下降管而破坏水循环。

当汽包水位过高时,由于汽包蒸汽容积和空间高度减小,蒸汽携带的水分会增加,从而蒸汽的品质恶化,容易造成过热器积盐垢,使管子过热损坏。同时盐垢增大,传热热阻也增大,将引起传热恶化,过热汽温下降使经济性下降。汽包严重满水时,会造成蒸汽大量带水,除引起蒸汽温度急剧下降外,还会引起蒸汽管道和汽机内产生严重水冲击,甚至损坏汽机叶片。

汽包水位过低,则可能破坏水循环,使水冷壁管安全受到威胁。如出现严重缺水,而又处理不当,则可能造成水冷壁爆管。如某600 MW机组,汽包水位正常值0 ±50 mm。高、低水位报警值为 +100 mm(高值)和 -100 mm(低值),高、低位紧急停炉跳闸线分别为 +200 mm(极高值)和 -200 mm(极低值)。

(1)影响水位变动的主要因素及规律

锅炉运行中,汽包水位是经常变化的。引起水位变化的根本原因,在于给水量与蒸发量的平衡遭到破坏或者工质状态发生改变。显然,当物质平衡被破坏时,必然引起水位的变化;但即使能保持物质平衡,水位仍可能变化,如当炉内放热量改变时,将引起蒸汽压力和饱和温度变化,从而使水和蒸汽的比容以及水容积中蒸汽汽泡数量发生变化,由此将引起水位变化。运行中容易引起水位变化的因素及变化规律如下:

1)锅炉蒸汽负荷增减幅度过快。汽包水位是否稳定首先取决于锅炉蒸汽负荷的变化幅度及变化速度。例如锅炉的蒸汽负荷突然升高,在给水和燃料量未及调整之前,会使水位先升高,最终则降低。前者是由于水面下蒸汽容积增大(虚假水位),后者是由于给水量小于蒸发量所造成的物质不平衡。锅炉蒸汽负荷变动速度越快,水位的波动也就越大。当蒸汽负荷控制采用炉跟机方式时,尤其如此。

2)燃烧扰动。燃烧扰动对水位的影响也很大。在外界负荷及给水量不变的情况下,当燃料量突然增多时,水位暂时升高而后下降;当燃料量突然减少时,情况则相反。这是因为:燃烧强化会使水位面下汽泡增多,水位胀起,但随着汽压和饱和温度的上升,炉水中汽泡又会随之减少,水位有所降低。

3)给水压力波动。给水压力波动使送入锅炉的给水量发生变化,从而破坏了蒸发量与给水量的平衡,将引起汽包水位的波动。在其他条件不变时,其影响是:给水压力高时,给水量增大,水位升高;给水压力低时,给水量减小,水位下降。给水压力的波动大都是由给水泵的流量控制机构工作不稳定或转速波动引起的。

4）汽包压力扰动。发生汽包压力扰动时，压力降低则水位上升，压力升高则水位下降，汽包压力变化速度越快，对水位的影响也就越大。

5）其他因素。安全阀动作时；启动和停止给水泵时；给水自动失灵时；承压部件泄漏；汽机调节门、旁路门、过热器及主蒸汽疏水门、锅炉其他疏水门开关时。

（2）汽包水位的监视与调整

由于现代锅炉的汽包水位多采用给水自动调节，同时二次水位计的准确性和可靠性已能满足运行要求，而且二次水位计的形式和数量又多，还有高低水位报警，因此除了在锅炉启、停过程中须有人专门监视一次水位计外，在正常运行时，可以根据操作盘上的二次水位计来监视和调节汽包水位。

锅炉在正常运行中必须保持水位在0 ±50 mm，并尽量减小水位的波动。

在锅炉运行中应经常检查对照各水位计，每班校对就地与表盘水位计不少于2次。

给水自动投入时，要经常检查给水控制系统的工作情况是否良好，发现“自动”异常和水位异常时及时处理。

在进行水位调节时要注意虚假水位的影响。如果锅炉的负荷突然升高，在给水和燃烧未调整之前，汽包中的水位开始先升高，而后逐渐降低。开始升高的水位是由于压力突降，水面下的蒸汽容积增大使水位涨起而引起的，并不是由于存水量增加引起的，所以叫虚假水位。由于此时给水量没有增加，在大量蒸汽逸出水面后，水位也就随之降低。反之若锅炉负荷迅速降低，在给水和燃烧未调整之前，汽包水位的变化是先低后高，开始时水位降低并不是由于存水量减少了，因此也属于虚假水位，由于此时给水量并没有减少，所以在暂时的虚假水位现象消失之后，水位随之升高。

虚假水位现象只有在锅炉负荷变化较大、变化迅速情况下才能明显觉察出来。在锅炉发生熄火和安全门起座的情况下，虚假水位将达到很大程度。如果处理不当，锅炉就会发生缺水和满水事故。工况变动速度越大，汽包水位上下波动幅度也越大。

给水调节的任务是使锅炉给水量适应锅炉的蒸发量，并维持汽包水位在允许变化范围内。给水调节要求采用全程调节，启动和低负荷时采用给水旁路调节阀的开度控制锅筒水位；高负荷时，锅炉给水调节依靠控制汽动给水泵的转速来控制。蒸汽流量、锅筒水位、给水流量组成的三冲量调节，即根据过热蒸汽流量D、汽包水位H、给水流量M三个信号来控制给水调门。蒸汽流量可以作为前馈信号，借以消除虚假水位的影响；给水流量可作为反馈信号，避免过调，或用以消除因给水压力变化等引起的给水扰动；汽包水位信号是主信号，它也起校正作用，最后使水位维持在规定值。

机组正常运行中，应保持锅炉给水、除氧器上水、凝汽器补水的连续、均匀，保持好三大水位的正常稳定。就地水位计和控制室水位指示应一致。

机组正常运行中，三大水位应投入“自动”，经常检查各上水控制系统的工作情况是否良好，发现自动异常和水位异常，应立即切至手动调节，并通知热工人员处理。

在负荷增减过快，主汽压力变化过大或安全阀启座时应注意汽包水位的变化，考虑好虚假水位的影响，并协调控制好三大水位。

在启停给水泵、补给水系统自动失灵、锅炉泄漏、高加危急疏水动作情况下时，应加强水位的监视和调整。

当汽包水位高时，应及时减少给水量并通过开大连排和事故放水来协调处理。出现汽包水位低需大量上水时，应注意高、低加的运行，防止加热器过负荷疏水不及而解列。

5.2.3 燃烧的监视与调节

锅炉燃烧的监视与调节是机组运行中最重要和最复杂的工作。燃烧调节的任务是：

①使燃烧能适应外界负荷变化量及变化速度的需要，以维持汽压、汽温和汽包水位稳定在正常范围内。

②保证良好的炉内燃烧状态，使着火稳定，燃烧中心适当，火焰分布均匀，减少未燃烬损失和锅炉排烟损失，保持较高的运行效率。

③避免烧损喷燃器、水冷壁受热面结焦损坏、烟道内二次燃烧；防止过热器、再热器、空预器、省煤器等烟道侧设备因积灰、污染及腐蚀而损坏。

④维持一定的炉膛压力或床温床压，防止炉膛内爆或外爆。

(1)炉内燃烧的监视

①火焰及烟色的监视。炉内燃烧的好坏对锅炉工作的安全性和经济性有决定性的影响。运行中应密切监视炉内燃烧情况及排烟烟色。煤粉的正常燃烧，应具有光亮的金黄色火焰，火焰均匀地充满于燃烧室内。火焰中心在燃烧室中部，不触及四周水冷壁，火焰下部不低于冷灰斗的深度。火焰中不应有煤粉分离出来，也不应有明显的星点；有星点表示炉温低或煤粉太粗。烟囱的排烟应是淡灰色。火焰亮白刺眼表示风量偏大，这时的炉膛温度较高，容易结焦；火焰暗红不稳可能有几种原因，如风量过小，煤粉太粗，煤的挥发份低，炉膛温度低，炉膛底部漏入冷风等。这时要防止熄火。煤的灰分高时，火焰可能波动。煤的水分高或挥发分低时，火焰发黄无力。除了用表计来分析判断燃烧情况外，还要注意分析飞灰灰渣中的可燃物含量，观察炉内火焰及排烟颜色等，综合分析炉内工况是否正常。当风煤比恰当，燃烧处于正常、稳定状态时，炉内的火焰为光亮的金黄色火焰，火焰中心应在炉膛中部，火焰均匀地充满炉膛且不触及水冷壁，火焰中没有明显的星点，烟囱排烟应呈淡青色。

②结焦的监视。运行中，炉膛结焦是一严重问题。炉内上部所结疏松的小块焦可能会自行脱落，燃烧器附近的结焦经常为软化状态，黏性大不易脱落，并很快会增大，威胁运行的安全。因此，只要发现有结焦就应把它除掉，不能让它增大。炉膛受热面上的积灰容易引起结焦，因此要定期吹灰。对于熔点低的煤要设法降低炉膛温度，甚至要降低负荷运行。

(2)影响燃烧的因素及强化燃烧的措施

影响燃烧的因素有燃烧器的特性，入炉煤质，炉内形成的火焰形态与分布位置，煤粉细度与浓度，一次风的风温、风速与风量，一次风与二次风的配合，炉膛过剩空气系数，锅炉负荷等。

1)影响燃烧的因素

①燃烧器的特性。燃烧器有各种不同型式，其特性分结构特性和运行特性，对一台已投运的锅炉，燃烧器的结构特性一定，而燃烧器的运行特性(即射流组织)是可通过对各路风量、风温、风速的调节配合来改变的。特别是当实际用煤的煤质与设计煤种有较大出入时，就需要重新调配组织。这是一项技术性很强的复杂工作，要通过对燃烧器作性能试验才能调到最佳燃烧状态。燃烧器的特性要满足易燃、稳燃、射流形态合理、射流位置分部准确等要求。集控人员应掌握所操作机组的燃烧器运行特性，当煤质变化时能正确调配好燃烧器的实际运行性能。

燃烧器特性对燃烧的影响：例如，对于前墙布置燃烧器的炉子，如射流形成的火焰太长，可能在后墙结焦,当火焰的扩角或方向不当时,也可能在侧墙结焦,还可能由于气粉流的冲刷,增大侧墙水冷壁管的磨损。炉膛结焦还同炉膛形状有关,一般说来横截面小而高度大的炉子容易在四周水冷壁上结焦;截面大而矮的炉子容易在炉子出口处结焦。炉膛截面的设计热负荷高,则燃烧器附近的温度高,不容易熄火,可以在较低负荷下运行。但负荷过低就不容易维持煤的稳定燃烧。

②入炉煤质。入炉煤质变化大而影响燃烧稳定性和经济性,是电厂最头疼的普遍问题。煤质中的挥发分、灰分和水分的变动对燃烧的影响最为直接和敏感。

挥发分影响:挥发分对燃烧影响最大。挥发分高,着火温度就低、易着火、着火距离近;燃烧速度和燃尽程度高。但挥发分高的煤易使炉膛和燃烧器出口结焦。与此相反,当挥发分低时,燃烧的稳定性和经济性均下降,而锅炉的最低稳燃负荷升高。

例如某锅炉燃用挥发分较高的烟煤,用 300 ℃左右的预热空气,炉膛可以较小,容积发热强度较高。运行时,一次风速较大(直流式 ~26 m/s,旋流式 ~23 m/s),为了保证点燃区有足够的空气助燃,一次风份额视挥发分的多少为 25% ~45%,过剩空气系数可以小些(约为 1.2%);煤粉可以较粗(推荐值 R90 =20% ~35%)。

挥发分较低的无烟煤和贫煤,燃烧时的最大问题是着火。强化燃烧的措施是采取较小的一次风率和风速,以增大煤粉浓度、减小着火热并使着火点提前;二次风速可以高些,这样可增加其穿透能力,使实际燃烧切圆的直径变大些,同时也有利于避免二次风过早混入一次风粉气流。

挥发分高的烟煤,着火不成问题,需要注意燃烧的安全性,可适当减小二次风率并多投一些燃烧器分散热负荷,以防止结焦。为提高燃烧效率,一、二次风的混合应早些进行。

水分影响:水分高,会导致煤引燃着火难、延长燃烧过程、降低炉膛燃烧温度、增大了不完全燃烧及排烟损失。还会影响磨煤机出力及煤粉细度,造成制粉系统堵煤堵粉。

灰分影响:灰分过高的煤着火速度慢,燃烧稳定性差,燃烧时灰分容易隔绝可燃质与氧化剂的接触,故燃烬性差。灰分越高,用于加热灰分的热量消耗越多,使燃烧温度下降。固态飞灰随烟气流动,使受热面磨损和堵灰;熔灰在受热面上结渣,引起各受热面传热比例变化;燃烧器喷口结渣时,不仅影响其安全,还将对炉内燃烧工况产生直接影响。

③煤粉细度与浓度。煤粉越细,单位质量的煤粉表面积越大,加热升温、挥发分的析出着火及燃烧反应速度越快,因而着火越迅速;煤粉细度越小,燃尽所需时间越短,飞灰可燃物含量越小,燃烧越彻底。

煤粉细度与制粉系统、锅炉型式和运行条件等都有关系。煤粉磨得愈细,制粉系统的电耗和金属损耗系统的电耗愈大,但锅炉的燃烧损失愈小;煤粉愈粗,制粉系统的电耗和金属损耗愈小,而锅炉的燃烧损失愈大。对于单位燃煤量而言,上述损耗和损失相加所得的总和最小时的煤粉细度称为煤粉经济细度,这个细度要在制粉系统试验的基础上通过锅炉燃烧调整试验才能得出。

一次风煤粉浓度对着火稳定性影响很大。高的煤粉浓度不仅使单位体积燃烧释热强度增大,而且单位容积内辐射粒子数量增加,导致风煤粉气流的黑度增大,可迅速吸收炉膛辐射热量,使着火提前。此外,随着煤粉浓度的增大,煤中挥发分逸出后其浓度增加,也促进了可燃混合物的着火。因此,不论何种煤,在煤粉浓度的一定范围内,着火稳定性都是随着煤粉浓度的增加而加强。对劣质煤,煤粉浓度的增加对其着火更为有利。

④炉内形成的火焰形态与分布位置。大型电站锅炉常见的炉型有四角布置切向燃烧炉、前墙或前后墙对冲旋流燃烧炉、"W"火焰炉、循环流化床炉四类。不同炉型火焰形态与分布位置不同,适合燃烧的煤种也不同。

a)四角布置切向燃烧炉:切圆直径对着火稳定、燃烧安全、受热面汽温偏差等具有综合的影响。适当加大切圆直径,可使上邻角过来的火焰更靠近射流根部,对着火有利,对混合也有好处,炉膛充满度也较好。当燃用挥发分较低的劣质煤时,应加大切圆直径;但是燃烧切圆直径过大,一次风煤粉气流可能偏转贴墙,以致火焰冲刷水冷壁,引起结焦和燃烧损失增加,必须避免。当燃用易着火或易结焦的煤以及高挥发分煤时,则应适当减小切圆直径。大的切圆可将炉内余旋保持到炉膛出口甚至更远,使煤粉气流的后期扰动强化,对煤粉的燃尽十分有利,但其消极作用是加大了沿炉膛宽度的烟量偏差和烟温偏差,易引起过热器、再热器的较大热偏差及超温爆管。

b)"W"火焰炉。例如重庆珞璜电厂 360 MW 机组的设计煤种为松藻无烟煤,其煤质特点及对策为:挥发分低(9.31%),高灰分(30.45%),着火燃烧难,采用"W"火焰炉,并使炉膛下部为拱形、上部为缩颈形,对易磨损受热面加防磨措施解决;煤质硬(可磨性系数1.335)、磨制难,采用筒型球磨机解决。

该"W"形锅炉的运行表明,燃烧器的角度对炉内火焰的流动有很大影响。一次风喷口与炉膛中心线的夹角应保持在10°~15°。由于一次风射流的扩散和卷吸作用,会造成射流冲刷炉墙而造成结渣。因此,保持射流的角度是很重要的,它既能保证火焰不冲刷炉墙又能保证炉膛有良好的充满度。

"W"形火焰炉的特点:既可适用于优质煤,又可适用于高灰分、低挥发分、低热值的劣质煤;易于实现分级配风、分段燃烧,可控制较低的过量空气系数及低 NO_X 排放;W 形火焰中心就在煤粉喷出口附近,易于实现无烟煤、劣质煤的着火;增加了火焰行程,亦就是增加了煤粉在炉内的停留时间,有利于提高燃烧效率,对难燃煤的燃烧更有好处;由于 W 形火焰在炉底附近转弯,可分离部分飞灰,如处理不当,可能会增加机械不完全燃烧热损失;由于分段布风及煤粉喷口浓度的可调性,使 W 形火焰锅炉能适应较广的煤种和负荷变化;前后墙炉顶起着反射辐射的作用,为煤粉气流提供了部分着火热。

"W"形火焰锅炉的稳燃原理:炉内为较复杂的三维回流运动。在煤粉浓缩燃烧器的出口附近存在着一个高温回流区,有利于煤粉气流的着火。通过调整乏气挡板的开度,可以调整一次风的速度。当一次风降低时,煤粉气流的着火点靠近喷口,因此,在保证煤粉气流着火的同时还要防止着火提前而烧坏喷口。

当煤粉气流着火时,由于气流的温度高达 1 200 ℃以上,而二次风的风温仅为 380 ℃,因此,较热的火焰的密度仅为冷空气的 1/3,冷空气下沉而使火焰向上运动。另外,引风机的抽力也是火焰向上运动的一个因素。

燃烧器的二次风采用内外双调风的形式,这有利于提高本锅炉对煤种的适应性。对于难燃煤,旋流强度可选择高一些,对容易着火的煤,旋流强度可选择的低一些。

c)前后墙对冲旋流燃烧炉。如某 600 MW 超临界锅炉(HG-1900/25.4—YM4)。其燃烧方式为前后墙对冲燃烧,前后墙各布置 3 层低 NO_x 轴向旋流燃烧器,每层各有 5 只,共 30 只。在最上层煤粉燃烧器上方,前后墙各布置 1 层燃烬风口,每层布置 5 只,共 10 只燃烬风口。每只燃烧器配有一只油枪,用于点火和助燃。设计煤种为神府东胜烟煤。其对冲旋流燃烧具有火焰充满度好、冲旋率低、稳定性高的优点。

⑤一次风与二次风的配合。在煤粉着火之前，过早地将二次风混入一次风对着火不利，特别是对于挥发分低的难燃煤。因为过早的混合等于增加了一次风率，使着火热量增加，着火推迟；二次风过迟混入，又会使着火后的煤粉得不到燃烧所需氧气的及时补充。故二次风的送入应与火焰根部有一定的距离，使煤粉气流先着火，当燃烧过程发展到迫切需要氧气时，再与二次风混合。如果不能恰当地把握混合的时机，那么与其过早，不如迟些。

⑥煤粉气流初温。提高煤粉气流初温可减少煤粉气流的着火热，并提高炉内的温度水平，使着火提前。提高煤粉气流初温的直接办法是提高热风温度。但对于燃用挥发分高的煤，若煤粉气流初温过高，会使着火点离燃烧器喷口过近而烧坏燃烧器。

⑦锅炉负荷的变化。锅炉负荷降低时，燃烧率降低，炉膛平均温度及燃烧器区域的温度都要降低，着火困难。当锅炉负荷降低到一定数值时，为稳定燃烧必须投油助燃。影响锅炉低负荷稳燃性能的主要因素是煤的着火性能、炉膛的稳燃性能和燃烧器的稳燃性能。

2）强化燃烧的措施

影响燃烧的因素很多，要保证良好的燃烧，必须满足：供给完全燃烧所需的空气，维持适当高的炉膛温度，使燃料与空气良好混合，有足够的燃烧时间。

要保证良好的燃烧，可采取以下措施：提高热风温度；保持合适的空气量，根据煤质控制合理的一次风量；选择适当的气流速度，保证适当的着火点位置；根据燃烧过程的发展，及时送入二次风，做到既不缺氧，又不降低火焰温度；保持着火区的高温，加强气流中高温烟气的吸卷；选择适当的煤粉细度；维持远离燃烧器的火炬尾部有足够的高温，以增强燃烬阶段的燃烧强度。

（3）燃烧的调节

在锅炉运行的三大调控项目（给水、汽温和燃烧）中，以燃烧控制涉及的调节参数和被调量最多。图 5.2 给出了直吹式煤粉炉燃烧系统工艺流程图，系统中的调控对象较多。鉴于燃烧调节的复杂性和危险性，燃烧调节尽可能投自动，但集控操作员要密切跟踪其自动调节过程，一旦发现自动调节过程因受异常扰动而对运行安全构成威胁，或使经济性不正常地下降时，应及时切换为手动调节。

燃烧控制就是调节进入炉膛的空气和煤量使炉内燃烧放热随时满足汽机侧对锅炉负荷的需要。当蒸汽量的供求达到平衡时，蒸汽压力就能够保持稳定，所以燃烧控制就是负荷或压力控制。燃烧控制必须在保证锅炉安全和经济运行的条件下来完成。

燃烧系统适应负荷变动的速度取决于燃烧系统的型式和燃烧调节系统。汽压相对于燃烧而言，是一个惯性较大的参数。根据汽压力来调节燃烧率比直接根据汽机或发电机负荷来调节要慢得多。但采用后一种调节方式时，最后还须根据锅炉压力进行细调，才能使主蒸汽恢复到额定压力。

在直吹式系统中，调节一次风速能很快地改变进入炉内的煤粉量。这是利用磨煤机内存粉量的增减。但磨煤机内的增减是很有限的，所以这种办法只能在短时间内有效。最终还要靠调节给煤量才能改变制粉量，这个过程需要较长的时间。

燃烧调整过程是否正确，直接关系到锅炉运行的可靠性，例如燃烧不稳定将引起蒸汽参数的波动。燃烧火焰偏斜会造成炉内温度场和热负荷不均匀，如果炉膛温度过高，可能引起水冷壁局部区域温度过高，出现结渣甚至超温爆管，引起过热器热偏差过大；也可能产生超温损坏。

炉膛温度过低则着火困难，燃烧不稳，容易造成炉膛灭火、放炮等。

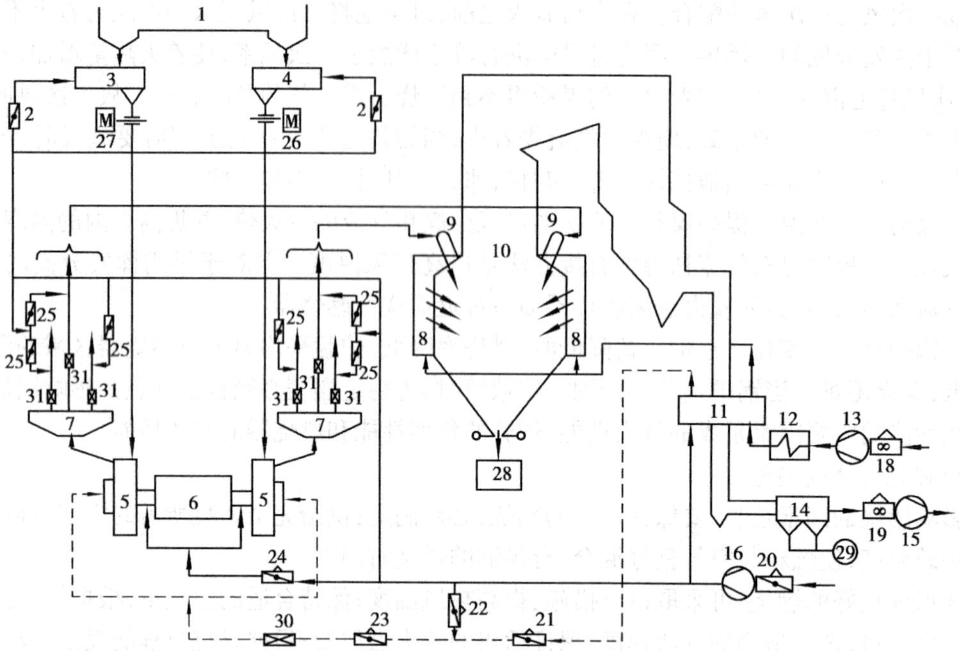

图 5.2　直吹式煤粉炉燃烧系统工艺流程图

1—原煤仓；2—控制挡板；3，4—给煤机；5—粗粉分离器；6—磨煤机；7—煤粉分配器；8—二次风风箱；9—燃烧器；10—炉膛；11—空气预热器；12—暖风器；13—送风机；14—除尘器；15—引风机；16——次风机；18—送风机入口动叶；19—引风机入口动叶；20——次风机入口导叶；21—热一次风控制挡板；22—控制挡板；23——次风量控制挡板；24—密封风控制挡板；25—辅助风控制挡板；26，27—给粉机控制；28—除渣系统；29—除灰系统；30——次风关断挡板；31—燃烧器关断挡板

燃烧过程的经济性要求保持合理的风、煤配比，送、引风机配合，同时还要求保持较高的炉膛温度。这样才能实现着火迅速，燃烧完全，损失减少，机组的效率提高。对于煤粉炉，燃烧调整操作中应使一、二、三次风的出口风速、风率和相位角配合恰当。燃料量与外界负荷相适应，保持煤粉为经济细度，炉膛过量空气系数为最佳值，调整送、引风机，使炉膛保持适当的负压，减少漏风。

1）煤粉量的调整

图 5.2 所示为配有双进双出直吹式制粉系统的锅炉，因制粉系统的出力变化与锅炉负荷有直接关系，所以当锅炉负荷改变而需要调节进入炉内粉量时，必然涉及制粉系统负荷变化。所以，当锅炉负荷发生改变而需要调节进入炉内的煤粉量时，可以通过先改变磨煤机通风量然后再改变其给煤量就可以达到调节的目的。但调节时应注意给煤率应对称，以免破坏整个炉内的动力工况。磨煤机自动调节系统应能满足：

①燃烧率提高时，磨煤机一次风流量增加，送入燃烧器的煤量也相应增加。磨煤机电耳控制调整煤量使磨煤机维持正常料位。

②燃烧率降低时，磨煤机一次风流量减少，从磨煤机排出的煤粉量也将减少。磨煤机电平控制能调整煤量使磨煤机维持正常料位。

2)风量控制

锅炉有两台三分仓回转式空气预热器,分别配置送、一次风机各两台,前者称为二次风,后者称为一次风。一、二次风是两个独立的系统,调节的任务也是分开的。燃烧空气是由二次风机和一次风机提供的。

二次风由两台位于送风机后面的空气预热器进行预热,两个二次风管道通过跨空连接管相互联结,允许在部分负荷时仅运行一台送风机,每个燃烧器装有单独的封闭闸板。二次风的流量控制是由风机进口导叶实现的,以便保证使油或煤能得到完全燃烧所需的过量空气。

一次风确保将煤粉从磨煤机带到燃烧器,并在点燃前使空气—燃料混合良好。一次风机进口导叶使磨煤机前的空气压力保持恒定。

进入炉膛的空气主要是有组织的一、二次风,其次是实际运行中少量的漏风。显然,漏风是愈少愈好,因为它不能很好地参与燃烧,而会降低烟温和减少传热。

进入炉内的空气量可以用炉内的过量空气系数来表示。炉膛出口过量空气系数是衡量炉内空气量多少的一个重要参数,亦称为炉内过量空气系数。过量空气太少时,不完全燃烧损失(q_3 和 q_4)将增大;过量空气太多时,由于传热量减少,排烟损失(q_2)将很大。在排烟损失(q_2),化学未完全燃烧损失(q_3)及机械未完全燃烧损失(q_4)之和为最小时,也就是锅炉效率(η)最高时的炉内过量空气系数称为最佳过量空气系数。

排烟损失 q_2 主要取决于排烟量和排烟温度。炉内过量空气系数愈大,排烟的过量空气系数也愈大,排烟中就有更多的过量空气,所以排烟量愈大,排烟损失 q_2 愈大,这是容易理解的。炉内过量空气量对排烟温度的影响过程比较复杂。增大炉内过量空气系数(α),将减少辐射传热,而增加对流传热,最终的排烟温度将略高于原来的水平,且排烟量的增加,所以排烟热损失必然增大。综上所述,在运行中应尽可能地保持炉内的最佳过量空气系数以获得最高的锅炉效率。应该说明,在不同的炉膛工况下,最佳过量空气系数值是不同的,负荷低时,应该大些。在一定范围内增加过量空气可以增多燃料与空气的接触机会,使化学不完全燃料损失 q_3 和机械不完全燃烧损失 q_4 减少。但是,如空气量过大,由于炉温降低而使燃烧恶化将起主导作用,所以不完全燃烧损失反将增大。

过量空气系数可根据烟气的成分来确定。以往都用 CO_2 表示测量,目前则普遍采用氧量计。烟气中剩余的氧(O_2)量与过量空气系数的关系大致为:

$$\alpha \approx \frac{21}{21 - O_2} \tag{5.3}$$

考虑到测点的可靠和方便,实际锅炉上 CO_2 表或者 O_2 量表的取样点通常装在后部烟道而不是炉内。因此在使用 CO_2 表或者 O_2 表监视炉膛送风量多少时,必须考虑到炉膛段的漏风的影响。本锅炉的 O_2 计装在省煤器出口,由于对流烟道没有漏风,所以这里的烟气抽样,就能代表炉内的燃烧产物。

如前所述,在没有漏风的条件下,进入炉膛的风量是一次与二次风之和。在本系统中,一次风量是利用装在磨煤机入口一次风管中的机翼型测量装置测定的,测量二次风量的机翼型测量装置则装在空预器的出口二次风箱中。在本系统中,以改变二次风量作为控制进入炉膛总风量的手段,当燃烧系统接到改变负荷的指令时,燃料与风量同时调节,这里的风量调节就是调节送风机进口挡板开度,使进入炉内的总风量与燃料量大致符合设定的比值。然后再根据氧量去修正。

本炉二次风除上述送风机调节外，在由二次风箱进入炉膛时还有挡板控制。按二次风的作用可分为下列两种：

①分级风有保持风箱与炉膛压差的作用。除了在负荷接近最大或最小值时，炉膛与风箱之间的压差与负荷成线性关系。

②燃料风基本上应该与燃料量成比例。

3）炉膛压力的控制

炉膛内部各处负压是不相等的，上部负压比下部小，因此，为保持炉膛上部有一定的负压，在炉膛下部应维持较大的负压，理论上，如炉膛顶部能保持1～2 mmH_2O 的负压，炉内烟气就不致外泄。实际上，由于炉内压力经常有所波动，产且同一水平上的压力也不一定相等。为了安全起见，运行中常使此负压值为4 mmH_2O 左右。

如前所述，炉膛负压太大，除增加炉膛本身漏风外，整个锅炉的漏风也要增加。漏风会增大烟气流速，加大灰粒对受热面的磨损和引风机电耗。炉膛漏风使燃烧损失增加，甚至使燃烧不稳或熄火。烟道内漏风对传热和排烟损失的影响与炉膛漏风相似。任何区段的漏风将降低该区段内的烟温和增大烟气流量，两者所引起的结果是减小传热量和受热面前后的烟温降（图5.3），这时，排烟温度可能升高。如漏风点接近锅炉尾部出口，则排烟温度会降低，但排烟热损失仍是增大的。

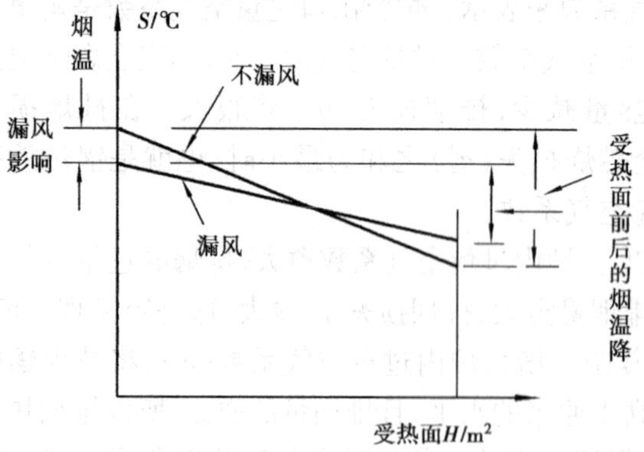

图5.3　漏风对烟温的影响

锅炉除在炉膛装有负压测点外，在对流烟道上还逐段装有不少负压测点以监视烟气的流动情况。此外，在各段对流烟道上还装有不少温度测点。根据烟道内负压和温度变化的情况，就可及时发现受热面积灰、结焦、渗漏和炉墙漏风、尾部二次燃烧等缺陷或事故。

燃烧过程的经济性要求保持合理的风煤配合，一、二次风配合和送引风配合，此外还要求保持适当高的炉膛温度。合理的风煤配合就是要保持最佳的过量空气系数，合理的一、二次风配合就是要保证着火迅速燃烧完全，合理的送引风配合就是要保持适当的炉膛负压、减少漏风。当运行工况改变时，这些配合比例如果调节适当，就可以减少燃烧损失，提高锅炉效率。

对于煤粉炉，为达到上述燃烧调节的目的，在运行操作时应注意燃烧器出口一、二、三次风速、风率，各燃烧器之间的负荷分配和运行方式，炉膛风量、燃料量和煤粉细度等各方面的调节，使其达到较佳数值。

5.3　汽轮机的运行维护

汽轮机正常运行维护的对象包括汽轮机本体、调节控制装置、汽轮机辅助设备及系统三大方面。运行维护的任务包括运行参数监控、巡回检查、运行工况的分析调整、设备的定期试验和切换等。

5.3.1　正常运行维护中集控员应做的工作

1)认真监视,精心操作调整,随时注意各运行参数的变化,采取相应正确的维护措施。认真填写运行日志。

2)定期抄记主要运行参数,并进行数据分析。发现运行参数和正常值有差别时,应立即查明原因,并采取必要的措施。

3)定期进行巡回检查,应特别注意推力轴承温度、各轴承钨金温度及回油温度、油流及振动情况,发电机冷却系统运行情况及严密情况,严防漏油漏氢着火等。

4)对汽轮机各部分进行听音检查,特别是在工况变化较大时,更应仔细进行听音。

5)运行中应根据设备的具体情况定期检查或联系检修人员清洗安装在汽、水、油系统上的滤网。

6)注意监视轴封蒸汽压力,温度正常,防止由于压力过高漏汽串入轴承箱,使油质劣化;同时也要防止由于压力过低,低压缸汽封漏入空气造成凝汽器真空下降。

7)运行中要保持汽轮机在经济状态下运行,为此应满足如下条件。

①注意使主、再热蒸汽温度保持在额定值,汽压符合机组变压运行曲线规定值,变动范围不超过允许的范围。

②回热系统应运行正常,加热器出口水温应符合设计数值或在运行规程规定范围。

③保持凝汽器在最有利真空运行,定期对照检查汽轮机排汽温度,并及时进行调整。

④凝结水过冷度不应超过规定值。

⑤进行各种定期切换及试验工作。

5.3.2　正常运行中的参数监控

汽轮机组不可能经常在设计参数下运行,通常制造厂均给出一定的允许变化范围,只有在这些范围内运行,机组才是安全的。为了保证汽轮机设备安全、经济运行,运行人员除了用各种直观方法对设备运行情况进行检查和监视外,更主要的是通过各CRT画面对设备的运行情况进行监视分析并进行必要的调整,以保持各项数值在允许变化范围内。

运行中应经常监视的参数有汽轮发电机组的负荷、主蒸汽流量、主蒸汽及再热蒸汽压力和温度、凝汽器真空、汽轮机转速(频率)以及汽轮发电机组的振动。

运行中经常巡视的参数有:调节级蒸汽压力、各抽汽口的蒸汽压力和温度、各加热器进出口水温及其水位、油箱油位、控制油压、润滑油压、氢气及密封油压和油温、机组热膨胀和胀差、转子的轴向位移、推力轴承和支持轴承的金属温度、调节汽门开度等。

与运行热经济性密切相关的参数有:排汽压力、凝结水过冷度、加热器端差、回热抽汽压损、自动主汽门及调节汽门节流压损、给水温度等。

在正常情况下,以上参数之间有一定的内在关系,例如:发电机负荷增加,如果主蒸汽和排汽参数不变,进入汽轮机的蒸汽流量就要增加,调节汽门的开度也相应增大,调节级汽室的蒸汽压力和各级抽汽压力成正比的增加(对凝汽式机组而言),各级级前的汽温也有所增加,机组的热膨胀及轴向推力也会随之增加,如果在运行中发现这些参数间的相应关系失常,则说明机组有问题。如果调节级汽室和各抽汽口的蒸汽压力比该功率正常情况下对应的压力值高,则说明通流部分有结构或异物堵塞现象。

运行维护中必须认真执行机组运行规程所规定的运行数值,加强检查、分析、调整、维护,使这些参数维持在允许的变化范围,保证机组安全、经济地运行。

5.3.3 巡回检查与运行分析

为了保证机组安全、经济运行、运行人员除了要集中监视单元控制室的控制盘参数及报警信息之外,还要对设备进行定期巡回检查,靠眼看、手摸、耳听、鼻子闻来全面了解设备运行情况。一旦发现隐患,应及时采取对策。巡回检查应制定一条科学合理的巡检路线,以便用最短的时间和最少的巡程把零米层、加热器层、运转层及除氧层的主要设备及系统都巡查周到。巡回检查的主要内容如下。

(1)运转层检查

主要是对汽轮发电机本体设备进行巡查,其内容如下:

①前轴承箱:汽轮机总膨胀指示、回油温度、回油量、振动情况。

②各轴承:所有轴瓦的回轴温度、油量、振动情况、油挡是否漏油。

③汽缸:轴封供汽、机组运转声音、相对膨胀、排汽缸排汽温度及振动情况。

④主汽门和调节汽门:油动机及阀门位移及开度指示,阀门动作情况,控制油和安全油管道是否漏油。

⑤盘车装置:手动盘车应在退出工作的位置、压盖装好,并确证工作电源正常。

⑥发电机、励磁机:出入口风温、冷却水压、各冷却器温度、密封瓦油压及回油温度、回油量、外壳有无漏油、内冷水轴端进水压力以及有无泄漏。

⑦氢压、密封油压、漏氢情况以及差压阀、平衡阀工作情况。

(2)除氧器平台检查

主要检查除氧器压力、水温、水位、排氧门排汽情况,管道、阀门、安全门有无漏汽漏水,各截止门开关的位置、水位调节器工作情况,除氧器滑压运行情况等。

(3)对加热器层检查

主要检查各回热加热器运行情况,热力系统设备、管道阀门有无漏汽漏水,保温是否完好,轴封加热器和轴封抽汽负压、水位是否正常;高低压加热器水位、抽汽压力、截止门开关位置、抽汽逆止门控制气源应投入及高加保护投入等。

(4)对零米层检查

汽轮机车间的零米层主要安装的是大量的辅助转动机械设备,并且主要是泵类设备。主要检查各泵出入口压力、轴承温度及振动情况、盘根是否发热或甩水并进行听音;电动机电流、联锁投入位置、出口风温、轴承温度、运转声音有无异常、有无焦味、润滑是否良好、接地线是否良好、地脚螺栓紧固情况;凝汽器水位、循环水出入口压力和温度、凝结水温度、各截止门开关位置;冷油器出入口温度是否正常,水侧无积气,无漏油漏水现象,油压大于水压;发电机密封油系统,内冷水系统及设备的运转情况等。

在巡回检查中如发现异常情况,应仔细分析,并找出原因,及时予以消除。不能很快消除的要采取措施,防止故障扩大,做好记录并及时汇报。

5.3.4 运行中的定期试验

①主汽门和调节汽门,中压联合汽门活动试验;

②对回热油汽管道的逆止门,调整抽汽管路上的逆止门、安全门,定期进行试验校正;

③事故备用油泵及其自启动装置的试验;

④油箱油位计的试验,定期放出油箱底部积水;

⑤各种自动保护装置(包括音响、灯光信号)定期试验;

⑥危急保安器充油试验;

⑦真空严密性试验;

⑧汽轮机辅助设备有备用时,应轮换使用。

正常运行中有许多汽轮机设备要进行定期的动作可靠性试验及倒换运行。以 300 MW 汽轮机为例,汽轮机运行中试验及切换的项目、方法及时间间隔见表 5.2。

表 5.2　运行中的试验及切换

项目名称	标准与方法	时间间隔
高、中压主汽门及调节汽门活动	无卡涩全行程或部分行程	每天一次
抽汽逆止门活动		每周一次
抗燃油泵、交流油泵、事故油泵	启、停正常,运行 3 ~ 5 min	每周一次
低真空、润滑油压低、抗燃油压低	在线进行,动作正常	每月一次
危急保安器充油试验	动作正常	运行 2 000 h
真空严密性试验	在 80% 额定负荷时关闭空气门,30 s 后开始记录,5 min 内真空平均下降速度不超过 0.40 kPa/min 为合格,下降总值不大于 2 kPa	每月一次
备用给水泵	启停正常,运行 3 ~ 5 min	备用超过一个月
转动辅机切换	切换运行	每月一次
常规热力试验	测试汽轮机热效率	大修前后
考核性热力试验	考核汽轮机效率	新投产或改造后

5.3.5　运行中主要参数的监控调节

汽轮机正常运行中的一些重要参数,如负荷、主蒸汽和再热蒸汽参数、凝汽器真空、调节级压力及各段抽汽压力、轴向位移、胀差、轴承润滑油温、控制油压、轴承及转子振动等,对汽轮机安全、经济运行起着决定性的作用。因此,运行中必须通过控制盘和控制屏幕对这些参数认真监视并及时调整,使其保持在规定范围内。

(1)**负荷**

在正常运行中,对负荷的监视是十分重要的,因为负荷一变,影响着所有运行工况的变化。而影响负荷变化的因素很多,所以不论负荷是增加还是减少,都要做相应地检查和调整。尽管现代大机组自动化程度很高,大部分调整会自动完成,但是任何设备都不可能万无一失,故手动调整是不可缺少的。机组负荷的正常增减是通过给出目标负荷指令后由 DEH 系统自动完成的,而机组负荷的自发变化,则是外界条件影响的结果。此时要做相应的检查。比如当负荷减少时,应检查电网周波是否升高,主蒸汽和再热蒸汽参数是否下降,真空是否降低等。

当机组负荷变化时，对凝汽器热井水位要及时检查调整。如果水位过低，会使凝结水泵跳闸；如果水位过高，会使凝结水产生过冷，严重时还要影响真空造成机组跳闸。由于负荷变化，各段抽汽压力要随之变化，由此影响到除氧器、加热器、轴封供汽压力的变化，对某些部分要及时检查及调整。如果由于调峰需要而增减负荷，操作会更多一些，比如循环水泵、给水泵运行台数的增减，给水再循环门的开关或调速给水泵转速的改变；除氧器供汽汽源的切换等。

在正常运行中，如果突然甩去部分或全部负荷，应按甩负荷事故的操作规程进行处理。

对于故障减负荷，如某 360 MW 机组规定：从两台给水泵转为一台给水泵运行，汽机减负荷 60% ECR；高压加热器组停运，应注意控制负荷小于额定值(360 MW)；当 3，4 号低压停运时，应将负荷从额定值减至小于或等于 270 MW，以防除氧器过负荷，并须关闭五段抽汽；除氧器改为由冷再热蒸汽供汽，并设定其压力为 7 Pa。当 1 号和 2 号低加停运时，应停运全部低压加热器，并将负荷降至 200 MW，除氧器改由冷再供汽，压力设定为 5 Pa，必要时申请停机消缺。

(2)主蒸汽参数

在汽轮机正常运行中，不可避免地会发生蒸汽参数短暂地偏离额定值的现象。当偏离不大，没有超过允许范围时，不会引起汽轮机部件强度方面的危险性。若超过允许范围，则会引起运行可靠性和安全性方面的问题。

当初压和排汽压力不变时，主汽温度变化使得整个热力循环的热源温度变化，循环热效率变化。主蒸汽温度升高，机组理想焓降增大，做功能力增强。相反，主蒸汽温度降低时，做功能力降低，效率降低。

在调节汽门全开情况下，随着初温的升高，通过汽轮机的蒸汽流量减少，调节级后压力下降使得调节级焓降增大，调节级动叶可能过负荷，随着温度升高，金属的强度急剧降低。另外高温下的金属还会发生蠕变现象。所以猛烈的过载和超温对高温区工作的部件是很危险的，目前制造厂均规定了温度高限，一般不超过额定汽温 5 ~ 8 ℃。

在运行中，主蒸汽温度的下降是运行人员比较担心的问题。因为汽温降低，将使汽轮机的轴向推力增加，严重时产生水冲击，将引起轴向位移增大，烧坏推力瓦，甚至动静摩碰。主蒸汽温度下降时，为维持负荷不变，进汽量必须增大，这易引起末级叶片过负荷，再加上湿蒸汽对末级动叶的冲蚀加剧，可能会造成末级叶片断裂。

如某 360 MW 汽轮机规定：主蒸汽和再热蒸汽温度在 538 ~ 546 ℃超温运行的全年平均温度不超过 538 ℃；在 546 ~ 552 ℃的全年累计运行时间不超过 400 h；在 552 ~ 556 ℃的全年累计运行时间不超过 80 h；超过 566 ℃时应立即停机。主蒸汽和再热蒸汽温度降至 510 ℃时开始减负荷，每降 1 ℃相应减负荷 5 MW；达 460 ℃时，负荷为零；在 460 ℃以下则停机。主蒸汽与再热蒸汽两管道蒸汽温差不大于 17 ℃，调整期间不大于 28 ℃，并且不超过 15 min。

在调节汽门开度一定时，当初温和背压不变而初压升高时，汽轮机所有各级都要过负荷，其中最末级过载最严重，同时初压升高对蒸汽管道及其他承压部件的安全也造成威胁。初压降低时，不会影响机组的安全性，但机组出力要降低。因此，运行中主蒸汽压力要求按规定压力运行，特别是滑压运行机组要严格按照变压运行曲线维持机组运行。

如某 360 MW 汽轮机主蒸汽压力额定值为 179 Pa；年平均压力值不许超过 179 Pa；正常运行值应小于 193 Pa；在 193 ~ 214 Pa 运行，全年不超过 12 h。再蒸汽压额定值为 39.9 Pa，正常运行应小于 40.9 Pa，再热汽压力不允许超过 45.5 Pa。

(3)**再热蒸汽参数**

再热蒸汽压力,即中压缸进口压力。蒸汽从高压缸排出后,由于往返于汽轮机和锅炉再热器之间,在管道、汽门和再热器中要产一定的压降,所以,再热器压力总是低于高缸排汽压力的。减少的数值即为再热系统压损。再热系统压损用蒸汽通过的压降与高压缸排汽压力之比的百分数表示,其大小对再热的经济性有一定的影响,再热系统压损变化1%,机组热耗率变化约1%。

在正常运行中,再热蒸汽压力随蒸汽流量变化而变化。运行人员对每一负荷下的再热蒸汽压力应掌握。再热蒸汽压力不正常的升高,可能是某个中压调门脱落引起。当再热蒸汽压力升高导致安全门动作时,一般是因调节系统发生故障引起的,比如中压调门和中压自动主汽门误关,均可能使再热蒸汽超压。此时要迅速处理,使其恢复正常。

再热蒸汽温度主要取决于锅炉特性和工况。当初温不变而再热汽温变化时,不仅中、低压缸的工况要受影响,高压缸的工况也要受到影响。当再热汽温升高时,汽轮机总的理想焓降增大,若保持机组出力不变,汽轮机总的进汽量将减少,因而再热蒸汽压力也必然降低,尽管此时重量流量是减少了,但由于再热汽温的升高和压力的降低,容积流量还是趋于增大。蒸汽在再热系统中的流动阻力与容积流量的平方成正比,所以此时再热器中的压力有所增加。这样,高压缸的功率将降低,而中、低压缸功率则有所增加。反过来,当再热汽温降低时,再热系统流动阻力减少,再热器中压力将降低,此时高压缸功率将增大,特别是高缸末级可能过载,而中、低压缸各级焓降减小,这又会导致反动度及轴向推力的变化。另外再热汽温降低也将导致汽轮机末级湿度增大,若长期在低温下运行,会使叶片严重侵蚀。运行中发现再热汽温降低时,锅炉方面应及时处理。

(4)**凝汽器真空**

凝汽器真空即汽轮机排汽压力,由于蒸汽负荷的变化,凝汽器传热管积垢,真空系统不严密,冷却水温的变化等,其数值可以在很宽的范围内变化,直接影响机组的安全经济运行。

真空降低时,汽轮机总的焓降将减小,并且这个焓降的减小主要发生在最末几级。此时这些级的应力将减小,反动度增大。真空急剧降低时,反动度的变化会引起较大的轴向推力变化,推力轴承可能发生危险,此外,真空严重恶化时,排汽温度升高,还会引起机组中心的变化,从而引起振动增大。因此运行中必须控制真空在一定范围内下降,否则必须减负荷,甚至执行紧急停机。

如某360 MW汽轮机凝汽器的额定压力为0.004 96 MPa;如果压力高于0.008 5 MPa时应及时减负荷;压力大于或等于0.021 MPa时,保护应自动跳闸,若保护未自动动作,应手动故障停机。

如果轴封供汽压力低,影响真空时,应微调轴封风机入口门,维持供汽压力,若是压力调节失灵,应联系热工人员及时处理。

如果轴封加热器水位过低,应加大注水,若轴封风机失常,应检查风机进口门开度,并检查其工作正常。

如果循环水泵跳闸,使凝汽器循环水量减少或中断,应关小或关闭凝汽器循环水出口门,根据真空下降规定,减负荷或停机。若凝汽器钛管堵塞,应汇报领导安排清洗。

若真空泵工作失常,应切换备用泵运行,若真空泵水罐水温过高,应进行换水。若除盐水压力低,应增开除盐水泵,提高压力,若除盐水系统故障,应停止向凝汽器补水,关闭除盐水补水总门。

若真空系统不严密微漏空气，应检查系统管道、法兰、阀门、水位计考克，可用黄油，肥皂堵漏。如果负荷低时，真空低，负荷高时，真空又恢复正常，则是低压连接处或法兰漏气。能临时堵漏消除的缺陷可尽量消除，不能消除的待停机后彻底消除。

(5)监视段压力

在凝汽式汽轮机中，除最后一、二级外，调节级汽室压力和各段抽汽压力均与主蒸汽流量成正比例变化。根据这个原理，在运行中通过监视调节级汽室压力和各段抽汽压力，就可以有效地监督通流部分工作是否正常。因此，通常称各抽汽段和调节级汽室压力为监视段压力。

在一般情况下，制造厂都根据热力和强度计算结果，给出各台汽轮机在额定负荷下的蒸汽流量和各监视段压力对应值，以及允许的最大蒸汽流量和各监视段压力。由于每台机组各有特点，所以即使是相同型号的汽轮机，在同一负荷下的各监视段压力也不完全相同。因此，对每台机组均应参照制造厂给定的数据，在安装或大修后，通流部分处于正常情况下进行实测，求得负荷、主蒸汽流量和监视段压力的关系，以此作为平时运行监督的参照标准。

如果在同一负荷(流量)下监视段压力升高，则说明该监视段以后的通流面积减少，多数情况是结了盐垢，有时也会由于某些金属零件碎裂和机械杂物堵塞了通流部分或叶片损坏变形等所致。如果调节级和高压缸各抽汽压力同时升高，则可能是中压调节汽门开度受到限制。当某台加热器停用时，若汽轮机的进汽流量不变，将使相应抽汽段的压力升高。

不但要看监视段压力绝对值的升高是否超过规定值。还要监视各段之间的压差是否也超过了规定值。如果某个段的前后压差超过了规定值，将会使该段隔板和动叶片的工作应力增大，造成设备的损坏事故。

汽轮机严重结垢时，监视段压力相对升高10%左右，必须对通流部分的积垢进行清除。通常清除积垢的方法有以下四种：

①汽轮机停机揭缸，用机械方法清除；

②盘车状态下，热水冲洗；

③低转速下，湿蒸汽冲洗；

④带负荷湿蒸汽冲洗。

(6)轴向位移及轴瓦温度

汽轮机转子的轴向位移，现场习惯称为窜轴。窜轴指标是用来监视推力轴承工作状况的，作用在转子上的轴向推力是由推力轴承来承担的，从而保证机组动静部分之间可靠的轴向间隙。轴向推力过大或轴承自身的工作失常将会造成推力瓦块的烧损，使汽轮机发生动静部分碰磨的设备损坏事故。

汽轮机主蒸汽压力高、主蒸汽温度低，尤其是汽缸进水会产生巨大的轴向推力，对于高中压缸对头布置的再热机组来说，由于发生水冲击事故时，瞬间增大的轴向推力是发生在高压缸内，即轴向推力方向与高压缸内汽流方向一致，因此推力瓦的非工作面将承受巨大的轴向作用力，而非工作面瓦块一般承载能力比较小，所以这种水击事故就更加危险。为此，再热机组要求在非工作面瓦块一侧也能承受与工作瓦块同量的推力。

当再热蒸汽压力高、温度低或中压缸进水时，则推力的作用方向和中压缸汽流方向一致，这时推力瓦的工作面将承受巨大的轴向推力。此外，真空低或通流部分结垢时，也会使轴向推力发生较大的变化。

机组运行中，发现窜轴增加时，应对汽轮机进行全面检查，倾听内部声音，测量轴承振动，同时注意监视推力瓦块温度和回油温度的变化，一般规定推力瓦块钨金温度不超过 95 ℃，回油温度不超过 75 ℃，当温度超过允许值时，即使窜轴指示不大，也应减少负荷使之恢复正常。若窜轴指示超过允许值而引起保护动作跳闸时，应立即解列发电机。当窜轴指示超过允许值，而保护未动作时，要认真检查、判断，当确认指示值正确时，则应立即紧急停机，360 MW 汽轮机规定当轴向位移达 +0.5 mm 或 -0.7 mm 时停机。

汽轮机轴在轴瓦内高速旋转，引起了汽轮机润滑油温和轴瓦温度升高，轴瓦温度过高时，将威胁轴承的安全。360 MW 汽轮机轴瓦乌金温度达 95 ℃时报警，大于 110 ℃时停机；润滑油温达 60 ℃时报警并手动跳闸。运行中通常也采用监视轴承回油温升的方法来间接监视轴瓦温度，一般润滑油的额定温度为 45 ℃，润滑油的温升不得超过 10 ~ 15 ℃，但由于油温滞后于金属温度不能及时反应轴瓦温度的变化，因而只能作为辅助监视。

（7）DEH **高压控制油**

汽轮机调节控制系统的液压控制部分用的是 12 MPa 的高压抗燃油，来自电子调节系统的阀位控制信号作用在液压控制系统的电液转换器上，通过其所控制的滑阀，接通或释放油动机的驱动油，使油动机带动调节汽门开大或关小。因此高压抗燃油系统的运行正常与否，对机组的运行影响极大。

正常运行时，控制油系统中有一台高压电动油泵运行，供给液压控制系统所需控制油的压力及流量。主控制油回路的压力为 12 MPa，经过冷油器后的油温为 50 ℃。另外，还有一台低压电动油泵运行，完成控制油的冷却和处理。

运行中的高压电动油泵与备用泵之间可进行切换，只要控制功能群处于“投入”状态，一台高压油泵在运行中，则运行人员可向另一台备用泵发出“启动”指令。当这台高压电动油泵正常启动后，则原运行泵即可停运。

运行中，高压控制油压力由两个压力开关进行监视，这两个开关在运行中可就地进行试验：当系统功能群“投入”，第一个压力开关检测到其油压小于 10 MPa 时，向自动控制系统发出一控制指令并在控制室发出报警“高压控制油压力低”。同理，如果控制油压太高（大于 13.5 MPa）时，发出“高压控制油压力过高”报警，运行泵安全阀动作。

控制油温度由一油箱就地温度计和两个温度开关来监视。当控制功能群“投入”时，如果油温大于 35 ℃，则控制室中发出“控制油温高”报警。

控制油箱的油位由三个不同位置的油位检测开关监视，当油箱油位变化时，会相应发出：高、低、极低三种报警信息。

过滤器堵塞与否，可通过高压控制油泵出口过滤器的压力降进行监视，当该压降大于 0.05 MPa时，发出“高压控制油过滤器堵塞”报警。此时，应在不影响系统运行的情况下进行更换。另外，控制液再生系统中也有过滤器需进行压力降的监视，当这些过滤器压降大于 0.05 MPa时，发出相应报警。

尽管高压控制油系统运行监控的自动化程度比较高，但因其系统压力高，作用重大，故日常运行维护应高度重视。

(8)**汽轮机及旁路自动调节功能的监视**

在正常运行中,高、低压旁路关闭,但应处于随时能自动投入的热备用状态。主蒸汽压力由锅炉总负荷调节器自动控制,再热汽压力由汽机 DEH 负荷控制功能自动控制。

在正常运行中,若主蒸汽升压速率太快(如大于 0.4 MPa/min),高压旁路会自动慢开调节,以限制主蒸汽的升压速率;若再热蒸汽压力超过设定值,低压旁路自动开启调节。

如某 360 MW 机组在正常运行中,若主汽压力低于 0.9 MPa,高压缸压力限制器自动投入,关小高压调节汽门;若再热器压力低于低旁设定值 0.4 MPa,中压限制器动作,自动限制中压调门的开度。

在正常运行中,当高中压限制出现后,确证压力限制已受到极限控制,可用两种方式解除限制作用:一是降低要求的压力设定值,机组在负荷控制方式运行;二是增大锅炉燃烧,使主蒸汽及再热蒸汽压力恢复到原状态。

高压手动限制投入后,调门开度不再受系统周波及其他条件变化的影响,高压调门开度将始终低于高压手动限制所给定的限制值以下。

5.3.6 汽轮发电机组的振动及其他机械量监测

汽轮发电机组是一种复杂的大型高速旋转设备,是由多个汽轮机转子和一个发电机转子及励磁机转子连接组成的共同旋转体系,可称为轴系。大型汽轮发电机组轴系,不仅零部件大而多、结构复杂,而且引起振动的机理也很复杂。轴系在工作时都会因不平衡离心力的客观存在、支承轴系的轴承及基础工作状态的改变、轴系之间机械连接的缺陷等机械因素而产生一定程度的振动;轴系会因不正常的加热或冷却而产生异常的胀缩移位和变形,导致动静部件摩碰引起异常振动;轴系还会因发电机异常的电磁激振力的作用而产生异常振动。总之,有太多的因素决定了轴系在工作时必然要振动,只是振动大小不同而已,是不在人为可控的安全范围内。

大型汽轮发电机组因轴系振动失控而导致毁机是运行中的大忌。尽管当今的科学技术已经从各个方面对轴系的稳定运转得到了保证,但仍然有不同危害程度的轴系振动事故发生。电力行业 25 项反事故措施中的第 9 项就是防止轴系断裂事故。

振动事故对机组非常有害,振动过大,会使轴承钨金脱落,油膜被破坏而发生烧瓦;会使动静部分发生摩擦而损坏设备;会使轴端汽封和转子发生摩擦而造成大轴弯曲;会造成动静部件的疲劳损坏;会造成某些固定件的松动甚至脱落等严重故事。不仅如此,振动还会影响汽轮发电机组的经济性,当动静部分发生摩擦后,动静间隙将增加,因此漏汽量将增加,最终导致汽轮机的热耗增加。因此,集控员在运行中必须掌握振动规律,将汽轮发电机组的振动水平维持在振动标准的规定之内。

(1)**机组振动监测及安全性评价**

振动是客观反映汽轮发电机组运行稳定性的最敏感的参数,也是集控员监盘过程中要密切关注的重要参数。集控员要随时把当前的振动数值与标准值、历史值作纵横向比较,从而准确判断是否存在振动故障或将会发生振动故障,确定是否需要采取相应调控措施来减小振动或拉闸停机。

评价大机组振动健康状况的标准目前有轴承振幅、转轴振幅和轴承振动烈度三种尺度，其中以轴承振幅和转轴振幅为尺度评定机组振动状态较为可靠，是国内常用的方法。

《电力工业技术管理法规》中规定，评定机组振动应以轴承垂直、水平、轴向三个方向中振动最大者作为评定依据，该标准以位移值（即双振幅值）作为衡量轴承振动状态的标准。其评价标准值见表 5.3。

表 5.3　轴承和轴的振动评价标准（我国征求意见稿中的推荐数据，指在 3 000 r/min 下）

评　价		优	良	正常	合格	须重找平衡	允许短时间运行	立即停机
全振幅/μm	轴承	小于 12.5	小于 20	小于 25	小于 30	30 ~ 58	小于 50	50 ~ 63
	轴	小于 38	小于 64	小于 76	小于 89	102 ~ 127	—	152

国际电工委员会（IEC）的汽轮发电机组振动评价标准。见表 5.4。

表 5.4　IEC 振动标准（修改后）

转数/($r \cdot min^{-1}$)	1 000	1 500	1 800	3 000	3 600	6 000 以上
轴承振动/μm	75	50	40	25	21	12
转轴振动/μm	150	100	80	50	42	25

测量振动的方式有两种：电磁式传感器接触测量和电涡流传感器非接触测量。接触测量用于测轴承振动，非接触测量用于测转子振动。电磁式传感器有速度传感器和加速度传感器之分。在轴承上测量一般比较方便，所需要测量仪表也比较简单。但由于各种型式的机组的转子质量、转子刚度、支承动刚度、油膜刚度、基础动刚度、动静间隙等因素不同，在同样的轴承振幅条件下，振动对机组引起的危害将不同。随着振动测试技术的发展，直接测量转轴振动的仪器已被普遍采用。在同一个轴承处，转轴的振幅一般比轴承的大，但二者之间在数值上没有固定的对应关系。在同一个机组中，各个轴承的限值也不一样。这是因为被测部位的振动幅值不仅与转轴本身在该处所受的动力负荷有关，而且还与“转子—支承”系统（包括机组基础、轴承箱及轴承体等）的刚度、参振质量及轴系振型等有关。

因此，对一台具体的机组，经一定运行实践的考验和经验积累后，可有能客观反应自身运转稳定性的个体标准，但不应与表 5.3 和表 5.4 差别太大。例如某厂 600 MW 机组运行规程规定：轴振正常运行时小于 100 μm，当轴振达到 125 μm 时，发轴振报警信号。

在执行时，还应注意以下几点：

①同一台机组在不同转速下，它的振动限值也不一样。随着转速的增加，转子受到的动力负荷也随之增加，所以在低速和中速暖机时所控制的限值要比该机组在额定转速时的限值要低。如果机组在启动过程中，就已经超过当时转速下的正常值，则在继续升速的过程中要引起注意，或及早采取对策。

②机组在通过临界转速时的振动要比非共振区稳定运行时的振动激烈，其激烈的程度与升速率及不平衡质量引起的离心力等决定的放大因素有关。根据积累的经验，要预先对共振值作出估计，以便在跟踪系统进行报警时采取正确的判断。如果机组在越过临界转速时出现过大的振动，则即使在工作转速时的振动值未超过规定标准，机组的振动状态也不能认为是合

格的,因为机组往往在这时发生事故。

③在监视机组运行时,不仅要用已执行的标准评价运行状态,而且还要与该机组过去的常态值比较。例如,某机组一个轴承的双峰振幅为0.015 mm,按标准是在允许范围内的,但如果过去的常态值是0.01 mm,现值比原值超出50%。从而可以判定,该机组内已有了异常状态。

(2)汽轮发电机组振动的原因

汽轮发电机组轴系是一个复杂的旋转体,引起轴系振动超标的原因很多,但主要体现在两个方面:一是由各种原因引起的激振力P过大,二是轴系支撑刚度K_d不正常变化。两者与振幅的关系由下式表示:

$$A = P/K_d \tag{5.4}$$

$$K_d = K_c/\mu \tag{5.5}$$

式中 A——振幅;

P——激振力;

K_d——轴承座动刚度;

K_c——轴承座静刚度。

因此,要搞清引起轴系振动超标的原因,首先要判明是P过大,还是K_d变小。然后再按两种因素的不同振动特征去寻找具体原因。

1)轴系支撑刚度K_d不正常变化

轴系支撑刚度K_d决定于三个因素:一是轴承座静刚度K_c;二是连接刚度;三是共振放大因素μ。部件静刚度又称刚度系数,表示部件产生单位位移(变形)所需的静力;动刚度表示部件产生单位振幅(位移)所需的交变力。

由公式(5.5)可见:轴承座动刚度与其静刚度成正比,而与动态放大系数μ成反比;当$\omega = \omega_n$时,若忽略系统阻尼,即$\mu = \infty$时,即使静刚度很大,动刚度K_d也为0。由公式(5.4)可见:在不大的激振力作用下,轴承将会产生很大的振动,这种现象称作共振。

共振又分为支撑系统共振和系统部件共振两种,前者是激振力通过支撑系统输入振动系统,当支撑系统自振频率与激振力频率符合时而产生的一种共振,例如轴承某一方向自振频率与激振力频率相符的共振;后者是振动系统内某一部件自振动频率与激振力相符而产生的共振,例如转子临界转速、汽缸、大直径管路、发电机和励磁机静子某一方向子振动频率与激振力频率相符。这两种共振使轴承振动增大的机理不同,前者是由于支撑动刚度降低,在激振力一定时,使振幅增大;后者是由于部件共振,使振动惯性力增大并作用于轴承或基础,这是在支撑动刚度不变的情况下,由于激振力增大而使其振幅增大。在机组振动中这两种共振都会发生。

连接刚度:转子的支撑系统一般有轴承盖、轴承座、基础台板、基础横梁等部件组合而成,这些部件连接的紧密程度,直接影响这部件刚度。部件之间连接紧密程度对刚度的影响称为连接刚度。

连接刚度的检查:检查部件连接紧密程度传统的方法有检查连接螺丝预紧力、连接部件之间的间隙等方法,但这些检测方法不仅手续麻烦,而且不能检测动态下连接的紧密程度。

通过总结大量现场振动测试结果得到,采用检测连接部件之间差别振动,是检查连接部件动态下连接紧密程度简单而有效的方法。所谓差别振动,是指两个相邻的连接部件振幅的差值。差别振动值本身已说明两个相邻的连接部件之间在动态下产生了相对位移量,这种微小的位移将显著地降低部件的动刚度,但在静态下连接部件之间并无间隙存在,而且连接螺丝预紧力往往也正常。

对于一般的轴承座来说，在同一轴向位置，测点上下标高差在 100 mm 以内的两个连接部件，在连接紧围固的情况下，其差别振动应小于 2 μm；滑动面之间正常的差别振动应小于 5 μm；对于发电机后轴承座与台板之间有绝缘垫者，其差别振动应小于 7 μm。当两个相邻部件差别振动明显大于这些数值时，即可判定轴承座连接刚度不足。差别振动愈大，故障愈为严重。在测量轴承各点振动时，除测量垂直振幅和相位外，必要时对该点水平和轴向振动也应测量；在测量时若发现差别振动异常，必须复测一遍；只有两次测量结果基本一致，才能认为数据可靠。

造成转子支承系统连接部件之间差别振动过大的主要原因有：

①连接螺丝松动。由于检修或安装时疏忽，轴承盖、轴承座、基础台板等连接螺丝部分没有拧紧或预紧力不够。由连接部件之间差别振动值，直接可以看出是哪一个连接螺丝没有拧紧。

②轴承座与台板接触不良。由于轴承座或台板的变形及修刮不良，发电机后轴承座与台板之间的绝缘垫过多或太厚、不平整等原因，即使在各个连接螺丝都拧紧的情况下，仍不能达到要求的连接刚度，在动态下仍存在显著的差别振动。

③基础台板与基础接触不良。造成基础台板与基础接触不良的原因有：

a）二次灌浆质量不高。其中包括未充实和水泥标号较低。

b）基础台板垫铁走动。这种现象主要是由于二次灌浆质量不好、台板垫铁间距过大、吃力不均、垫铁之间及与台板之间未焊牢，在过大轴承振动作用下，使垫铁发生走动。

c）基础垫铁过高。这种现象对轴承座垂直方向动刚度影响不大，但显著地降低了轴承座水平和轴向动刚度，而且往往在较大轴向振动作用下，使轴承座台板二次灌浆松裂。其动刚度进一步降低，形成恶性循环。为此在安装时台板垫铁高度不要超过 80 mm。

d）轴承座漏油。由于汽轮机油浸入二次灌浆，使其强度显著降低，在振动作用下不紧使二次灌浆松裂，而且使二次灌浆与台板分离，振动进一步扩大。

e）轴承座振动过大。不论是垂直、水平和轴向振动过大，都可以使基础二次灌浆松裂，使轴承座振动扩大，二次灌浆松裂加剧。

f）基础台板垫铁氧化。造成台板和垫铁氧化的主要原因，是由于在严寒的冬季施工时，为了防冻，在二次灌浆中加入过量的食盐，机组运行后二次灌浆中的氯化钠与铁氧化，首先生成 Fe_3O_4，体积增大，使台板和基础分离，而后进一步氧化成 Fe_2O_3，在振动作用下形成红色粉末，造成台板与基础腾空，台板与基础之间的连接刚度显著降低。

2）转子质量不平衡

转子质量不平衡是回转机械，特别是高速回转机械振动的主要激振力。不平衡激振力引起的振动的频率特征是工频振动。

转子质量不平衡是由于转子的质心不在旋转中心线上，转子旋转时就产生了不平衡的离心力。这种离心力以转子旋转的频率周期性地作用在转子上，使机组运行时产生振动。

转子质心偏离旋转中心线，可能是由于冷态时就存在静不平衡和动不平衡，也可能是运行中因转子沿圆周受热不均，产生热弯曲所致。运行中的汽轮机也有可能由于转子残余应力及材料不均匀，以致在温度变化时振动增大，这就需要在高温即带负荷状态下找动平衡。平衡状态好的转子，一般不会发生较大的振动，同时运行中的噪声也会低些。

汽轮机在运行中出现动叶片和拉金断裂、动叶不均匀磨损、蒸汽中携带的盐分在叶片上不均匀沉积等,会使转子产生静不平衡和动不平衡。汽轮机在大修时拆装叶轮、联轴节。动叶等转子上的零部件,或车削转子轴颈时加工不符合要求,也会使机械不平衡增大。所以,要使机组振动达到良好状态,必须从制造、安装、运行等各个方面予以保证。另外,发电机转子有效段的不均匀加热或不均匀冷却也会引起转子的热不平衡。

在现场发生的机组振动过大,按其原因来分,属于转子质量不平衡的约占 80%;按激振力性质来分,属于转子不平衡力的将达 90% 左右。

当转子工作转速低于 0.4 ~0.5 倍转子第一临界转速时,这种转子质量不平衡引起的激振力可用下列表示:

$$A = MR\omega^2/K_d \tag{5.6}$$

式中 M——不平衡质量;

R——其质心离回转中心的距离;

ω——转子角速度。

由公式可见,当忽略轴承座动刚度 K_d 随转速改变的影响时,在一定的转子不平衡量情况下,轴承振幅 A 与转速平方 ω^2 成正比,但这种关系仅对刚性转子成立。目前运行的6 MW以上的汽轮机和发电机转子均属柔性转子,这种转子在转速升高的过程中,其绕曲将发生改变,转子平衡状态也随之发生变化,此时转子产生的不平衡离心力已不是 $MR\omega^2$,而是不平衡质量产生的不平衡力和转子绕曲产生的不平衡力之和,故不能简单的用式(5.6)来反映。

转子平衡:调整转子质量分布,使转子质心偏移回转中心的距离减少,这个过程称为转子平衡。在制造过程中,转子平衡是一道必不可少的工序。在现场运行的回转机械,例如风机、水泵、电机及汽轮发电机组,其振动主要原因是转子不平衡,因此转子平衡是消除现场运行的回转机械超标振动的一项重要措施。

由于转子工作转速、结构(长径比)、转子刚性不同和各类转子要求的平衡精确度不同,所采用的转子平衡方法不同。一般有转子静平衡和动平衡,动平衡又分刚性转子动平衡和柔性转子动平衡。刚性转子是指其一阶临界转速高于额定工作转速的转子;柔性转子是指其一阶临界转速低于额定工作转速的转子。柔性转子动平衡比较复杂,必须由专业机构进行。

3)联轴器缺陷及轴系连接不对中

据国外相关资料介绍,大约 70% 的旋转机械振动故障由轴系不对中引起或与之相关。国内大型机组轴系的不对中问题也相当突出。存在严重不对中故障的汽轮发电机组若长期运行,有可能产生非常严重的后果。

①轴系中心的含义。对于汽轮发电机组而言,“轴系中心”包含以下三点方面。

a)转子连接后的同心度和平直度。前者由两个靠背轮的同心度所决定,后者由两个靠背轮的端面瓢偏度所决定。若两半个靠背轮止口不同心,则连接后两根转子是偏心的,在旋转状态下会产生振动的扰动力。若靠背轮的端面存在瓢偏,连接后使转子产生弹性弯曲,在旋转状态下也会产生振动的扰动力。这两种缺陷是在现场安装时产生的偏差,必须把其控制在较小的数值以内。

b)支撑轴承中心的标高偏差。轴系中心的另一个含义是指各支撑轴承中心的标高偏差,其与机组冷态、热态有关。冷态和热态下各轴承中心标高会发生变化,这种现象对有些大型汽轮发电机组轴系振动的影响较为明显。

c)转子和静子的同心度。轴系中心的第三个含义是指发电机转子与定子、汽轮机转子与汽缸的同心度。发电机转子与定子不同心度较大时，在负荷工况下会产生较大的不平衡电磁力，影响发电机转子的振动响应。汽轮机转子与汽缸的不同心度较大时，则会出现动静碰摩振动，对于高(中)压转子来说，还有可能在大负荷工况下出现汽流力诱发的低频振动响应。

②轴系对中的要求。在机组运行状况下，使各转子的中心线连成一条连续、光滑的轴线，各轴承所承受的载荷符合设计要求。衡量机组转子中心是否合理，主要是保证机组在运行状态下满足下列三个要求：轴系成为一条连续、平滑的曲线，转子径向间隙沿周向均匀分布，机组各轴瓦的比压尽可能接近于设计值。

③轴系不对中的后果。诱发大幅的同步相对转轴振动；使靠背轮和转轴承受额外的剪力及力矩，长期运行有可能诱发裂纹生成；轴承载荷发生变化，轻载轴瓦可能发生失稳。

④偏角不对中。联轴器端面存在瓢偏，拧紧连接螺栓后使转轴产生变形，这时轴颈存在较大的晃度。有时由于联轴器圆周方向连接螺栓紧力存在差别，也会引起像联轴器端面瓢偏一样的情况，在旋转状态下产生激振力而诱发振动响应。

⑤平行不对中。连接螺栓节圆不同心，当联轴器连接在一起后产生偏心，旋转时产生离心力引起振动响应。

汽轮发电机组轴系对中状态的好坏，可通过安装后的盘车晃动度来评价，见表5.5。

表5.5　汽轮发电机组轴系对中状态评价

晃度值/μm	评　价	措　施
小于或等于25	对中状态良好	振动诊断时不需要考虑对中问题
25~40	对中状态尚可	振动诊断时必须考虑对中因素，但不必重新找中
40~55	对中状态较差	建议重新找中，然后再次测试振动
大于或等于55	对中偏差太大	必须重新找中，然后再次测试振动

4)轴承中心标高偏差

汽轮发电机组从冷态向运行状态过渡时，转子在轴瓦间隙内的位置、轴承座的标高会发生变化。若未考虑运行状态下各种因素的影响，尽管在冷态下安装机组时做到使各转子中心成为一条均匀光滑的曲线，但在运行状态下还是不能满足要求，因此在安装时必须考虑运行状态下的各种影响因素。

①影响轴承中心的因素

a)轴承座垂直方向的热膨胀。汽轮机进入运行状态时，轴承座受到来自汽缸的辐射热而膨胀，致使轴承中心线沿垂直方向升高，转子轴颈也随之升高。各轴承座的热膨胀随温升的不同而有所差别，因此各转子轴颈的升高也不一样，使各轴承的载荷发生变化。

b)油膜厚度的影响。在工作转速下，轴颈在轴瓦内将被油膜抬高并移向一侧。由于各轴承的工作条件不一定相同，因此各轴颈在工作状态下的位移也不一致，从而造成转子在各轴承的载荷分配发生变化。

c)基础框架受热不均的影响。汽轮机的基础框架内通常都有各种管道通过，在基础的前端，高温蒸汽管和汽缸本身的热辐射使前端框架内的温度较后端高。该处的梁、柱热膨胀值也相应地较大，影响到各轴承座标高发生变化，也会造成转子中心线移位。

d)凝汽器水位和真空的影响。对于轴承座与汽缸制成一体的汽轮机,当凝汽器水位或真空发生变化时,均可能使低压缸中心发生变化,同时导致轴承座标高发生变化。

e)发电机端盖式轴承变形的影响。对于大型氢冷汽轮发电机来说,在找中心时端盖内的压力为大气压,而在运行工况下,端盖内氢压远远大于大气压(QFQS 220022 型发电机氢压约为 4 个大气压)。如果端盖刚性不足,将受氢压影响而向外鼓出和下沉。

f)基础与轴承座下沉。有些机组在运行较长一段时间后,汽机平台局部或某个轴承座的标高会下沉。

②后果。以上因素导致轴瓦载荷分配不合理或机组运行一段时间后轴瓦载荷发生较大变化,使得某个轴瓦载荷增大,而相邻轴瓦载荷减小,往往反映在轴瓦温度的变化、相对轴振的基频分量幅值的变化、以及出现低频分量现象(往往与进汽方式和有功负荷有关)。

③诊断方法。利用机组升速过程的轴心位置图可诊断各轴承座的冷态标高是否合理,利用热态下各轴瓦的瓦温和比压可诊断运行状态下各轴承座标高是否合理。

5)电磁激振力引起的振动

①发电机转子线圈匝间短路。当发电机转子线圈中大量匝间短路集中出现在一个极上时,则磁通量沿着定子内孔圆周上的均匀分布可能受到极大歪曲,这时会出现沿着电极的曲线方向,把转子单边地拉向定子去的力。单边的电磁吸引力可使转子及轴承产生频率为转子工作转速的正弦波振动。振动的特点是:励磁电流一改变,振幅即随之变化,在励磁电流和振动之间在时间上不存在任何滞后现象。如果切断励磁电流,此种振动即消失。

②发电机定子铁芯在磁力作用下发生的激烈振动。其振动特征是:定子铁芯振动频率为工作频率的两倍。故在设计时应该使定子铁芯固有频率与 100 Hz 调开,以避开双转速频率共振。

③发电机转子及定子间隙的不均匀性而引起的发电机转子的振动。当发电机转子在其自重作用下形成静态挠曲,以及旋转时转子在轴承中浮起等原因,使发电机转子轴线与定子内孔中心线之间总是存在着一些移动,造成定子及转子之间的空气间隙在圆周上分布不均匀。这样,当转子在发电机定子中偏心旋转时,就有周期性电磁力作用在转子上,并激发起双转速频率的振动。此外,若发电机转子产生热弯曲,同样会导致发电机振动。

6)轴承油膜振荡

油膜振荡是使用滑动轴承的高速旋转机械出现的一种剧烈振动现象。轴颈在轴承中旋转时,受到油膜的作用,在一定的条件下,油膜的作用将使轴颈在轴承中产生涡动,出现涡动时的转速称为失稳转速。油膜一旦失去稳定,轴颈在轴承中总是保持涡动,涡动随转速的升高而升高,且基本为转子转动速度的 1/2,故称为“半速涡动”。当转速升高到两倍于转子第一临界转速时,“半速涡动”与转子一阶临界转速相遇,使转子振幅猛增,转子产生激烈振动,这种现象称为“油膜振荡”。油膜振荡有以下特点:

①发生油膜振荡时,振动波形突然变化,并且振动波形中除 50 Hz 正弦波外,还出现低频谐振,使振动波形发生畸变,低频谐波频率约为机组工作频率的 1/2。

②随着轴承振幅的突然增大,机组的声音也发生异常,好像在抖动一样,在轴承附近往往可听到“咚咚”的金属撞击声。

③油膜振荡一旦发生后,涡动速度就将始终保持等于第一临界转速,而不再随转速的升高而升高,这种共振状态能够在一较宽的转速变动范围内保持,称为油膜振荡的惯性效应。所

以，油膜振荡是不能用提高转速的办法来消除的。

7）轴的扭转振动

长轴系的汽轮发电机组，轴系两端若分别受到方向相反的扭转力作用，轴系就会发生扭转变形，在轴的弹性限度内，当一端的扭转力撤销后，轴截面就会在顺时针和逆时针方向来回扭转，这就是扭转振动。越靠近受扭转力的点，截面来回扭转的角度就越大。扭转振动将损伤大轴和螺栓，缩短它们的使用寿命。因此，应采取有效措施，避免发生扭转振动。在机组设计时，应注意轴系扭振固有频率的计算值要有一定的安全强度。

对轴系扭矩冲击和引起谐振的主要干扰源有：汽轮机调节系统带负荷摆动、发电机出口相同短路、线路单相接地短路、自动重合闸失败、发电机失步、发电机不同期并网、线路串联补偿电容造成次谐波谐振以及由负序电流产生高交谐波等。

（3）突发性振动及原因

汽轮发电机组突发性振动是一种常见的主要故障，如果处理不及时，将对机组造成损伤，影响生产，甚至会产生严重后果，对此必须引起高度重视。振动程度直接反映了机器的健康水平，强烈的振动表明机组内部存在着各种缺陷，振动力的作用导致机组内部各部件连接松动、基础台板与基础之间的连接刚度削弱，从而使振动加剧，进一步引起轴承的损坏等。因此，若机组振动幅值超过允许标准就应该进行处理。

发电厂处理振动是一常见而又十分复杂的工作，对突发性振动的定性和原因分析较为困难，如果分析判断失误，处理措施不当，则会影响运行，导致事故扩大。

突发性振动的原因分析：

①转子突然发生大的动力失稳。转子突然发生大的动力失稳，通常具有下列特点：振幅的变化与转速或负荷关系密切；多数为径向振动；自激振动的频率以转子本身的固有频率为主；振幅可能突然急剧增加，直到受非线性作用以极限圆为界；振动频率为次同步或超同步，与转子转速非同步；失稳状态下的振动能量来源于系统本身的能量。

对于旋转机械，自激振动的种类有涡动或振荡、参数失稳、干摩擦颤振以及强迫振动失稳等。在汽轮发电机组转子轴承系统中，造成转子发生动力失稳（不包括参数时变造成的失稳）的作用力有：动压轴承—油膜振荡、密封—类似于油膜振荡、转动部件内摩擦、叶轮顶隙造成的气动力、空心转轴内滞留液体、干摩擦、扭转涡动（扭矩作用在一个不对中的转轴上所致）和螺旋涡动颤振。

汽轮发电机组轴系稳定性直接关系到机组的安全运行和设备的可靠性。稳定性能差的机组，轻者可减少发电时数、增加检修费用，重者将导致重大毁机事故。

②转子突然受到外界大的扰动冲击。其主要原因有：转子突然受到水冲击和低压缸进水，凝泵存在气蚀，流量达不到额定值，使得凝汽器水位不断上涨，满至末级叶片，或者轴封送气突然带水，或者疏水不畅时会出现上述情况。

③断叶片。考虑到断叶片引起的突发性故障振动量值很大，如果是由断叶片引起的，那么叶片断裂的数量肯定会较多，不会只是一、两片。断叶片产生的不平衡量很大，对机组停机过程中转子过临界振动肯定有非常大的影响。

④动静部件摩擦。机组动静部件摩擦是机组不稳定振动最常见的因素。由于该突发性振动突发时间短、突发量值大，如果是摩擦故障，那么摩擦程度肯定非常严重。摩擦故障有一个发生、发展过程。摩擦初期，通常具有一定的先验征兆，即表现为不稳定振动。摩擦发展到一

定程度，振动才会突增。在机组发生突发性振动故障之前，若没有任何征兆，各轴承振动稳定，就不必考虑是摩擦故障。摩擦故障发生在机组检修后首次开机过程中的可能性较大，正常运行中发生的可能性较小。

⑤转子匝间短路。例如，某发电机组装过程中，脱落的螺栓进入发电机励磁侧端部。在机组投产初期，由于发电机转子线圈外面有三层绝缘材料，没有造成转子匝间短路，只是对发电机的动平衡产生了影响。由于脱落螺栓在高速旋转的发电机转子端部，受到离心力的作用，使该螺栓紧贴在发电机转子线圈表面并保持相对静止。在机组运行中，当转速发生变化时，使螺栓在线圈间产生相对移动造成摩擦，致使线圈绝缘破坏，发生匝间短路。

⑥自激振动。自激振动是与强迫振动相对而言的，包括轴瓦自激、油膜振荡、参数激振、汽流激振和摩擦涡振等。它是发生转子动力失衡的重要因素，可使汽轮发电机组转子产生发散运动的部位有轴承、轴端及通流部分的汽封、热套配合面、材料内阻等。国内外机组实际运行情况表明，汽轮发电机轴系主要的失稳形式是油膜振荡和汽流激振。

⑦油膜振荡。油膜振荡也是一种突发性振动。在振动突发之前，振动量值很小。一旦油膜振动发生后，振动甚至可突增到500 μm。与其他故障相比，油膜振动的一个明显特征是：其振动频率为转子一阶固有频率。

⑧汽流激振。汽流激振故障发生时，振动会突发性增大，曾在国产200 MW等机组上发生过。汽流激振的特点是与机组负荷密切相关，它经常发生在大负荷条件下。振动发生后，把负荷降低到一定数值后，振动会减小甚至消失。

(4)汽轮发电机组的TSI机械参数监测实例

汽轮发电机组机械参数监测是运行维护中的一项重要内容，需要密切监测的机械参数有：转速、零转速、超速、高中压胀差、低压胀差、轴向位移、高中压缸热膨胀、偏心、轴振、瓦振。目前，上述参数普遍采用美国B&N公司BN3500系列或德国MMS6000的TSI仪表来监测。以下以国产300 MW机组TSI监测系统配置为例作介绍。

1)转速监测

①转速及零转速

本监测功能由两只8 mm涡流传感器、两只相配的前置器、一块3 500/50转速监测模件及相应的继电器模件通道完成。

对应于0～5 000 r/min的转速测量范围，监测模件有4～20 mA的直流信号输出至DCS。组态时，使一继电器模件的一个通道继电器在汽机转速降至2 r/min时(零转速)通电吸合。将该继电器闭合的常开接点作为盘车的启动条件之一。

②两套三通道超速保护系统

本机组配置了两套三通道超速保护系统，每套分别由三只8 mm涡流传感器、三只相配的前置器及三块3 500/53超速保护转速表组成。其中一套的三只转速传感器安装在前轴承箱中的测速齿盘上，检测的是机组主油泵前端的转速；另一套的三只转速传感器安装在发电机末端的测速齿盘上，检测的是发电机末端的转速。这样配置，当主油泵断轴、汽机转速超限时，尽管前轴承箱中的转速传感器已检测不到信号，但发电机末端的三通道电气超速保护系统仍能起保护作用，从而可更有效地避免机组超速。

③机头转速表

机头转速表采用一只国产CS-I型磁阻式转速传感器及一块国产的WZ-3型智能瞬态数显

转速表。该表具有两级超速报警、零转速报警、快速转速显示、最高转速存储及再现、自检与校验功能。机头转速表安装在前轴承箱箱盖上。

2)位移监测

①高中压及低压胀差

这两个位移监测通道采用两只"传感器与前置器组合成一体"的50 mm胀差探头、一块四通道位移监测模件(仅用两个通道)及两个相应的继电器模件通道。组态时,将相应继电器模件中的一只通道继电器定义为高中压或低压胀差大警告报警继电器,另一只通道继电器定义为高中压胀差或低压胀差过大危险报警继电器。当高中压胀差不小于+6 mm或小于或不大于-3 mm、或者低压胀差不小于+14 mm时,胀差大警告报警继电器吸合,输出闭合的报警接点至DCS;当高中压胀差不小于+7 mm或不大于-5 mm或者低压胀差不小于+15 mm时,胀差过大危险报警继电器吸合,输出闭合的危险报警接点至DCS/ETS,作为电气停机信号。

对应于高中压-5~+8 mm、低压0~17 mm的胀差测量范围,两胀差监测通道分别有4~20 mA直流信号输出。

②轴向位移及偏心

轴向位移采用双通道监测,用两只14 mm涡流传感器及二只相配的前置器;偏心监测用一只8 mm涡流传感器及一只相配的前置器。它们共用一块四通道位移监测模件及一块四通道继电器模件。双通道轴向位移监测、偏心监测分别占据第一、二、三通道。将继电器模件中的1~4通道继电器分别定义为:1号或2号轴向位移大警告报警、1号与2号轴向位移过大危险报警、偏心大警告报警及偏心过大危险报警继电器。当1号或2号轴向位移不小于+0.6 mm或不大于-1.05 mm(轴向位移大)、1号与2号轴向位移不小于+1.2 mm或不大于-1.65 mm(轴向位移过大)、偏心超越Ⅰ值时(不小于原始值+30 μm)、偏心超越Ⅱ值时,该继电器模件中相应的继电器吸合,输出报警接点信号至DCS;其中轴向位移过大危险报警接点输出至ETS,作为电气停机信号。

对应于-2~+2 mm的轴向位移测量范围、0~100 μm的偏心监测范围,位移监测模件中相应通道分别有4~20 mA的直流信号输出。

③高中压缸热膨胀

汽轮机前轴承箱左、右两侧,分别设一个汽缸膨胀监测通道,用以监测高中压缸相对于汽机基础的热膨胀。

高中压汽缸膨胀监测采用二只国产50 mm绝对膨胀传感器及两只配套的绝对膨胀监测器。对应于0~50 mm的高中压汽缸膨胀测量范围,两监测器各有4~20 mA的直流信号输出;当膨胀超越设定Ⅰ、Ⅱ值时,两监测器中各有两只警告继电器动作,输出报警信号。

3)轴承及转子振动监测

采用12只涡流传感器及相配的12只前置器、3块四通道位移监测器,监测机组1~6号支持轴承处转子相对于轴承的水平、垂直向振动。采用12只压电式速度传感器及三块四通道位移监测器,监测1~6号轴承相对于自由空间的绝对振动。

5.4 发变组及厂用电设备的运行维护

5.4.1 发变组设备的运行维护

发电机、封闭母线、主变压器及厂用高压变压器统称为发变组设备。必须保证其长期、连续、稳定运行。在运行过程中,发电机的有功功率、无功功率、电压、电流等都必须控制在允许范围内,即处于一种稳定、对称的工作状态。发电机处于额定负荷运行时,其损耗小、效率高、转矩均匀。但是,由于电力系统负荷每天处于变化之中,要求机组在非额定工况下也能稳定运行,故集控人员要根据负荷的变化对发电机及辅助系统进行严密监视和必要的调整,以保证其连续、正常地工作。

发变组设备变工况运行过程的主要变化参数有:有功及无功负荷、功率因数、定子电流及定子电压、转子电流及转子电压、电网频率、发电机温度、冷却介质和密封介质的参数(压力、温度、流量)等。对这些参数应作密切监视,必要时进行调整。

(1)发电机功率的监视及调整

发电机日常运行中,由于电网有功和无功负荷需求的变化、电网频率及电压的波动,以及单元机组相关设备出力的受限等原因,要自动或人为地调节有功负荷和无功负荷。还会按电网调度中心的要求,从常规运行方式改为非常规运行方式。

①同步发电机运行方式。其日常运行方式有常规运行方式和非常规运行方式两种。非常规运行方式必须经电网调度批准,运行时功率因素不低于0.95。

常规运行方式是指发电机迟相运行。迟相运行时,发电机向系统输送有功功率和感性无功功率,其有功功率表及无功功率表均为正值。此时定子电流滞后于端电压,发电机处于励磁运行状态。

非常规运行方式是指发电机进相运行。进相运行时,发电机向系统输送有功功率和容性无功功率,其有功功率表为正值,而无功功率为负值。此时定子电流超前于端电压,发电机处于欠励磁运行状态。

过去解决电网电压及无功功率调节的常规方式是并联电抗器及装设调相机,这种方需增加设备投资,运行使用受限,利用率低。因此,从20世纪50年代开始,研究应用大型发电机进相运行来吸收电网无功功率,调节电网电压。进相运行的可能性取决于发电机端部构件的发热程度和在电网中运行的稳定性。

②有功负荷的调节。单元机组有功负荷的基本调节方式有两种:定压调节和滑压调节。定压调节是指当外界负荷变动时,机前新汽压力维持在额定压力范围内不变,依靠DEH改变汽轮机调节汽门开度来适应外界负荷的变化;滑压调节是指当外界负荷变动时,保持汽轮机调节汽门开度不变(全开或部分全开),依靠锅炉控制器改变机前的新汽压力来适应外界负荷的变化。除以上两种基本调节方式外,目前广泛采用的是CCS机炉协同调节,二次调频的AGC指令直接由电网调度计算机远控给定。

电网要求发电机运行时,其一次调频功能和AGC功能要尽量投入,以保证电网频率及电压稳定。这也是各并网运行电厂共同维护供电质量应尽的职责。

进行有功负荷调节时，通过自动控制系统自动或运行人员手动调整燃料量、给水量、引送风量及汽机调门开度。这一过程中运行人员要严格监视电气仪表，以保证发电机的正常运行。事故时，运行人员可以根据具体的情况直接进行有功负荷的调整。

单元机组有功负荷的调节指令有四种类型：运行操作人员设定，中调所 ADS 遥控，电网频率偏差修正，单元机组内部异常时的自动限制修正。

③无功负荷的调整。电力系统的无功主要用于建立变压器、电动机和电磁元件的磁场，是用电负荷正常运行所必需的，所以必须保证有功和无功的同时供给。调节无功负荷的目的就是满足无功负荷的供求平衡、维持电力系统电压的稳定，只有当电网电源的无功输出与电网用户的无功消耗相平衡时才能维持系统电压的稳定。

无功负荷的调节由电气 EGC 中的励磁调节系统完成。调节的依据是发电机端电压及运行工况的变化、功率因素表及无功功率表的指示等。调节的措施是调节励磁电阻，改变励磁电流。调节的规律是：改变励磁会使发电机输出的无功功率和端电压均发生变化，但端电压变化较小，输出的无功功率变化较大。

功率调节过程中必须严密监视表计的变化情况，要注意各个参数不能超过允许值。调节幅度应该控制得小一些，要注意被调参数的升降速度不能太大。

(2) **频率的监视**

并网运行机组，其工作频率由电网有功负荷的供求平衡关系所确定。发电机正常运行时，应保证电网频率在 50 ±0.2 Hz。发电机在电网低频率下运行时，由于转子转速降低，发电机端电压降低，要维持正常电压就必须增大转子励磁电流，这会使转子和励磁回路温度升高。另外，由于转速降低，发电机两端的鼓风风压则以于转速平方成正比的关系下降，使冷却风量减小，将导致定子线圈和铁芯的温度升高。因此，在电网低频率运行时，必须密切监视发电机电压和定子、转子线圈及铁芯温度，并调整冷却系统运行工况，防止超温。

(3) **功率因数的监视**

发电机在运行过程中，由于其有功、无功的变化将使发电机的功率因数发生变化。功率因数和发电机的有功、无功的关系：

$$\cos\varphi = \frac{P}{S} = \frac{P}{\sqrt{P^2 + Q^2}} \tag{5.7}$$

式中　P——有功功率；

Q——无功功率；

S——视在功率。

从式(5.7)可见，无功负荷越小，功率因数就越高。大型发电机的额定功率因数一般为 0.85 ~0.9。功率因数不应超过 0.95，过高则无功输出减小，不利于电力系统电压的稳定。在低功率因数运行时，要维持发电机有功功率及端电压，必须增大励磁电流，故要注意控制发电机的定子和转子的温度。在高功率因数运行时，由于发电机的端电压及静态稳定性下降，必须加强监控以避免发电机失步。

(4) **发电机定子电流或定子电压的监视**

发电机的有功、无功或电网电压的变化都将导致发电机定子电流的变化。一般而言，发电机定子电压偏离额定电压 ±5% 的范围内时，保证发电机各个部件不超温的情况下，发电机可以按照定容量运行。发电机的容量和定子电流和定子电压的关系：

$$S = \sqrt{3}UI \tag{5.8}$$

当定子电压过高时，可能引起转子绕组的温度升高，如果温度过高，将会造成绝缘损坏，使转子端部绕组变形。

在事故工况下，允许发电机的定子绕组与转子绕组在短时间内过负荷运行。发电机事故过负荷运行允许的时间根据各个制造厂的不同有不同的要求，在事故过负荷运行的时候，应该密切地监视发电机各个部位的温度，否则就应该降负荷运行。

电力系统和发电机的端电压因外界因素的变化而经常变化。如前所描述的，发电机电压在额定值的 ±5% 范围变化时，允许按额定容量长期运行。

当电压过高的时候，可能引起转子绕组温度的升高，如果温度超过了允许的范围则容易造成绝缘损坏，使转子端部绕组变形；也可能引起铁芯温度升高，使定子的结构不见产生局部高温；甚至引起绕组匝间绝缘损坏。当电压过低的时候，将降低并列运行机组和电压调节的稳定性，同时，在同样的功率下由于定子电流升高而会引起绕组温度的升高；对厂用电动机也有影响，比如过负荷发热和机械力矩降低等。因此，发电机连续运行的最高电压允许为额定值的105%，最低电压一般不得低于额定值的 90% ~95%，否则应该考虑改变主变压器分接头的挡数，对厂用电压也应该采取措施，维持其正常运行。

(5)发电机温度的监视

发电机运行过程中，自身要消耗一部分能量。所消耗的能量主要包括铜损、铁损、机械损耗、励磁损耗，这些损耗将转化为热能，并导致发电机各部分温度升高。铜损是指定子、转子绕组通过电流后在其电阻上产生的损耗。铁损有两种形式，一种是涡流损耗，一种是磁滞损耗。涡流损耗是由于交变磁场产生的感应电动势在铁芯中引起涡流而导致的损耗。磁滞损耗是由于交变磁场而使铁磁性材料克服交变阻力导致的损耗。励磁损耗是转子绕组的铜损，机械损耗是克服摩擦阻力而产生的。上述几种损耗都将使绕组、铁芯或其他相关部件发热而使发电机内部件温度升高。大型发电机为氢、水内冷机组其体积小，损耗密度大，对冷却系统及各部温度的监视更为重要。

发电机导磁材料和导电材料的工作温度在 200 ℃以下时，不会影响其电磁及机械性能。但因绝缘材料的耐热性能较差，工作温度过高会加速绝缘老化，缩短使用寿命。

运行中，若发现定子铁芯温度和温升都超过正常值时，应检查三相电流是否平衡，检查进出口风温差及冷却装置工作是否正常。在处理过程中，应控制铁芯温度不得超过允许值。若定子铁芯个别点温度突然升高，应分析该点温度上升的趋势与有功、无功的变化关系，并检查该点是否正常。当发电机定子接地时，铁芯温度和进出口温差都会显著升高。

(6)冷却及密封系统的监视

1)氢冷系统

氢冷系统正常运行中应监视并维持发电机内氢压、密封油压、氢气参数(如某机组氢压为4 Pa，氢压高报警值为4.1 Pa，安全门动作值为4.2 Pa，氢压低报警值为3.7 Pa，密封油压比氢压高0.5 Pa，氢气分析仪流量150 cm^3/min，氢气纯度大于98%)。

经常检查空、氢侧密封油回油正常。密封油箱保持在正常油位，发电机、励磁机液位装置应无油、水；发电机氢冷运行期间，禁止带烟火进入禁区范围内。

运行中若机内氢压下降，应及时补氢；若氢压过高，应排氢降压。定期分析氢压下降速率，若严密性不合格，应查明原因处理。

当氢气纯度低于96%,含氧量大于2%时,应进行排污。同时应加强对氢气干燥器的检查,保持其正常运行,以除去氢中水分。

氢气系统的备用CO_2和压缩空气气源要经常保持充足完好,以备事故情况下排氢或倒换冷却方式使用。

运行中对氢气系统的操作要动作轻缓,避免猛烈碰撞,运行人员不得穿带钉子的鞋和能产生强静电的服装,以免产生火花造成氢气爆炸。充、排氢时,应均匀缓慢地打开设备上的阀门,使气体缓慢的充入或放出。禁止剧烈的排送,以防因气流高速摩擦而引起的高热点自燃。

运行中要经常检查发电机油水继电器,若发现水量较大时,要查明原因及时排水;检查氢气系统周围不得有明火作业,若须动用明火要办理动火工作票,并做好防爆措施。

氢气在发电机内吸收的热量要通过氢气冷却器由冷却水带走。如某360 MW发电机共有两组(4个)氢气冷却器,总冷却面积为736 m^2,总氢流量为36 m^3/h,氢气散出的总热量损失为2 580 kW,冷却水流量为325 m^3/h,正常水温33 ℃,最高水温37 ℃,冷却水压力损失0.5 Pa。正常运行的氢气控制参数为:热氢温度57 ℃,达80 ℃时报警;冷氢温度43 ℃,达65 ℃时报警。

2)定子冷却水系统

定子冷却水系统必须具有很高的工作可靠性,才能确保机组稳定运行。冷却水不仅不能含有机械杂质,而且对其电导率及硬度等都有严格要求,一般要求电导率不大于0.5 μS/cm,pH值7~8,硬度不大于2 μg/L,水中含氧量尽可能少,否则将会影响发电机的安全运行。

发电机运行中要严格控制定子水压力,保持水压低于氢压。这样,即使线圈水路发生破损,也只能是氢气漏入水中,而水不会漏入机内。运行中要定期对定子水的水质进行化验,以确定冷却水的电导率,所含杂质的种类和含量,以便分析处理,并进行适当的排污。定期对定子水系统和发电机下油水继电器处积水情况进行检查,若有泄漏,要及时处理。

要加强对定子水流量、压力、水温等参数的检查和调整。发电机并网前应将发电机断水保护投入。发电机并网后根据回水温度的变化,可投入水冷却器,以维持发电机进水温度不超过40 ℃,不低于15 ℃。

当在同样的进水压力下冷却水量有所减少时,可判断有堵塞现象。应及时调节、维持流量正常,待有机会停机时,进行发电机内部的反冲洗。其冲洗步骤如下:在发电机外部进、出水管之间,备有专用临时管,该专用管将发电机进水改成出水,出水变成进水。当专用管接通后,即可启动定子泵,向发电机定子线圈通水循环,运行12~24 h后,冲洗即告结束,然后恢复原来运行系统。冲洗时,对水压与水流的要求与运行相同。

3)密封油系统

为保证氢冷发电机内氢气不致大量泄漏,在机内开始充氢前就必须向密封瓦不间断地供油,且密封油压要高于发电机内部氢压0.05 MPa左右,短时间最低亦应维持0.02 MPa的压差。否则压差过小会使密封瓦间隙的油流出现断续现象,造成油膜破坏,氢气将由油流的中断处漏出,不仅漏氢处易着火,而且氢气漏入空侧回油管路容易发生爆炸。此外,若氢压降至零后,室内空气将可能入漏入发电机,威胁发电机安全。

密封油系统启动前应按运行规程的要求做好准备工作,使密封油箱保持适当的油位,且交流密封油泵和直流密封油泵试转正常,做交流油泵事故连动直流油泵的试验,并利用油继电器做直流备用泵油压低自启动试验,正常后投入交流油泵使密封油系统投入运行,并维持进入密封瓦的油压高于氢压0.05 MPa左右，有密封油真空处理设备的机组，这时可将抽气器投入运行，然后开启润滑油到密封油系统管路的截门，使之投入备用；对于双路供油系统，空、氢侧分别作联动试验，正常后投入交流油泵运行，投入压差阀和平衡阀，保持油压高于氢压0.05 MPa左右。

在运行中还应加强对密封油调节系统的检查维护，以确保平衡阀、差压阀等调节部件的正常跟踪。当发现调节阀跟踪不上，油压、氢压偏差过大时，应及时切换为手动调节并及时消除缺陷。在切换过程中应注意保持油压平衡。

油温升高后向密封油冷油器通冷却水，并保持冷油器出口油温在33～37 ℃。随着密封油温度的升高，油吸收气体的能力逐渐增加，50 ℃以上的回油约可吸收8%容积的氢气和10%容积的空气。发电机的高速转动也使密封油由于搅拌而增强了吸收气体的能力。为了保持发电机内部的氢气压力和纯度，冷油器出口油温不宜过高。

运行中直流备用密封油泵联动，说明密封油系统可能出现故障，应迅速检查密封油压力、交流密封油泵情况、密封瓦温度，并尽量使油压维持正常，待查明联动原因确信可以停止被联动油泵后，方可将其停止。

正常运行中，因某种原因需切换密封油系统的运行方式时，应填写操作票，并在班长监护下进行。密封油中断不能恢复时，为防止设备的损坏，应立即停止机组的运行，同时进行排氢。

运行中，运行人员应监视至密封装置的供油压力、中间回油压力、供油温度、回油温度、回油油流情况以及密封瓦温度，定时检查油泵冷油器的运行情况；有真空处理设备的机组还要检查真空泵和抽气器的工作情况和鉴定真空油箱的真空度、氢气分离箱和补油箱的油位。双回路供油系统中还应加强对氢侧油箱油位的监视，以防油箱满油而造成发电机进油或油箱油位低而造成漏氢和氢侧油泵工作不正常断油。运行中应保持适当的供油压力，油压过高时油量大，带入发电机的空气和水分多，吸走的氢气也多，容易污染氢气，增大耗氢量；油压过低，则油流断续，氢气易泄漏。当密封油漏入发电机的情况严重且调整无效或其他原因造成密封装置损坏，影响发电机安全时，应停机处理。

运行中还应保持主油箱排油烟机连续运行并定时对油烟中的氢气含量进行化验，当排油烟机故障时，应采取措施，防止发生氢爆炸。对密封油系统中的排烟设备要经常检查，使其处于良好的运行状态，以防油系统积氢。

运行中要防止密封油进入发电机内部，当漏进油量较大时，会被发电机风扇吹到线包上，不及时清理，会损坏绝缘。此外，运行中应定期从发电机底部排放管或油水信号发送器处检查是否有油。

①系统的运行方式。系统的运行方式有闭式循环运行和开式循环运行两种，正常情况下，密封油系统为开式运行。开式运行时，润滑油系统投入运行，发电机密封油来自润滑油，经阀门，滤网和调节阀后进入真空油箱，再由真空油泵向发电机供密封油。闭式运行时，润滑油系统停运，密封油在闭式管路内运行。

②正常运行中的参数控制。如某机密封瓦进口油压与氧压之差为0.5 Pa，工作油泵出口压力9 Pa，工作油泵电流小于23 A，主过滤器前、后压差小于0.5 Pa，密封瓦出油温度小于65 ℃，密封瓦进油温度小于40 ℃，真空氢分离箱和备用油氢分离箱油位均为1/2处，真空油箱位88 cm。

③系统闭式循环运行维护：密封油温度允许有一定的升高；当润滑油系统停止时，如发现发电机回油缓冲箱油位低，应设法启动润滑油泵向密封油系统补油。

(7)主变压器及厂用变压器的监视

大型发电机通常采用发电机—封闭母线—主变压器、厂用变压器接线方式，发电机的出口电压为 18 ~ 20 kV，通过主变压器升压至 110 ~ 330 kV，再经主油开关向电网输送。当封闭母线、主变压器及厂用变压器任一环节故障，都会引起发电机跳闸或威胁厂用电。如某 600 MW 机组，因主变压器冷却器全停 30 min，引起发变组保护 DGP 跳闸。故要充分关注。

主变压器及厂用变压器运行温度的监督是最重要的工作。运行中压器要产生铜损和铁损，这些损耗最终全部转变为热量，使变压器的铁芯和绕组发热，使变压器温度升高。当变压器温度高于周围介质（空气或油）温度时，就会向外部散热。变压器温度与周围介质温度的差别越大，向外界散热越快。变压器的运行温度越高，绝缘老化越快，以致变脆而碎裂，使绕组失去绝缘层的保护。为防止变压器绝缘材料和绝缘油老化，应控制变压器运行温度在允许值以内。当变压器冷却系统故障时，应迅速恢复其正常运行，并按规定减少变压器负荷。若冷却器故障全停，应按规定限制变压器的运行时间。

5.4.2　厂用电设备的运行监视

厂用电系统是发电厂供电和用电的最重要部分，它的安全运行直接影响到电厂的出力。尤其是大容量发电厂，对厂用电的供电可靠性要求更高，在任何时候都不能间断。否则将引起主设备的发电出力下降或被迫停机，甚至于导致对用户的停电，其经济损失难以估量。

(1)主要厂用负荷

①输煤部分：煤场抓煤机、链斗运煤机、输煤皮带、碎煤机、筛煤机等。

②锅炉部分：磨煤机、给粉机、吸风机、送风机、排粉机、回转式空气预热器、乏气风机、一次风机等。

③汽机部分：凝结水泵、循环水泵、给水泵、闭冷水泵、定子冷却水泵、工业水泵、疏水泵、水环式真空泵等。

④除灰部分：冲灰水泵、灰浆泵、碎渣机、电除尘、烟气脱硫等。

⑤电气部分：变压器冷却风机、变压器强油导向循环冷却电源、蓄电池组及浮充电源、UPS 系统电源、备用励磁电源等。

⑥其他公用部分：化学水处理设备、空压站、起重机械、照明等。

(2)厂用负荷按重要性分类

1) Ⅰ类

短时停电会导致设备损坏，危急人身安全，造成主机停运、大量影响出力的厂用负荷。如给水泵、给粉机、主变压器的强油循环冷却电源等。对这类负荷，应有两个独立电源供电，当一个电源失去后，另一个电源（备用）应立即由联动装置投入。并且对Ⅰ类厂用电动机能保证自启动。所谓自启动是指当其电源中断后，电动机转速逐渐下降，若电压恢复及时（小于0.5 s），电动机马上加速至正常转速的过程称为自启动。若失压太长，超过 0.5 s，电源即便恢复，自起动也不能成功，电动机会停转。

2) Ⅱ类

允许短时停电（几秒至几分钟），但停电时间过长可能损坏设备或引起生产混乱的负荷，如工业水泵、疏水泵、灰浆泵、输煤机械和化学水处理等。对Ⅱ类负荷,应设两个独立电源供电的母线供电(一般允许采用手动切换)。

3)Ⅲ类

长时间停电不会直接影响生产的负荷(检修间、试验室等)由一个电源供电。

4)事故保安负荷

在事故停机过程中及停机后的一段时间内,仍应保证供电,否则可能引起主要设备损坏,重要的自动控制和监视失灵或危及人身安全的负荷,如汽轮机的盘车电动机、汽轮发电机组的直流润滑油泵等。根据对电源的不同要求,事故保安负荷又分为以下三种:

①直流保安负荷:由蓄电池组供电,如发电机的直流润滑油泵,事故照明等。

②交流不停电保安负荷,由 UPS 系统的逆变装置供电的负荷,如集控的监视装置、测量变压器、记录器、中央处理器等。

③允许短时间停电的交流保安负荷,机组的盘车电动机厂用电中断时,必须保证给事故保安负荷供电。所以发电厂设置有事故保安电源——柴油发电机及 UPS 装置(交流不停电)电源。

(3)厂用电及其接线的运行监视

厂用电系统通常采用单母线接线,全厂一般都有两台以上高压厂用变压器和一台启动/备用变压器,以满足厂用负荷的需求。在火电厂中,因锅炉的辅助设备多(占厂用负荷60%),容量大,所以高压厂用电母线都按锅炉分段。凡属同一台锅炉的厂用电动机,一般接在该段母线上。当锅炉容量在 400 ~ 1 000 t/h 时,每台锅炉应由两段母线供电。目前,我国容量为 200 MW及以上机组,一般采用低压分裂绕组变压器(工作变)供电给两段高压厂用母线(A,B段);由于公用动力负荷多,容量较大,采用集中供电的方式合理,设置有公用母线段(A,B段)。启动/备用的低压分裂绕组变压器,正常工作状态供电给公用母线段。

厂用电按锅炉分段的优点:

①一段母线故障,仅影响一台锅炉运行;

②锅炉的辅助机械可以与锅炉同时检修;

③因各段母线分开运行,故可限制短路电流。

低压厂用母线,一般也按机炉对应分段。厂用低压母线接线形式,也采用单母线分段,设有低压厂用工作电源、备用电源。低压厂用变压器较多,容量从几百至几千千瓦不等。为了满足运行和检修的要求,低压系统原则上是本机组负荷接在本机的各母线段上。低压厂用电还设置有公用段、保安段、备用段。

厂用电接线为单母线接线时,高压采用成套配电装置(开关柜),低压采用配电屏(柜),这样不仅工作可靠,运行维护也较方便。

机组运行中,应保证厂用电系统在经济合理,安全可靠的方式下运行。厂用设备如母线、变压器、断路器、整流器、柴油发电机组等应处于完好状态。运行设备各参数正常,并在允许范围内变化。备用设备应能随时投入运行。电源分配合理,不允许设备过负荷或限制出力运行。当部分电源及线路发生故障时,要避免影响其他系统运行。厂用变压器在运行中应保证其负荷、电压、温度在允许范围内运行。变压器声音均匀,无异常放电现象。

5.5　火力发电调峰运行

随着我国国民经济的高速发展和人民生活水平的提高,在各大电网容量不断扩大的同时,用电结构也在不断变化。市政及生活用电比重逐年上升,第一产业用电比重逐年下降,第二、第三产业用电比重逐年上升,电网峰谷差日趋增大,特别是用电大省,峰谷差问题更加突出。美国、日本、英国和法国电网平均峰谷比分别为1∶0.25、1∶0.25、1∶0.35、1∶0.35,而我国达到1∶0.7,远远高于上述国家,电网调峰幅度和难度越来越大。由于我国各大电网的组成结构大都以火电为主,水电比重很小,因而大容量火电机组参与调峰运行,已成必然趋势。

5.5.1　电网负荷特性及上网要求

(1)电网负荷特性

电网负荷特性是指电网用电端负荷随时间变化的关系。根据所取周期的不同,分日负荷特性,周负荷特性,月负荷特性,年负荷特性等。电网负荷特性是各级电网调度中心安排和调度电网用电负荷与发电负荷的基本依据。要根据电网覆盖区域用户负荷变化规律,经科学的数理统计计算得出。不同区域、不同季节,户负荷变化规律不同。

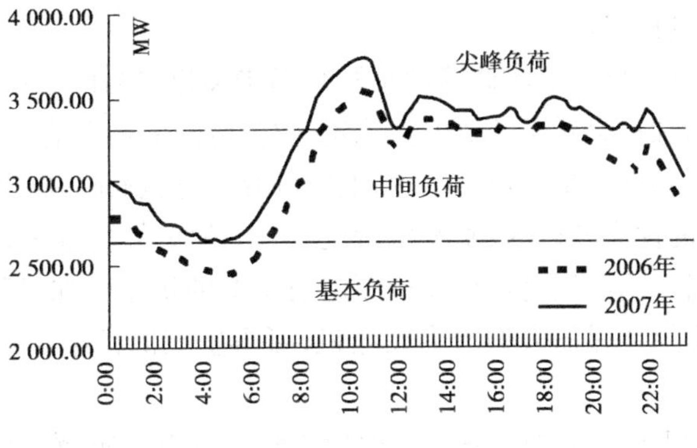

图5.4　某城市电网的日负荷特性曲线

图5.4为某城市电网的日负荷特性曲线。电网用电负荷分三类,即尖峰负荷、中间负荷和基本负荷。

电网的日负荷特性曲线有以下几个基本指标:

①日最大和最小负荷;

②日负荷峰谷差;

③谷负荷持续时间;

④峰负荷持续时间;

⑤尖峰负荷容量;

⑥中间负荷容量;

⑦基本负荷容量;

⑧峰负荷波动率(每时刻峰值与基本负荷值之比)。

(2)发电机组的上网调度要求及削峰填谷措施

由于电网用电端日负荷随时间变化,要求发电端负荷也随之变化,以随时保持供与求之间的动态平衡,从而保证电网供电频率的稳定,用电质量方能得到保证。

为了保持电网负荷的供、求动态平衡,电网调度中心必须根据用电端日负荷随时间的变化,合理调度安排本电网内各类机组的发电出力,必要时还要与其他互联电网进行协议规定的电量交换(买入或卖出)。

电网调度中心最重要的工作就是:根据相关的上网发电调度政策规定,排出各类上网机组上网的优先顺序,安排调度各发电厂当日的可上网容量。2007 年 8 月,国务院印发了《节能发电调度办法(试行)》的通知。按照该文件精神,2008 年全国已全面推行节能发电调度政策。

①节能发电调度。节能发电调度是国家为促进电力工业节能减排,保证国民经济能够持续、快速、健康发展而制定的一项新政策。具体是在优先安排可再生能源、核电、以热定电的热电联产机组、天然气发电机组之后,把电网范围内所有剩余煤电机组(含未带热负荷的热电联产机组)按照其发电能耗由高到低进行排序,由电网调度机构按照排定的顺序依次安排发电。这样节能、环保、高效的大机组将得到更好的发展,而能耗高、污染大、效率低的小火电机组将受到抑制,甚至逐步被淘汰。

节能发电调度下各类机组的优先发电排序为:无调节能力可再生能源机组,有调节能力可再生能源机组,核能发电机组,“以热定电”燃煤热电联产机组,天然气、煤气化发电机组,其他燃煤发电机组,燃油发电机组。

实施节能发电调度后,担负启停调峰的小机组逐步关停、煤耗低的大机组多在远端、风电快速发展等新问题的出现将会对系统的安全稳定运行、电网的输送能力约束、系统的调峰调频以及电网的经济性和可靠性产生一定的影响,电网调峰运行也面临新的挑战。

一般地,上网机组的优先顺序为:基本负荷机组—中间负荷机组—尖峰负荷机组。

基本负荷机组是指上网后发电负荷保持额定值不变的机组。如:运行特性特殊的核电机组,无库坝水电机组,高效环保的大型火力发电机,可再生能源机组,“以热定电”燃煤热电联产机组等。

中间负荷机组是指上网后发电负荷变化时段不长的机组。如:库坝式水电机组,各类普通的火力发电机,燃气-蒸汽联合循环机组等。

尖峰负荷机组是指仅在每日的尖峰时段上网发电的机组。如:抽水蓄能水电机组,燃气轮机发电机组,部分火电机组,库坝式水电机组等。

②推行峰谷分时电价政策。峰谷分时电价是从用户端调峰的新举措,是根据负荷曲线特性,把全日 24 小时分为尖峰(19:00—21:00)、高峰(08:30—11:30,14:30—17:30)、平段、低谷(23:00—次日 07:00)四个时段。对不同时段的用电执行不同的电价:尖峰电价在平价基础上上浮 70%,高峰、低谷时段电价在平价基础上上浮和下调 50%,平段电价不变。

推行峰谷分时电价是从用电端协助电网削峰填谷的主动调峰手段,可有效缓解网内发电机组被动调峰的压力。

西方发达国家为了解决电网调峰问题,提高电网安全稳定性,大都从电网的结构设计、网内机组构成比例以及消费者用电政策等方面综合考虑,来化解电网的供需矛盾,尽量缩小电网峰谷差,这样不仅有利于电厂运行经济性的提高,而且有利于电网的稳定与安全。

③电网削峰填谷电源点建设。解决电网调峰问题的另一有效途径是抽水蓄能电站与核电站配对建设。抽水蓄能电站兼有调峰与填谷的双重功能，调峰幅度大，是国外最常见的一种电网调峰方式。美国蓄能式水电站的最大容量为1 000 MW，单机最大容量为250～348 MW。

5.5.2　火电机组调峰要求及调峰运行方式

(1)火电机组调峰要求

大型火电机组参与调峰运行时，由于起动频繁或大幅度负荷变动，要承受剧烈的温度变化和交变应力，从而缩短使用寿命。参与调峰还要求机组在一些特殊工况下长时间运行，对机组的安全和经济运行带来不利的影响。因此，参与电网调峰机组要有相应的应对措施，使机组满足以下调峰性能要求：

①具备良好的启停特性。在夜间低谷期停机数小时后，能在次日晨负荷高峰期到来时快速启动，短时间内带满负荷，且启动损失小，设备可靠性高，热应力和寿命损耗小。

②机、炉均能维持长时间的低负荷稳定运行。

③在不造成设备寿命过大损耗的条件下，能够以足够快的变负荷速率安全、稳定地升降负荷。

④在低负荷运行时仍能保持较高的热效率。

(2)火电机组调峰运行方式

火电机组的调峰运行方式主要有：变负荷调峰运行方式，两班制调峰运行方式，少汽无负荷调峰运行方式，低速选转热备用运行方式。其中变负荷调峰和两班制调峰应用较广。

①变负荷调峰。它是以改变机组负荷来满足系统调峰需要的运行方式。这种方式比较适合于单机容量100 MW及以上的大容量机组，是一种传统的调峰方式。为了增加可调出力，机组尽可能在允许的最低负荷下运行。最低负荷的主要限制因素是锅炉的最低稳燃负荷。

实际可供采用的变负荷调峰方式有三种：定压运行方式、滑压运行方式和复合滑压运行方式。变压运行使机组具有良好的变负荷能力。机组变压运行时，由于温度变化较小，热应力和热变形都不大，延长了设备的使用寿命，同时相应提高了机组迅速增减负荷的能力，从而使机组具有适应调峰的性能。但是，由于抽汽压力随负荷变化而变化，各加热器和滑压运行的除氧器会出现压力温度的波动，产生疲劳损伤。

变负荷调峰又称为负荷跟踪运行方式。在电网高峰负荷时间，机组在铭牌出力或可能达到的最高负荷下运行；在电网的低谷时间，机组在较低的负荷下运行；当电网负荷变化时，还要以较快的速度来升降负荷。变负荷调峰的调整容量可达30%～50%。

②两班制调峰。就是通过起、停部分机组来进行电网的调峰。即在电网低谷时间将部分机组停用，在次日电网高峰负荷到来之前再投入运行。另有一些机组在每星期低峰负荷时间(双休日)停用，其他时间运行。此调峰运行方式在国内外得到广泛应用。这些机组由于频繁启停，显然要增加寿命损耗。

两班制调峰方式的优点是夜间停机后监护简单，机组可调出力大，可达100%～0%机组最大负荷，调节电网负荷的效果显著，在西方国家被广泛应用。就我国当前国情，这种运行方式比较适合于机组单机容量100 MW以下的机组。我国在100 MW，125 MW，200 MW机组都做过两班制试验。缺点是运行操作复杂，主、辅机启停频繁影响设备的寿命，且极热态启动时，参数要求极为严格,运行人员控制较难,安全因素较低。

燃气-蒸汽联合循环机组两班制调峰方式是解决当前电网调峰困难的最有效途径,具有安全性好、投资省、见效快,能够取得事半功倍的效果,被国外大部分国家所选用。

③少汽无负荷运行。少汽无负荷运行又称为调相运行或电动机方式运行,就是在夜间电网低谷时间将机组减负荷到零,但不从电网解列,吸收少量电网功率,保持发电机带无功运行,可发出或吸收无功电力并可调节系统电压。同时为冷却由鼓风摩擦产生的热量,需从相邻机组或厂用备用汽源向汽轮机供给少量低参数蒸汽。到次日早晨电网负荷升起时转为发电机方式,接带有功负荷运行。这种调峰运行方式,因为始终维持汽轮机额定转速运行状态,较两班制运行对汽轮机造成的热冲击要小得多,从而有效地减少了机组的寿命损耗。与两班制相比,调峰幅度相同,但耗能却要高出很多,故较少采用。

④低速旋转热备用方式。这种方式是在减负荷至零后与电网解列,并向汽轮机通入少量低参数蒸汽,使汽轮机转子在低于第一临界转速的低速状态下旋转。此方式没有两班制方式存在的机组冷却不均匀问题,也避免了少汽无负荷运行的送风损失大的缺点。

这种方式下,锅炉可停运,也可不停运。如锅炉停运,需从邻机或厂用辅汽引入蒸汽;如锅炉不停运,需要用油枪维持锅炉在很低的负荷下运行,燃料浪费严重。

5.5.3 火电机组调峰存在的问题

(1)机组频繁启停和深度调峰用油量大,发电厂经济性降低

从经济性方面考虑,现有的两班制和低负荷深度调峰方式,使锅炉需要消耗大量的助燃油。据统计,山东电网1998年因机组频繁启停和深度调峰,使点火油燃油费用增加约1亿元。

目前我国有40%左右的石油依靠进口,每年消耗大量的外汇储备,而电力工业又是燃料油消耗的大户,消耗量约占全国燃料油总消耗量的40%。国家统计资料显示,2001年国家电力公司拥有的全资及控股的火力发电机组用于稳燃及点火的用油量达200多万吨。随着能源价格的不断上涨,燃料费用将极大地增加火力发电企业的生产成本,给企业带来沉重的负担。

(2)调峰机组主、辅机寿命损耗大

频繁启、停机组使汽轮机转子、锅炉汽包、高加、变压运行除氧器等部件长期受到交变热应力的影响,使得这些金属部件长期承受低周疲劳的损害,缩短了部件的使用寿命。如锅炉过热器出口联箱裂纹、汽机主汽门裂纹、末级叶片断裂等。使机组检修周期缩短、大修费用增加、寿命降低。

调峰会使机组运行的安全隐患增加,使设备的突发事故概率增大,同时维护工作量和维护费用跟着增加。

(3)国产机组对调峰的适应性差

按基本负荷设计的机组不适于在60%额定负荷以下运行。低负荷运行时,这种基本负荷机组由于热力过程的改变,会造成给水温度和汽包内汽水饱和温度的降低。为满足汽化潜热值增加的需要而加大燃烧,导致不经济的过多的燃料消耗。另外,过热器吸热量减少,过热器超温,必然危及设备的运行。

(4)AGC投用后,机组不能承受大幅度负荷变化

电网要求大型火力发电机组正常运行时,必须投入一次调频、CCS机炉协调控制及AGC

自发电控制。因此，不论被控对象还是控制系统都要有极高的运行可靠性，并随时满足电网AGC指令的调节幅度及速度要求。

目前国内大机组的AGC功能投入后，在小范围负荷调整中足以胜任。但当遇到大幅度负荷变化的指令，调整幅度过大时，会因主汽压力偏差大，造成负荷闭锁的现象发生，影响到电网负荷的调节。另外，在额定负荷附近，增加出力时协调控制过调的余地很小，结果就造成升负荷接近额定负荷时，负荷增长速率很慢；此时也容易发生主汽压力偏差大而闭锁负荷增长的现象。这一负荷段的负荷增长速率往往不能满足调度的要求，这是运行人员需要注意的。

另外问题比较大的是主、再热汽温的调节。如调节过程只考虑了设定温度与实际温度的差异，没有加入当前燃料量的因素。在燃料量大幅度波动的情况下，调节特性较差。加之在再热蒸汽进入再热器前采用喷水减温来实施再热汽温的调节，调节特性滞后、迟缓。所以对煤量波动尤为敏感，较易发生蒸汽超温或汽温下跌的现象，特别是再热汽尤为严重。蒸汽超温或温度过低，对设备都会带来不利的影响，给机组安全造成危害。针对这个问题，运行人员要注意监视煤量的波动，对减温控制进行提前干预，减少超温或低温的发生。

AGC方式下，各设备始终处在动态的控制操作中，如减温水调节阀和送、吸风机动叶等调节机构经常处于不断调节状态，增加了这些机构使用寿命的消耗，设备故障率随之提高。外高桥电厂投入AGC运行后，相继发生了2号、3号和4号机主汽门辅助弹簧断裂的故障，这在以前从未发生过，断裂的原因是频繁调节引起金属疲劳所致。各机组的一次风机调节机构动作量增加，电位器磨损加大，停风机检修的次数增加了。

(5)调峰时机组运行偏离最优设计工况

调峰时机组运行偏离最优设计工况，煤耗增加，加之效率降低引起厂用电率增加，使火电机组总体经济性下降。故电厂要做好不同调峰工况下各设备及系统的优化运行分析计算、优化运行方案确定及经济指标应达值的考核管理等项技术管理工作，调动集控员观察、调整和优化调控机组的积极主动性。特别是低负荷深度调峰工况的安全经济性，必须在具备极高素质的集控员监控下才能得到保证。

(6)调峰运行对机组辅助设备的影响

1)给水泵的影响

机组经常降负荷运行或频繁启停，运行条件非常苛刻，要求给水泵不仅能在负荷大幅度变化的条件下稳定运行而且能长期承受频繁启停过程中因压力和温度急剧变化而产生的热冲击，要求给水泵不仅具有良好的性能，而且具有更高的可靠性。机组频繁启停和长时间低负荷运行对给水泵的不利影响主要表现在以下方面。

①热应力的变化导致寿命损耗。当机组停运后，因给水泵的质量很大，其热容量比管道大的多，在未完全冷却之前，泵体的温度高于管道；热态启动时，管道内温度较低的水流入给水泵将产生热冲击，使泵体产生热应力。叶轮表面和泵壳内壁产生拉应力。在机组升负荷过程中，除氧器中的压力和温度随之升高，高温的水流入低温的泵体内，将产生热冲击，在叶轮表面和泵壳内壁产生压应力，因此，在热态起停过程中，水泵承受的是交变应力，必将导致水泵的寿命损耗。

②汽蚀损伤加快。在机组低负荷运行时，通常需要停运一台给水泵，此时因除氧器中压力下降，温度也降至较低的水平，管道中积存的温度较高的水将有一部分蒸发，使汽水混合物流

入泵内、叶轮中发生两相流，将会引起汽蚀和水锤现象，同时还会引起水泵振动，甚至发生动静部分摩擦。

如在低负荷期间不停给水泵，则水泵在低流量下运行同样会造成汽蚀损伤，并且还会发生水力不平衡引起的扰动和噪声。低流量下的汽蚀多发生在叶轮叶片入口的背面损伤，特别是具有大进口直径的叶轮，在低流量时，叶片背面的汽蚀损伤更为严重。当水泵的流量降低到一定程度时，叶轮入口将产生涡流，这时将会产生给水压力的波动和脉动现象，造成叶轮入口区金属的汽蚀。

为了减缓水泵吸入压力瞬间下降危害水泵安全运行，可在水泵的入口注入凝结水，并采用自动切换方式快开旁路阀进行控制，在汽机降负荷时及时地开启旁路阀。为了防止吸入管压力下降过快造成汽蚀，应适当控制降负荷速度，在正常情况下，降负荷速度不宜大于3%/min。

③热挠曲。在正常运行工况下，给水泵的水温在130～220 ℃，当机组因调峰停运后，泵内的存水冷水沉到泵的底部，导致泵体上下产生温差，上部温度较高，下部较低，使泵体和转子向上拱曲变形。这种热挠曲现象，一般要在停运6 h后才会逐渐消除。在存在热挠曲期间，如再启动，将会产生异常振动，甚至引起动静摩擦。最大热挠曲一般发生在停运后2 h左右，在此期间，尽量避免再启动。

为了消除给水泵的热变形，对于由汽轮机驱动的给水泵，汽轮机通常具有盘车设备，应进行连续盘车，在不具备盘车条件时，可在启动前对水泵进行预热，使水泵温度均匀分布，并尽可能使吸入管道中的水温接近除氧器中的水温，以减小对水泵的热冲击。为此，可加装一台辅助循环泵，从除氧器流经给水泵和吸管再回到除氧器进行循环，这样可以有效地保证给水泵安全启动和降低给水泵的寿命损耗。

2）高压加热器的影响

高压加热器在启停和负荷变化时产生的热应力主要发生在管板上。正常运行中管板上的热应力，主要是由于给水温度在加热器中的升高，在进出口侧形成的温差所引起的。管板上应力的大小取决于该项温差的大小。满负荷运行时，给水温度升高25～40 ℃，当汽机旁路投入运行时，因加热器与再热汽联通，给水温升可达到60～120 ℃。此外由于高压加热器蒸汽和凝结水之间温度和放热系数的不同，可在管板汽侧引起附加应力。

在高压加热器投运过程中，由于加热器入口温度突出升高，将会在管板上产生热冲击。在冷态启动时加热器水室与给水箱水温之差可达80～100 ℃，在启动时同样会产生热冲击。

如果一台高压加热器单独解列一定时间，温度下降后再投运，给水与水室的温差可能高达200 ℃，将会引起很大的瞬态热应力。

当高压加热器满负荷运行时，如遇给水泵掉闸，备用给水泵自动投运，给水泵和管道中的低温水进入加热器水室将会造成严重的热冲击。

在机组的启动和停机、大幅度负荷波动等过渡工况下，高压加热器管板的进水侧是温度突变的剧烈部位，并产生瞬态热应力。因此投运与解列或增负荷与降负荷时的热应力符号相反，所以管板承受交变应力，从而导致管板的寿命损耗，疲劳裂纹将首先在应力最大部位的出水侧管板直径通道两端、管孔边缘和入水侧邻近管孔中心的管孔边缘处产生。

为了保证高压加热器热应力及疲劳寿命损耗限定在允许的范围之内，可采取如下的一些技术措施。

①适当控制温度变化率。冷态启动或工况变化时,温度变化率一般应限制在38 ℃/h内,特殊情况下温度变化率可达到93 ℃/h,不宜再高。当温度突变50 ℃时,管板上的最大集中应力约为300 MPa,已接近管板材料的屈服极限。

现代大功率汽轮机、高压加热器投运通常都设有程序控制系统,按照给定的温升速度控制进汽门开启的速度,或间断开启,可以有效地控制温升速度,使之正常投入运行。

加热器启动时,温度尚未达到给水温度之前,可打开给水出口旁路阀,按选定的温升速率监视加热器的温升,当达到给水温度并且稳定后,再打开给水出口阀以免发生水击。

②保持加热器排汽畅通。在加热器启动时,要保证排气畅通,将加热器内非凝结气体排出,是保证加热器正常工作的重要条件。加热器内如有非凝结气体聚集,不但会降低加热器效率,而且还会加快部件的腐蚀。

监视加热器终端温差,可以判断排气是否畅通。但是当加热器超负荷、管束泄漏或结垢时也会引起终端温差增大,应予具体分析对待。

③避免加热器超负荷运行。加热器在超负荷工况运行时,蒸汽和给水都会加大加热器的工作压力,缩短加热器的使用寿命。如两台并联的加热器一台停运时,另一台将会严重的超负荷,这种工况应当避免。

④注意加热器停用保护。当加热器短时间停运时,应使汽侧充满蒸汽,水室内的给水应保持适当的pH值。当加热器长时间停运时,应在完全干燥后在汽侧充入干燥的氮气,以防止停运后的腐蚀,延长加热器的使用寿命。

(7)机组深度调峰运行

1)调峰机组运行的负荷特征

据调查,电网一般要求大功率汽轮发电机组上午在满负荷下运行,中午调至额定出力的70%~80%,下午又恢复至满负荷运行。在夜间,则视机组的调峰能力而定,一般将机组负荷调至额定出力的50%~70%。也就是说,在24 h内,这些机组只在两三个负荷点上运行。满负荷时机组按其设计的方式和参数运行,低负荷时,机组将滑压运行。一般在这些负荷点调峰运行,自动调控性能容易保证。

近来,随着用电状况发生变化,低负荷调峰深度加大,如要求大功率汽轮发电机组要在30%~50%段滑压运行。为此,很多机组进行了低负荷稳燃改造,加大调峰力度。此时,机组的自动调控性能不容易保证,需靠集控员丰富的操作经验和技能。深度低负荷下煤粉燃烧的不完全产物会增多,这些产物进入锅炉尾部后,滋生了二次燃烧的条件,必须对此引起足够重视。

2)深度调峰滑运时汽轮机与锅炉的负荷变化率

①汽轮机负荷变化率。采用滑压运行深度调峰时,蒸汽温度和汽轮机各部位的温度基本稳定,汽轮机负荷变化速率基本不受汽轮机转子热应力限制。

②锅炉负荷变化率。机组深度调峰滑运时限制负荷变化率的因素在锅炉。主要是饱和温度变化速度和汽包上下壁温差。正常滑压时,汽包饱和温度变化速率一般按制造厂提供的数据在规程中做出规定(国内一般为90 ℃/h)。汽包上下壁温差一般以不超过40 ℃为标准。例如亚临界机组,如果负荷变化率按2%/min进行纯变压运行,从100% MCR降低到50% MCR,汽包压力不能低于10.8 MPa;从100% MCR降低到65% MCR,汽包压力不能低于

12.2 MPa。但上述规定不能满足深度调峰时电网对变负荷速率要求，需要与锅炉制造厂家协商改进。

3）单元机组深度调峰运行的下限

①汽轮机下限。一般，制造厂家规定汽轮机允许的低负荷下限可达15%，如是具备中低缸进汽、高缸隔离运行功能的机组，可在带厂用电至15%极低负荷下定压运行。例如，重庆珞璜360 MW法国机组就具有长时间带厂用电功能。可见汽轮机深度调峰运行优于锅炉。

②煤粉锅炉下限。机组的最低负荷界限取决于锅炉。深度调峰运行对锅炉的最低负荷提出了挑战，而锅炉负荷的下限又主要取决于燃烧的稳定性和水动力工况的安全性。锅炉低负荷运行时主要遇到的问题及解决的办法是：

a）低负荷的燃烧稳定性。锅炉燃烧稳定性与炉膛形式、燃烧器结构、炉膛热负荷、煤质等因素有关。我国大部分燃煤锅炉最低稳定负荷为50%～65%额定负荷。但对于一些采用了新型燃烧器的锅炉，不投油助燃的最低稳定负荷已降到50%以下。故要适应深度调峰运行，极需进一不改进。国外一些大型锅炉由于采用了先进的燃烧器，其最低稳定负荷可以达到30%。

不同炉型及燃烧方式，其低负荷燃烧稳定性不同。切圆燃烧锅炉的特点是各角间互相引燃，相互作用。20世纪80年代末我国引进CE燃烧技术生产的300 MW、600 MW机组，烟煤锅炉不投油最低稳燃负荷为炉最大出力的40% BMCR，贫煤炉为60%。20世纪90年代普遍采用WR燃烧器后，进一步提高了着火稳定性，烟煤锅炉最低负荷降为30% BMCR，贫煤锅炉降为55% BMCR。

前后墙对冲旋流燃烧炉的特点是旋流燃烧的自稳燃性极高，使对冲燃烧锅炉的低负荷稳燃能力明显优于切圆燃烧锅炉。旋流式燃烧器其低负荷稳燃能力之强，甚至能降到额定负荷的20%。这方面最先进的有石川岛播磨的IHI-WR-PC燃烧器和B&W的PAX燃烧器。其共同点是将由分离器分离过的超高浓度煤粉气流送入燃烧器喷口。北海道的一台改用IHI-WR-PC燃烧器的600 MW锅炉，其不投油最低稳燃负荷达90 MW（15%）。此外，对冲燃烧炉中旋流燃烧器射流冲墙的几率较切圆燃烧小得多。可见，对冲旋流燃烧炉的发展前景会比切圆燃烧更为广阔。

煤粉炉提高低负荷稳燃性能的措施有：适当降低一次风率，提高煤粉浓度；尽可能投用下层燃烧器，停用上层燃烧器，当然，还要考虑投用燃烧器对过热汽温的影响；低负荷时，应适当将煤粉磨得更细些，以加快燃烧反应速度；开大暖风器蒸汽门，提高入炉空气温度；适当降低炉膛负压，减少漏风；加强对火焰监测系统的监视，一旦出现燃烧不稳及时采取措施。

b）空气预热器堵灰、腐蚀和烟道烟囱腐蚀。低负荷时空气预热器容易堵灰、腐蚀，烟道烟囱也容易腐蚀损坏。应注意保持暖风器满出力运行，提升风温、烟温及管子壁温；加强预热器的吹灰操作，减轻堵灰。

c）过热蒸汽、再热蒸汽温度过低。变压运行虽有延伸汽温控制点的优越性，但负荷低到一定程度后，汽温仍会随负荷而下降。若机组长期指定承担中间负荷，汽温又低到影响机组低负荷的负荷跟踪时（低负荷下汽温低于规定值的下限），即应考虑必要的改进，如增设炉烟再循环、增加过热器或再热器面积等。

d）过热器管超温和左右汽温偏差。低负荷时，流经过热器的蒸汽流量小，分配不均匀，个别过热器管会因为冷却不足而超温过热；低负荷时锅炉燃烧易偏斜，加上蒸汽流量在平行管中分配不均，将会造成过大的热偏差。对于这类问题，一般是依靠运行调整来解决。低负荷时注意维持过量空气系数不要过低，控制负荷增减速率，要增设壁温测点加强监视，保持运行的燃烧器匀称等。

③循环流化床锅炉下限。采用循环流化床锅炉，其低负荷稳燃性要好得多，其低负荷下限值远比煤粉炉小。循环流化床锅炉负荷调节比可达到3:1至4:1，随着燃烧控制水平的提高，当负荷降至额定负荷的15%时，仍然能稳定运行，适宜于大幅度深度调峰运行。

4）煤粉锅炉水动力工况安全性

低负荷时炉膛燃烧的不均匀程度较大，对于汽包锅炉，受热太弱的水冷壁管有可能发生循环停滞或倒流现象。一般对大容量锅炉，在50%额定负荷以上，发生水循环事故的可能性不大。对于直流锅炉，当变压运行至某一较低负荷时，水冷壁系统压力低，汽水比体积变化较大，水动力特性变差，有可能影响到各侧墙和后墙水冷壁的流量分配，发生部分水冷壁出口管的超温现象。运行中一是限制最低负荷，二是燃烧器运行方式要作适当调整，如采用高位磨煤机运行以减轻上述管壁的过热情况。

5）对煤粉锅炉运行调节的要求

深度调峰运行时，由于水冷壁储热能力高，过热器、再热器储热能力低，所以压力变化速度慢，温度变化速度快，过热器、再热器容易超温，需要加强汽温和金属壁温的监视；低负荷运行时压力低，汽水比体积变化大，水位波动也会加剧，需要根据水位超前信号控制水位。此外，由于汽包的壁温差变化较大，锅炉的升温升压速度也要受到限制。

5.5.4　循环流化床锅炉调峰性能

循环流化床锅炉有较大的负荷调节比，达到3:1至4:1。随着燃烧控制水平的提高，当负荷降至额定负荷的15%时，仍然能稳定运行，适宜于大幅、深度调峰运行。图5.5为循环流化床锅炉结构及流程原理。

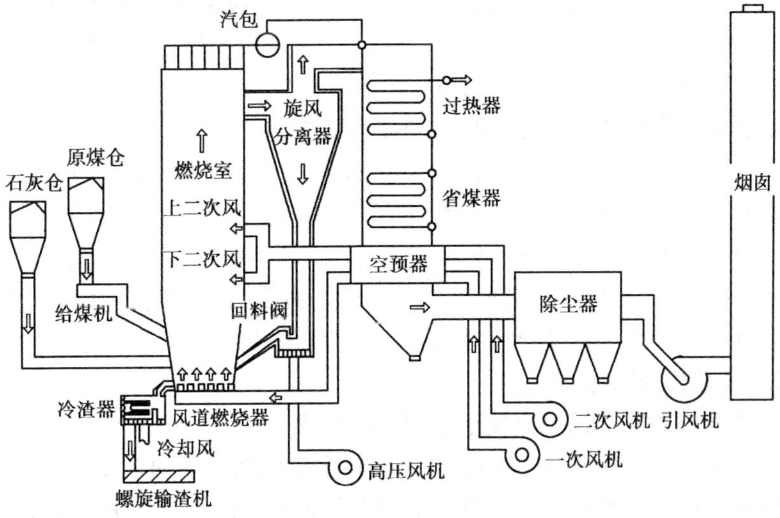

图5.5　循环流化床锅炉结构及流程原理

(1)温度分布均匀保证了低负荷水循环的安全性

一般的煤粉锅炉由于受炉内空气动力场等因素的影响,炉内火焰中心位置往往发生偏斜,热负荷分布不均,低负荷时尤其如此,以致炉膛四周吸热不均,特别是四角的水冷壁受热更差,常易引起管内工质发生停滞或倒流等不正常的现象,严重时甚至出现爆管事故,因此从水循环安全性考虑,煤粉锅炉最好不在50%额定负荷以下长期运行。而循环流化床锅炉则完全不同,其温度和热负荷较煤粉炉均匀得多,不存在高温火焰中心,代替它的是一个较均匀的充满高温颗粒的流化燃烧层。而且不论锅炉负荷如何变化,其温度始终保持稳定均匀、变化不大的状态,也就是说其热负荷分布的均匀性不随锅炉负荷而变,这对水循环及金属的安全性十分有利。有资料对某台流化床锅炉100%额定负荷降到70%和30%额定负荷时的水循环特性进行了研究,研究表明,当锅炉负荷降低时,运行压头减少,相应的阻力也减少,有效压头反而增大,循环流速和循环倍率加大,使蒸发受热面管子得到更好的冷却,低负荷时水循环是安全的。

(2)保证低负荷时燃烧的稳定性和较高的燃烧效率

一般的煤粉炉低负荷时炉膛温度水平低,容积热负荷和截面热负荷都比较低,燃烧不稳定,负荷低于50%额定负荷时就必须投油。当燃用低质煤时,问题更多。燃烧无烟煤的煤粉炉采取稳燃措施后,最低稳燃负荷一般只能在额定出力的50%以上,较难适应深度调峰运行的需要。而循环流化床锅炉则完全不同,流化床本身是一个蓄热量很大的热源,积累了大量炽热的床料,燃烧区的容积热负荷和截面热负荷都比较高,给新加入的冷燃料提供足够的热量而迅速加热到着火温度以上,因此能燃用劣质煤。只要能保持床层温度稳定,较低的负荷下也能保证稳定燃烧和较高的燃烧效率。

(3)较好的过、再热器吸热特性保证了低负荷时的蒸汽参数

一般的煤粉锅炉在低负荷时,蒸发吸热和过、再吸热难以匹配,过、再热蒸汽温度难以满足运行要求,亦难以控制。循环流化床燃烧温度决定了炉膛和尾部受热面之间的换热面积的分配,进入尾部的烟气的热焓值不足以使过热蒸汽和再热蒸汽达到设计值。由此,部分过热和再热受热面必须布置在固体颗粒循环回路中。不管这部分过热和再热受热面布置在外置式流化床热交换器中,还是布置在流化床燃烧室本体中,都有较好的吸热特性,而且可通过循环物料浓度来控制传热强度,使蒸发吸热和过、再吸热较好地匹配。因此,流化床锅炉有较好的汽温控制手段,保证了低负荷时蒸汽的温度品质。

(4)较大的升降负荷速率保证了对快速调峰的适应性

流化床锅炉良好的水循环特性、燃烧特性和汽温调节特性,使流化床具有较大的负荷升降速度,其负荷调节灵敏度可与燃油锅炉比美,若不受汽包温差及热应力的限制,负荷的连续变化率可达每分钟5%~10%,几分钟到十几分钟之内可从100%额定负荷降到25%额定负荷。循环燃烧系统中的燃料保存量与层燃炉等惯例相比是最少的,不存在负荷变化时加热和冷却床料的问题,当负荷迅速变化时,用改变给煤量、空气量和飞灰循环量便能实现对负荷的调节,且能维持过量空气系数和床温不变。

(5)循环流化床锅炉热备用压火便于机组启停调峰

煤粉锅炉的停炉、启动过程都比较长,必须消耗大量的助燃用油。以某厂125 MW机组启停调峰为例,机组停止运行平均须1 h,启动平均须2.5 h,启停调峰一次平均耗油14 t,操作劳动强度大。而且在启停过程中,由于电除尘器不能投入运行,烟囱冒黑烟,造成严重的环境污染。循环流化床锅炉可暂时停止运行,而进入其特有的热备用压火状态。压火时,先停给煤

机，待流化床温下降 50 ℃左右时，迅速把风门关严，停风机，进入热备用压火状态，一般压火可维持 8 ~ 16 h。要重新运行而进行热备用启动，在正常情况下很快，20 ~ 25 min 即可完成，压火和启动过程不消耗助燃用油，操作劳动强度较小，电除尘器可较晚退出或较早投入运行，造成环境污染较轻。

（6）流化床锅炉的变负荷调节

流化床锅炉的变负荷运行是一个动态的过程，就是通过适当的操作方法把运行的负荷从一个稳定状态调整到另一稳定状态，在这个变化过程中要求锅炉蒸汽参数稳定，流化状态良好，床温保持在允许变化的范围内，即不低于熄火温度也不高于结焦温度。调节负荷意味着改变锅炉蒸发受热面产生的蒸汽量，亦即改变蒸发受热面的吸热量。蒸发受热面的吸热量可用下式表示：

$$Q = kF\Delta t \tag{5.9}$$

式中　k——蒸发受热面的传热系数，$kJ/(m^2 \cdot h \cdot ℃)$；

F——蒸发受热面的面积，m^2；

Δt——流化床平均温度与蒸发受热面管内工质的温差。

调节负荷的方法之一是改变给煤量，促使床温变化，温差 Δt 变化（同时传热系数略有变化），吸热量也随之改变，致使床温达到新的平衡点稳定运行。简单地说就是高负荷时增加给煤量，低负荷时减少给煤量，风量则配合给煤量维持床温在某个允许的范围内。

调节负荷的方法之二是调节静止料层高度（或者说风箱压力）使床中颗粒浓度变化而使传热系数 k 发生变化，吸热量也随之改变，试验表明，当床温和粒子尺寸不变时，换热系数和粒子浓度的变化呈正比。高负荷时保持高颗粒浓工，低负荷时通过排放底料、控制循环灰量来保持低颗粒浓度，床温则由煤量和风量一起控制。

对大型循环流化床锅炉可停止部分炉床的流化运行，进行热备用压火处理。这是一种既减少给煤量又降低传热系数和受热面积的办法，适用于多床结构的大型循环流化床锅炉较低负荷时的运行。床温和负荷对给煤量的变化较敏感，给煤量又极易调节，因此在运行中通常用第一种方法来调节锅炉负荷。当负荷变化较大时，第一、二种方法配合使用。

循环流化床锅炉低负荷时水循环安全可靠，燃烧性能稳定，燃烧效率高，过、再热蒸汽温度品质合格，调节方便，负荷调节快速简单，启停快捷，能满足大幅、深度变负荷调峰和启停调峰的要求，而且启停或低负荷调峰运行无需助燃用油，有较好的经济性。

第6章 单元机组辅助设备及系统的运行

6.1 锅炉辅助设备及系统的运行

6.1.1 制粉系统的运行

制粉系统是煤粉锅炉的重要辅助系统，具有工艺流程长、设备及管路多、控制对象多、系统中工质为两相流动、易堵、易燃、易漏等特点。例如某300 MW机组，每台锅炉配置两套中间储仓式制粉系统，由原煤斗、给煤机、滚筒式钢球磨煤机，粗粉分离器旋风分离器、排粉风机、乏汽风机、煤粉仓、给粉机、密封风机等设备组成。每台磨煤机配有一套润滑油系统，它由油箱、电加热器、低压油泵、顶瓦油泵、主减速器油泵、电动润滑脂泵等设备组成。两套制粉系统之间配有一台输粉机，用以调节两个粉仓粉粒。干燥介质采用烟气，从炉膛底部抽出热烟气进到磨煤机入口。

(1)制粉系统运行的基本要求

制粉系统有各种不同的类型。各类型制粉系统的工作特点虽不同，但它们的基本任务是相同的。制粉系统运行正常与否，直接影响到炉内的燃烧工况，从而影响着整个锅炉机组运行的安全性和经济性。

制粉系统运行稳定性，主要表现在磨煤出力、煤粉细度和磨煤机出口温度是否稳定。

煤粉细度在一定程度上决定着炉内燃烧损失的大小。若煤粉太粗，不易燃烧完全，机械不完全燃烧损失便会增大。而煤粉太细，则制粉的电耗增加，制粉系统的磨损(磨煤的金属消耗)也要增大。

磨煤机出口温度过高，容易发生煤粉爆炸；出口温度过低，会影响制粉系统的出力，并容易引起堵塞。

对制粉系统运行的基本要求是：

①随时满足锅炉燃烧所需要的煤粉量；

②保证煤粉质量合格，以满足锅炉稳定和经济燃烧；

③降低制粉电耗和其他损耗，提高制粉系统运行经济性；

④防止发生煤粉自燃和爆炸、堵塞和泄漏事故，保证制粉系统安全运行。

制粉系统的正常运行，必须同时满足磨煤出力，干燥出力与通风出力的要求。

1）磨煤出力

磨煤出力是按原煤计算的每小时的煤粉产量。筒形球磨机的磨煤出力可按经验公式计算。影响磨煤出力的因素有结构因素和运行因素。运行因素主要有：筒体内装球重量及钢球充满系数、煤的可磨性系数、入口煤水分、入口煤颗粒度、护板与钢球的磨损。

2）制粉系统的干燥出力

制粉系统的干燥出力，决定于干燥介质所拥有的热量。干燥出力可以通过制粉系统的热平衡计算求得。制粉系统热平衡计算是以一千克原煤为基础的。

干燥出力是满足原煤干燥要求而达到的制粉系统煤粉产量。只有在运行中满足了原煤的干燥要求，才能维持磨煤机出口介质温度在规定范围内。

通过制粉系统供入热量与支出热量的热平衡计算，可求出干燥介质的质量 g_1 和介质的温度 t_1，从而计算出满足干燥要求的通风量 V_{tf}。

供入热量包括干燥介质物理热，漏入乏气物理热，磨煤过程产生的机械热；支出热量包括煤水分蒸发消耗热量，干燥介质在出口截面处带走热量，加热煤粉所消耗热量以及制粉系统的散热。

满足干燥要求的通风量 V_{tf}用下式计算：

$$V_{tf} = 1\,000B_M\left[\frac{(1+K_{lf})g_1}{1.285}+\frac{\Delta W}{0.804}\right]\cdot\frac{273+t_1}{273}\quad m^3/kg \tag{6.1}$$

式中　k_{lf}——制粉系统漏风系数；

ΔW——每千克原煤蒸发掉的水分，kg/kg。

3）制粉系统的通风出力

通风出力是保证磨煤出力而必需的通风量。对筒形球磨机，为保证磨煤出力而必需的磨煤通风量 V_{mf}，可以用下列公式计算：

$$V_{mf} = V_T(1\,000\sqrt[3]{K_{km}}+36R_{90}\sqrt{K_{km}}\cdot\sqrt[3]{\varphi_T})m^3/h \tag{6.2}$$

式中　V_T——球磨机筒体的体积，m^3；

K_{km}——煤的可磨性系数；

φ_T——钢球充满系数。

当保证带出制成煤粉的通风量 V_{mf}与干燥条件下的通风量 V_{tf}不相等时，应考虑调整改变干燥介质的初温 t_1。

（2）制粉系统运行中风量的配合

制粉系统运行中往往会出现磨煤风量与干燥风量不相等，不匹配的情况。

磨煤风量对磨煤出力及煤粉细度有很大的影响。通过磨煤机的风量大，则磨煤出力高，带出去的煤粉粗。反之，风量小，磨煤出力小，煤粉就细。在运行中，一般都将煤粉细度调节在经济细度值上，如果风量过小，则使稍粗些的合格煤粉吹不走而在磨煤机内磨成细粉，会造成磨煤机出力不足及磨煤电耗增加，这是不经济的；若风量过大时，会使过粗的煤粉从磨煤机内吹出，又经粗粉分离器分离后返回磨煤机，作无益的循环。同时为了要保证煤粉细度，粗粉分离器要关小折向挡板，增加阻力；而且流速加快后，磨煤机及管道的通风阻力也增加，因而通风电耗也增加，这也是不经济的。应通过试验，来找到一个合适的通风量，在这个通风量下，能保证磨煤出力及经济细度和最小的磨煤耗电量(磨煤电耗与通风电耗之和的最小值)。

干燥风量决定于原煤的水分和干燥剂的初始温度。如前所述，磨煤机出口温度是有规定的，过高则易爆，过低则易堵或影响燃烧。在出口温度已定的情况下，水分高的煤需要的干燥热量大。干燥热量的间接来源是空预器前烟温气。

对燃用无烟煤，贫煤的制粉系统，由于原煤水分少，挥发分也少，因而两种风量也都应小一些。干燥风量与磨煤风量的矛盾可用改变入口烟气温度或利用再循环风量的调节来加以协调，使二者配合。燃用无烟煤，由于水分低，一般情况下是磨煤风量大于干燥风量，此时，可以利用热风或冷风来降低干燥剂的温度，以加大干燥的烟气量，使之与磨煤风量平衡，再一个方法就是利用再循环风量，这部分风量温度低，与烟气混合后，使烟温降低，烟量增大，从而使之与磨煤风量配合。

(3)制粉系统的经济运行

在制粉系统运行中，在生产一定数量和一定质量(细度、干度)煤粉的同时，应尽力降低磨煤电耗和通风电耗等，以提高锅炉机组与制粉系统的综合经济性。

要完成上项任务，必须进行合理调整，使磨煤出力、干燥出力、通风出力配合一致，使磨煤风量、干燥风量得到平衡。

球磨机的工作特性是本身的空载功率很大，随着磨煤出力的增加，磨煤功率增加很少，因而磨煤出力越大，磨煤单位电耗就越小。所以，保持球磨机在高出力下工作，对提高制粉系统的经济性作用很大。

球磨机出力除与设备型式、筒体转速、煤种等有关外，还与钢球数量与规格、筒内载煤量、通风量等有关。

1)钢球装载量与钢球规格

球磨机的钢球装载量是用钢球充满系数 φ_T 来表示的，

$$\varphi_T = \frac{G_q}{\gamma_q V_T} \tag{6.3}$$

实验证明，钢球装载量越大，磨煤出力也越大，它们的关系为：

$$\frac{B_{M_1}}{B_{M_2}} = \left(\frac{\varphi_{T_1}}{\varphi_{T_2}}\right)^{0.6} \tag{6.4}$$

在一般情况下，随着钢球量 G_q 的增多，磨煤出力 B_M 增加，磨煤功率 N_M 也增加，磨煤单位电耗 E_M 也会稍有增加。同时，由于增加了钢球量，必须加强通风来及时带走磨制成的煤粉，但通风单位电耗 E_{tf}是下降的。综合起来，制粉单位电耗有所下降。

但是，当钢球装载量增加到了某一限度后，由于钢球充满程度大，使钢球落下的有效工作高度减小，钢球的撞击作用减弱，而使磨煤出力的增加程度减缓。而这时磨煤功率的增加并不减缓，因而磨煤单位电耗将有显著的增加，所以，钢球装载量超过某一限值，制粉单位电耗将增加。

由此可见，对应于一定型号的磨煤机和一定的煤种，存在一个最佳的钢球装载量。最佳钢球装载量可以通过试验来决定。一般磨煤机的钢球充满系数 φ_T 为0.2~0.35。

钢球的直径应根据电耗和金属损耗的总费用为最小的原则来选择。它与煤的硬度、粒度及钢球的质量有关。在一般情况下，可以选用直径为30~40 mm的钢球。在同样的钢球装载量下,钢球直径较小,则由于撞击的次数增加,磨煤出力较高,但是,金属消耗量也随之增加。但直径小的钢球的撞击力小,磨硬煤较困难。当煤的硬度大,粒度大、煤中硫化铁多或钢球质量不好时,可选用直径为50～60 mm的较大的钢球,以加大撞击力和减小金属消耗。

在运行过程中,钢球逐渐被磨损,直径变小,因此必须定期引加钢球,以免降低钢球装载量,影响磨煤出力。此外,每隔一段时间还应筛选筒内钢球,把直径小于15 mm的钢球换掉。

2)载煤量

一般情况下增加筒内载煤量,磨煤出力也相应增加。但增加到一定限度后,磨煤出力不再增加,反而降低。如图6.1所示,图上的关系曲线可以分为三部分,即Oa段、a点和ab段。在Oa段,载煤量较少,相对来说筒内钢球装载量较多,钢球落下的动能只一部分用于磨煤,另一部分能量消耗在钢球的空撞损上。随着载煤量的增加,磨煤能量增加,钢球空撞能量减少,磨煤出力也随之增加。当载煤量增长到a点时,钢球的动能得到最充分的利用,磨煤出力达到最大值B_M^{max},这时的载煤量叫做最佳载煤量G_m^{zj}。再增加载煤量,就进入ab段,在这段由于筒内装载量大,钢球下落高度减少。也由于球间煤层加厚,一部分能量消耗于煤层变形,因而钢球能量并未得到充分利用。磨煤出力随载煤量的增加而降低。如果继续加大载煤量,则磨煤机最后被堵塞而无法工作。

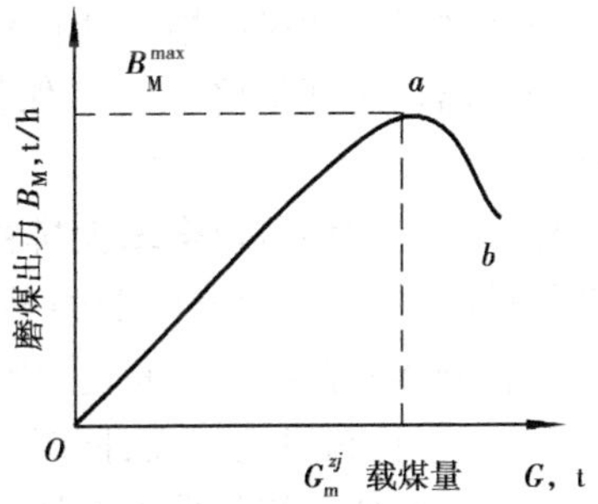

图6.1　磨煤出力与载煤量关系

由此可见,为了提高磨煤出力,降低磨煤电耗,应当维持筒内为最佳载煤量G_m^{zj}。G_m^{zj}的数值应通过试验来决定。筒内载煤量的大小常根据球磨机进出口压差来控制。

3)通风量

为了从筒形球磨机内把制成粉带出去,必须保持足够的通风。通风量过小只能带出细煤粉。有些合格煤粉仍会留在筒内被无益地磨制成更细的煤粉,致使磨煤出力降低,磨煤单位电耗E_M增加,通风量过大,把不合格的粗粉也带出,经粗粉分离器,又返回磨煤机重磨,造成无益的循环,以致通风单位电耗E_f增加。同时,通风速度的增大,加大了通风阻力。也会使通风单位电耗E_f增加。

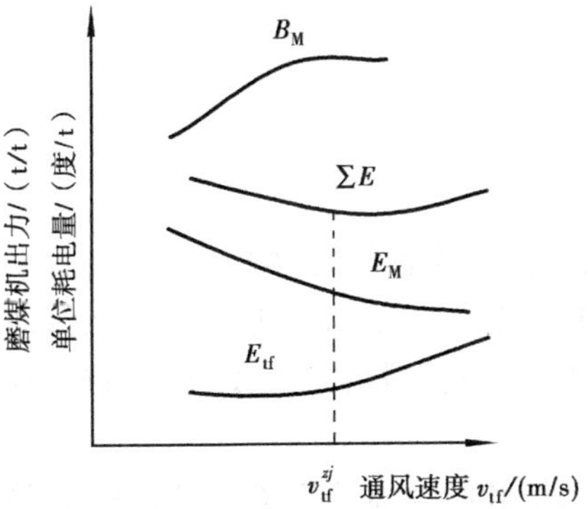

图6.2　通风速度与单位电耗及磨煤出力之间的关系

综上可知,随着通风量即通风速度v_{tf}的增加,制粉单位电耗$\sum E$初始是下降的,然后又上升,中间存在一个最佳通风速度v_{tf}^{zj}。图6.2表示B_M、E_M、E_{tf}及$\sum E$与v_{tf}的关系。

煤种不同,要求的煤粉细度也不同,挥发分越少的煤,要求煤粉越细,因而最佳通风速度也越低,一般建议:

无烟煤 $v_{tf}^{zj}=1.2\sim1.7$ m/s

以上建议数值,并不保证煤粉细度为经济细度,在运行中还要进行细度调节。细度可以用通风量来调节,也可以用粗粉分离器挡板的位置来调节。用通风量调节时,经济性较差,因此,一般应该在保持最佳通风速度下,用分离器挡板来调节细度至经济细度。

4)系统漏风

冷风漏入制粉系统,不仅增加了系统的通风电耗,还对制粉过程和锅炉工作带来不良影响,因此,漏风是有害而无益的。

仓储式制粉系统的漏风部位一般在球磨机前的给煤机、下煤管,球管机入口颈、出口颈,以及球磨机后管道上法兰、检查孔以及防爆门、锁气器等处。

球磨机前的漏风,使筒内通风量加大,干燥介质温度降低,因而造成煤粉变粗、煤粉水分增加。当球磨机前漏风的增大使排粉机达到最大出力时,将迫使进入球磨机的热乏气量减少,以致球磨机出口温度下降。为了保持此温度,只有减少给煤量,降低磨煤出力,增加磨煤单位电耗。

球磨机后的漏风也会增大排粉机负荷及通风电耗。漏风增大达到排粉机最大出力时,与球磨机前漏风一样,也会降低磨煤出力、增加磨煤电耗。

细粉分离器前漏风严重时,由于细粉分离器内风速过高,会使通过排粉机的气流中带粉量增加,加速了排粉机的磨损;同时又增大了排入炉膛的不可调节的供粉量,影响锅炉的正常工作。细粉分离器下锁气器处漏风,更容易破坏细粉分离器的工作,而使细粉分离器后气流大量带粉。

制粉系统的漏风情况可用球磨机进口负压大小来反映。

5)制粉系统运行调控方式的优化

对于影响制粉系统运行经济性的各可控环节,应定期进行调整试验,结合试验结果及集控员操盘经验,制定出制粉系统在各种可能工况下的优化运行调控方案。优化调控内容包括如下:

①各台磨煤机的负荷分配方式,尽量避免多台磨同时低出力运行;

②钢球装载量与球径分配,补球方式,衬瓦更换判据;

③磨煤机出力,给煤机转速;

④制粉风量,各风门(热风门、冷风门、再循环风门、排粉风机风门等)开度,风机电流;

⑤煤粉细度的控制值,粗粉分离器挡板开度(已给出挡板的特性曲线),主要是按煤制不同定几个控制值;

⑥磨煤机压差控制值;

⑦排粉机出口风压;

⑧磨煤机出口温度。

(4)制粉系统启动前的检查

制粉系统启动前应对制粉系统,润滑油系统,制粉设备进行全面检查并投入各冷却器。

对制粉系统检查时,应对转动机械启动和检查,系统管道应严密,无漏粉、积粉,系统防爆门完整,各锁气器的动作灵活,关闭严密,控制盘的各热工信号及控制装备完好可用,联锁保护试验合格。系统各阀门的开、闭状态符合启动要求。

润滑油系统的油箱油位、油温正常,油质良好,主油系统和减速器油系统滤网清洁,切换灵活,系统无漏油、漏水,各阀门的开、闭位置符合启动要求。

对各制粉设备应满足:刮板给煤机链条完好,下煤管畅通,原煤煤量足够;球磨机大齿轮密封罩严密,密封风机可靠备用;旋风分离器气动导向挡板操作正确,动作可靠;输粉机、卸粉机外形完整,封闭严密,无积粉,机械部分正常,粉仓严密,粉位测量装置正确;各转机的控制电源、动力电源正常可靠。

投入低压油管路冷油器，主减速器冷却器和球磨机主电机冷却器，并确认各冷却器冷却水量满足要求。

(5)制粉系统的启动(以某300 MW机组中间储仓式系统为例)

在对系统、设备进行全面检查，确认已符合启动条件后，方可启动制粉系统，冷炉制粉系统启动应在锅炉蒸汽流量大于规定值时进行。

制粉系统的启动顺序是首先启动润滑油系统，然后依次启动乏气风机、排粉风机、磨煤机、给煤机。启动的方式可在DCS上通过子控或组控进行。

1)润滑油系统的启动

①组控启动时，在DCS上发出组控启动命令，则润滑油系统将自动进行启动程序：启动主减速器油泵；当主油箱油温低于35 ℃或油温不小于10 ℃时，低压油泵启动；当油温时大于或等于35 ℃，顶瓦、顶轴油泵启动。

②单控启动时，在DCS上按组控启动程序依次发出启动命令。

润滑油系统启动后就地进行检查监视，各油泵应启动运转正常，减速油泵的油流量不低于60 L/min，大瓦进油油压应大于0.2 Pa，进油流量大于30 L/min，顶瓦、顶轴油泵入口油压在1.6 Pa左右，顶瓦油压在25～50 Pa，顶轴油压在35～60 Pa。

为保证润滑油系统运行正常，防止发生故障，当油位、油温、油压异常时，将发出报警，联锁跳闸或自动投入。自动调节的保护措施：对主油箱、当油位太低时，低压油泵跳闸，高压油泵及磨煤机联锁跳闸，当油温小于10 ℃时，低压油泵跳闸；当油温小于35 ℃时，顶瓦、顶轴油泵跳闸，电加热器自动投入；当油温大于40 ℃时，电加热器自动停止。当低压油泵出口油压不小于12 Pa时，安全门动作。当冷却器后油温通过恒温阀自动调节维持45 ℃；当低压油管路油温太高，达60 ℃或大瓦进油量太低时，磨煤机跳闸，当顶瓦、顶轴油泵入口油压通过恒压阀自动调节维持1.6 Pa，当不小于1.8 Pa时，安全阀动作，当顶瓦油压不小于60 Pa，顶轴油压不小于110 Pa时安全门动作。当顶瓦、顶轴油压太低时，顶瓦、顶轴油泵跳闸。当减速器油温高于65 ℃时，过滤器压差高将发出报警。

2)制粉系统的启动条件及准备

制粉系统必须具备以下条件方可进行启动：所属转动机械的远方/就地开关置“远方”；润滑油系统运行正常；转机无振动高报警；磨煤机大瓦温度小于70 ℃，电动机轴承温度小于90 ℃；锅炉的MFT复归；锅炉蒸汽流量大于270 t/h；乏气风机、排粉风机入口挡板关闭到位；磨煤机出口温度小于128 ℃；磨煤机盘车制动装置处于“松开”位置；加钢球电动总门及分门至少有一个处于关闭；煤机转速就地控制箱开关置“ON”。

在DCS上进行以下启动准备工作：设定乏气风量(30 000～40 000 Nm^3/h)和磨煤机出口温度(115 ℃)；将乏气风机入口调节挡板、热风、冷风调节挡板投入“自动”，煤机转速调为“零”并投入“自动”。

3)制粉系统的子控启动

在DCS上启动乏气风回路：操作子控启动命令，则乏气风机启动，30 s后乏气风口冷却风挡板关闭，乏气风机出口挡板开启，入口调节挡板投入“自动”。

在DCS上启动排粉回路：操作子控启动命令，则排粉风机启动，30 s后入口挡板开启。此时乏气风机入口调节挡板自动开启，调节乏气风量保持设定值，热风及冷风调节挡板自动调节,控制磨煤机出口温度逐步升高,直到设定值。磨机出口负压逐渐增大。对磨煤机进行暖磨。

在 DCS 上启动磨煤机:当磨煤机出口温度不小于 90 ℃时,操作磨煤机子控启动命令,启动辅助电机,让磨煤机慢速运转 2 min 后辅助电机断电,主电机投运,同时大牙轮密封风机启动,大牙轮喷油系统投入。若密转风机未启动,2 s 后磨煤机跳闸,此时可用单控启动密封风机,正常后重新启动磨煤机。

在 DCS 上启动给煤机:操作子控启动命令,则给煤机启动,5 s 后就地控制柜通电,给煤机速度控制器被投入自动,给煤机的速度调节自动进行。

制粉系统的子控启动正常后,监视磨机出口温度,观察系统运行情况,使各参数逐步达到运行值。

4)制粉系统的组控启动

当制粉系统的启动条件具备后,在 DCS 上进行启动准备。待启动的制粉系统复位,乏气流量控制、温度控制和给煤机速度控制的 A/H 命令置于"自动",使组控启动条件满足后在 DCS 上操作组控启动命令,则乏气风机回路、排粉机回路均按自动程序启动,乏气风机入口挡板自动调节乏气流量维持设定值,热风、冷风调节挡板自动调节磨煤机出口温度直至 90 ℃时:盘车电机跳闸,磨煤机按程序自动启动,给煤机按自动程序启动,转速控制回路自动调节给煤量。

(6)制粉系统的正常运行

1)正常运行中的控制参数

①介质温度:磨煤入口热烟风温度:正常值 350 ~ 700 ℃;报警温度上限为 800 ℃,下限为 300 ℃;磨煤机出口温度:正常值为 115 ℃,报警温度上限为 120 ℃,下限 90 ℃,若温度升高至 130 ℃时则乏气风机、排粉风机跳闸,联锁制粉系统跳闸。

②风压:磨煤机出口负压 20 ~ 30 MPa,排粉风机入口负压小于或等于 70 MPa。

③乏气风量:应不大于 40 000 m^3/h。

④粉仓粒位:应大于 8 m,当粉位不大于 3 m 时,报警,给粉机跳闸;粉位不小于 11 m 时,报警;粉位达 12.5 m 时应停运该侧制粉系统或倒粉至另一侧粉仓。

⑤煤粉细度:R_{90}为 12%。

⑥转机电流:乏气风机 27.4 A,排粉风机 85.9 A,磨煤机 260.5 A。

此外还应控制各辅机的轴承温度、电机温度、振动等。

2)运行中的调整

正常运行中为维持控制参数,保证制粉系统运行的安全性和经济性,需进行必要的调整。其目的是:保证煤粉的细度和均匀性合格,以提高锅炉燃烧的经济性;保证制粉系统的出力处于最佳经济出力,协调磨煤出力和干燥出力,以降低制粉耗电率;并满足锅炉运行所需的煤粉量,粉仓有足够的粉位。同时还要保证制粉系统安全的要求,防止自燃爆炸和堵塞,以及辅机运行的安全。

制粉系统运行调整的方式,一般都采用"自动"方式,运行中一旦偏离控制参数值时,自动调节装置将动作,维持控制参数值。

运行调整的主要内容及方法:

①给煤机的速度:根据磨煤机的噪声测量装置的信号,速度控制器进行自动调节,噪声的

变化,反映出磨煤机内储存煤量的多少。运行中速度调节应采用“自动”方式,若需要手动调节给煤量时,增、减速度应均匀缓慢,保持连续给煤,严禁采用启、停给煤机的方法调节给煤量。

②乏气风量调节:运行中采用“自动”方式调节乏气风机入口调节挡板开度使乏气风量维持设定值。若运行中原煤水分增加,应适当增大乏气风量时,可通过在DCS上改变乏气风量的设定值。

③磨煤机出口温度调节:磨煤机出口温度反映了磨煤机的干燥出力和煤粉水分含量的大小,严格控制出口温度,对防止制粉系统的自燃、爆炸、堵塞是十分重要的。出口温度的调节可通过调节磨煤机入口干燥介质的温度,即再循环风与热风,冷风的混合温度和给煤量来实现。采用“自动”方式调节热风及冷风调节挡板,为保证制粉系统运行的经济性,冷风调节挡板应处于关闭位置,尽可能用热风进行调节,以达到出口温度的设定值。如果出口温度过低则煤粉水分增加,在系统中易产生煤粉堵塞,此时可调节给煤量,通过接通转速滑行系统调节给煤机转速。

如果原煤水分过大、环境温度增加,也可在DCS上适当调整出口温度设定值。

④磨煤机的噪音控制:磨煤机噪声的大小反映磨煤机内煤量的多少,若噪声降低太多,为防止磨煤机堵塞,应减少给煤量,此时给煤机转速可自动切换至额定转速的20%。

⑤煤粉细度调节:煤粉细度与分离器的运行特性、运行状态及磨煤机通风量等因素有密切的关系。不同煤种的煤粉最佳细度要经过试验得出。最佳细度试验的目的,就是为了找出磨制该煤种时粗粉分离器折向挡板的最佳开度和最合理的制粉通风量。运行中应根据试验数据、煤质情况、和锅炉燃烧工况,调整粗粉分离器的挡板开度和制粉风量,使煤粉细度能满足锅炉运行的要求。当粗粉分离器挡板开度增大时,磨煤通风量增加,且煤粉的分离效果变差,使煤粉变粗。挡板开度通过调试确定,运行中一般不作调整。

3)运行中磨煤机加钢球

磨煤机初投运前的装球直径为$\phi 50$、$\phi 40$、$\phi 30$各占1/3,以后运行中的加球直径为$\phi 50$ mm。运行中钢球直径将逐渐磨损而减小,减弱或失去制粉能力,当磨煤机电流不大于190 A时,表明钢球磨损量较多,应向磨煤机补加钢球。每次加球量为1 t,磨煤机电流约上升1 A。就地操作“加球准备”按钮,加球电动总门开启,将钢球装入锁腔中。就地操作“加球”按钮,加球电动总门关闭,电动分门开启,钢球装入磨煤机,3 min后加球电动门自动关闭。

(7)制粉系统的停运

制粉系统停运前,首先逐渐减少给煤量,直至减至为零,然后停用给煤机,在磨煤机内存粉抽空后停磨机,依次停排粉风机,乏气风机。制粉系统的停运可在DCS上通过子控或组控进行,其具体操作步骤:

1)子控停止

在DCS上将给煤机速度控制器置“手动”,将其速度逐减至零,操作子控停止命令,停运给煤机,在确认磨煤机内粉已抽空,磨煤机出口温度大于120 ℃时,操作子控停止命令,磨煤机停运,30 s后辅助电机启动,30 min后密封风机自动停运。

操作子控停止命令,关闭乏气风机入口调节挡板及热风、冷风调节挡板。

操作子控停止排粉风机,其入口挡板自动关闭。

发出乏气风机子控停止命令、乏气风机停运,其出、入口挡板自动关闭,乏气风口冷却风挡板自动开启。

2)组控停止

在 DCS 上发出组控停止命令,则制粉系统按程序自动停止。给煤机停运后 15 min,其他子回路才依次停运。

3)制粉系统事故跳闸停止

为保证锅炉和制粉系统的安全运行,运行中一旦发生故障或事故时,制粉系统和各子回路将跳闸自动停运,以防事故扩大。

①制粉系统的跳闸:当下列情况之一时,制粉系统将跳闸:锅炉 MFT 动作;操作“紧急停止”命令;制粉系统处在组控方式时,有一个磨煤机跳闸。三个条件之一满足时,同时产生给煤机自动跳闸;磨煤机主电机跳闸,30 s 后辅助电机启动;热烟回路跳闸,排粉回路及乏气回路自动跳闸,使制粉系统全部停运。

②各子回路跳闸停运条件:产生下列条件之一时,该回路跳闸停运。

a)乏气回路:锅炉 MFT 动作;磨煤机出口温度不大于 130 ℃;蒸汽流量小于 270 t/h,延时 3 min;乏气风机振动不大于 80 μm,延时 10 s;发出启动命令后 2 s 乏气风机电机没有通电,来自组控或子控命令。

b)排粉回路:启动命令发出 90 s,入口截断挡板未打开;磨煤机出口温度大于或等于 130 ℃;锅炉 MFT 动作;排粉风机振动过大,延时 10 s;启动指令发出 2 s 后,排粉机电机未通电;来自组控或子控命令。

c)磨煤机:润滑油系统未投运;任一顶轴油压不大于 30 Pa,顶瓦油压小于或等于 15 Pa;任一大瓦喷油流量小于 30 L/min,延时 5 s;油箱油温大于或等于 60 ℃或小于 35 ℃;减速器润滑油回路未投入;主电机轴承温度大于 90 ℃;主电机“冷却水流量低”报警发出;大瓦温度大于或等于 70 ℃;盘车制动装置处于“刹车”位置;两个加钢球用电动门都没有关闭;主电机启动 2 s后,盘车制动装置未“松开”或密封风机未启动;喷油系统的故障时间大于 1 h;热烟挡板未打开;锅炉 MFT 动作;高压油泵进口油压小于或等于 0. 2 Pa;有一个组控或子控的命令等。

磨煤机因上列条件之一出现时,磨煤机跳闸停运,主电机断电 30 s 后,辅助电机启动。

d)给煤机:锅炉 MFT 动作;煤粉仓粉位太高;磨煤机主电机断电;热风挡板未打开;给煤机启动 25 s 后,转速极低;给煤机启动 2 min 后断煤,并延时 30 s;有一个来自组控或子控的停止命令。

(8)制粉系统的事故及处理

1)制粉系统的紧急停运

当发生下列情况之一时,应用制粉系统“紧急停止”,停运制粉系统:MFT 动作而制粉系统未跳闸;制粉系统发生自燃有爆炸危险或发生爆炸;转机发生剧烈振动或严重撞击声;危及人身及设备安全时;细粉分离器堵塞,造成乏气带粉严重,使锅炉汽温汽压剧烈升高;磨煤机跳闸条件之一满足,但磨煤机未跳闸。

2)磨煤机的紧急停运条件

主电机功率不正常的增大或减小;磨煤机出口温度无法监视;细粉分离器或粗粉分离器严重堵塞;磨煤机内出现异常的金属撞击声;倒粉时,输粉机跳闸而导向挡板未自动导向粉仓。

3)制粉系统的自燃和爆炸

煤粉自燃时的现象有:磨煤机出入口压差不稳;系统负压不稳,并常在正负压之间变动;排粉风机电流摆动,且排粉风机的风压不稳(旋风分离器着火时更为严重);磨煤机着火时,风粉混合物的温度升高,磨煤机出入口可能喷出火星,可闻到焦味;系统其他部位着火时,着火部位后的系统风温均升高。

煤粉爆炸的现象为:整个系统风压变正,有爆炸声响,从爆破的防爆门或系统的不严密处喷出煤粉、火星,磨煤机出口、排粉机入口的风温及煤粉仓的温度异常升高。

防爆门爆破后,还有以下现象可供判断:如果爆破的防爆门位于排粉机之前时(按气流在系统内流动的方向),则排粉机电流增大,排粉机出口风压增大;如果爆破的防爆门位于排粉机之后,则排粉机电流增大,磨煤机出入口负压都增大。

煤粉自燃时的处理方法为:加大给煤量或减小通风量;降低磨煤机出口温度关闭粗粉分离器回粉管的锁气器,停止回粉;必要时,停止制粉系统,关闭各风门,用灭火装置灭火。当用蒸汽灭火时,应避免蒸汽进入煤粉仓,灭火后启动前应对系统进行预干燥。

煤粉爆炸后的处理方法为:立即停止制粉系统的运行;如用蒸汽灭火,其灭火时间根据系统温度(以磨煤机出口或排粉机入口温度为准)是否恢复正常决定,但应尽量缩短时间,以减少系统中的凝结水;若在排粉机出口处爆炸,则应停止排粉机,关闭各有关风门,同时停止该排粉机所带之给粉机,投入油喷嘴,或转移部分负荷。

煤粉仓自燃时,粉仓内温度会异常升高,给粉机来粉不正常,还可能发生煤粉自流,炉膛内燃烧不稳定。其处理方法为:停止向粉仓送粉,尽量降低粉位,适当控制给粉机下粉挡板,防止自流;关闭吸潮门,关闭螺旋输粉机通向粉仓的挡板,将粉仓与外界隔绝;如降粉后,温度仍上升,可降低磨煤机出口温度向煤粉仓加粉,以压灭火源;以上处理仍无效,则只有蒸汽灭火,但灭火后应对煤粉仓进行清扫与干燥。

4)煤粉自燃、爆炸的原因及预防措施

①制粉系统温度过高:启、停过程必须平稳,运行中发生断煤应及时处理,以免系统内温度升高。

②管道内堵塞或积粉:系统内不应有死角;磨煤机出口温度不宜过低,即煤粉不应太潮湿;一次风速不宜过低,以免堵粉、积粉,引起自燃、爆炸。

③原煤中有易燃、易爆品:应加强原煤管理,去除煤矿里带来的雷管等危险品。

④外来火源:应防止任何外来火源,如制粉系统运行时,不应对之进行焊接工作等。

⑤煤种变化:当燃用高挥发分、低水分的煤时,要注意到煤粉细度不宜过细,系统温度不应偏高。

5)制粉系统断煤

制粉系统断煤时有以下现象:磨煤机出口温度升高;磨煤机进、出口压差减小,进口负压增大,出口负压减小;磨煤机电流下降,排粉机电流先上升后下降;钢球磨煤机内的钢球撞击声增强,其他形式的磨煤机撞击声减小。

断煤时的处理方法为:适当关小磨煤机入口热风门,开大冷门,以控制磨煤机出口温度;迅速消除给煤机故障或疏通落煤管;如短时间不能恢复供煤,应停止磨煤机运行。

断煤的原因是:给煤机故障;原煤水分过大以致下煤斗或给煤机处不下煤;原煤有大块煤或石头,卡死给煤机;原煤仓堵塞或断煤等。其预防措施是:加强原煤管理,使原煤的水分、颗粒度符合要求,做好原煤仓和给煤机的维护工作。

6)制粉系统的堵塞

制粉系统堵塞常发生在磨煤机、粗粉分离器、回粉管、旋风分离器及一次风管等处。

①磨煤机的堵塞。磨煤机堵塞时,有以下现象:磨煤机进出口压差增大,入口负压减小,出口负压增大;磨煤机出口温度急剧降低;磨煤机电流增大并摆动,但严重满煤时电流反而减小;出、入口向外冒粉;磨煤机撞击声减弱并沉闷;排粉机电流减小,出口风压变小,回粉管锁气器动作频繁。

其处理方法为:减小给煤量或停止给煤机运行;适当增加磨煤机通风量,开大排粉机入口风门进行抽粉;加强对球磨机大瓦温度的监视。若处理无效,则停止磨煤机的运行。

磨煤机堵塞的原因常是调节不当,风量过小或煤量过多,原煤太湿,或给煤机中煤自流等也会造成磨煤机堵塞。

②中储式制粉系统粗粉分离器回粉管堵塞。粗粉分离器回粉管堵塞时磨煤机进、出口压减小,磨煤机出口温度增高,粗粉分离器出口负压增大;回粉管锁气器不动作,回粉管温度降低;排粉机电流减小,出口风压变小;煤粉细度异常地变粗。

其处理方法是:活动回粉管锁气器,进行敲打或用铁条疏通;适当减小给煤,开大粗分离器调整挡板,必要时增加系统通风,此时应注意维持一次风压及磨煤机出口温度;堵塞严重时应先停止制粉系统运行,再进行处理;当由排粉机带一次风时,处理过程中,应注意防止因突然回粉过多而影响一次风压。

③旋风分离器堵塞。旋风分离器堵塞时,锅炉汽压和汽温升高,严重时大幅度上升,烟囱冒烟;排粉机电流增大并摆动;粗粉分离器及磨煤机出、入口负压变小;旋风分离器的锁气器动作不正常或不动作,小筛子有阻塞现象并可能向外冒粉;煤粉仓位不升高或下降。

其处理方法是:立即停止给煤;关小磨煤机进口热风门,开启冷风门;检查小筛子,消除其上面的杂物和积粉;活动锁气器,疏通落粉管。处理无效时,切断制粉系统风源。

④中储式系统一次风管堵塞。一次风管堵塞的现象:被堵塞的一次风管风压降低,喷燃器处堵塞时,一次风压大或摆动大;炉膛负压增大;一次风管堵塞严重时,给粉机电流大或跳闸;堵塞的一次风管或喷燃器来粉或不来粉;汽压下降;几根一次风管同时堵塞时,排粉机电流下降(由排粉机带来一次风时),可能引起锅炉灭火。

其处理方法是:停止堵塞一次风管的给粉机,启动一次风管未堵塞的备用给粉机,并投入油喷器;对堵塞的一次风管应开大一次风门,提高一次风压进行吹管,并打敲喷燃器和给粉管,但应注意防止"打炮"若吹不通,可用压缩空气逐段进行吹;在处理过程中应注意汽压与负荷的调整。

6.1.2 烟风系统的运行

电站锅炉烟风系统包括送风系统和引风系统。送风系统中的设备有送风机、一次风机、暖风器、空气预热器;引风系统中的设备有除尘器、引风机、增压风机、脱硫装置等。烟风系统设备均为大型设备,与锅炉本体设备有唇齿相依的密切关系,其中送风机和引风机被誉为电厂的"呼吸系统"。

现代大型电站锅炉烟风系统电耗占厂用电的30%左右。降低烟风系统能耗,对提高锅炉运行经济性具有重要的意义。烟风系统对发电机组厂用电率的影响,主要是由空气预热器漏风率高、炉底漏风和引风机运行效率低引起的。如上海外高桥电厂900 MW机组超临界直流炉烟风系统中布置2台三分仓容克式回转空气预热器。设计漏风系数为5.3%,自2004年9月投入运行半年后,测得空预器漏风系数达10.6%,风机整体出力不足,电流偏大,功耗较大。

烟风系统设备故障或异常将直接影响机组运行安全可靠性及发电出力。

锅炉烟风系统风机有离心式和轴流式两种。如某 300 MW 机组的引、送风机和一次风机为轴流式风机，密封风机、火检风机为离心式风机。

(1)**风机的调节方式**

①节流调节。在风机的进口或出口管路上装设节流挡板，根据实际需要来改变节流挡板的开度，以达到调节风机风量的目的。节流挡板动作时，管路的阻力特性将随之改变，而风机的特性曲线不改变。因此风机的工作点也就相应改变。因挡板节流，使风机功耗大。

②变速调节。是通过改变风机的转速，使风机的特性曲线变化，以改变风机的工作点，达到调节风量的目的。变速调节效率高，适于大机组深度调峰。变速调节方式有：小汽轮机驱动变速调节、变频调速调节。小汽轮机驱动变速调节的热经济性好，调节技术成熟，可靠性高，但投资大，系统复杂；变频调速调节随着大功率变频器的成熟及价格下降，近年开始推广，风机节电效果显著。

③入口导叶调节。离心式风机常采用入口导叶调节。方法是在风机进口前装设入口导叶，改变其角度可控制进入风机前的气流所产生的预旋的强弱。导叶开得越大，则入口气流的切向速度越大，部分静压变为速度能，风机性能曲线越陡直。这种调节的经济性，在低负荷时，比变速调节稍差；在高负荷时，比变速调节高，但都优于节流调节。

④动叶角度调节。轴流风机的流量调节普遍采用可动叶片调节。它是通过运行中改变动叶的安装角，变动风机的性能曲线而达到调节风量的目的。如图 6.3 所示，当动叶的安装角增大时，特性曲线位置向右上角移动，工作点变化，结果是流量、风压和功率都增大。因此轴流风机启动时，均采用减小或关闭动叶安装角的方法来降低启动功率。

(2)**轴流风机的调节特性**

动叶可调轴流通风机具有体积小、质量轻、低负荷区域效率较高、调节范围宽广、反应速度快等优点，近 10 年来，国内大型火力发电厂已普遍采用动叶可调轴流风机。

轴流风机的流量 Q 与压头 P 间关系(如图 6.3 所示)是重要的特性，称风机性能曲线。不同动叶角度，有不同的特性线。

轴流风机具有驼峰形性能曲线，这在理论上决定了风机存在不稳定区。风机并不是在任何工作点都能稳定运行，当风机运行工况受扰，使工作点移至不稳定区(如图中 K_1，K_2，K_3 点左侧)时，就有可能引发风机失速及喘振等现象的发生。

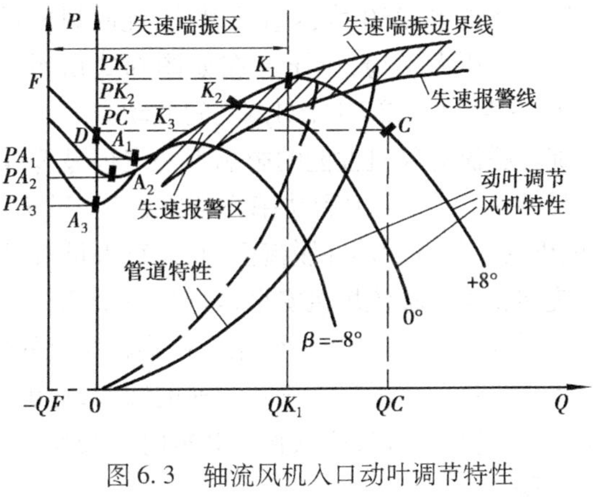

图 6.3　轴流风机入口动叶调节特性

轴流风机的工作点由风机特性线与风道特性线的交点决定。

风道通流量 Q 与压头损失 Δp 之间的关系称为风道特性，其一般方程为：

$$\Delta p = K_0 + K_1 Q + K_2 Q^2 \tag{6.5}$$

当 Q 增加时，压头损失 Δp 近似按平方关系增加。在运行中，影响风道特性的因素很多，如可因调节风量挡板而改变(如燃烧器各层小风门)，或者因为风、烟道积灰、玷污使阻力增大而改变。当进、出口风量挡板误动作时，也相当于使风道特性曲线上移。

轴流风机的风量和压头一般多用改变动叶角度或入口导叶角度来调节。当风道特性线一定时，不同动叶或导叶角度有不同流量。若需要增大流量及压头，只需增大动叶安装角；反之只需减少动叶安装角。

轴流风机动叶调节效率高，而且又能使调节后的风机处于高效率区内工作。采用动叶调节的轴流风机可以避免在小流量工况下落在不稳定工况区内。

轴流风机动叶调节使风机结构复杂，调节装置要求较高，制造精度要求亦高。改变动叶安装角是通过动叶调节机构来执行的，它包括液压调节装置和传动机构。

风机的轴功率 N 与风压 p 和流量 Q 的乘积成正比，与效率 η 成反比，即 $N = PQ/\eta$。

离心式风机随着流量 Q 的增大，压头 p 是降低的，但 p 与 Q 的乘积是增大的，所以 N 随着 Q 的增大而增加。轴流风机的特性曲线较陡，风量 Q 增加时风压 p 下降很快，故 N 随着 Q 的增大是减小的。

当风量增加时，风机效率 η 开始上升，过了最高点后随着风量的增加而下降。只有当系统在风机的设计工况下运行时，才能有最高的效率，运行中偏离设计工况时，都会使风机效率降低。

(3)轴流风机的旋转失速、喘振及保护

1)旋转脱流(旋转失速)

旋转失速是气流冲角达到临界值附近时，发生边界层分离，产生涡流而造成的风机风压下降现象。轴流风机动叶片前后的压差大小决定于动叶冲角的大小。在临界冲角值以内，压差大致与叶片的冲角成比例。不同的叶片叶型有不同的临界冲角数值。翼型的冲角不超过临界值，气流沿叶片凸面平稳地流过，但是一旦叶片的冲角超过临界值，气流会离开叶片凸面，发生边界层分离现象，产生大区域的涡流，此时风机的全压下降，这种情况称为风机“失速现象”。失速时风机压力不稳，风压会在如图 6.3 所示失速喘振边界线外左侧的峰值 PK_1（或 PK_2，PK_3）和谷值 PA_1（或 PA_2，PA_3）之间波动。

旋转脱流对风机性能的影响不一定很显著，虽然脱流区的气流是不稳定的，但风机中流过的流量基本稳定，压力和功率亦基本稳定，风机在发生旋转脱流的情况下尚可维持运行。因此，风机的工作点如落在脱流区内，运行人员较难从感觉上进行判断。

旋转脱流对轴流风机安全运行是一个威胁。叶栅流道内发生旋转脱流时，造成流道的堵塞，这样使叶片前后的压力变化。在旋转脱流的情况下，脱流区旋转着依次经过每个叶片，就会使叶片受到一次激振。旋转失速的频率，亦即激振力的频率等于或接近于叶片的固有振动频率时，它特使叶片发生共振。共振时的交变应力有可能达到使叶片折断的程度。

2)喘振

喘振是由于风机受扰后出现流量、风压大幅度波动，且其波动频率与风道系统固有频率合拍时的系统共振现象。失速是喘振的诱因之一，喘振时风机工作在如图 6.3 所示的失速喘振边界线外左侧不稳定工作区，其工况点从失速起点 K_1 变为 F，发生系统风量反窜；再从 F 变为 D，压力由 PK_1 突降为 PC，风量由 $-QF$ 变为零；最后变为 C，风量由零突增为 QC；再从 C 到 K_1，如此反复循环，造成风压及流量大幅变化。当轴流风机在不稳定工况区运行时，即流量减小至小于临界点 K 所对应的 Q_K，就可能发生流量、全压和电流的大幅度波动，气流会在风机与风道间往复流动，风机及管道会产生强烈的振动，噪声显著增高，这种不稳定工况称为喘振。喘振的发生会破坏风机与管道的设备，威胁风机及整个系统的安全性。

风机产生喘振应该具备下述的条件：

①风机的工作点落在具有驼峰形 $Q—H$ 性能曲线的不稳定区域内；

②风道系统具有足够大的容积，它与风机组成一个弹性的空气动力系统；

③气流振荡频率与整个风机及管路系统的固有频率合拍时，产生共振。

喘振时，气压及流量循环波动，且循环波动幅度很大，如图6.3中的 K_1-F-D-C 四点就是气压及流量循环跳变点，按此变化顺序以一定频率循环。

旋转脱流与喘振的发生都是在 $Q—H$ 性能曲线左侧的不稳定区，所以它们是密切相关的。可以说失速是喘振发生的根本诱因。但是旋转脱流与喘振有着本质的差别。旋转脱流的发生只决定于叶轮本身叶片结构性能、气流情况等因素，与风道系统的容量、形状等无关。旋转脱流对风机的正常运转影响不如喘振这样严重。

风机若在运行时发生喘振，情况就不相同。喘振时，风机的流量、全压和功率产生脉动或大幅度脉动，同时伴有明显的噪声，有时甚至是高分贝的噪声。喘振时的振动有时是很剧烈的，损坏风机与管道系统。所以喘振发生时，风机无法维持运行。因此，要在风机发生旋转脱流时及时进行调控，严防喘振发生。

3）风机失速 CB 及喘振保护

因为风机失速（旋转脱流）不易被操作人员觉察，运行中，一旦风机进入如图6.3所示失速喘振边界线外左侧的脱流区工作，将对风机的安全带来威胁。加之失速是喘振发生的根本诱因，所以一般大容量轴流风机都装有失速探头，用探头检测到的风机出入口压差与设定压差相比，若达到保护跳闸值则使风机跳闸。但跳闸只能是在两台送风机同时发生失速的情况下实行，机组负荷要减到零；若仅为一台送风机失速，则该风机不自动跳闸，而必须由集控员手动处理。

发生风机失速时的手动紧急处理方法：

①立即检查并确认风道各挡板全部打开；

②快速降低机组负荷，同时调小风机导叶或动叶角度，直到风机恢复正常运行；

③尽量调节两台风机风量相平衡。

旋转失速用失速探针来检测，喘振用U形管取样，两者都是压差信号驱动差压开关报警或跳机。但在实际运行中有两种原因使差压开关容易出现误动作：①烟气中的灰尘堵塞失速探针的测量孔和U形管容易堵塞；②现场振动大，该保护的可靠性较差。由于风机发生旋转失速和喘振时，炉膛风压和风机振动都会发生较大的变化，在风机调试时通过动叶安装角度的改变使风机正常工作点远离风机的不稳定区，随着目前风机设计制造水平的提高，可以将风机跳闸保护中喘振保护取消，改为“发讯”，当出现旋转失速或喘振信号后运行人员通过调节动叶开度使风机脱离旋转脱流区或喘振区而保持风机连续稳定运行，从而减少风机的意外停运。

（4）风机的启停程序

①动叶可调式轴流风机应在关闭动叶及出口挡板的情况下启动。风机达到额定转速后，打开出口挡板，并逐渐开大动叶安装角度。若在较小动叶角度下打开出口挡板，则可能会遇到不稳定区。

②当一台风机已在运行，需并列另一台风机时，应先降低运行侧风机的压头至最低喘振压力以下，然后启动风机。待风机挡板打开后，逐渐增加启动风机的动叶开度，相应减小已运行风机的动叶开度，保持总风量相等，直至两风机流量相等并联。

当准备投入并联的第二台风机启动前，动叶应处于“关闭”位置，出口门（挡板）也应关闭。风机启动后，打开动叶与正在运行的一台动叶角度相同，同时打开出口门，使两台风机风量相同，然后将两台风机动叶调至需要的工况点。

③从并联运行的两台送风机中停运一台送风机，必须首先将两台送风机的工况点同时调低至喘振线的最低点以下，接着关闭准备停运的一台送风机的动叶和出口门（当叶片全部关闭流量为零时，风门才可以全部关闭）。再调大要继续运行的送风机的动叶至所需要的工况点。

④离心式风机必须在关闭调节挡板后进行启动，以免启动过载。待达到额定转速、电流回到空载值后，逐渐开大调节挡板，直到满足规定的负荷为止。

（5）风机的正常运行及维护

1）正常运行的监视调整

正常运行中，风机的电流不仅是风机负荷的标志，也是一些异常事故的预报，因此必须重点加以监视。风机的进、出口风压，不仅反映了风机的运行工况，还反映了锅炉及所属系统的漏风或受热面的积灰和结渣情况，应经常进行检查和分析。例如，若运行中动叶开度、风机电流和风压同时增大，说明锅炉管路的阻力特性发生改变，可判断是烟、风道发生了积灰堵塞。

风机的通流介质密度按一次方关系对风机特性和管路特性同时发生影响，因此对于一次风机和引风机，若运行中介质密度升高（如一次风温降低或排烟温度降低），也会使风压和风机电流升高，但风量和动叶安装（或风量挡板）不变。

风机及其电动机的轴承温度、振动、润滑油量、润滑情况、各种形式的冷却系统、液压系统、转动部分的声音、电动机的线圈和铁芯温度等应定期进行检查，发现异常情况及时进行分析和处理。

一次风机的负荷。应根据制粉系统的出力即输送、干燥煤粉的需要和锅炉燃烧所需一次风量的需要进行调节。送风机则应根据锅炉总风量的需求和炉膛出口氧量的高低来调节。锅炉总风量，一般包括进入锅炉的所有一次风和二次风量，它和锅炉负荷或燃料量有关。由于燃烧工况或燃料品质的变化，往往给维持恰当的燃料与风量之比带来困难，因而送风量的调节通常还应参照炉膛出口氧量来进行。

对于输送高温介质的风机（如引风机、热一次风机等），由于工作环境差，应特别注意冷却系统的工作情况，防止轴承温度过高造成设备的损坏。

锅炉除尘器的除尘效率及工作情况，将直接影响吸风机的使用寿命和安全运行，为了尽量减少烟气中的含尘量，以减少对引风机的叶片的磨损和防止发生叶片断裂等事故，除尘器的正确投、停和确保除尘器的高效运行将是十分重要的。

正常运行时，引风机应根据炉膛负压进行调节，在进行除灰、清渣或观察炉内燃烧情况时，炉膛负压应保持比正常值更高一些。在自动调节系统中，为了保持炉膛负压稳定，一般还将送风机的调节，作为引风机调节的前馈信号，以改善自动系统的调节质量。

锅炉受热面发生结渣、积灰时，由于气通道局部堵塞，通流截面减少、将使引风机电流增大，进口负压升高，风机运行工作点向不稳定工况区域方向移动，不但影响风机运行的经济性，严重时甚至会使风机进入不稳定工况区域运行。为此，应定期对锅炉各受热面组织吹灰，经常保持受热面的清洁。

为了降低锅炉辅机电耗提高机组运行的经济性，除了经常保持受热面清洁外，还应尽量减少锅炉各部分的漏风，尤其是空气预热器漏风。因为预热器的漏风，不但使送风机、引风机、冷一次风机的出力同时增加，而且还将使风机的运行工作点偏离高效区，严重时甚至由于风量不足而造成机组出力的下降。

2）轴流风机并联运行的不稳定工况

600 MW 机组的锅炉一般配置 2 × 50% 的轴流送风机（有的引风机也采用轴流式，也为 2 × 50%），不设置备用量，风机一般处于并联运行，有时（风机一台故障）也有采用单侧运行。

根据并联工况的特点，在同一全压下流量相加的原则，若轴流风机在驼峰形区段的∽形失速区域内运行，便会出现一台轴流风机的流量很大，而另一台轴流风机的流量很小的情况。此时，若开大输送流量小的轴流风机的调节装置或关小输送流量大的轴流风机的调节装置，则原来输送大流量的轴流风机会突然跳到小流量工作点运行，而原来输送小流量的轴流风机又突然跳到大流量工作点运行。这样两台轴流风机不能稳定地并联运行，出现了所谓的“抢风”现象。

因此在两台风机并联运行时，为避免“抢风”现象发生，要求风机的工作点不要落在∽形失速区域内。对锅炉送、引风机，为避免这种现象，在点火或低负荷运行时，可以用单台风机运行满足负荷的需要，尽量避免开两台轴流风机并联运行。待单台风机不能满足锅炉负荷需要时，再启动另一台风机使之并联运行。

3）风机的节能措施

①高转速轴流式引风机取代离心式引风机。在机组容量不断加大，全电网负荷峰谷差进一步加大的情况下，机组带低负荷运行时间较长，而离心风机在低负荷下的运行效率变化很大，远远低于同出力下的轴流风机。据某 600 MW 机组设计资料，离心式引风机在 BMCR 工况下的效率为 85.95%，而当风机运行在 50% BMCR 工况下时，效率仅为 34.45 %，轴流式送风机在 BMCR 工况下的效率为 85%，当风机运行在 50% 设计工况时的效率降为 58 %，因此，从经济运行的角度考虑，引风机的设计应考虑从离心式向轴流式、低转速向高转速方向转变（即采用双速电机）。

②采用变频调速技术。某 300 MW 机组，原设计一次风机工频采用入口挡板调节，挡板两侧风压差造成节流损失，同时风机挡板执行机构为大力矩电机执行器，易出故障，风机自动投入率较低。后来对一次风量的调节改用变频调速调节，达到节能降耗及提高自动化水平。图 6.4 给出了该机组一次风机调节方式改变前后的风机功耗与负荷关系，可见在低负荷下，变频调速调节方式可节省大量厂用电。

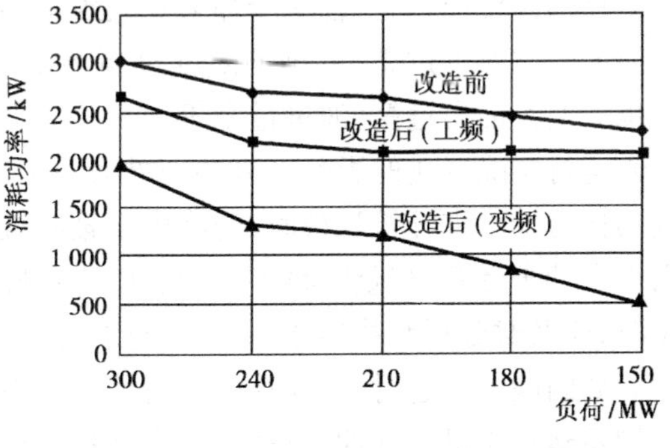

图 6.4　某 300 MW 机组一次风机不同调节方式的功耗与负荷关系

（6）**风机的故障及处理**

1）风机的紧急停运

当运行过程中发生下列情况之一时，应紧急停止风机的运行：①发生人身事故或直接危及人身及设备安全时；②电动机冒烟着火；③转机、电动机、动静部分有严重摩擦及碰撞声时；④轴承温度、振动骤然升高超过规定值。

运行人员当发现轴承温度、振动、油位、油质异常，冷却水不正常，声音异常等情况时应及时向主值班员汇报，以便及时处理。

2）风机的调节装置故障

目前风机调节装置一般采用动叶调节和静叶调节两种形式。风机调节装置故障，主要是指风机风量调节的失控现象。造成风机调节装置故障的常见原因有：动叶调节液压缸有缺陷或卡煞、动叶叶柄推力轴承损坏、动叶叶柄或静叶调节机构处结垢造成传动阻力增加、伺服马达或执行机构故障、动叶调节油压过低等。造成动叶调节油压过低的原因通常有：动叶调节装置所属设备或系统漏油，泄压阀定值偏低或误动作、动叶油泵故障或停用、液压系统油温过高等。

风机调节装置发生故障后，在操作动叶或静叶时该风机的电流、电压、风量将均无变化。动叶调节油压过低或内部卡涩时调节臂报警装置将发生报警。如因伺服马达或执行机构故障，则伺服马达可能不转或出现连杆脱开、断裂等情况。风机静叶调节机构卡涩时，执行机构连杆可能弯曲。此时，应立即将并联运行的两台风机均切至手动控制，并迅速查明故障原因。

在风机调节装置发生故障无法关小的情况下停用该风机时，为防止损坏设备，应在维持该风机原开度情况下进行，停用后及时关闭其进口或出口隔绝挡板或风门。

3）风机轴承温度过高

造成锅炉辅机轴承温度过高的主要原因有以下方面：

①轴承存在缺陷。如：滚动轴承的滚珠或滚柱有缺陷，轴或轴承座与轴承的紧力不够产生相对运动而摩擦发热，轴承间隙过小或不均匀，滑动轴承刮研不良或由于表面裂纹、破损、剥落等造成破坏油膜的稳定性和均匀性使轴承发热等。

②润滑故障。无论是滚动轴承还是滑动轴承，均借助润滑介质来防止动静部分直接接触产生摩擦。如某润滑介质的数量不足或质量不好（如润滑油乳化、变质或受到污染等），均会因润滑不良而造成轴承发热。

③冷却不良。当轴承冷却不良时由于影响热量的散发，必将使轴承温度升高。造成轴承冷却不良的主要原因有：轴承冷却风量或水量不足或中断、润滑油脂过多、周围环境温度过高、辅机流通介质温度过高（如排烟温度过高将影响到吸风机主轴承的散热）及带有润滑油系统的轴承如发生油温过高、油量过小等。

④运行工况变化的影响。有轴向推力平衡装置的推力轴承如发生平衡装置故障或无平衡装置的推力轴承在辅机超载时，均将由于轴向推力过大易造成轴承发热温度过高。轴承因振动而承受冲击受载，严重时将影响油膜的稳定性，使轴承发热。在锅炉辅机轴承温度出现升高现象时，应及时分析和找出原因，并进行有针对性的处理。

a. 如因缺油引起时，应即补充润滑油。如因润滑油质不良造成时，应及时调换合格的润滑油。辅机运行中进行换油工作时，应在保持油位的情况下，一边加新油一边进行放油，直至油质合格，油位正常为止。

b. 如因冷却介质不足或中断引起时，应及时增加或设法恢复使其正常。如因周围环境温度过高造成时，可增设临时通风机，进行强制对流散热。如流通介质温度过高时，则应设法降低流通介质的温度。

c. 当推力轴承温度升高时，可降低该辅机的负载以降低轴向推力，使温度下降；同时还应检查轴承温度的升高是否会有其他异常情况所造成。由于轴承严重振动引起时，还应设法消除造成振动的原因。

d. 如因轴承本身缺陷或润滑油系统故障造成时，应联系检修前来处理，在缺陷未消除前应重点监视缺陷的发展情况，采取必要的降温措施，做好相应的事故预防措施。

e. 当锅炉辅机的主轴承或电动机轴承温度不正常地升高，经采取措施无效且超过允许的极限时，应立即停用该辅机。

4)电动机线圈或铁芯温度过高

一般原因是电动机负载过大、电压偏低造成电流过大而使内部发热量增加所造成的。此外，由于周围环境温度升高所造成的散热效果降低以及采用空冷器、水冷器等冷却方式的电动机，由于冷却介质温度过高或流量过小甚至中断造成的冷却效果降低等也会造成电动机的线圈或铁芯温度升高。

当发生电动机单相或两相运行、电动机绝缘击穿造成内部短路等情况时，将造成电动机线圈或铁芯温度的突升和过高。电动机线圈或铁芯温度升高时，遥测监视装置将显示有关温度升高，当达到一定值时还将发出报警。

如因电动机冷却介质温度过高、流量过小或中断造成时还将出现冷却器出口温度升高的现象，此时应检查冷却器工作是否失常并设法提高冷却效果以加强散热。如因电压偏低造成时，应立即要求调整并提高厂用电电压以改善电动机的运行条件。

由于周围环境温度过高造成时，可在电动机周围采用临时强制通风的措施以加强对流散热效果。当电动机线圈或铁芯温度升高到限额前5 ℃时，应立即降低该辅机的负载，使温度下降。当发生电动机故障或采用上述降温措施无效，温度继续上升并达到限额时，应立即停用该辅机。

5)风机振动过大

风机在运行中发生机械振动是较为常见的一种故障，其主要原因有以下方面：

a. 基础或机座的刚度不够或不牢固。辅机、电动机或轴承座底脚螺丝断裂或松动。

b. 转子不平衡。造成的原因可能是：原始动平衡未校好；运行中发生辅机转子局部损伤、断裂及转子上的平衡块移位或脱落；风机叶片不均匀的积灰、腐蚀、磨损；轴流风机发生失速时，由于叶片间气体通道内的气流不平衡造成的转子受力不平衡等。

c. 辅机和电动机轴不同心，转子或联轴器的轴不同心。

d. 轴承间隙过大，轴承或减速箱损坏，转子或联轴器与轴松动，联轴器螺栓松动等造成转子的紧固部分松弛。

e. 转子变形或碰壳，回转式预热器的波纹板或密封片损坏造成动、静间的摩擦。

若辅机振动是由于基础或机座的刚度不够、不牢固或地脚螺丝断裂造成的，会发生基础或机座与电动机和辅机整体振动的现象。若由于转子不平衡造成的，则辅机与电动机将发生同步振动，且振动的频率与转速有关。如因风机失速引起的，还将出现风机失速的现象。若由于转子的紧固部分松弛造成的，机体的振动一般不显著，而是出现局部振动(如轴承箱等处)，且振动频率与转速无关，并可能有尖锐的杂音或敲击声。当轴承损坏时，轴承温度还将升高。发生动、静摩擦或转子碰壳时，辅机周围将有明显的异声。

发现辅机振动增大时应对振动部位实测振动值，并通过实地检查和参数分析找出引起振动增大的原因，根据不同的原因再作相应的处理。

风机振动的监测及保护。某600 MW机组在每台风机的固定端，浮动端与水平方向成45°

夹角方向上各安装两个本特利生产的轴振测点,并将信号引入风机跳闸保护系统,其轴振和瓦振的监控值见表6.1。

表6.1 某600 MW机组风机振动监控值

项　目	轴振最大值/μm	瓦振最大值/μm	保护定值(轴振)/μm
送风机	61	8	94/140
引风机	81	13	127/204
一次风机	70	10	127/204

(7)空气预热器的运行

以某300 MW机组为例。每台锅炉配置两台三分仓回转式空气预热器,将送风机和一次风机来的风加热到一定温度,作为锅炉的一、二、三次风送往炉膛和制粉系统供锅炉燃烧和制粉调温。每台空气预热器配有高、低速电机各一台;受热面吹灰器两支;并设有水冲洗装置及系统;火灾报警及消防装置;空预器导向和承力轴承各配置一套润滑系统,各由油泵,双联过滤器、差压计、冷油器、截止阀、安全门组成。每台空预器可由冲洗水回路冲洗,冲洗水回路包括截止阀、消防水清洗入口手动门、烟道部分的喷嘴。消防水回路包括截止阀,烟道和空气部分的喷嘴。空预器冲洗水准备站两炉共用一台,它由一个带搅拌机和截止阀的排水回路的贮槽,一个加注水回路和一条泵送管线组成。

1)空气预热器轴承油系统的运行

空气预热器的轴承油循环系统,是为空气预热器的承力轴承(下轴承)和导向轴承(上轴承)的润滑油温和粘度能在需要的范围内,以保证轴承润滑良好而设置的辅助系统。该轴承油循环系统是一个闭式循环系统,通常由油箱、油泵、冷油器和若干阀门组成,如图6.5所示,每台空气预热器的上、下轴承,一般设置有型式相同且各自独立的轴承油循环系统。

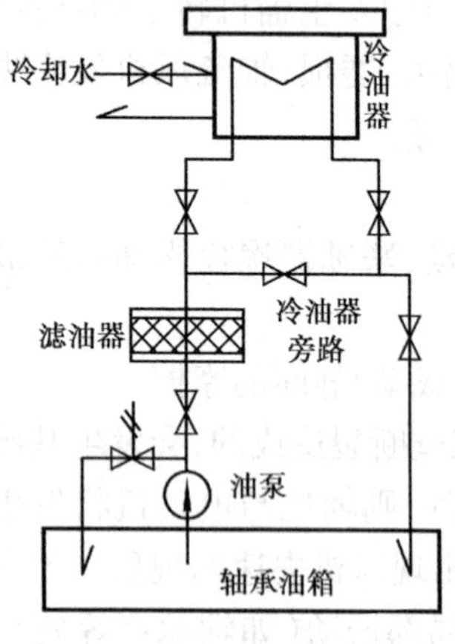

图6.5 空气预热器的轴承油循环系统

空气预热器的上、下轴承位于油箱中。油箱油位正常时,轴承浸在油中运行,轴承的润滑条件与油的粘度有密切的关系,而油的粘度主要受油温变化的影响,因此运行中保持合适的油温,是十分必要的。油温的合理控制范围,应根据现场使用的油种而定。

油温的调节方法通常有以下几种:

①冷却水量调节。采用该方式时,冷油器进、出油门开启,冷油器旁路门关闭,通过调节冷油器进水门的开度,改变冷油器的冷却水量,使油温得到改变。采用该方式调节油温时,油温变化的延迟性较大。

②冷油器旁路调节。采用该方式时,冷油器进水门和冷油器进、出油门均开启,通过调节冷油器旁路,来改变不经过冷油器的流量,从而达到改变油温的目的。采用该方式时油温变化延迟时间少且调节幅度也较大,因而目前大多采用该方式来调节油温。

轴承油循环系统在投运前,应先检查油质良好,油位正常,各压力表,温度表完整并投用,系统各阀门位置按规定要求放置,投入冷却水系统,并将滤油器置工作位置,然后启动油泵。

油循环建立后应检查系统有无泄漏、油箱油位的变化情况、滤油器前后的压差和油泵出口油压是否正常，当油压过高或过低时应及时联系检修进行调整。

正常运行时，应定期检查油泵出口压力、油温、油箱油位、滤油器前后压差及油系统有无漏油现象等。空气预热器正常运行期间，如发生轴承油循环系统故障时，一般允许短期内停用，但必须尽快修复。

2）空气预热器启动前的检查

空气预热器启动前应先按规定建立支持轴承和导向轴承的油循环，并对所属设备进行全面检查。对于电气部分经检修后的启动，应先校验电动机的转向是否符合要求，以免反转造成密封件的损坏。空气预热器启动前，该预热器所属的吹灰系统、灭火系统、水冲洗系统、漏风控制系统等均应正常且阀门位置符合启动前要求；吹灰器在退足位置，吹灰器进汽门关闭严密。检查完毕后，将远方/就地开关置“远方”。

3）空气预热器启动

启动前，应先用手动盘车装置盘动或电动盘车装置“点动”转子试转一周，检查驱动和转动部件有无卡涩、撞击等异常情况，然后改用电动盘车连续运转，并进一步检查有无明显的摩擦现象。检查正常后方可停用电动盘车，启动主电动机运行，空气预热器有关风门、挡板的开启，一般应与主电动机开关的合闸联动；如无联动装置时，则应在启动主电动机后，先开启风门再开启烟气侧挡板，以防转子受热膨胀卡涩。

主电机启动正常后应即将电动盘车装置自启动联锁投运，以便在主电动机故障跳闸时，电动盘车能自动投入，避免转子因停转造成受热不均而损坏设备。

空预器应在送、引风机启动前启动。对于运行中停下检修后重新启动的空预器，启动后要先打开空气挡板，然后再打开烟气挡板。这一顺序是为了防止由于回转体过热而产生膨胀，从而导致回转体产生磨损，甚至转动不了。

①组控启动：在确认检查工作完成后，在DCS上操作启动命令如果低速电机在运行，则低速电机应自动停上，在低速电机停止确认后，主电机启动，绿灯灭，红灯亮，承力和导向轴承油泵进入联动备用；入口烟气挡板，热二次风出口挡板自动开启。若主电机启动20 s，后仍未达到正常转速，则主电机自动停止，低速电机又自动启动。可重新组控启动一次，如未成功，应停止启动，查明原因消除后再启动。

②单控启动：确认检查工作完毕后，在DCS上操作单控启动命令，在确认空预器运行后，就地开启烟气入口挡板和热二次风挡板。

③就地启动：将“远方/就地”开关置“就地”，在就地按下启动按钮，确认空预器低速启动，运行正常，用以检查空预器的转向及回转情况，若需要，也可就地开启入口烟气挡板和热二次风出口挡板。

空气预热器启动正常后应检查电流是否正常，全面检查电动机，减速箱及机械部分的振动，轴承温度，运转情况，风门挡板的联动，附属设备的运行是否正常，发现异常情况应及时分析处理，根据规定投入预热器的漏风控制装置，以改善空气预热器的漏风。

4）运行中的维护与监视

空气预热器运行时应通过对电流的监视，及时发现异常情况的预兆，及时进行处理。锅炉正常运行中，应经常对预热器进、出口的氧量、风温、烟温、风压差、烟压差进行检查和分析，以便从这些参数的变化中判断空气预热器漏风及堵灰情况的变化，通过对烟温的分析还能防止在预热器部位发生可燃物再燃烧。空气预热器运行时,应定期对电动机,机械部分及辅助设备和系统进行全面巡查,以发现设备缺陷及时联系检修处理,确保机组的安全运行。

在回转式空气预热器中,由于烟气自上而下逐渐降温,空气自下而上逐渐升温,因而上端的烟气和空气温度都较高,下端的烟气和空气温度都较低。这样,就造成了预热器上端的膨胀量大而下端的膨胀量小,形成了回转式空气预热器热态运行时的蘑菇形变形,从而引起了各部分间隙的变化,使预热器漏风增大。为了减少预热器的漏风,采用了一种自动跟踪间隙的漏风控制装置。该装置,在预热器内部烟气和风的交界处,均设置了中心端固定而外端可弯曲的扇形密封板。密封板由电动执行机构驱动,定时作下弯运动,当密封板上的传感器探头和预热器转子T型钢上的传感器瓣接触时便停止下弯,改为上升运行,当密封板与T型钢板之间的间隙达到设定的要求时上升便停止。通过上述途径,使扇形密封板能始终与预热器的热变形状相吻合。并使间隙保持在较小范围内,从而达到减少漏风的目的。对于具有漏风控制装置或其他型式密封装置的预热器,正常运行时这些装置应尽量投入运行,以降低锅炉辅机电耗和预热器部分的热量损失,提高锅炉运行的经济性。

为保证空气预热器受热面的清洁,提高传热效率,运行中应定期对其进行吹灰工作。停炉前和锅炉启动正常后也应对空气预热器进行吹灰,以清除受热面上的未燃尽可燃物质,防止发生再燃烧现象。当空气预热器发生严重堵灰时,冲洗结束后还应投入暖风器(或其他加热装置),通过送风机将加热后的空气送入预热器对其进行干燥。干燥期间,预热器应保持运转状态。

定期检查与监视:运行中应无杂音,传动装置正常,轴承润滑油系统无漏油,油温正常,冷却水畅通,回水温度正常,当轴承油温升高至60 ℃时,油泵自动启动,当油温降至50 ℃时,油泵自动停止。导向轴承油温高时,还应检查风道有无漏风。严格监视空预器进、出口烟气温度,防止二次燃烧。定期进行吹灰工作,如空预器进、出口烟压差增大则应加强吹灰;严格监视空预器进、出口一、二次风风温,发现异常及时处理。

5)空预器的停运

停炉后空气预热器的正常停用操作应在入口烟温小于175 ℃时方可进行。停用最后一台预热器前,应先检查所有的吸风机、送风机、一次风机均已停用。预热器停用前,应将电动盘车装置退出自启动状态,将漏风控制装置置完全回复位置,停用漏风控制装置,然后停用预热器。预热器停用后,检查风门,挡板应联动正常,并按规定停用该预热器的上、下轴承油循环系统。

停炉后若系热备用炉,则空气预热器保持连续运行,进行正常检查维护,如停炉后空预热器有检修工作,应切断主电机和低速电机电源。

停止操作在DCS上操作子组停止命令,则主电机停止运行,承力和导向轴承油泵自动停止,烟气入口挡板和热二次风出口挡板自动关闭。

6)空预器的故障及处理

①转速太低。现象:主电机和低速电机运行时,空预器额定转速度分别为1.1 r/min和0.283 r/min。正常运行中主电机投运,若空预器转速降低,当低至0.2 r/min时,主电机跳闸,红黄灯闪,“转速太低”故障报警。低速电机自动启动,如转速太低持续超过80 s,则低速电机自动停止,烟气、空气挡板自动关闭,若系控制电源故障时,主电机跳闸,低速电机启动。

处理:检查主电机及液力耦合器是否正常,空预热器是否有卡涩、撞击现象,通知热工人员检查转速检测器是否正确,如有可能就地控制下运转空预器,持续必要的时间,以利于冷却,故障停运后,应确认烟气入口挡板,热一、二次风挡板是否自动关闭。

②轴承温度高。当轴承温度大于或等于60 ℃时,“轴承温度高”报警,润滑油泵自动启动,若油泵未启动,应在DCS上手动启动,检查油泵运行情况、油位、油质是否正常。若油泵启动后,长时间油温仍无下降趋势,则应就地检查过滤器压差是否正常,如差压大,则应切换过滤器,并通知检修人员处理故障侧过滤器;检查冷却水是否畅通,油管有无泄漏,若油温下降,当降至50 ℃时,则油泵自动停止。

③轴承油泵跳闸。油泵跳闸时,黄灯、红灯闪亮,“轴承温度高”报警信号发出。油泵跳闸的原因,通常是由于油泵电机故障、电源中断、机械故障等。应及时通知检修人员消除电机故障或机械故障、恢复电源、严格监视轴承油温,并采取必要的降温措施。

④空预器跳闸。现象:“转速太低”,“空预器跳闸”报警发出,高、低速电机停止,黄灯、红灯闪光,轴承油泵自动停运。

原因:主电机电源失去,空预器转速低于0.2 r/min,延时80 s,减速器损坏,机械部分卡涩。

处理:在DCS上或后备盘上操作空预器子组停止命令,复位到停止状态,找出原因,消除故障后再启动运行。

⑤密封装置故障。运行中由于下列原因将造成密封扇形板退回:回转限位开动,低限位开关,扭矩开关动作或就地密封系统全程退回按扭动作,主电机停运,相关风门未打开,每24 h给出全程退出命令,电机通电10 s后,速度仍太低等。

发生故障后应及时检查空预器的密封装置和整个伸进开关,开启相关的挡板。

⑥空预器的火灾。空预器火灾可分为内部火灾和外部火灾。外部火灾一般是由于上、下轴承的润滑油泄漏到空预器的壳体、管道、保温层等处。当温度达到其着火点(280 ℃)左右时引起。特别容易发生在空预器高温侧。所以,空预器正常运行中需经常检查润滑油是否泄漏,有漏时应尽快消除泄漏。另外,对空预器上方的可燃杂质(如破布等)应清理干净,以防着火。

⑦空预器的低温腐蚀。烟气中水蒸气的分压力很低,水蒸气的露点低达50 ℃左右,一般不容易在低温受热面发生结露。当燃用含硫燃料时,硫燃烧后生成SO_2,其中一部分进一步氧化生成SO_3。SO_3与烟气中的蒸汽结合成为硫酸蒸汽。硫酸蒸气的露点比水蒸气的露点要高得多。烟气中酸露点的受热面上凝结下来,对受热面金属产生严重腐蚀作用,这种由于金属壁温低于酸露点的腐蚀称为低温腐蚀。

低温腐蚀最容易发生在空气预热器的低温侧。低温腐蚀的结果造成受热面穿孔,漏风增大;同时腐蚀又加重堵灰,使烟风道阻力增大,严重影响锅炉经济运行。

为防止低温腐蚀,除了对预热器受热面材料进行改进外,一般通过设置暖风器来提高预热器的冷端金属温度。

7)空预热器的水冲洗及干燥

锅炉运行过程中,由于煤粉,油燃烧不完全,空预热器冷端壁温低于烟气露点,吹灰工作不正常。烟气流速低等原因将造成空预热器的换件上沉积油膜、炭黑、飞灰、产生堵塞。使空预器差压增大,漏风加剧,风机电流上升,堵塞严重时造成风量不足,而被迫降低负荷运行。

为防止空预器堵塞,除采用暖风器,提高吹灰效果,加强吹灰工作外,在停炉时,可利用停炉机会对空预热器换热件进行水冲洗。运行中当发现烟气压差为正常值的1.25~1.3倍时,可在停炉后进行空预器的水冲洗。

冲洗完毕,启动空预器运行 1 h 后,开启烟气入口挡板及热二次风挡板,开启引送风机出口挡板及入口调节挡板进行自然通风。启动引、送风机及暖风器系统,调节暖风器出口空气温度在 80 ℃以上,空气量约为 30% MCR,对空预热器进行干燥,干燥时间为 4 h。

(8)**电除尘器的运行**

电气除尘是利用高压直流电在两极间产生一个不均匀电场,当带尘烟气流过高压电场时气体被电离,尘粒从离子化的烟气中取得电荷,在电力线的作用下,游移至集尘极(正极)和电晕极(负极)并释放电荷成中性粉尘,由于电晕极周围所形成的电离区总比集尘极要小得多,因此大部分尘粒都趋集于集尘极,然后,再通过一定的振打装置使极板上的灰落入灰斗中排出,完成除灰的过程。

每台锅炉配备 2 台静电除尘器,分 A,B 两侧并联布置在锅炉尾部烟道区域空预器和引风机之间。除尘器为卧式双室结构,每室有三个电场,每个电场有 2 个灰斗,每侧共计 6 个灰斗,各电场灰斗内的积灰通过除灰设备,最终输送至灰场。净化后的烟气,通过两台引风机,由烟囱排入大气。从空气预热器来的烟气,流经除尘器入口均流板,均匀地进入静电除尘器内,依次流过 1-2-3 电场,各电场中垂直悬挂着若干阳极板和阴极丝,平行于烟气流动方向,相间布置,阳极板为正极,在阳极板和阴极丝之间,通过数万伏的直流电压,从而在阳极板与阴极丝之间形成负的高压静电场。当烟气流经高压电场时,即被电离,其中绝大部分粉尘在电场作用下形成带负电荷的带电粒子,被吸附在阳极上,通过阳极周期性或连续性的振打,灰粒沿着极板向下落入灰斗,被连续清除。与此同时,少数粉尘形成带正电荷的带电粒子,被吸附在放电阴极丝上,从而影响放电,降低除尘效率。通过阴极"周期性"或"连续性"的振打,清除阴极丝上积灰。

随着锅炉运行工况的改变,烟气特性,粉尘特性将随之变化,电场临界击穿电压也随之变化,为了保证电除尘器的除尘效率,始终处于高效率下工作,在除尘器的高压供电系统中,配备有自动跟踪电压调节装置。当运行工况改变时,电压调节装置自动调节整流变压器输出电压、电流,以维持电场电压始终接近电场的临界击穿电压,以获得高的除尘效率。为保证入口均流板工作状态良好,设置有上、下振打装置。

1)电除尘器的投运

①投运条件

电除尘器的投运原则上规定:只有当除尘器内部温度已预先加热至烟气露点温度以上且煤粉燃烧器已投入运行时才允许将电除尘器的电场通电。由于烟气露点温度将随燃料结构和锅炉运行工况的变化而变化,因此大多数电厂通常规定:当锅炉全烧煤或油煤混烧时,电除尘器进口烟温及各加热点温度均已达 100 ℃或以上时可投运电除尘器。全烧油时是严禁投运电除尘器的,因为未燃尽的油雾粒子一旦黏附在电极上,便将严重影响除尘效率和电除尘器的使用寿命。但是,如果因此而直到锅炉全烧煤时才投运,则油煤混烧过程中排放出的大量粉尘,不但将污染环境,而且还将对吸风机的叶片产生严重的磨损,最终势必影响到吸风机的使用寿命。

②电除尘器投运前的检查和试运行

检查范围:电除尘器投运前,应对电除尘器本体、电除尘器灰斗及除灰系统所属的电气、机械、热工等设备进行全面的检查。检查电除尘器内部及集尘极和电晕极应清洁无杂物,电晕极无断线和松弛现象,各振打装置、绝缘装置完整良好。当检修工作结束,检修人员已撤离现场后，应仔细检查电除尘器本体及灰斗各门、孔关闭严密并上封。灰斗内应无积灰，灰处理系统正常。有关电气设备、热工测点、自动或联动装置等应无异常情况。电除尘器及灰斗有关挡板、闸门等应预先检验正常，位置符合要求。灰斗加热装置具备投用条件。

电除尘器的试运行：电除尘器在每次大、小修后应对机械部分和电气部分进行试运行。机械部分应包括对振打装置、卸灰机、灰斗加热装置等的试运行；电气部分，主要应进行各电场的空载升压试验。

振打装置的试运行，主要应包括检查振打电动机的转向、各振打装置振打点的位置和调整振打周期等。卸灰机应根据其工作特点，保证单位时间内能排出足够数量的灰，以防止灰斗堵塞。因此，在卸灰机试运行时，应全面检查电流、振动、排灰情况及轴承温度等是否正常。灰斗加热装置通常是利用低参数蒸汽加热灰斗，使灰斗保持一定温度，以防灰温过低造成结露后阻塞灰斗。灰斗加热装置试运行期间，应注意系统及阀门无泄漏，灰斗各部分温度能符合要求。

在做电场空载升压试验前应再次确认所有门、孔已关闭且设备危险区内无人。由电气人员检查高压隔离开关位置符合要求，高压整流柜电源已送上，然后方可对试验电场送电。在升压过程中，应缓慢增加输出电流和电压，每隔 2 ~ 5 kV 应暂停片刻由试验人员记录数据，电场空载升压试验时每个电场的电压应能逐步升至 55 ~ 58 kV。

③电除尘器的投运

电除尘器的启动投运可通过“就地/远方”选择开关在就地和远方投运，其启动步骤一般为：在锅炉点火前 12 h，投入电除尘器灰斗加热器；点火前 4 h，启动除灰系统设备。先启动电除尘器灰斗水封，以便放尽灰斗内的积灰；待灰斗内灰已有一定温度后，再改走乏气斜槽；在引风机启动后，当引风机入口负压达 -2.8 MPa 时，可投运绝缘子加热器；然后依次启动 1，2，3 电场阳极板振打装置，并选择“周期性”振打运行方式；启动 1，2，3 电场阴极振打装置，并选择“连续”运行方式；启动电除尘器入口均流板振打装置；依次启动上、下部振打装置，并选择“周期”振打方式；当环境温度高于 35 ℃时，在控制盘上启动屋顶排气风扇；当锅炉点火后，电除尘器出口烟温达 80 ℃时，（通常为锅炉仅剩 4 ~ 6 支油枪时），即可选择“就地”或“远方”开关位置，进行就地或远方启动，依次投入 1，2，3 电场的整流变压器，检查记录各电场整流变压器的一、二次侧的电压、电流，其值应在下列范围内：一次侧电压：220 V（交流），电流 218 A；二次侧电压：60 ~ 96 V（直流），电流 125 A；各电场放电频率：10 ~ 50 次/min。

锅炉点火后，在电场尚未通电前，电除尘器作为烟气通道，由烟气对电场进行加热干燥，当满足电场通电条件后，操作高压整流柜控制电源开关至“开”位置，检查停用指示绿灯亮，按“工作”按钮后运行指示红灯亮，表示该电场已通电。调节输出电压和电流至需要值；调节放电频率至合适值。按上述方法将所有电场逐个投用。结束后，将各振打装置改为间歇振打，并对设备进行一次全面详细的检查。

一般情况下电除尘器的正常投运，应按照电场顺序逆向逐个投入，每一电场投入后，均应观察和稳定一段时间，以验证其工作是否正常。

2）电除尘器的运行维护

为了保证电除尘器持久，稳定可靠，高效地的正常运行，在运行过程中运行人员应作好定期的监视检查工作：在高压整流变压器控制盘上应监视各表计、指示灯、信号报警装置，温度装置，振打装置，灰斗灰位指示等显示是否正常；电除尘器的运行温度既不能过高也不能过低，过高将造成除尘器超温，过低将造成金属极板腐蚀；应根据各电场的运行情况，决定阴、阳极板的振打方式及入口均流板的振打方式；检查各电场的一、二次侧电压、电流应在规定范围内；对各设备的运行状况进行检查，是否有异常情况。

高压整流变压器不允许开路运行，若发现一、二次侧电压、电流不正常时，应立即停止整流变压器的运行。高压隔离刀闸不允许带负荷切换，切换时须将高压整流变压器停运，切换完毕后，再投入。正常运行中，若电场振打装置发生故障，又不能停炉处理时，一般应停止该电场的运行。

3）电除尘器的停运

①停运条件：电除尘器整个系统、设备停运前已进行了全面检查。电除尘器出口烟气温度低于 80 ℃。锅炉已停运或锅炉虽未停运但已降负荷至仅烧油阶段。“就地/远方”选择开关在“就地”位置。

②停运：当引风机入口负压低于 -2.8 Pa 时，绝缘加热器自动停运，高压整流变压器自动或手动将各电场电压降至“0”，然后逐步停止 1,2,3 电场变压器，将各电场阴、阳极振打及入口均流板上、下振打的振打方式全部选至“连续”。以便清除阴、阳极上的积灰，在引风机停运之后，各电场振打装置需“连续”运行至少 2 h 以上。除灰系统应在振打停运之后，将各灰斗内的积灰全部排尽之后方可停运干灰除理系统。

（9）**吹灰器的运行**

为了保持锅炉受热面的传热效果，以提高锅炉运行安全性和经济性，必须经常清除受热面管壁上的积灰或结渣，为此，在炉膛水冷壁和对流受热面上均设置了吹灰器，每台锅炉配置了长、短式吹灰器共 119 支，其中锅炉炉膛吹灰器（短吹）57 支，安装在水冷壁处，安装在过热器、再热器的长吹灰器有 52 支，安装在省煤器的长吹灰器有 8 支，安装在空气预热器的吹灰器 2 支，吹灰器的作用是在锅炉运行中清除受热面上的积灰和灰渣。吹灰器是利用吹灰介质在吹灰器喷嘴出口处所形成的高速射流，对受热面上的灰渣进行冲刷，使灰渣脱落的装置。吹灰器除下的较大焦渣落入灰斗或烟道中，较小的灰粒则随烟气被带走，吹灰介质为过热蒸汽，锅炉的吹灰采用自动程序控制进行定期吹灰。

1）锅炉受热面积灰和结渣的原因及危害

①锅炉受热面积灰和结焦的原因。在炉膛中心高温区域内，粉煤灰的某些成分（如一些熔点较低的成分及一些共晶混合物）熔化成液态，另外一些难熔的成分则在火焰中心也不熔化，但是灰是由各种成分组成的，因而在高温处灰粒一般为液态或软化状态，随着烟气的流动，温度逐渐降低，当接触到受热面时如灰粒仍保持软化状态，则可能黏结在受热面上形成积灰，由于灰的导热性差使积灰的外表温度升高，又因为积灰壁面的粗糙度增大，使软化状态的灰更容易黏附，因而在积灰外面很容易又黏上一层软化的灰粒，形成第一层渣，如此发展下去，外表温度越来越高，结渣越来越厚，当渣的温度达到熔化温度时，熔渣会流到邻近的受热面上，扩大了结渣的范围，因此，结渣的过程是一个自动加剧的过程。

形成积灰和结渣的条件是燃料中的灰分、较高的炉温和较低的灰熔点。影响锅炉积灰和结渣的因素很多，除了与燃煤中的灰分含量、灰熔点及锅炉受热面的布置方式有关外，还与锅炉的负荷、火焰中心的位置（是否偏斜或偏上）、炉内乏气量及燃料与乏气的混合程度等因素有关，因为如果炉内乏气量不足或燃料与乏气混合不充分，均会使炉内生成较多的还原性气体，以致灰的熔点降低，使积灰和结渣加剧。此外，吹灰、除渣不及时也会加重结渣。因为粗糙的壁面容易结渣，而且开始时渣质较疏松，如不及时清除，由于壁温升高，结渣将加剧，而且越来越严重。

②锅炉受热面积灰和结渣的危害。当水冷壁受热面上发生严重积灰或结渣时，会使并列管的吸热不均，造成管屏的热偏差增大，局部水冷壁管超温，由于炉膛出口烟温升高，还将引起过热器、再热器壁温的升高，炉内结渣不匀匀时，将会造成过热器、再热器的严重热偏差，大块焦渣落下时可能砸坏管子或造成锅炉熄火；凡此种种均将危及锅炉的安全运行。

锅炉受热面发生积灰或结渣时，将使排烟温度和排烟温热损失 q_2 增大，喷燃器出口结渣时会造成气流偏斜使不完全燃烧损失 q_3、q_4 增加，总之锅炉热效率将降低。此外，由于受热面的积灰或结渣，使烟气通道局部堵塞，增加了锅炉的通风阻力，使锅炉辅机电耗增大，严重时甚至由于锅炉通风不足而被迫降低锅炉出力运行。

2）吹灰系统的组成

锅炉的吹灰系统由蒸汽系统，吹灰器和吹灰程序控制盘组成。

蒸汽系统通过吹灰蒸汽电动门，吹灰蒸汽压力控制阀和吹灰蒸汽手动门进入吹灰系统，蒸汽控制压力为36 Pa。辅助蒸汽来自汽机辅汽联箱至锅炉暖风器的蒸汽管道上引出，通过乏气预热器辅汽吹灰电动门，汽源压力10～12 Pa。炉膛、过热器、乏气预热器均设有吹灰疏水电动门，当蒸汽温度低时，上述对应的疏水门开启。

吹灰器共119支，分为*ABCD*四组：*A*组为炉膛吹灰器，57支；*B*组为高温过热器和再热器吹灰器，52支；*C*组低温过热器和省煤器吹灰器，8支；*D*组为空气预热器吹灰器，2支。

炉膛、过热器、再热器和省煤器的吹灰器为伸缩/旋转式，空气预热器为半伸缩式。

吹灰程序控制盘，控制吹灰过程的预编程序，吹灭器启动后，就按预定程序，逐台启停各吹灰器对各受热面依次进行吹灰。吹灰控制盘上有16个触摸键，可通过操作各键，得到所需要的不同功能：触摸键 F_1 为启动吹灰器程序，F_2 和程序选择，F_3 为编程，F_4 单独阀门操作，F_5 单独吹灰器操作，F_6 观察锅炉，F_7 吹灰器投用/停止，F_9 停止吹灰器程序，F_{10} 测温探针操作，F_{11} 设定点，F_{14} 观察加热器，F_{15} 最后报警表，F_{16} 清除故障。在按下 F_1 启动程序之后，若需选择 F_2～F_{16} 各菜单，则可按下 F_9 停止吹灰器程序之后，再按所需要的菜单。

3）吹灰器的运行

①锅炉运行中吹灰器的使用原则

正常运行时，炉膛和空气预热器吹灰每8 h进行一次，省煤器、过热器和再热器每24 h一次。锅炉启动过程中，当主汽压力达80 Pa时，空气预热器4 h吹灰一次。锅炉停炉前，空气预热器吹灰一次后，对炉膛、过热器、再热器、省煤器进行一次全面吹灰，最后空气预热器，再吹灰一次。

下列情况出现时，应分别增加各受热面的吹灰次数：

a）相同负荷下若过热器、再热器减温水量增大，表明炉膛出口烟温升高，应进行炉膛吹灰。

b）相同负荷下若空气预热器入口烟温升高，表明空预器前的对流受热面积灰增加，应对过热器。再热器、省煤器进行吹灰。

下列情况下应对空气预热器进行吹灰：空预器前、后烟气压力差异增大；锅炉负荷大幅度增、减；煤质变差，灰分增大；省煤器发生泄漏。

②吹灰器的一般投运原则

锅炉的吹灰操作，应在锅炉运行工况正常，吸风机有足够的余量，燃烧及各参数稳定且无重大操作时方可进行。

吹灰前,应对所属系统进行全面检查。检查内容主要包括:与吹灰有关的调节控制系统各设备,均经事先校验正常并已置投运前状态;有关的热工仪表,信号及报警装置已投入运行;各吹灰器在退足位置,吹灰安全门完整、良好且在回座位置,吹灰总门、吹灰调节门在关闭位置;吹灰管道和疏水管道等均无异常情况。

在进行锅炉吹灰操作前,应先通知有关岗位值班员,做好相应的安全措施和参数调整工作。吹灰前应先适当增大炉膛负压,吹灰过程中应注意各段汽温的变化和加强参数调整,以免吹灰过程中由于灰渣脱落,造成局部吸热量发生较大变化而导致汽温的波动。吹灰过程中应禁止观察炉内燃烧情况。出灰岗位值班员应关闭所有门、孔停止人工除焦工作,并做好防止大块焦渣落下的预想。

吹灰操作一般采用程控方式进行。在打开吹灰总门后应检查自动调压装置工作正常,并对所属系统进行充分暖管。暖管结束后,程控系统即开始进行吹灰操作。吹灰的程序一般为:预热器→炉膛→对流烟道→预热器。吹灰结束后程控系统应进行自动泄压,操作人员应实地检查各吹灰器在退足位置。

吹灰过程中,应保持炉膛负压及吹灰蒸汽压力符合要求,在蒸汽压力过低无蒸汽时严禁进行吹灰操作,以防烧坏吹灰器。进行手操吹灰时,每次投入吹灰器的数量应严格规定(一般同时吹灰的台数应不超过 2 台),以防对锅炉燃烧工况及运行参数产生较大的扰动。

无论程控或手操吹灰,顺序一般均应为:预热器→炉室→烟道→预热器。炉室的吹灰顺序一般为从上到下逐对进行,烟道吹灰器吹灰时,应按照烟气流向逐对进行,以防吹落的灰粒再次黏附在清洁的受热面上。预热器吹灰,一般可两台同时进行。

4)吹灰器的故障及处理

吹灰过程中,若出现吹灰蒸汽中断,或吹灰器故障,且尚在吹灰位置时,应即通知检修、热工人员尽快处理。若吹灰器故障在炉内未退出时,不得关闭吹灰电动门,以断蒸汽,发防吹灰器烧坏。

在发生下列情况之一时,应立即停止吹灰工作:锅炉运行工况不稳,锅炉发生事故,吹灰系统故障,有启、停重大操作。

吹灰过程中常见的故障有:

①蒸汽压力低。吹灰过程中若出现蒸汽压力降低时,“蒸汽压力低”报警信号发出,正在启动或正在吹灰的吹灰器返回原位,吹灰程序停止进行。当出现此现象时,应按下 F_{16}“清除故障”按钮,观察程序是否重新进行,如程序仍不能进行,则应检查压力控制阀是否故障,控制汽源是否正常,如压力整定值不正确应联系热工人员及时处理。

②吹灰蒸汽温度低。当蒸汽温度小于或等于 280 ℃时,蒸汽温度低指示灯闪,正在启动或运行的吹灰器返回原位,吹灰程序停止,若疏水电动门开启 30 min 后,温度仍然小于或等于 280 ℃,则发出“吹灰系统故障”信号。此时应检查疏水电动阀是否开启,检查蒸汽供汽温度是否符合要求。

③吹灰器运行中停转,自动程序中断,发出超时报警。产生上述故障的原因一般是吹灰器机械故障或吹灰器过载或超时保护动作,或丧失电源。处理的方法:若系机械故障应退出吹灰器再行处理;如超时报警、应复置信号,退出故障吹灰器,继续执行吹灰程序;如属丧失电源,应维持吹灰压力,手动退出吹灰器,再关闭吹灰总门,待电源恢复后再重新进行吹灰操作。

（10）捞渣机的运行

1）连续排渣系统的运行

①刮板捞渣机的运行与维护。刮渣机原则上应在锅炉点火前投运并在空载下启动，而后持续运行直到灰渣负荷中断，只要有灰渣就不能停运。启动时原则上应以最低速度启动，然后根据灰渣量调节刮板运行速度，调节过程中主要以刮板上的灰渣刮到斜坡时无灰渣满溢落回槽里为原则。

在刮渣机启动前应对设备进行一次认真详细的检查，由于其工作环境较为恶劣，故许多电器设备应有必要的防水装置，以免运行中发生故障。

刮渣机启动前的检查内容应包括：灰坑门开启呈垂直位置，下部浸水中形成水封，刮渣机壳体完整无泄漏，链条松紧适度，刮板良好；各种传动装置的有关油位、油质均良好；运行中需要的各种冷却水系统已投运，有关的联锁装置按规定要求放置。

锅炉正常运行时应保持炉底水封正常，为了使炉渣能充分粒化，炉底补水门的开度应根据机组负荷及时调整，使溢流箱中水温控制在55～60 ℃。

锅炉运行中，如刮渣机发生故障需短时间抢修，可关闭所有灰坑门以形成临时炉底存渣，刮渣要可通过下部滑轨拉出抢修，但时间不可过长（一般不超过2 h）。

刮渣机运行时应定期检查灰坑水封、溢流箱水温正常，并对刮渣机的链条、刮板、传动装置、电动机、齿轮箱等运行情况进行全面检查。此外，每月还应对刮渣机的刮板及链条进行一次详细检查，如发现刮板变形、损坏或链条磨损严重、节距伸长、与链轮啮合不佳及有脱链危险时应及时通知检修人员处理。

②刮渣机常见故障及处理。正常运行时由于刮渣机是连续运行的，故运行中发生故障时，应尽快排除，不可使其长时间停运。

刮渣机在运行中如因大块焦渣落下引起卡住停转或联轴器打滑等现象时，必须及时对焦渣进行清理。刮渣机运行中发生链条或销子断裂等故障时，应及时通知检修人员前来处理，如因联锁保护动作，是应尽快查出原因，消除故障后重新启动。

为避免大块焦渣直接落入水封槽内影响除渣系统的安全运行，可在刮渣机的入口处加装固定格栅或燃尽炉排等装置。

③碎渣机的运行与维护。燃料燃烧后形成的焦渣大小不一，如直接排入渣沟或用渣泵输送极易造成渣沟堵塞或渣泵故障，故要使用碎渣机对大块焦渣先进行破碎，然后再进行输送。

在刮渣机、碎渣机配套使用的除渣系统中，刮渣机与碎渣机相互间的运行应设置必要的联锁保护，当碎渣机因故停运时，刮渣机应能联动停运，以免大量渣块落下堆积在碎渣机内无法排出。

碎渣机由于其工作环境恶劣，故应配有必要的保护装置，如遇到焦块卡住，电动机应能自动反转数周然后再改为正转，使焦块顺利排出。此外，电动机应装设遮棚，以免被灰水淋浇。碎渣机正常运行时应定期检查转动部分的声音、振动、轴承温度及工作情况是否正常，由于碎渣机齿轮箱的油质易被乳化，故除了检查齿轮箱油位外，更应注意其油质的好坏，以便发现异常情况及时分析处理。

碎渣机一旦因故停运，应尽快修复，如短时间无法修复时，则应采取必要的临时措施，如组织力量人工出渣等，使除渣系统的运行不中断。

2）定期除渣系统的运行

定期除渣系统是以水浸式渣斗为主的湿式除渣装置。该系统可采用全封闭的管道输送,故能大大净化环境。水浸式渣斗作为一种定期排渣系统在电厂中运用较多,排渣间隔时间一般应根据具体设备和渣量的多少而定。

水浸式渣斗投运前,应先检查渣斗本体完整,无泄漏。排渣闸门、观察窗、溢流装置、渣斗冲洗喷嘴、冷却水供水装置、水密封槽、密封挡板等完整良好。

渣斗在排渣时,两只渣斗(通常成 W 型布置)不能同时排渣,只能一斗排完,闸门关闭后再排放另一斗。排渣时,很有可能发生渣块在排渣口引起堵塞而影响排渣,如果压力水无法冲通时,则需打开除焦门进行除渣。在打开除焦门前必须注意观察,只有在渣斗内水渣面低于除焦门下沿时方可打开除焦门进行除焦。

正常运行时,应注意保证水冷装置工作正常、溢流水正常且水温不大于 60 ℃。如发生高水位溢流,则应查明原因,是溢流装置被堵还是供水太快,并根据实际情况作相应处理。水封槽在运地中要定期冲洗与排污,以保证渣斗与炉底的密封性能良好。

水浸式渣斗一般配有碎渣机将粗渣粉碎,水力输灰器结构简单,使用方便,但效率较差,目前使用不多,故这里不作详述。采用脱水槽方式虽然系统较复杂,但为渣的综合利用提供了良好条件,该方式以往国内应用较少,但近期已开始采用。除了渣的综合利用,冲渣水的循环使用即渣水闭路循环,目前已越来越引起重视了,因为它不但能减少对环境的污染,而且还可以大大节约除渣用水。

3)炉渣的输送方式

对于采用水力除灰的锅炉,以往炉渣的输送通常采用灰渣混除的方式。所谓灰渣混除,就是通过机械或水力先将炉渣送入灰池,再与锅炉除灰系统的灰一起输送出去的方式。为了灰渣的综合利用,目前有的厂已采用了气力除渣分除,是将炉渣单得用渣泵送入沉渣池,或用皮带输送机等机械直接输送至渣场。混除方式系统简单,也较经济,但对高浓度水力除在系统则需配备一套磨渣装置;分除方式系统较复杂,但有利于灰渣的综合利用。

6.2 汽轮机辅助设备及系统的运行

6.2.1 回热加热器的运行

回热加热器利用汽轮机中做过部分功的低品位抽汽所具有的热量来加热凝结水和给水,提高给水温度,降低了锅炉的煤耗;同时减少了汽轮机排汽量,从而减少了蒸汽在凝汽器中的冷源损失,提高了电厂的热经济性。因此,回热加热器及系统运行是否良好,对电厂热经济性影响很大。表 6.2 列出了部分中间再热机组因不投高压加热器而增加的热耗和煤耗值。

由表 6.2 可见,是否投高压加热器,对机组经济性影响很大。从安全的角度看,加热器的停运,还会使汽轮机末几级蒸汽流量增大,加剧叶片的冲蚀,易使叶片过载。加热器停运,会使汽轮机监视段压力升高,停用的抽汽口后的各级叶片、隔板的轴向推力增加,为了机组的安全,就必须降低或限制汽轮机的出力。

表6.2　不投高压加热器而增加的热耗和煤耗值

机组型号	给水温度/℃	标准煤耗增加/[g·(kW·h)$^{-1}$]	热耗增加/%	每年多耗标准煤/(t·a^{-1})
N125-135/535/535	239	7.4	2.3	6 500
N200-135/535/535	240	8.3	2.5	11 600
N300-167/550/550	263.1	14	4.6	29 400

(1)回热加热器的结构及热力特性

1)结构特性

大型机组的加热器在结构上抛弃了传统的单段式换热,而广泛采用蒸汽冷却器、主加热器和疏水冷却器的分段换热技术,以提高回热加热效果。由于大型机组加热器体积庞大,为便于布置和强化传热而采用卧式、三器一体化结构(三器指:蒸汽冷却器、主加热器、疏水冷却器)。

蒸汽冷却器是一种汽、水热交换器。当抽汽的过热度比较大时,为了充分利用过热度,提高被加热水的出口温度,首先让过热蒸汽在蒸汽冷却器内放出湿热,降低其过热度,然后再进入加热器放出汽化潜热。采用蒸汽冷却器后可使机组的热经济性得到明显的改善,因此它在大型机组上得到广泛的应用。一般不设置单独的蒸汽冷却器,而是将加热器出水侧的管束隔离一部分作为蒸汽冷却器,称之为内置蒸汽冷却段(或过热段)。

疏水冷却器是一种水、水热交换器,其加热介质为加热器内抽汽凝结的疏水,被加热介质是凝结水或给水,目的是尽量降低疏水的温度。让疏水的热量尽量在加热器中放出,以减少低加疏水排入凝汽器的冷源损失,使回热效果更好。一般不设置单独的疏水冷却器,而是将加热器进水侧的管束隔离一部分作为疏水冷却器,称之为内置疏水冷却段。

现代回热加热器均为内置分段式结构,但根据回热抽汽过热度的大小及可用程度,又分为两类:抽汽过热度大的,做成三段式,抽汽过热度小或无过热度的,做成两段式。

2)热力特性

加热器的热力特性是指其端差、进出口水温、疏水出口温度与汽机负荷(抽汽压力)间关系。端差是加热器热力特性的重要指标,综合反映了加热器运行性能的优劣。加热器端差有上端差和下端差之别,其定义为:

上端差 = 回热抽汽压力对应的饱和温度 - 加热器出口水温;

下端差 = 加热疏水出口温度 - 加热器进口水温。

回热抽汽过热度大的三段式加热器,其上端差可为负值、零或正值,负值时可获得高于抽汽饱和温度的出口水温度。例如某300 MW机组额定工况时,3号高加上端差为 -1.6 ℃;2号和1号高加上端差均为0 ℃;4号低加上端差为2 ℃;3号低加为两段式,上端差为2.8 ℃;2号和1号低加为两段式,上端差均为3 ℃;所有加热器的下端差均为5.6 ℃。

(2)加热器运行的要点

①加热器的投、停运原则

a)投、停时防止热冲击:高压加热器是单元机组中工作压力最高的设备,其工作温度也相对较高,故运行可靠性相对较低。高压加热器启动时,温度变化率必须严格控制在所规定的范围之内，其原因是使厚实的水室锻件、壳体和管板有足够的时间均匀地吸热或散热以防止热冲击造成的裂纹损坏。

b)投、停方式：尽可能采用随机滑启、滑停的方式；不具备条件时，应按抽汽压力由低到高顺序依次投入、按抽汽压力由高到低顺序依次停用；各加热器低负荷投入点应选在有适当疏水压差的负荷点。高加检修后再投入时，应对管束注水查漏，投蒸汽暖器。

c)投、停操作：高、低压加热器投入时应先投水侧，后投汽侧；停运时先停汽侧，后停水侧。有关保护联动的试验正常且保护投入。低负荷投运时，按抽汽压力由低到高依次投入，每台加热器投入时应稍开汽门进行预暖，然后逐步全开进汽门。汽侧停用时，依压力由高到低逐台停运，进汽电动门逐步关闭，预暖，然后逐步全开进汽门；高加温度变化率限定在每小时小于或等于 56 ℃，必要时可允许变化率小于或等于 111 ℃，但不能再超过此值。低加投、停用时应控制出水温升率不大于 2 ℃/min，并注意除氧器水温。

②加热器运行中的水位监视。加热器正常运行中，应密切注意高加水位的变化，加热器水位异常升高或下降时，应检查该加热器疏水电动门、调节门的实际位置，检查疏水泵出力及疏水泵(大机组不设疏水泵)出口调整门的开度。注意负荷与疏水调节阀开度关系，在同样负荷下，如果调节阀开度增大、疏水泵出力明显增大，加热器水位升高，给水流量增加，表明该加热器管束可能出现泄漏。当疏水调节阀自动失灵时，应切换为手控状态，以防止加热器低水位运行或高水位运行，绝不允许长期处于无水位或低于最低水位线下运行。

加热器运行时只有当蒸汽和水的温度以及疏水水位都符合设计要求时，加热器才能达到保证性能。因此运行中要注意监测这些汽、水的参数。

加热器正常水位即控制水位，在运行规程和加热器水位指示板上都有清楚的标注。当加热器达到运行温度并稳定运行时，一定要保持控制水位。水位由水位控制器维持。以某 600 MW 机组高加为例。为使加热器正常运行，一般允许水位偏离正常水位 ±38 mm。超过此值时报警或保护动作(见表 6.3)。

表 6.3　高压加热器水位报警及保护

水位名称	水位值/mm	动　作
高三水位	+138	发声光信号报警，高压加热器解列
高二水位	+88	发声光信号报警，危急疏水阀打开
高一水位	+38	发声光信号报警
正常水位	0	
低一水位	−38	

低水位：疏水水位低于正常水位 38 mm 时为低水位。水位的进一步降低会使疏水冷却段进口(吸水口)露出水面，而使蒸汽进入该段。这将破坏疏水流经该段的虹吸作用，也由于泄漏蒸汽的热量损失，造成加热器性能恶化，下端差(疏水端差)增加，同时在疏水冷却段进口处和疏冷段内引起冲蚀而使管子损坏。

为确定是否漏汽，可比较疏水出口温度与给水进口温度。在设计工况时，疏水温度大概高于给水进口温度5.6～11.1 ℃,如疏水温度高于给水进口温度11.1～27.8 ℃,则疏水冷却段可能汽水混流。

高水位:疏水水位高于正常水位38 mm即为高水位。当水位高于该值时,部分管子(传热面)将浸没在水中。这种满水会减少有效传热面积,导致加热器性能下降(给水出口温度降低,端差上升)。水位过高的原因可能是疏水调节阀不正常或故障、加热器之间压差不够、加热器超载荷或管子损坏造成泄漏等。

在投运中从测量和观察疏水调节阀的运行情况可以检测管子的泄漏,如压力信号或阀杆指示器表示阀门是微启或者比该负荷条件下的通常开启度大,并且负荷是稳定的,这表明疏水流出流量比加热进汽量大,多出的疏水流量必定来源于管子泄漏。停运后水压试验可以核实管子是否泄漏,若确实发生泄漏应立即采取措施堵塞破裂管子,以便尽量减少高压水对邻近管子的冲刷损害,这对减小事故危害十分重要。

③高压加热器的事故解列。当高压加热器发生泄漏引起水位急剧上升时,将接通高二值报警点,自动打开危急疏水门,如水位继续上升,高三值点接通,同时迅速打开给水旁路门,关闭抽汽隔离门,同时关闭疏水至除氧器的截止门和运行排气门,打开疏水至凝汽器或其他疏水扩容器的截止门,打开启停放水门排除积水,打开放气门。

如果事故是自动解列,由于不能遵守温度变化率的限制,因而对高压加热器是有害的。如果自动解列系统失灵,应手控“解列”按钮,如仍无效,应到现场手动各给水阀门的手轮,强行切换。若液动三通阀的电磁阀失灵,则应手动打开电磁阀的旁路门。

④端差的监视。运行中要注意检查加热器端差是否正常。端差可反映加热器排气是否正常。端差的增加也反映了加热器可能超载荷,通道间泄漏或管子结垢。疏水冷却段疏水端差的上升表示加热器可能有低水位、水锈、积垢、或疏水冷却段包壳板泄漏的问题。

加热器运行中排气控制是加热器能否保持最佳状态的重要因素之一,应给予足够的重视。因为一旦出现非凝结气体积聚,首先使加热器内的传热恶化,导致性能变差。更重要的影响是加热器内部因此而腐蚀受损,增加事故的发生。

运行中加热器的排气是由内置的节流孔控制。每个加热器运行排气接头有单独的阀门,使所有加热器各自向处理非凝结气体的设备排气。(例如:高压加热器向除氧器、低压加热器向凝汽器),而不是像有些机组将这些排气逐级地排到一台较低压力的加热器里,以免导致气体的积聚。合适的最小排气量大约是进入加热器蒸汽总量的0.5%。为使排气节流孔正常工作,抽气管路系统的压力一定要比各加热器的饱和压力低50%。

运行中应防止疏水冷却段漏汽。为确定疏水冷却段是否漏汽,可比较疏水出口温度与给水进口温度的差值(即下端差)。在设计工况正常运行时,如下端差高于正常值较多,则疏水冷却段可能部分进汽。

⑤定期进行加热器汽侧安全门活动试验和抽汽逆止门的活动试验,当机组突然停机时,或停机时转速出现突升现象,应检查抽汽逆止门是否正常联动关闭,若抽汽逆止门未关闭或卡涩,必须经检修处理后方可重新投入加热器。

⑥机组运行中加热器因故停运时,要按规定降低机组出力运行,避免各监视段压力异常升高、低压级叶片过载。如果个别加热器停运会使在运加热器过负荷,即因运行加热器进口水温降低,对抽汽过度冷却,加热器汽侧压力下降,使进汽量增大,放热侧产生热冲击。

6.2.2 除氧器的运行

目前,大机组常用的除氧器有两大类,即一体化(无头)除氧器和分体式除氧器。除氧器在运行中,由于机组负荷、蒸汽压力、进水温度、水箱水位的变化,都会影响除氧效果。除氧器的运行方式不同,对除氧效果也有不同的影响。除氧器的运行应以保证良好稳定的除氧效果和给水泵的安全运行为主要目的。

(1)除氧器的运行方式

大型机组除氧器的运行方式有定压和滑压两种。启动及甩负荷工况用较低的压力定压运行,正常运行时,随主机以定—滑—定方式运行。定压和滑压各有特点,现分析如下。

①定压运行。在汽轮机组变工况时,除氧器压力维持衡定,在此压力下将水加热到相应的饱和温度,即可达到除氧的目的。由于其压力、温度不变,在运行中只要调整除氧器给水箱水位稳定,即可保证给水泵不汽蚀,可靠向锅炉供水。除氧器在热力系统中,相当于一级特殊的回热加热器,其所用回热抽汽的压力随汽轮机组的运行工况不同而变化,为维持所有工况下除氧器均定压运行,供除氧器的抽汽压力应高于除氧器的工作压力(一般高 0.2 ~0.3 MPa),并通过专门装设的压力调整来节流调整。在汽轮机负荷降低到该级抽汽压力已不能满足除氧器定压运行要求时,还需切换至高一级的抽汽,同时停止原级抽汽。此方式不但使系统复杂化,而且由于节流损失的存在使系统的热经济性降低。

②滑压运行。除氧器也可像其他回热加热器一样滑压运行,压力随机组负荷的变化而变化。但必须保证任何滑压工况给水的稳定除氧和给水泵的安全可靠运行,当除氧器滑压运行时,由于除氧器内压力和水温的变化速度不一致(压力变化快,水温因存水的热惯性变化较慢),水温的变化总是滞后于压力的变化,于是在负荷急剧波动时会产生下述的问题:升负荷时除氧压力升高快,水温跟升慢,使短时间内除氧效果变差;反之,降负荷时除氧压力下降快,水温跟降慢,除氧水出现过保和而使除氧效果变好,但因压力降低,给水泵入口水易汽化,给水泵可能产生汽蚀。因此,滑压运行除氧器应在结构及系统设计上给以保证。现代大容量单元机组除氧器已能在技术上满足滑压运行的安全可靠性要求。

除氧器滑压运行时,对应的回热抽汽管路上不设调节阀,回热油汽没有人为的节流损失,使其连接系统得以简化,热经济效益得以提高。

(2)滑压运行的优点

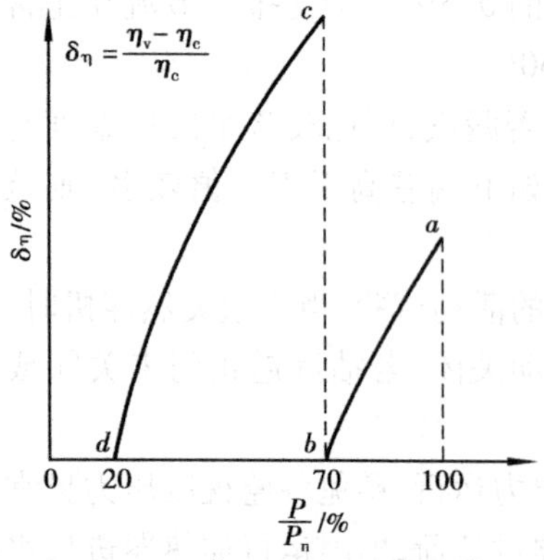

图 6.6 除氧器两种运行方式下热经济性比较

图 6.6 为除氧器两种运行方式下,机组运行热经济性与负荷的关系曲线。η_c 和 η_v 分别为除氧器定压运行与滑压运行时机组的热效率,δ_η 表示滑压运行比定压运行热效率的相对提高值。当机组负荷从 100% 开始下降时,抽汽压力随之下降,调压阀的节流损失相应减小,故 δ_η 随负荷下降而下降,如图中的 ab 曲线所示。当机组负荷下降至约 70% 负荷时,抽汽压力已不能满足除氧器定压运行的要求,需切换至高一级的抽汽,由于这时切除了一级高加,使热经济性显著下降,δ_η 将跳增至 c 点。此后 δ_η 又随负荷下降而下降,直到滑压除氧器低负荷时切换为定压运行方式,这段负荷区间滑压除氧器热经济性一直高

于定压除氧器。

由此可知，滑压运行除氧器不仅提高了设计工况下的经济性，还显著提高了机组低负荷运行时的热经济性，这对承担中间负荷或调峰负荷的机组尤为有利。从设计上看，采用滑压运行除氧器，可使汽轮机抽汽点的分配即各回热加热器给水焓升分配接近最佳值，从而提高了机组的热经济性。

滑压运行除氧器的焓升较大，有利于防止除氧器的自生沸腾。另外，采用滑压运行除氧器，还可简化热力系统，方便运行操作。

(3)滑压运行带来的问题

对于分体式除氧器，由于除氧器头下部设有容积很大的给水箱，这使得机组负荷变化时，滑压运行除氧头的压力与水箱内的水温、给水泵入口水温的变化不一致。在机组负荷变化缓慢时该影响并不大，但当机组负荷剧烈变动时，会出现以下问题。

①负荷骤升时除氧效果恶化。当机组负荷骤然升高时，除氧器压力随即升高，而水箱内存水的热惯性使水温变化滞后于压力，故使原饱和水瞬间变成过冷水，出现"返氧"现象，使除氧效果显著下降；此时给水泵的运行，反因水温升高滞后于压力而变得更安全些。此情况一直要延续到水箱水温达到新压力下的饱和水温为止。为避免此问题的发生，除运行时限制升负荷速度外，还可通过投入加装在给水箱内的再沸腾管或内置式加热器来解决。

②负荷骤降时给水泵的汽蚀。当机组负荷骤降时，除氧器压力随即下降，水箱内原来饱和的水发生"闪蒸"，水温随之下降，且不断地平衡在新的饱和状态。除氧效果因水的再沸腾而变好；但此时给水泵入口水温的下降滞后于压力的下降，给水泵入口水易汽化，加之汽压下降，使得泵的有效汽蚀余量减小，汽蚀可能性增加。

机组骤降负荷的暂态过程中防止给水泵的汽蚀问题，需通过对滑压除氧器的热力系统进行暂态工况的计算，选择合适的结构参数。暂态工况通常选为除氧器滑压运行给水泵的最危险工况——汽轮机从满负荷下全甩负荷的暂态过程。

对于新型的一体化除氧器，因除氧头与水箱连为一体，加之可靠的碟盘喷射及水下鼓泡措施，充分保证了除氧器传热传质的可靠要求。滑压运行出现的上述问题得以缓解。

(4)防止给水泵汽蚀的措施

①提高除氧器的安装高度。用除氧器高位布置产生的静水压头 H 来防止给水泵汽蚀，是定压、滑压运行除氧器都必须采取的基本措施。但滑压运行除氧器要求布置得更高，因为 H 不但要保证稳定工况时泵的有效汽蚀余量，还要考虑骤降负荷的暂态过程中有效汽蚀余量的降低。但 H 的提高将导致主厂房土建费用的增加，故不宜单纯依赖该措施。

②采用低转速的前置给水泵。除氧器采用滑压运行的都是单元制大机组，为提高给水泵运行的经济性，它们都使用变速调节的高速给水泵，转速为 5 000 ~ 8 000 r/min 及以上。由泵理论可知，必需汽蚀余量随泵转速的升高而大大增加，因而在高转速主给水泵前都设置有转速为 1 450 ~ 1 500 r/min 的低转速前置泵。这比单纯增加 H 的技术经济上更为合算。

③降低泵吸入管道内的压损 Δp。降低 Δp 的办法是减少泵吸入管道上不必要的弯头和水平管段长度，为此除氧器应紧靠给水泵上方布置。

④降低暂态过程中泵的入口水温。负荷骤降时泵的汽蚀主要是泵入口水温的下降滞后于压力引起的，故若能降低暂态过程中泵的入口水温，则可防止泵的汽蚀。

缩短滞后时间 T_0 减小 T 可使泵入口水温 t_v 提前下降，以缩短暂态过程的影响。因滞后时

间 T 等于吸入管容积与给水泵流量的比值，而吸入管容积为吸入管截面与长度的乘积，所以缩短 T 的措施之一是减小吸入管截面面积，即提高吸入管流速。但流速提高会增加管道压损 Δp，故吸入管流速也不可选得过高。一般定压运行除氧器给水泵吸入管流速为 1 m/s，滑压运行除氧器可提高到 2 ~ 3 m/s；缩短 T 的措施之二是在暂态过程中投入给水泵再循环，通过增加泵的流量来减小 T_0 暂态过程中向给水泵入口注入冷水（凝结水）。

（5）除氧器启动上水

除氧器投入时启动凝泵向除氧器上水，或采用化学除盐水泵直接供除氧器上水，维持水位低于正常水位 100 ~ 200 mm。化验除氧水箱水质，若硬度超标不合格时，应排至定排至合格为止。机组在负荷变化过程中，应及时调整除氧器的水位，避免水位过低，造成给水泵断水或水位太高引除氧器振动，甚至引起低压轴封系统进水。

（6）除氧器的定压投入

除氧器上水至规定水位后，即可开启辅助蒸汽调整门投入蒸汽加热，先维持除氧器压力为 0. 147 MPa 定压运行，以 2 ~ 3 ℃/min 速率循环加热除氧器水温，微开除氧器排气门。除氧器水箱水温达到 50 ℃时，开始暖泵，暖泵结束后启动电泵，投入化学加药，除氧水大循环，待除氧水水质合格时方可向锅炉上水。

（7）除氧器从定压转滑压运行

对 300 MW 机组，启动后负荷大于 80 MW 时稍开抽汽至除氧器隔离门，暖管结束后放掉疏水并关闭疏水阀。当凝结水合格回收到除氧器，4 段抽汽压力大于或等于 0. 147 MPa 时，改为本机抽汽供除氧器，关闭辅汽至除氧器调整门，将汽源切换。随后投入有关保护，此时除氧器进入滑压运行，除氧器水位调整门投入自动，维持正常水位。

滑压运行中，若除氧器压力高于 4 段抽汽压力时，应检查 3 号高加水位是否正常，各高加汽侧空气门是否开度过大，并进行相应的调整。运行中若给水的 pH 值小于 9. 6，给水溶解氧大于 7 μg/L 时，应及时查找原因并检查凝结水溶解氧是否超限。

汽轮机负荷突然变化时，除氧器滑压运行对机组安全经济性有影响。汽轮机负荷突然增加时，除氧器内的工作压力随汽轮机抽汽压力升高而升高，除氧器内的水来不及达到工作压力相对应的饱和温度，给水出现加热不足，水中的含氧解量增加。汽轮机负荷突然减少时，除氧器内的工作压力随汽轮机抽汽压力下降而下降，由于给水箱热容量大，水温变化滞后于压力变化，给水温度高于除氧器压力相对应的饱和温度，给水发生"闪蒸"，除氧效果因水再沸腾而变好，但此时给水泵入口水温却因静水压头的作用短时间内不能下降，而泵的入口压力已随除氧器的压力下降而降低，造成泵入口水温与压力不匹配，泵安全运行的可靠性下降，汽蚀可能性增加。

（8）一体化（无头）除氧器运行的工程实例

一体化（无头）除氧器是近年来在大型机组上广为应用的新型除氧器。某 600 MW 机组一体化除氧器如图 6. 7 所示，其除氧头与除氧水箱合为一体。凝结水由两个特制的碟型喷嘴（见图 6. 8）呈多层伞状水膜喷入除氧器的上部汽侧空间，进行充分雾化，完成初期除氧 70% ~ 80%。每个碟型喷嘴的流量为 1 200 t/h。加热蒸汽由一根 $\phi600$ 管子引入除氧器内部液面以下，再经蒸汽分配管喷出，通过水下鼓泡完成深度除氧。

碟型喷嘴的结构如图 6. 8 所示。碟型喷嘴的关键元件是流量分配器和不锈钢碟型喷盘。由于喷嘴中的压力与除氧器蒸汽空间的压差作用使碟盘片张开，主凝结水形成雾化面积很大的多层伞状水膜状。平衡碟片周围的齿形设计，保证水膜交错。碟型喷盘弹性极好，可随负荷的变化弹性开合，在任何负荷下均可获得最佳的伞状水膜效果。保证完全除氧所需的传热、传质雾化面积。由于是单容器结构，因此具有极佳的抗震能力。除氧器有效容积占总容积的65% ~70%（由于将除氧头和水箱合二为一，因此总体积大于常规型除氧器的水箱，但远小于常规型的除氧头和水箱的总体积之和）。当除氧器入口蒸汽速度在 15 ~80 m/s 时，除氧器几乎没有振动或振动很小。由于在除氧器内专门设置了一套用于启动和旁路运行的蒸汽排管，因此不需要启动再循环泵。由于单容器结构取消了除氧头，避免了水箱与除氧头处的应力裂纹。加热蒸汽从水下送入，使除氧器整体工作温度水平降低，金属热疲劳寿命大大提高。在水箱出水口附近设置挡板，以防止蒸汽气泡进入给水泵。10% ~110% 的运行范围，保证机组在恶劣工况下可靠运行。除氧器在不同工况下可按定压和滑压方式运行，其除氧效果均能得到保证。

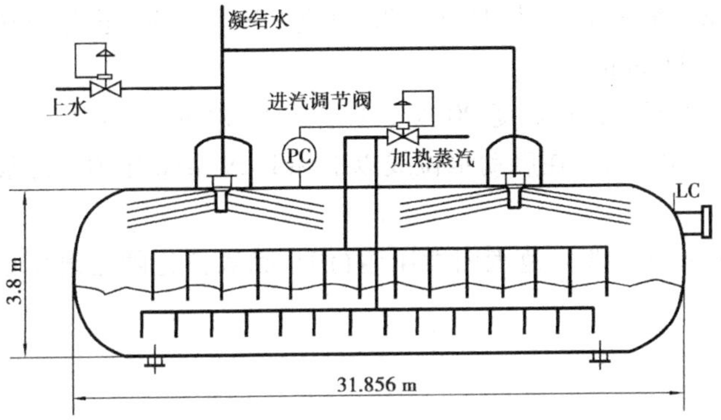

图 6.7　600 MW 机组一体化除氧器结构

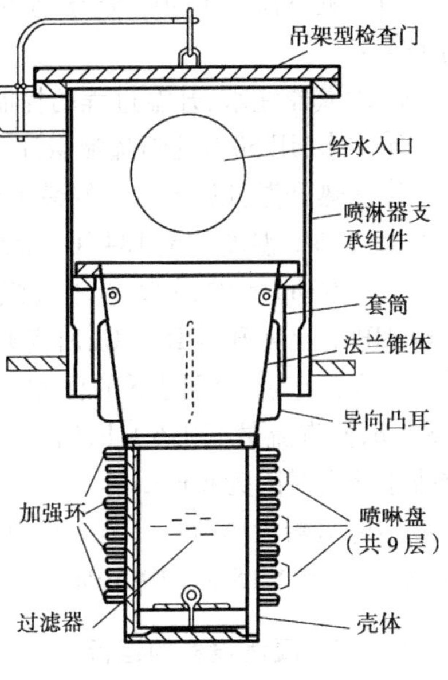

图 6.8　1 200 T/H 碟型喷嘴结构

1）除氧器的启动

除氧器投入前应先进行排气和冲洗，以除去腐蚀性气体和污物。确认滑动支座在除氧器正常运行时能自由膨胀。在暖器开使前，确认整个凝结水系统充满了水，在管路及喷嘴中没有残余空气。

一体化除氧器按大气压力定压启动，启动投入过程分以下四个阶段：

①除氧器充水。除氧器启动充水时应防止碟型喷嘴遭受水击。充 20 ℃水至 30% 正常容积，约 70 m^3，通过喷嘴的凝结水量为 149 kg/s。

若充水容积低于 70 m^3，应禁止除氧器启动，否则将无法使除氧器达到正确的压力和温度。充水过程中应将除氧器上部的两个空气排出阀打开，每个排气口打开直径为 50 mm，排气时间为 3 min。用 50% 的喷嘴流量注水 4 min，即可达到所需的启动水容积 70 m^3。

②除氧器预暖升温、升压。通过逐渐开大进汽门开度控制加热蒸汽流量，按生产厂家提供

的升温曲线控制水温均匀上升,将水温从 20 ℃加热至 104 ℃。

在最大允许蒸汽流速(80 m/s,65 kg/s)下将水温从 20 ℃加热至 104 ℃的过程时间是 31 min。在最小允许蒸汽流速(15 m/s,16 kg/s)下将水温从 20 ℃加热至 104 ℃的过程时间是 125 min。

在除氧器预暖升温、升压期间,可关闭空气排出阀,以保证除氧器内有足够的温度。

③进一步充水至正常水位。当达到所需启动压力和温度(0.105 MPa ,104 ℃)后,再进一步向除氧器充水。充水过程应按生产厂家提供的水容积变化曲线控制凝结水调节门开度,控制好注水速率。

④除氧器定压运行。当达到所需启动压力和温度(0.105 MPa ,104 ℃), 注水至正常水位后,打开除氧器排空门并调节好开度,保证在最小排汽量下完全顺畅排除水中分离出的含氧气体。

当主机负荷大于 90% 定压运行时,除氧器定压运行的最大压力为 1.19 MPa,除氧水温度为 184 ℃。

2)除氧器注水、升温过程的控制

①注水:用 50% 的喷嘴流量注水 4 min,水温 20 ℃,即可达到所需的启动水容积 70 m^3。

②加热升温:以 15 m/s 的最小允许蒸汽流速,蒸汽流量从 5.4 t/h 增至 59.8 t/h,压力升至 1.19 MPa, 温度升至 184 ℃,所需时间为 124 min。

③以 60 m/s 的最大允许蒸汽流速,蒸汽流量从 21.6 t/h 增至 239.4 t/h,压力升至 1.19 MPa, 温度升至 184 ℃,所需时间为 31 min。

④在额定工作温度下的注水、排水时间:注水温度 20 ℃,注水流速 40 m/s,注水流量 543 t/h,蒸汽流量 159.6 t/h,所需时间为 10 min。在启动水位线以上和 1.19 MPa 压力下除氧器排水所需时间为 6 min。

3)除氧器滑压运行。当主机负荷在 30% ~90% 范围内滑压运行时,除氧器也随之滑压运行,滑压范围 0.15 ~1.19 MPa。

6.2.3 凝汽设备的运行

汽轮机排汽压力是对汽轮机热耗率及单元机组整体热经济性影响最大的运行参数。如国产引进型 300 MW 机组排汽压力每升高 1 kPa,会使热耗增加 0.9% ~1.8%,功率减少 1% 左右。而影响排汽压力的主要因素有凝汽器的换热效果、凝汽器冷却水的进水温度及冷却水量、抽气设备的效率和运行状态。此外循环水泵的电耗占总发电量的 1.2% ~2%。凝结水含氧及含盐量的增高会严重影响蒸汽品质。因此,运行中对凝汽设备的检查和维护对机组的安全经济运行具有特别重要的意义。汽轮机凝汽设备主要由凝结器、凝结水泵、循环水泵、抽气设备及其管道组成。

(1)凝汽器的运行

凝汽器的运行主要是保证达到最有利的真空度,减小凝结水过冷却,同时保证凝结水质合格(如溶解氧、硬度等指标),凝汽器运行的好坏直接影响着发电机组的安全、经济运行。因此,在运行中必须对凝汽器的以下指标进行严格监控。

①凝汽器温度与压力。蒸汽在凝汽器中的放热凝结过程是一个定压过程,其温度与压力有对应关系,即若已知凝结温度 t_n,凝结压力即可确定。故在凝汽器运行维护中常用下式作为

凝汽压力的分析验证式(应随时与测量值相对比):

$$t_n = t_{W1} + \Delta t + \delta_t \tag{6.6}$$

600 MW 机组凝汽器为双背压,其平均背压低于单压凝汽器,经济性较好。其低压侧和高压侧的凝结温度 t_{n1}、t_{n2} 分别为:

$$t_{n1} = t_{W1} + \Delta t_1 + \delta_{t1}$$

$$t_{n2} = t_{W1} + \Delta t_1 + \Delta t_2 + \delta_{t2}$$

②凝汽器端差。凝汽器端差是影响排气压力的主要因素。凝汽器的端差表达式为:

$$\delta_t = t_n - t_2 \tag{6.7}$$

$$t_2 = t_1 + \Delta t$$

式中　δ_t——单压凝汽器端差,℃;

t_n——单压凝汽器汽轮机排汽压力下饱和温度,℃;

T_{W2}——冷却水出水温度,℃;

t_{W1}——冷却水入水温度,℃;

Δt——冷却水在单压凝汽器中的温升,℃;

Δt_1、Δt_2——冷却水在双压凝汽器低压侧和高压侧的温升,℃;

δ_{t1}、δ_{t2}——双压凝汽器低压侧和高压侧的端差。

当 δ_t 增大,t_n 升高,真空降低。实际运行中,影响端差的主要因素有冷却水温度 t_1、凝汽器的冷却倍率 $m = D_1/D_2$(其中 D_1 为入进凝汽器的冷却水量,D_2 为入进凝汽器的蒸汽量)、凝汽器换热管表面清洁程度及凝汽器内积聚的空气量。

③冷却水温升。冷却水温升与冷却水量有很大的关系,凝汽器冷却水温升大说明冷却水量不足,从而引起冷却水出口温度升高,真空下降。在运行中,冷却水量不足的主要原因是循环水泵出力不足或水阻增加,而水阻增加的主要原因是凝汽器换热管堵塞、循环水泵出口或凝汽器进水阀开度不足、循环水泵工作异常等。

④凝结水过冷度。凝结水过冷却是反映凝汽设备运行是否正常的综合性指标,直接影响到锅炉的煤耗。凝结水过冷表示冷却水额外带走的热量所产生的冷源损失,要将凝结水加热到规定的温度就要增加燃料消耗。一般凝结水的过冷度每增加 1 ℃,就相当于发电厂的燃料消耗量增加 0.1% ~0.15%。另一方面由于凝结水过冷却还会造成溶解氧增加,使给水和凝结水系统管道、低压加热器等设备、管道的氧腐蚀加剧。

在运行中,造成凝结水过冷度增大的原因:①凝汽器水位过高,运行中凝汽器水位过高会造成凝汽器下面部分铜管淹没,这样冷却水带走了凝结水的部分热量,使凝结水产生过冷。为防止这种现象,除运行人员多注意,保持凝汽器水位在正常范围内之外,可利用凝结水泵的汽蚀特性,采用低水位运行方式,可避免水位过高。②凝汽器内积空气,在运行中由于真空系统不严密,空气漏入凝汽器中,凝汽器的汽侧充满了蒸汽和空气混合气体。凝汽器中漏入的空气量越多,过冷现象就越严重。因此,在运行中要保持真空系统的严密性,并要维持好抽气设备运行。

⑤凝结水水质的监督。为防止热力设备结垢和腐蚀,必须经常通过化学分析对凝结水水质进行监督。300 MW 机组正常运行中锅炉给水、凝结水水质主要控制指标见表 6.4。

在运行中发生凝结水水质不合格,必须认真查找原因,可能是硬度或电导率不合格,可能是凝汽器换热管口因振动及温度变化引起渗漏,也可能是有少量的换热管因腐蚀、磨损而穿孔,此时应半边停运查出漏点,进行局部堵管,漏管率达一定值时再集中换管。

表 6.4　给水、凝结水水质控制指标

项　目	单　位	水　质	控　制　指　标	
			启　动	正　常
溶解氧	μg/L	给　水	小于或等于 30	小于或等于 7
		凝结水	小于或等于 50	小于或等于 30
硬度	μmol/L	给　水	小于或等于 5	0
		凝结水	小于或等于 10	0
导电率	μs/ cm	给　水		小于或等于 0.3
		凝结水	小于或等于 0.5 ~ 1.0	小于或等于 0.2

⑥凝汽器冷却水进水温度。当凝汽器供水方式、气候环境确定以后,进水温度主要取决于季节的变化、冷却水塔的运行效率和补充水系统的运行情况。如果凝汽器进水温度降低,则排汽温度必然降低,排汽压力相应降低。因此,采用闭式循环的电厂,应加强冷却水塔和补充水系统的维护。

⑦凝汽器真空严密性。真空系统不严密,会漏入过量的空气,由于空气蒸汽混合物对换热管表面的放热系数很低,妨碍了传热而使端差增大。空气漏入凝汽器的原因,一般是由于真空系统管道阀门不严、汽封汽压力不足甚至中断或汽轮机轴封间隙过大所至。也可能是抽气设备效率降低,不能将漏入凝汽器的空气全部抽出所致。故在运行中应定期作真空严密性试验,发现不合格,应及时查找原因。如在运行中凝汽器端差明显增大、过冷度也明显增大时,一定是凝汽器中漏入空气量增加,必须马上对凝汽器真空系统进行检查。

⑧凝汽器换热管表面结垢和脏污。凝汽器换热管表面结垢和脏污会妨碍传热,使端差增大。目前国内电厂的凝汽器换热管大多采用钢管,对于开式循环电厂,由于江、河、海水中杂质较多,易造成凝汽器换热管污染、堵塞、结垢。而闭式循环电厂采用冷却塔的方法来降低冷却水的温度,从而组成了一个闭式循环系统,这类电厂的凝汽器换热管会结硬垢和软垢(微生物垢),因此,应对结垢情况及循环水质进行分析,减小循环水硬度及微生物的繁衍。

在运行中防止结垢的方法:开式循环水系统必须加强循环水泵前池进水滤网的检查,防止滤网损坏使大量杂物进入循环水系统。装有自动旋转滤网的电厂,要搞好设备的维护工作,防止因设备原因造成的系统污染。加强胶球清洗系统维护工作,定期投胶球清洗。

闭式循环系统的电厂,除加强胶球清洗系统维护工作,定期投胶球清洗以外,还应搞好冷却塔的维护工作。调整循环水的循环倍率,防止循环倍率过高,使凝汽器管结垢速度加快;循环倍率过小,会增加冷却水的补水量,造成厂用电增加和水资源的浪费。并且还要在循环水里加入大量的缓蚀阻垢剂,以此来缓解凝汽器管结垢和腐蚀速度。

(2)循环水系统的运行

循环水系统投运前,在水泵房侧,应对循环水泵及出口碟阀、循环水泵轴承的润滑冷却系统、循泵电机电气及冷却系统进行全面检查;在汽机房侧应全开凝汽器水侧出口阀门、进水阀门,部分开启出水管顶部排空气门。关闭凝汽器水侧人孔门、凝汽器排污门及放水门,关闭各辅助设备系统放水门及放空气门。

大型循环水泵为了防止停泵及事故跳泵时的水锤危害,在出口装设具有截止和逆止两用功能的液压控制、自保压蝶阀,并实施启停过程的泵阀联控。比如,循泵故障跳闸,出口管内水体倒流,导致循泵反转,此时液控蝶阀先作为截止阀自动快关70°角,截断大部分水流,控制循泵反转;然后再作为逆止阀自动慢关30°角,以消除倒流水流对管道及水泵的水锤冲击力,避免系统振动。运行人员应掌握好泵阀联控规律。

启动循环水泵前,应检查并清除吸水前池内所有杂物,检查吸水前池内的水位正常。如循环水泵出口止回阀为自动保持式液控蝶阀时,应先确认蝶阀电源已送上、液控系统正常投入,开启、关闭试验正常,并且能实现泵阀联动。

循环水系统正常运行时,定期检查运行循环水泵电机的电流,各轴承、轴瓦温度及定子线圈温度,油室油位、油质正常,电机振动及运转声音正常。检查泵体平稳,无异常声音,出口水压正常。出口止回阀为自动保持式液控蝶阀时,还应检查蝶阀油压、油箱油位是否正常,重锤举起角度应正常,无自动下滑的现象。经常检查吸水前池内的水位正常、无杂质,凝汽器水侧无泄漏、进出口水压正常。

大型循环水泵均为立式混流泵,工作原理介于离心泵与轴流泵之间。立式混流泵转轴的上、中、下三个部位均设有定位轴承,运行中应保证各轴承的润滑与冷却。应密切监视润滑、冷却系统的工作情况。

根据机组所带负荷,适时合理调整循环水系统运行方式,保持最经济的真空。

(3)**凝结水系统的运行**

凝结水系统首次投用前,应先对凝汽器汽侧及热井进水冲洗,干净后再加入除盐水,然后启动一台凝结水泵对除氧器之前的主凝结水管路进行冲洗,冲洗期间,维持凝汽器一定水位,直到除氧器前的凝结水质合格,合格的凝结水可供除氧器用水。汽轮机冲转后,若因蒸汽凝结成的水不合格,致使凝结水也不合格时,应将不合格凝结水排掉,待低负荷凝结水化验合格后,方可回收至除氧器。当凝结水回收至除氧器且水温小于50 ℃时,应投入凝结水精处理,凝结水温大于或等于50 ℃时,应及时退出精处理。

正常运行中,应了解凝结水的各项指标,当发现凝结水的硬度和溶解氧不合格时,应及时分析、查明原因并消除。若在规定的时间内凝结水硬度无法消除、含氧量不能控制在合格值时,应停机处理。

注意监视凝结水泵电流、进出口压力、振动、轴承润滑冷却及轴端密封等工作情况。对采用变频调速的凝结水泵,应注意监视变频器的工作,一旦变频器故障,应从变频运行方式切为工频运行方式或联动备用泵。因大功率变频器投资较大,一般两台凝泵只有一台为变频,故集控员要根据负荷变化的大小选投变频或定频运行。一般地,调峰时段投变频泵,带基本负荷时投定频泵,既满足了设备的轮换保养,又发挥了变频泵的经济性。

运行工况变化时,注意监视热井水位,跟踪各水位调控装置的工作情况,如凝结水再循环调节阀、主凝结水调节阀、凝汽器补水调节阀、补水箱回水调节阀、补水箱进水调节阀等。如自动失灵应手动调节,保证热井水位回到正常。

(4)**抽真空设备的运行**

抽真空设备是凝汽设备的重要组成部分,其任务是在汽轮机启动时建立真空、在运行中抽出汽轮机排汽中的不凝结气体、从真空系统不严密处漏入的空气及低压加热器的不凝结气体,以维持凝汽器的真空度。目前广泛使用的抽真空设备是水环式真空泵组。

水环式真空泵组启动前,先向水环式真空泵内注入一定水位的工作水,然后启动真空泵,偏心安装的叶轮及叶片的旋转运动使工作水紧贴泵壳内表面,形成水环。在旋转的叶轮表面、叶片及水环之间形成多个容积可变的吸气和压气空间，使泵进口形成负压，出口形成正压，把泵组内气体排入汽水分离器，气水分离后空气排空，工作水循环入泵。

泵组启动后，当进口负压值达到整定值时，进口气动控制蝶阀自动打开，凝汽器真空系统的气体经气动控制蝶阀抽入真空泵。这样就避免了因启动真空泵而引起大量空气经真空泵倒灌入正在工作的凝汽器真空系统，确保凝汽设备及系统的正常工作。

正常运行中，真空泵组一台处于"手动操作"运行状态，另一台备用，处于"自动操作"运行状态。若运行泵故障或真空系统泄漏，使真空降到设定联动值时，备用泵自动投入。此时应就地检查泵组联动运行情况。

运行中注意检查真空泵电流、声音、振动应正常，冷却器进出口水温正常，气水分离器水位正常，水环式真空泵入口与凝结器压力之差应正常。

水环式真空泵组工作在低温及低转速状态，运行可靠性很高，但有两点要密切关注。一是水环泵的工作水温，二是汽水分离器水位，二者任一失常都会影响水环式真空泵的正常工作，使凝汽器真空受到威胁。

(5)旁路系统的运行

汽轮机旁路系统具有改善机组启动性能，事故时快开，协助锅炉调压，回收工质及满足机组实现中压缸启动等功能。旁路的控制分模拟量调节控制和开关量保护控制。机组正常运行时，旁路退出工作，但处于热备用状态，一旦出现发电机或汽轮机故障甩负荷，旁路开关量保护控制自动投入。集控员应掌握好旁路系统的运行及调控规律。

下面以某300 MW中间再热机组为例介绍其运行及调控规律。

该机旁路参数为：35% BMCR容量、两级串联、电动执行机构；高压旁路流量为359 t/h、进口压力/温度为16.7 MPa/537 ℃、出口压力/温度为3.99 MPa/330 ℃；低压旁路流量为415 t/h、进口压力/温度为3.5 MPa/537 ℃、出口压力/温度为0.688 MPa /164.2 ℃。

1)汽轮机中压缸启动操作及调控规律

①汽轮机中压缸启动前旁路系统的操作(参见图6.9)。当建立凝汽器真空以后，打开高、低压旁路减压阀及高、低旁减温水阀；打开倒暖阀(RFV)，暖高压缸(冷态启动时)；暖主蒸汽和再热蒸汽管道；锅炉增加燃烧率，提高锅炉出力及汽温、汽压。

②汽机冲转至发电机并网。汽机复位，关闭倒暖阀(RRV)，适时打开通风阀(VV)，高压缸减压与凝汽器压力相平衡。打开中压调节阀，再热蒸汽通过中压缸和低压缸将机组冲转并提高转速，发电机并网带初负荷。

③负荷切换。增加中压调节阀的开度，同时低压旁路阀减小开度维持再热蒸汽压力及增加中低压缸蒸汽流量。中压调节阀全开、低压旁路阀全关后进行负荷切换，即开启高压调节阀，主蒸汽进入高压缸，同时高旁逐渐关闭，以维持锅炉主蒸汽压力。关闭通风阀(VV阀)，增加高压调节阀开度，同时高压旁路阀逐渐关闭。

④在高压调节阀开度达1/3中压调节阀开度及高压旁路全关后，通过与常规高中压启动相同操作程序增加发电机负荷到额定负荷。

启动中旁路调控规律如图6.10所示。

2)旁路的开关量保护控制规律

①高旁减压阀保护控制逻辑

a)高旁减压阀前压力大于4.2 MPa时，满足以下任一条件，高旁减压阀快开：

高旁减压阀前压力大于压力设定值 1 MPa,汽轮机跳闸,发电机跳闸,DEH 出现反切缸完成信号,主蒸汽压力大于最大压力设定值(19. 2 MPa),DEH 快开按钮。

快开时高旁减压阀阀位:

当前压力小于 10 MPa,阀开 40%;当前压力在 10 ~ 14 MPa,阀开 60%;当前压力大于14 MPa,阀开 80%。

b)满足以下任一条件,高旁减压阀关闭:

高旁减压阀后温度大于 360 ℃,延时 20 s 报警;高旁减压阀后温度大于 380 ℃,延时 20 s 关闭;DEH 关闭按钮;低旁快关且低温再热蒸汽压力大于 4. 0 MPa。

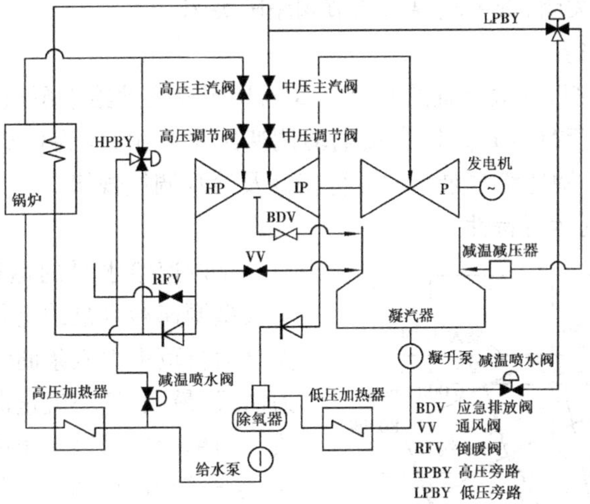

图 6. 9　中压缸启动系统

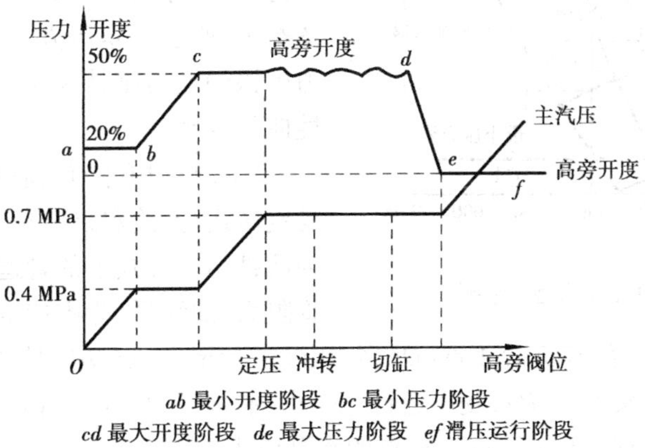

图 6. 10　中压启动旁路调控规律

②高旁减温水调节阀和减温水隔离阀保护控制逻辑

当高旁减压阀打开,减温水调节阀从手动切换为自动;当高旁减压阀关闭,减温水调节阀跟随关闭(自动位)。当高旁减压阀打开,减温水隔离阀跟随打开;当高旁减压阀关闭,减温水隔离阀跟随关闭。

③低旁减压阀保护控制逻辑

满足以下任一条件, 低旁减压阀快关:

凝汽器真空小于 81 kPa(三取二);凝汽器温度大于 80 ℃;凝汽器水位大于 1 600 mm;DEH 快关按钮;低旁减温水压力小于 0.8 MPa,延时 2 s。

满足以下任一条件,低旁减压阀快开:

再热蒸汽压力大于 4.5 MPa,DEH 快开按钮,高旁快开(低旁快开的开度为50% ,注意:反切缸时低旁不开。反切缸是指甩负荷时从高中缸进汽方式转换为中缸进汽方式,正切缸是指从中缸进汽转换为高中缸进汽),再热蒸汽压力与设定值偏差大于 0.6 MPa。

④低旁减温水调节阀保护控制逻辑

当低旁减压阀快开,低旁减温水调节阀从手动切为自动;当低旁减压阀打开,最小流量控制功能;当低旁减压阀关闭,低旁减温水调节阀跟随关闭。

(6)**给水泵组的运行**

300 MW 及以上机组,一般配置两套 50% BMCR 容量汽动给水泵组,正常运行时以并联方式向锅炉供水,另设一套 50% BMCR 容量电动调速给水泵组,作为机组启停和小汽轮机故障时备用。集控员应掌握调速给水泵组的运行特性及给水调控规律。

1)调速给水泵组的运行特性

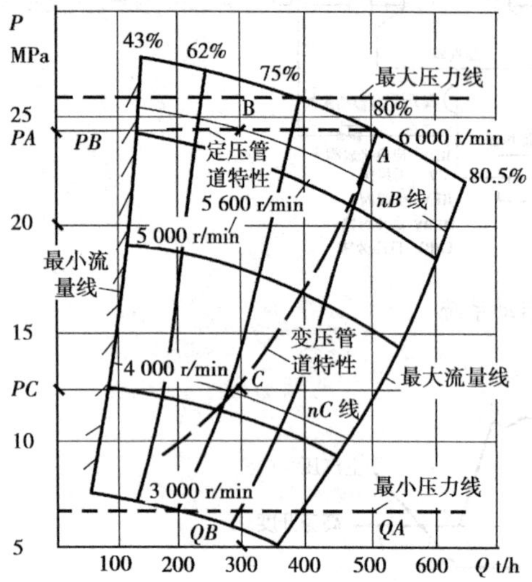

图 6.11 调速给水泵运行特性

①调速给水泵的运行特性。图 6.11 给出了大型调速给水泵的运行特性。调速给水泵的安全运行范围由六条曲线所限定:最大、最小压力曲线;最大、最小流量曲线;最大、最小转速曲线。当单元主机以定压或变压方式变负荷运行时,由于管道阻力的不同,有不同的管道特性曲线。变压方式降负荷运行时,管道阻力因锅炉压力下降而减小,故管道特性曲线变陡(如图 6.11 所示);定压方式降负荷运行时,管道阻力因锅炉压力维持额定高值而较大,故管道特性曲线变平。

单元机组升降负荷时,不论是变压运行还是定压运行,给水泵转速都会发生变化,这是因为两种运行方式下的管道特性不同。定压运行管阻大,曲线平,为维持定压,转速需变化,但变化幅度小,如图 6.11 从额定负荷 A 点(QA)定压降负荷至 B 点(QB)时,转速从 6 000 r/min 变为 nB。B 点的水泵压头 $PB = PA$;变压运行管阻小,曲线陡,从 A 点降负荷至 C 点(QB)时,转速变化大,即从 6 000 r/min 变为 nC。C 点的水泵压头 PC 很小。

由给水泵轴功率与流量及压头的关系式(6.8)

$$N_B = 0.277\,8QP/\eta_B \tag{6.8}$$

可知,在降至同样负荷下,变压运行的功耗 N_B 远低于定压运行。由图还可知,变压运行 C 点的泵效率 η_C 为 76%,定压运行 B 点的泵效率 η_B 为 67%,可见变压运行的经济性高于定压运行。

运行时要注意,给水泵的运行工况点不能落入最小流量曲线左侧,否则会引起给水泵工作失常。为此,专设有给水泵最小流量控制功能,当给水泵负荷极低时,可自动将工况点拉回到安全运行区。

②给水泵轴功率、小汽机轴功率与主机负荷及运行方式间关系。图6.12中，Pb为与主机负荷相对应的给水泵所需轴功率相对值、Pj为与主机负荷相对应的小汽机可提供轴功率相对值（Pb_0、Pj_0为变工况，Pb_1、Pj_1为额定工况）；Dz_j为主机负荷相对值（Dzj_0为额定工况、Dzj_1为变工况）。

主机以定压方式降负荷时，在A点之前的高负荷段，小汽机输出轴功率Pj（实线）大于给水泵所需轴功率Pb（实线），两者差值呈先大后小变化；达A点时，两者自平衡；A点之后的低负荷段，小汽机输出轴功率Pj小于给水泵所需轴功率，两者差值线性增大。故A点之后必须切换另一种高压汽源，才能满足给水泵所需轴功率。A点的切换负荷值较高。

主机以变压方式降负荷时，Pj（虚线）与Pb（虚线）的功率平衡关系类似于定压方式，只是平衡点低些，如图6.12的B点。B点的切换负荷值较低，可见，变压方式下小汽机能更充分地利用低品位抽汽做功。

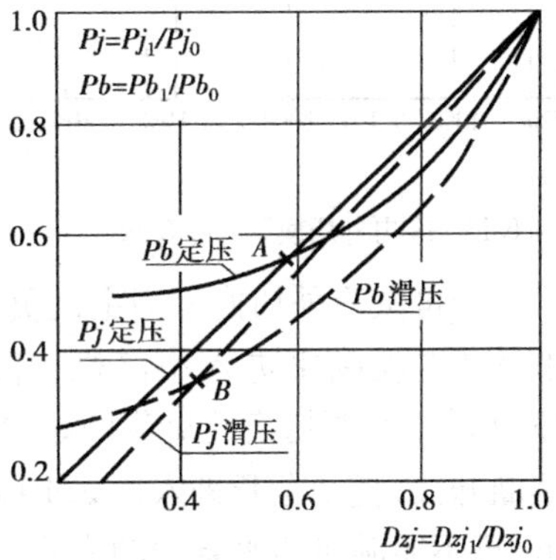

图6.12 小汽机与给水泵间功率平衡关系

2）给水泵汽轮机的汽源及配汽方式

由于给水泵汽轮机具有变参数、变汽源、变转速、变功率的多变性能，使其运行及调节性能趋于复杂。集控员应掌握其运行及调控规律。

①给水泵汽轮机的汽源。为满足在不同主机工况下驱动给水泵的功率需求，给水泵汽轮机的汽源有多种。一般地，主机正常运行时用四段抽汽为汽源；主机低负荷运行或甩负荷时用冷再热蒸汽或主蒸汽，也可用辅助蒸汽为汽源。为简化系统，一般设两种汽源，即四抽与主汽或四抽与辅汽、或四抽与冷再。当主机负荷低达一定值时要进行汽源切换。不同汽源配置以及不同的切换方式，汽源切换时的主机负荷点不同、运行的经济性和可靠性也不同。

②配汽方式。给水泵汽轮机一般均为单缸、纯凝汽式，对于具有两种汽源的给水泵汽轮机，其调节级的进汽方式也有喷嘴调节和节流调节两种。当用主机四抽时，用喷嘴调节方式控制进汽；当用其他汽源时既可用喷嘴调节，也可用节流调节，这与两种汽源的调门设置及调节级喷嘴室布置有关。

一般把调节级喷嘴室分为上下两个独立部分。上部为正常四抽汽源喷嘴室，分隔成多室结构（如5或6个），用相应个数的调门作顺序阀方式控制，可提高变工况运行效率。因给水泵汽轮机效率必须高于75%，才具有较高的单元机组经济性。下部为其他汽源喷嘴室，只设一个，不分组，由一个调门作节流调节控制。

随着主机运行工况的变化，采用新汽内切换的小汽机，其进汽控制方式有三种变化：一是汽源切换前的四抽汽源顺序阀控制；二是汽源切换开始初段的上、下汽源同时控制，即上部顺序阀调节控制加下部节流调节控制；三是较低负荷段时的下部节流调节控制，此时上部顺序调节阀全开，已失去调控作用。

有的机组将下部进汽关死不用，将辅汽接入上部四抽汽源的主汽门前，使两种汽源均可顺序阀控制，此称外切换。

3）给水泵汽轮机变工况时的汽源切换

给水泵汽轮机变工况时的汽源切换可有如图 6. 13 ~ 图 6. 16 所示的多种方式，要择优选用。

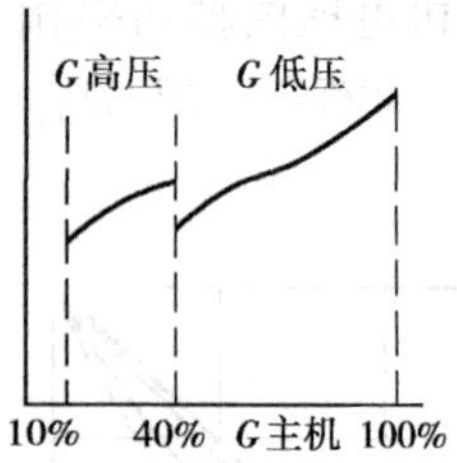

图 6.13　冷再外切换

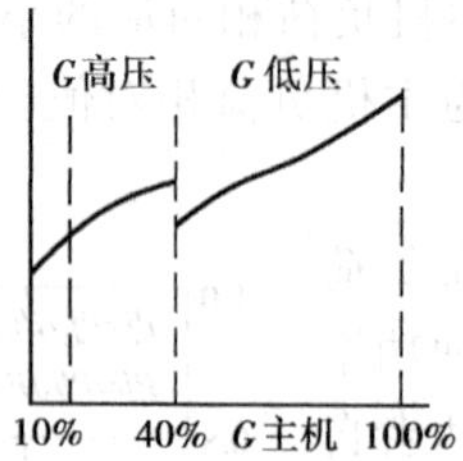

图 6.14　新汽或辅汽外切换

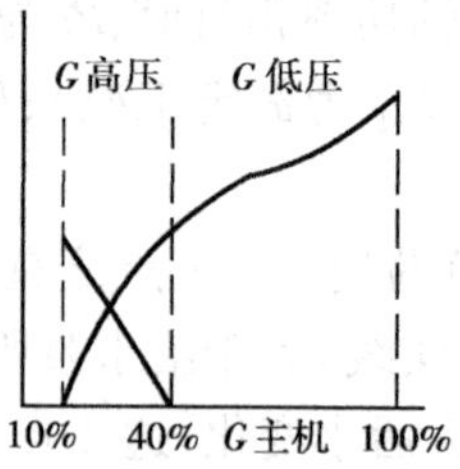

图 6.15　冷再内切换

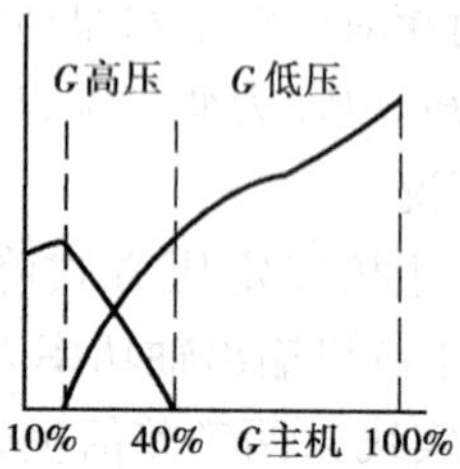

图 6.16　新汽或辅汽内切换

①冷再蒸汽外切换。当主机负荷降至低负荷切换点时，四抽汽源自动关闭，冷再蒸汽替代四抽从上缸喷嘴室进入小汽机。汽源切换前后主机负荷与小机两种汽源流量的关系如图 6. 13 所示。汽源切换的负荷例如 40%，该点工况后，随着主机负荷下降冷再汽压也下降，调门须不断开大，直到全开进入例如 10% 点，以适应给水泵的功率需求。此点后，因冷再汽源汽压极低，已不能满足给水泵的功率需求，机组不能继续运行。

冷再蒸汽外切换方式对小机运行安全性有不利影响，以某电厂 300 MW 机组为例。从图 6. 17 中可见：在主机降负荷阶段，右边的工况曲线表示为 40% 额定负荷时，小机进汽仍由四段抽汽供给（0. 312 5 MPa、322. 8 ℃），当负荷小于 40% 额定负荷时，切换为图中左边的工况曲线，小机进汽由冷段再热蒸汽供给（1. 469 MPa、303. 8 ℃），冷段再热蒸汽经节流至 0. 312 5 MPa、289. 63 ℃，则使小机的进汽端承受 33. 17 ℃的温降。反之，在主机升负荷阶段由冷段再热蒸汽切换为四段抽汽时，也会使小机进汽端承受 33. 17 ℃的温升，造成热冲击。

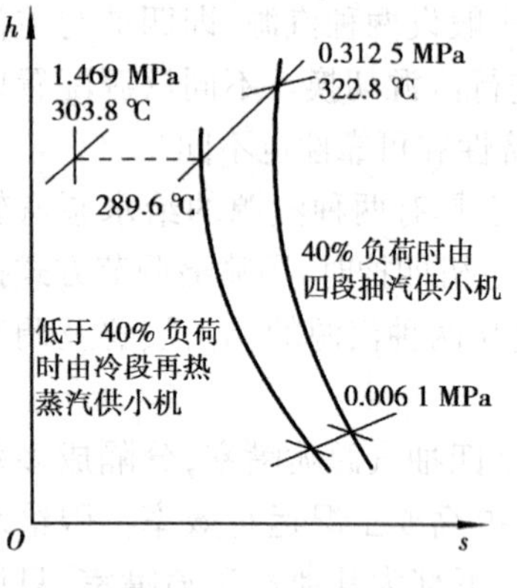

图 6. 17　冷再蒸汽外切换前后 h-s 图

②冷再蒸汽内切换。当主机负荷降至低负荷切换点如 40% 时，四抽汽源仍保持全开供汽，冷再蒸汽经主汽门和高压调门节流控制后从下缸喷嘴室进入小汽机。汽源切换前后主机负荷与小机两种汽源流量的关系如图 6. 15 所示。此点后，随着主机负荷下降冷再汽压也下降，高压调门须不断开大，直到全开进入如 10% 点，以适应给水泵的功率需求。此点后，因两种汽源汽压极低，已不能满足给水泵的功率需求，机组也不能继续运行。

③主蒸汽或辅汽内切换。切换的方式如图 6. 16 所示，该方式类似于冷再蒸汽内切换，不同的是主蒸汽压力远高于冷再蒸汽，可运工况点可达空负荷。

小机采用内切换进汽方式时，主汽阀、高压调节阀及高压喷嘴均处于高温高压区，因此热膨胀引起的动静间隙变化大、阀杆密封差、节流与热冲击等问题是影响小机正常运行的主要问题。特别是主蒸汽内切换进汽方式会使小机调节级受到很大的节流与热冲击。

④辅助蒸汽外切换。辅助蒸汽外切换方式如图 6. 14，该方式类似于冷再蒸汽外切换，不同的是辅助蒸汽为压力和温度恒定的中参数蒸汽，且其温度和压力与切换负荷点的四抽参数相近，切换过程不会造成热冲击，可运工况可达空负荷。该方式一般作为新机组启动调试汽

源,但由于它有很多优点,很多电厂经技术改造后,将此方式作为唯一的汽源切换方式,除正常运行中主机低负荷时投用外,在机组启动时的锅炉上水及机组甩负荷等工况下,也用辅助蒸汽来驱动给水泵,大大节省了厂用电,而且安全可靠性较高。

技术改造中,要将主机四段抽汽电动门由全开全关型改造为可调整电动阀门, 在数字控制系统 DCS 上可以直接调整四段抽汽电动阀门的任意开度,极大地方便了切换操作。

4)汽动给水泵组的启动(以某300 MW 机组为例)

①汽动给水泵组启动的准备工作

a)检查启动主油泵对油系统进行油循环,并进行油系统投运前的试验,进行油循环时排烟风机必须运行。启动抗燃油泵、抗燃油伺服系统进行循环冲洗。

b)检查主给水系统正常,泵组密封水正常投运,主泵注水及水系统排空气。

c)投入盘车并进行动静部分的检查、确认无动静摩擦并运转正常。

d)小汽轮机供汽系统进行疏水暖管,并抽真空。

e)机组启动前给水泵需要均匀预暖、凝结水品质必须满足标准规定值,以保证盘车时不发生卡涩抱芯现象。

f)确信电源正常可以供电,接通全部监视检测仪器仪表,检查各仪表能否正常工作,压力开关整定完毕,电磁阀工作正常,确信线性差动变压器(LVDT)活动自由,各相关保护试验合格。

②小汽轮机在冲转前的准备工作

a)高压主汽阀与调节阀和低压主汽阀与调节阀必须做活动试验,确认主汽阀与调节阀遮断正常无卡涩现象,调节阀与主汽阀指示灯工作正常。

b)化验蒸汽品质合格;确认冷却水母管压力正常,开启前置泵轴承冷却水进水二次门,向前置泵轴承冷却器供冷却水,向主泵密封装置供冷却水。

c)主给水泵系统投运。稍开前置泵入口门,向汽泵充水,开启放空气门,待有水冒出后关闭放空气门,确认电泵运行正常,全关汽泵前置泵入口门,开启汽动给水泵暖泵总门,开启汽泵暖泵分门对汽泵进行暖泵;确认汽泵再循环调节阀及前后截门已开启,启动前置泵。

③汽动给水泵组冲转启动

300 MW 机组所配置的小气轮机 MEH 控制系统有手动、转速自动、锅炉自动三种运行方式。在正常情况下, 这三种运行方式的控制范围为: 手动 0 ~ 600 r/min, 转速自动 600 ~ 3 100 r/min,锅炉自动(按给水系统信号)3 100 ~ 5 900 r/min。小汽轮机应由低压汽源启动,在遮断情况下,全面检查达启动条件后,按如下步骤启动汽轮机:

a)手动或遥控操作使危急遮断装置复位,建立一次和二次安全油压,“挂闸”灯亮,“停机”灯灭、表示挂闸成功。(执行此项程序前,最好先拍危急遮断机构手柄,验证撞击子的动作功能,过后复位)。

b)按下控制室“低压主汽门”或“高压主汽门”全开时,DCS 画面对应的阀位棒图显示全开。

c)按下控制室“MEH 操作盘”上的“阀位增加”带灯按钮,调节阀开启,汽轮机开始升速(也可在 DCS 上操作),当转速大于或等于600 r/min 时,按下“转速增加”带灯按钮,汽轮机便自动从手动控制方式切换到转速自动控制方式,接着再输入目标值,汽轮机继续增速,微机控制保证了汽轮机由手动控制到转速自动控制的无扰动切换。在冲越临界转速前小汽轮机应在一阶临界转速下稳定运行一段时间，检查各部件工作是否正常，确认所有监视、控制仪表全部投入，各方面均无异常后，方可迅速地越过临界转速。

d）在控制室"MEH 操作盘"上修改目标转速进行自动升速，在 DCS 小机控制画面上"目标"处设置目标值 3 100 r/min，点"升速率"设定升速率，点"进行"开始升速，达 3 100 r/min 时，如 CCS 允许投入，则投入 CCS，汽机从转速自动切换到锅炉自动，汽机转速随锅炉给水协调控制系统 CCS 来的给水量要求信号而变化。

e）冷态启动时，在 700 r/min 左右，进行机组检查，时间不超过 5 min，然后升到 2 200 ~ 2 300 r/min 进行高速暖机 30 min；热态启动时，在 700 r/min 左右，进行机组检查，时间不超过 2 min，然后快速升到 3 100 r/min。在 3 100 r/min 以前升速率被限制为 200 r/min，全面检查一切正常后，联系锅炉开启给水泵出口门后，由锅炉进行调整。

f）当机组负荷达到 40% 额定值后，关闭小汽轮机汽缸与蒸汽管道的所有疏水门，自动关闭高压和低压主汽阀的电动疏水阀。

④小汽轮机的运行方式

a）主机定压运行。单台汽泵运行时，高、低压汽源混合做功，最高运行负荷为主机 65% 额定负荷。两台汽泵运行时，受泵最小流量限制，运行负荷应大于 40%，在主机 40% 额定负荷以上为低压汽源单独做功。

b）主机滑压运行。单台汽泵运行时，出于受到小汽轮机最低运行转速 3 100 r/min 限制，最小运行负荷为主机 30% 额定负荷。在主机 30% 额定负荷以上为低压汽源单独做功，最高运行负荷为主机 60% 额定负荷。两台汽泵运行时，由于受到小汽轮机最低运行转速 3 100 r/min 限制，最低运行负荷为主机 40% 额定负荷。

5）小汽轮机的正常停机程序

①当主机负荷下降至 25% 额定值时，打开汽缸和蒸汽管道的全部疏水阀，打开高、低压主汽阀的电动疏水阀。

②随着主机负荷继续下降，锅炉给水协调控制系统 CCS 会自动降低小汽轮机转速，当小汽轮机转速下降到"锅炉自动"控制方式的最低限 3 100 r/min 时，按下"MEH 操作盘"上"停机"带灯按钮。

③机组脱扣时，主汽阀与调节汽阀迅速关闭，相应指示灯亮。汽轮机运行方式重新切换"手动"运行方式，以备再次启动。当转速惰走到 2 r/min 时，盘车装置自启动。盘车装置连续运行至 4 h 待汽缸温度相当低后方可停止，而后，进行间断盘车。

④若主机负荷小于 30% 额定值运行，锅炉由电动给水泵给水，应迅速关闭小汽轮机排汽管上的真空蝶阀以免破坏大机凝汽器真空。

⑤在整个停运过程中，应注意锅炉上水情况、汽包水位以及电动给水泵的运行情况。

6）电动调速给水泵组的运行

①给水泵组的启停

大多数给水泵在启动前都必须进行暖泵。如果暖泵不充分，将由于热膨胀不均，特别是上下壳体出现温差而产生拱背变形。通过对一台调速给水泵的试验得知，当壳体上下温差达 50 ~ 60 ℃时，在主泵联轴器处测得下沉 0.4 ~ 0.6 mm。若在这种情况下启动，则会造成动静部分摩擦，损坏设备。采用正确的暖泵方式，保证必要的暖泵时间，合理地控制金属温升和温差，是充分暖泵的重要条件。

暖泵分为正暖和倒暖两种方式。暖泵水由除氧器来，经吸入管进泵，经泵体后由出口逆止门前排出的方式称为正暖。暖泵水从出口逆止门前经高压连通管（带有节流孔板）进入泵内，再由泵入口处暖泵放水门排出的方式称为倒暖。可以根据运行方式和系统具体情况加以采用。暖泵时必须注意，泵体在升温过程中严禁盘车，以防转子咬住。在正暖结束时，关闭暖泵水门，在其他条件具备时即可启动。当采用倒暖泵时，启动后应关闭暖泵水门及高压连通管水门。

给水泵启动前，应对各系统做好检查，包括油系统、冷却水系统、密封水系统和给水系统，使各阀门置于规程规定的开启或关闭位置。

在给水泵灌水和系统投入过程中应注意防止跑水，还必须经系统中的排空门将空气排尽。给水泵油系统应在启动前投入，并检查油压和油温符合制造厂规定，油系统无泄漏，各瓦回油正常。在完成上述操作后，还应将给水泵的各保护投入，将给水泵及油泵联动开关合上。

启动给水泵时，合上给水泵操作开关。此时注意启动电流的返回时间，并检查轴瓦振动、油温、窜轴、轴端密封和变速给水泵在启动前应检查勺管位置在低转速处，启动后在开启出口门时，应根据出口压力逐渐调整勺管位置提升转速。当流量达到允许的最小流量时，应检查再循环门自动关闭以防高压水对阀门、节流装置及管道的冲蚀。给水泵投入运行后，注意电动机出入口风温及各轴瓦回油温度，按规程规定范围进行调整。

高压给水泵不允许在低于要求的最小流量下运行，哪怕是由开始转动到定速的短时间内也不允许。如果流量不足，将使泵内迅速发热汽化从而造成泵因摩擦而振动，可能造成设备损坏。所以给水泵在启动前和停止前，都必须保证再循环门动作的可靠性。再循环调整门前后手动门则应检查其处于开启位置。

当需要将给水泵停止时，要将辅助润滑油泵启动，并调整勺管逐渐减小流量，当流量基本减完后，关闭出口门。确认出口门全关后再停泵。如果出口门未全关就停泵，一旦逆止门卡住，将造成给水泵倒转。给水泵停止后，应关闭冷油器和电动机空气冷却器的入口水门。若此时给水泵作为备用，应保持辅助油泵运行，并投入电动机防潮加热器。若安排检修，则在辅助油泵工作一段时间（一般为 10 min）后停泵。

②给水泵的运行维护

给水泵运行中，应重点检查出入口压力、入口水温、电动机电流、平衡室压力、润滑油压、油箱油位、轴承温度、机械密封或填料密封泄漏情况、电动机风温、振动等。正常的平衡室压力应比入口压力大 0.05 ~0.2 MPa。如发现平衡室压力升高且超过 0.95 MPa，需检查原因，润滑油压应保持为 0.1 ~0.2 MPa 为宜，油压数值依靠减压阀调整。当发现油压降低时应查明原因，除油系统漏油或油泵工作失常外，油过滤网堵塞是比较常见的原因。润滑冷油器出口油温应为 35 ~46 ℃。轴承金属温度不得超过 65 ℃，如果达到 70 ℃，应发出警报信号，上升到 75 ℃时紧急停泵。

新水泵第一次运行 200 h 后，应将润滑油全部放掉，更换新油，以后每隔 1 000 h 换一次油。换油时，应将整个润滑区（包括轴承）用汽油或苯清洗干净。运行中根据油箱油位下降情况及时补油。

当汽轮机紧急减负荷停机时，要注意保持除氧器压力。如果压力降得过快，水温也相应降低，这样会引起给水泵各节段急剧收缩，造成结合面漏水。所以应严格控制泵入口水温的降低速度不应大于 1 ℃/min。

给水泵应尽量避免频繁启停，特别是采用平衡盘平衡轴向推力时，泵每启动一次，平衡盘就可能有一些碰磨。泵从开始转动到定速过程中，也即出口压力从零到定压这一短暂过程中，轴向推力不能被平衡，转子会向进水端窜动。

给水泵连续启动允许次数，应按电动机运行规程的规定执行。如果连续启动次数过多，或时间间隔较短，将引起电动机烧损，实践中曾发生过这类事故，启动跳闸后，要对电动机和所属设备进行检查。测量电动机绝缘，确认良好再进行第二次启动。如果第二次启动不成功，应查明原因并消除后方可进行下一次启动，且下一次启动应在 1 h 以后进行。

调速给水泵的转速是可以调整的。它由前置泵、电动机、液力联轴器、主泵组成一个泵组。前置泵由电动机轴的一端直接驱动、而主泵由电动机轴的另一端通过增速齿轮带动液力联轴器驱动，液力联轴器由主动轮（泵轮）和从动轮（涡轮）组成这对工作轮之间的腔室，也就是液力联轴器的工作室。工作室中充有工作液体，一般为汽轮机油。主泵的转速就是随着液力联轴器工作油量的多少来改变的。油量则由勺管来调整。改变了勺管的位置，即改变了主泵的转速。去液力联轴器的油称工作油；去变速箱及泵组各轴承的油称润滑油。与定速给水泵比较，调速给水泵在运行操作上有以下特点：

a）进入锅炉的给水流量和给水压力是根据转速变化来调节，而不靠阀门的节流来调节。

b）在泵启动前，应进行勺管调整试验，先手动调节勺管看其是否灵活，然后再在主控制室电动操作勺管，表盘上的勺管位置指示应与就地位置相符。

c）暖泵时，前置泵和主泵同时进行。对于采用机械密封给水泵，要充分排出内部空气。

d）在主泵上一般都有中间抽头作为锅炉再热器的减温水，泵启动前该减温水门应关闭，泵启动后，根据锅炉需要开启。停泵则相反。

e）调速泵运行中，除监视润滑油温外，还要监视工作冷油器的油温。注意工作油排油温度，不要超过 130 ℃，防止耦合器易熔塞熔化。

f）联动备用调速给水泵的勺管位置应自动跟踪运行给水泵的勺管位置。如自动跟踪不能投入时，可将勺管放在 40% 以上。这样当运行泵跳闸时，不致使锅炉汽包水位产生过大的波动。

g）两台调速泵并列运行时，应使其转速差最小，防止流量偏差过大。

7）给水泵的事故处理

在辅机设备中，给水泵是结构比较复杂的重要设备，除在正常运行中要细心操作，精心维护外，在事故情况下，还要迅速判断，正确处理。给水泵事故有多种，这里列举几种有代表性的事故。

①紧急故障停泵的条件及操作。当发生危及人身和设备安全的情况时，要紧急停泵，以尽快地解脱人身危险和保证设备不受损坏，或使设备损坏程度减到最轻。

危及人身和设备安全的情况主要有：管道大量热水外流；泵组发生强烈振动；给水泵严重汽化；泵组内有清晰的金属摩擦声；给水泵电动机遭到严重水害；电动机冒烟或起火；轴承温度急剧升高或冒烟；油系统大量漏油，油箱油位下降至危险油位以下又无法补油；给水泵流量低于最小流量而再循环门不能开启；达到规定的跳闸条件、保护未动作；给水泵窜轴超过规定。

上述情况，如果是就地发现的，应立即按事故按钮，如果是在控制室内发现的，应立即断开操作开关，但无论哪种情况，都必须及时启动辅助油泵，开启再循环门，关闭泵的出口门。在处理故障泵的同时，及时启动（联动）备用给水泵。保证向锅炉正常供水。

②给水泵跳闸及倒转。运行中,引起给水泵跳闸一般有如下原因:电源中断、给水泵保护动作或误动作、误动事故按钮。

给水泵事故跳闸后,如果联锁良好,故障泵的辅助油泵及备用给水泵均能自动投入。这时要将投入泵的操作开关置于运行位置,然后改变泵与泵之间的联锁关系。如果辅助油泵或备用给水泵未联动,应人为启动,至于再循环门、泵出口门、暖泵门及油系统、冷却水和密封水系统的操作,按正常启停方式进行。对于跳闸泵,要将其开关断开,解除联锁。根据跳闸原因进行检查和处理后,再决定是否启动或做联动备用。如果是厂用电中断引起的给水泵跳闸,待电源恢复后重新启动。

给水泵跳闸时,如果出口门不严或卡住,而泵出口门又未关严,必将造成水泵倒转。这一情况除了就地能观察到外,从表计的变化可以判断。其现象是:锅炉给水压力下降,除氧器水位上升,给水泵入口压力波动,给水泵倒转时,一般转速都很高,为了防止轴瓦烧损,要检查辅助油泵的运行情况。如油泵未联动,要立即启动,对给水泵出口门,尽量用电动关闭,如果出口门没电或未关严,应组织人力手动关严。在处理时,严禁关闭入口门,以防给水泵低压侧爆破。对倒转的给水泵,千万不要重合开关,因为这种情况反力矩很大,如果强行合闸会将轴扭断或发生电动机损坏事故。

③给水泵汽化。给水泵的工作水温,如果超过对应压力下的饱和温度,将产生汽化现象,这时水泵内由于不能被水充满,便破坏了正常工作状态。给水泵的汽化现象为:出口压力和电动机电流明显下降并摆动;泵体内有明显的冲击声并使泵体发热,平衡室压力大幅度摆动,窜轴变化很大。

当给水泵在小流量下运行,而再循环门又未开启时,最容易发生损坏事故。因为这时水泵高速旋转,转子与水摩擦产生热量不能及时带走,于是使工作水温升高,以至发生汽化,汽化严重时,会引起动静间隙消失而导致金属碰磨,所以这种情况是最危险的,比如有一台给水泵,汽化时处理不及时,延误了停泵时间,停泵后动静部分已经咬住。

另外,当给水泵入口过滤网严重堵塞而入口门后水温未变时,也会产生汽化。发现给水泵汽化时,首先开启再循环门,严重时立即停泵。检查除氧器压力和水位,使之恢复正常。如果再次启动汽化了的给水泵时,要经过详细检查,盘动转子应轻快,否则不应启动。

④油系统故障。给水泵发生油压下降、油温过高、油箱油位变化以及油中进水等,都严重的威胁着设备安全运行,必须迅速正确处理。

发现油压降低时,首先要检查原因。比如:油滤网是否堵塞,冷油器或油管路是否漏油,减压阀是否失灵,油泵是否出现故障等。根据找到的原因,采取相应对策。若油滤网前后压差大,应及时切换备用的滤网,但在操作时需注意,扳动把柄时,要根据切换阀的结构和特性来掌握切换速度,而且方向不要弄反了。当发生漏油和设备故障时,应在切换为备用给水泵后,将泵停下来检修。在检查和处理过程中,如果油压继续下降,应按低油压保护定值的规定,及时启动辅助油泵或停止给水泵运行。

当油温过高时,应检查冷却水是否中断或水压是否不足。水压不足时要开大冷却水门,提高水压,或补充工业水。如果油温缓慢升高,可能是冷油器水侧有脏污堵塞,应及时清扫。

给水泵安装完试运行时,如果发现油温过高又调整不下来,则可能是轴瓦进油量不足,应改变进油的节流孔板直径或采取其他措施。

油箱油位变化分为油位升高和油位降低两种情况。如果未进行补油而油位升高时,说明油中已经进水，这时应开启油箱底部放油门排水。加强滤油，通知化学人员化验油质，必要时更换新油。如果油箱油位下降，则主要是法兰、轴瓦、冷油器等处漏油造成，要及时消除。

8）给水泵的自动调节和保护

①给水泵的自动调节。给水泵的自动调节通常可分为最小流量自动调节和给水自动调节这两个主要部分。

a）最小流量自动调节。给水泵在设计时一般都规定了一个允许的最小流量（额定流量为25%～30%），如果在小于这个允许的最小流量下运转，一则会因泵内摩擦发热导致给水汽化，且一旦发生汽化，泵内水压将不稳，又会引起平衡盘窜动，甚至与平衡座发生摩擦，严重时会导致盘座烧坏或泵卡死的事故；二则因离心泵性能曲线在小流量范围内较为平坦，有的还有“驼峰”形曲线，会出现压力脉动引起所谓“喘振”现象，使出水压力忽高忽低，流量时大时小，伴随着像“气急喘促”一样的振动。为了避免这种现象发生，过去常用重锤式自动旁路阀（一般都与出水止回阀组合成一体）和再循环管。当流量小于允许的最小流量时，借助水泵出水压力的升高，克服重锤重力自动打开旁路阀，让部分给水经再循环管返回至除氧器或水泵进口。不过，经长期的实践证明这一方法并不理想，因为再循环流量仅凭流动压降的大小来控制旁路阀的开关很难控制其整定值。而且小流量下水泵的出水压头很高，压降很大，致使旁路阀磨损严重，造成正常运行时关闭不严，带来无为的泄漏耗功，降低了正常运转下的水泵效率。因此，现代高速泵在再循环管上另设有再循环阀，以替代重锤式旁路阀，并在阀门前加置多级减压孔的节流装置。这样，由输出流量计里的最小允许流量的电触点信号，通过电磁切换气动开关来打开再循环阀，既保证了通过水泵的最小流量，又避免了再循环阀的磨损。

b）给水自动调节。高压大容量机组的给水泵采用变速调节，其经济性比节流调节好，但是，即使变速调节也有所谓“二段”调节方案和“一段”调节方案的区别。前者由锅炉给水调节器发出信号，先改变给水调节阀开度，让给水马上适应需要，然后，再根据调节阀前后的差压改变值（这是因调节阀开度的改变所引起的），通过差压调节器再去改变给水泵转速，使给水泵出水量相应跟上，直到等于锅炉需要的给水量，同时调节阀前后压差恢复为定值时，才算完成了调节过程，重新在新的平衡状况下稳定运行。

上述调节方案，尽管在负荷改变时可由调节阀开度的改变来使给水很快适应锅炉的需要，从而避免了因调节迟延而造成锅炉缺水或满水。但是，这个快速适应性是由调节阀前后固定的差压值换取来的，因此也带来了这个固定差压在运行中的固定损失，对300 MW单元机组来说，功率损失达250 kW，按利用小时6 000 h来计，年损失就达150 kW·h电。因此，近代发展趋向是取消调节阀的固定差压值，实现由给水调节器（或三冲量脉冲）发出信号直接去改变汽动泵转速的“一段”调节过程，从而提高给水系统调节的经济性。例如某台国产300 MW机组，其给水调节方案便是采取“一段”调节，它的调节过程是：锅炉负荷改变，首先引起汽水分离器中水位的改变（该锅炉为低倍率复合循环锅炉，它带有外置式汽水分离器），由此信号进入三冲量（即水位、蒸汽量、给水量）调节器，再由三冲量调节器发出信号，经电液转换器或电动机执行机构直接改变给水泵转速。

然而，实现“一段”调节方案，能否保证锅炉给水的及时供给，这就要取决于调节对象即驱动泵组调节过程的动态特性是否满足要求了。根据对液力联轴器驱动变速给水泵动态方程分析可知，其动态时间常数主要取决于液力联轴器工作腔中改变充油量的惯性，这与液力联轴器的结构和调节方式有关。因为液力联轴器和给水泵改变转矩时的设备惯性甚小，对整个动态时间常数影响较少。因此从理论计算值来说，是能够及时适应锅炉对给水的要求的。为了减少给水系统节流损失；提高给水系统的运行经济性，应该说："一段调节"的方案是可行的。

②给水泵的自动保护。给水泵是结构复杂的重要辅助设备，运行中必须保证其安全、可靠，为此大容量给水泵都设有许多保护装置，现将其主要保护装置分述如下：

a）给水泵互为联动保护：即当运行泵一旦跳闸停运，备用泵便能自动投入运行以保证供给锅炉的给水不致中断。

b）油压低保护：给水泵采用滑动轴承，强制油循环。因此和汽轮机一样，必须保持一定的润滑油压。如果油压过低，将使油膜破坏，造成烧瓦事故。低油压保护就是润滑油压在规定值时联动辅助油泵，保持油压正常，若油压过低无法维持时，低油压保护还会联跳主泵，保证轴瓦不被烧毁。对于液力联轴器，当工作油压低时，辅助工作油泵应能自动联起，保证工作油压正常。

c）油压高保护：如果油压过高，润滑油将从油档漏出，同样不安全。油压高保护可以在润滑油压高于规定值时，联跳或闭锁辅助润滑油泵。另外当工作油压高时，油压高保护可以联跳或闭锁辅助工作油泵。

d）轴承温度高保护：有些给水泵特别是进口给水泵，如英国维尔公司的给水泵组均装有轴瓦温度保护，当轴瓦温度达到规定数值时发出报警信号，继续升高到停泵值时联跳给水泵，保护轴承安全。

大容量给水泵除上述保护外，还设有入口门不开闭锁主泵启动，出口母管压力低闭锁出口门开启，给水泵入口滤网差压大跳泵，除氧器水位低报警、跳泵，前置泵流量低保护。

启动前确认除氧器水位正常，电泵联锁在"切除"位置，各项联锁及保护动作应正确，送上电泵电机电源，检查电泵组各冷却水投入正常。就地、远控分别活动勺管，确认就地、远控勺管开度对应一致后，将耦合器的勺管调到最低位置。

启动电动给水泵后，认真检查给水泵组各轴承的振动、瓦温、回油温度、回油量等各项参数在正常值范围，检查机械密封冷却器的投入情况，当冷却水侧投入正常时，机械密封水温度仍高时，可相应地提高泵转速。调整并检查给水泵电机定子温升情况适量投入电机冷却水，投入工作冷油器冷却水，维持冷油器出口正常油温。逐步调整勺管开度，核对压力—流量—转速三者工况点，根据锅炉启动曲线的要求，调节给水泵的转速，以满足向锅炉上水的要求。

两台汽动泵运行正常后进行汽、电泵切换，先将电泵负载移至汽泵。调整电动给水泵勺管，当电泵转速降至最小流量时，关闭出口门。

机组运行中电动给水泵投入倒暖系统，备用期间应保证水泵上下壳体温差小于 20 ℃，且泵体温度与除氧水温差小于 30 ℃，微开各冷却器进水门，出水门保持常开，最小流量投入自动，辅助油泵应连续运行。

第 7 章 火力发电机组的运行事故及处理

单元机组机、炉、电、辅、控为一体，设备众多，系统复杂，运行工况多变。因此随时都有可能发生不同性质的运行事故，其中除了设备本身的缺陷以外，由于集控员运行技术水平及应急处理能力不足而造成事故或扩大事故的可能性也较大。因此要求集控员熟悉设备及系统构造，熟练掌握操作技术，对设备要做到精心维护，正确操作。当发生事故时，一定不能慌乱，要做到沉着冷静、判断正确，准确而迅速地处理。

机组事故发生时，各专业岗位人员应在值长统一指挥下，坚守本职岗位，按照有关规程的规定，密切配合，全面、迅速、准确地处理事故。根据仪表指示和设备外部象征，迅速正确地查清事故的原因、性质、发生的部位和事故影响范围，并迅速处理事故，首先解除对人身、设备及电网的威胁，防止事故扩大。在人身及设备安全有保障的前提下，应尽力迅速恢复机组正常运行，满足系统负荷需要。事故处理后，集控员应如实记录事故发生的时间、现象及所采取的措施；保护好记忆打印，记录曲线等原始资料，以便于事故分析，总结经验教训。

事故发生在交接班过程中，应停止交接班，由交班的人员应继续进行处理，接班的集控员可在交班者同意下协助消除故障，直到机组恢复正常运行状态或接到值长的接班命令为止，再按交接班程序进行交接班。

7.1 锅炉事故及处理

据可靠性统计分析，火力发电设备的炉、机、电、控四大系统中，锅炉设备及系统的故障率最高。这是由锅炉设备及系统的复杂性及工作环境的恶劣性所决定的。锅炉设备及系统一旦发生事故，对整个单元机组的影响是全局性的，轻则使机组发电出力减少，重则造成设备损坏，使整个单元机组停运。因此，在进行锅炉机组的运行监盘时，集控员会感觉十分紧张。但只要有高度的责任心和高超的操控技能，熟练掌握各种常见事故的发生、发展及应对规律，能及时预判预控，就能化解事故风险，把事故造成的危害减至最小。

7.1.1　锅炉燃烧事故

(1)锅炉灭火及处理

1)锅炉灭火的现象

锅炉在运行中灭火时,锅炉主燃料跳闸(MFT)动作,一次风机及以下有关辅机均跳闸,油跳闸阀及油角阀关闭,并伴有声光报警。炉膛负压指示急剧增大,炉内变暗,由看火孔看不到火焰,火检灯全熄,火焰CRT无火焰显示。汽包水位瞬时下降后升高,汽温、汽压下降。各段烟气温度下降,氧量值骤增,若是因爆管引起的灭火,看火孔及不严密处有炉烟及蒸汽冒出,水位则持续下降(再热器爆管例外)。

2)锅炉灭火的原因

机组运行中,锅炉灭火是易发性故障,造成灭火的原因比较多,以下为常见原因:炉膛负压过大;煤质太差或煤种突变,燃烧恶化;炉膛内受热面严重爆破或炉内掉大焦;长期低负荷运行,过剩空气量过大造成炉膛温度低;低负荷运行时,调整操作不当,未及时投油稳燃;燃油系统故障,如燃油雾化不良、油中带水、燃油失压等;锅炉吹灰、除渣操作事先未联系或操作不当;炉底水封被破坏使大量水汽或冷风漏入炉膛;启停制粉系统未及时调整燃烧,制粉系统运行不稳;燃烧自动控制失灵或保护装置误动作;一、二次风比例失当;燃料风挡板执行机构动作异常,使燃料与空气混合不良。

3)锅炉灭火的处理

确认已灭火时锅炉主燃料跳闸(MFT)应立即动作,否则立即手动MFT,严禁采用爆燃法恢复燃烧。将机组控制方式全部切为锅炉手动,并联系迅速降低机组负荷。手动维持汽包正常水位,确认降温水已退出,灭火原因查明后,设法消除并按规定,进行不少于5 min的炉膛通风吹扫,MFT复归。再按热态开炉要求重新点火恢复正常运行,若灭火原因不明或短时间内难以消除,则按热备用停炉处理。

(2)锅炉炉膛爆燃

锅炉炉膛爆燃是指在炉膛空间内,空气中的悬浮可燃物达到一定浓度,而被瞬时引燃,使炉内烟气压力突然升高超过设计允许值,从而造成水冷壁、刚性梁、燃烧器及其他设备损坏的现象。

1)炉膛爆燃的现象

炉膛发生爆燃时,炉膛负压表大幅度摆动而后向正压方向摆至最大,FMT动作。一、二次风压不正常地升高,火焰监测指示不正常地闪烁。炉膛内发出沉闷响声,从看火孔及不严密处喷冒烟火,汽包水位、蒸汽压力不正常地大幅度变化。如炉膛爆燃损坏水冷壁管子时,炉膛向外喷冒水蒸气,汽包水位和蒸汽压力下降很快。

2)炉膛爆燃的原因

炉膛爆燃的原因一般有以下方面:锅炉灭火时保护拒动,未及时发现或处理不当,致使大量燃料在炉膛或烟道内积聚;锅炉点火前或灭火后,炉膛吹扫通风量不足或通风时间太短,以及点火失败后未重新通风吹扫,使炉膛内残留可燃物(油、气、煤粉)沉积;冷态启动时,过早地投运制粉系统,由于此时炉膛温度低,煤粉燃烧不完全;燃油温度低或油枪雾化不好、漏油、喷口脱落,使燃油燃烧不完全,剩余可燃物沉积在水冷壁、冷灰斗处;点火器能量小不能正常点火,或油枪着火不稳定,不能保持煤粉着火或燃烧时,继续投油或投粉,致使大量可燃物沉积和积聚；部分燃烧器失去火焰，保护装置未动作，而继续投入燃料；燃用煤种变化，风粉配比调整不当或煤粉自流，炉内空气量不足使燃烧工况恶化。

3）炉膛爆燃的处理及防治

炉膛发生爆燃时，应立即停止锅炉运行，切断向炉膛供给的一切燃料，保持风机运行，排除炉膛内的剩余可燃物或水蒸气。认真检查锅炉设备，如未遭损坏及残留可燃物，在炉膛按规定进行吹扫后，重新点火。检查中如发现锅炉设备已遭到损坏时，严禁启动恢复锅炉运行，必须等损坏设备修复后，并对锅炉设备进行全面、认真、仔细地检查，确认设备无其他缺陷后方可重新启动。

在运行中，为有效地防止炉膛爆燃事故，锅炉灭火保护、炉膛压力保护装置必须正常投入，如因故障不能投运时，必须做好防止爆燃的安全措施。运行人员在锅炉启、停及低负荷运行、煤种变化时，应加强运行工况或参数变化的监视，注意燃烧和风粉配比的调整。定期切换和试验燃油设备和点火装置，燃烧不稳时宜提前投油助燃，燃烧恶化出现明显灭火迹象时，禁止投油防止爆燃。锅炉灭火后，必须以充足的风量和足够的时间进行通风吹扫，然后点火启动，恢复锅炉运行。

（3）锅炉尾部烟道二次燃烧

1）锅炉尾部烟道二次燃烧的现象

烟气温度，热风温度和蒸汽温度均不正常地急剧升高，烟气含氧量不正常地降低。炉膛及烟道内负压剧烈变化并变小，从烟道门孔处发现火星或冒烟，严重时烟道防爆门动作。若在空预器内发生二次燃烧时，空预器电流摆动并增大，外壳温度升高，严重时空预器卡涩。

2）锅炉尾部烟道二次燃烧的原因

锅炉尾部烟道二次燃烧的原因一般有如下方面：升炉前或灭火后未对燃烧室及烟道进行充分的通风抽粉；锅炉启停过程或低负荷运行时，由于炉膛温度低或过剩空气量太小，制粉系统启动过早，造成燃烧不完全，加之烟速较低，使烟道内积存燃料；油枪雾化不良，使尾部受热面上积存油垢和粘附大量未燃尽的煤粉；燃烧器工作不正常，风粉配比不当，炉膛负压过大，火焰中心上移造成大量可燃物进入烟通；制粉系统运行不正常，致使煤粉过粗、过多或三次风带粉过多；燃烧调整不当或煤种变化大时，配风未及时调整或风量过小，造成燃烧不完全；空预器及烟道吹灰未按规定执行，导致可燃物大量累积。

3）锅炉尾部烟道二次燃烧的处理

锅炉尾部烟道发生二次燃烧时应作如下处理：如排烟温度不正常地升高 20 ℃，应立即检查各段烟温和壁温，投入该不正常区域的蒸汽吹灰，同时切机组控制方式为锅炉手动，调整燃烧方式，控制各金属壁温在规定值，要求降低机组负荷，以消除再燃烧的根源；经采取措施无效、排烟温度继续不正常地升高到 250 ℃时，应手动 MFT 紧急停炉，此时绝对不能通风；停炉后停止引、送风机、空预器继续运行，关闭所有风、烟系统的挡板，继续投入蒸汽吹灰器灭火；如火势不减，烟温继续升高，应联系汽机投入高、低旁路以防管子过热而被烧坏；待火熄灭烟温降至正常后停止灭火和吹灰；缓慢打开人孔门检查确无火源后启动引风机通风 5 ~ 10 min；如自燃后空预器积灰严重，应冲洗后再启动，在启动之前应充分疏水，然后开启送引风机，对空预器进行通风干燥后，再重新点火；在处理过程中，其他操作按热备用停炉处理。应维持正常水位和较高蒸汽参数；检查烟道及内部设备确未遭损坏时，可按热态生炉要求重新点火启动；如设备被严重损坏不能恢复正常运行时则按正常停炉处理。

7.1.2　锅炉水位事故

(1)锅炉满水事故及处理

1)锅炉满水事故的现象

锅炉出现满水事故时,水位高信号报警,水位指示在高水位处。给水流量不正常地大于蒸汽流量;严重满水时,主汽温度急剧下降,主蒸汽管内发生水冲击。水位保护投入时,事故放水门自动开启,水位高至三值时,MFT 动作。

2)发生锅炉缺水事故的原因

发生锅炉缺水事故的原因一般有如下方面:汽机调门,高压旁路门开启太快、太大,或安全门启座,使汽包压力下降太快,造成炉水急剧汽化,形成虚假水位;给水自动失灵或电泵、汽泵调速器工作失常,使给水流量远大于蒸汽流量;工况变动太大,调整不及时;水位计指示不正确,使运行人员误判断;对水位监视不严、调整不当或误操作。

3)满水事故的处理

发生满水事故时,一般应作如下处理:若是水位计指示不正确,则联系检修或热工人员迅速进行处理;若因监视不力,汽包水位超过三值而 MFT 未动作,应先手动 MFT 再作处理;若水位在可见水位,则应立即将水位控制切为手动,减少给水量,同时校对各水位计,确认是满水后,开启事故放水门;若系运行给水泵调速器失灵,手动无法减少给水流量时,应联系停运故障泵,联动或手操启动备用泵控制给水流量;若水位仍继续上涨至三值时,MFT 应动作,否则手动 MFT(MFT 后,检查减温水已自动关闭,否则手动关闭,同时开启末级过热器出口疏水阀);查明满水原因并消除故障,将汽包水位放至正常水位后,准备重新点火;满水原因不明或无法消除,则按热备用停炉处理。

(2)锅炉缺水事故及处理

1)锅炉缺水的现象

锅炉发生缺水时,水位低信号报警,水位指示在低水位处。给水流量不正常地小于蒸汽流量(如系水冷壁管或省煤器管破裂引起水位低时,此现象则相反),严重缺水时,过热汽温上升,过热器管壁温度上升并超温,当水位低至三值时,MFT 动作。

2)造成锅炉缺水的原因

给水自动失灵或给水电动门误关;给水泵或给水系统故障造成给水压力低,给水流量不足或严重外漏;排污门不严造成严重泄漏或排污前未联系;事故放水阀误开或严重泄漏;汽包安全阀起跳后长时间不回座;水冷壁、省煤器管道严重泄漏;机组负荷骤减导致汽压剧升,造成短时虚假低水位;水位指示不正确,使运行人员误判断;对水位监视不严,调整不当或误操作。

3)锅炉缺水的处理

发生缺水事故时,一般应作如下处理:若是水位计指示不正确,则联系检修或热工人员迅速进行处理;校对各水位计,确认水位偏低后,立即将水位控制切为手动,增加给水量;若系运行给水泵调节失灵,无法增加给水流量时,应联系启动备用泵,并根据需要停运故障泵;减弱锅炉燃烧,适当降低机组负荷,但负荷不能降得太快,以免压力升高太快,引起虚假低水位,造成 MFT;立即停止定期排污、连续排污;检查给水、排污系统及紧急放水各阀门位置是否正确,是否泄漏;若因减温水流量波动大引起给水自动失灵,应退出减温水自动和给水自动,由手动维持汽包水位;若汽包水位继续下降至三值时,MFT 应动作,否则手动 MFT;MFT 后,可继续加大给水量，待水位恢复正常，缺水原因查明并消除后，可准备重新点火；缺水原因不明或无法消除，则按热备用停炉处理；若因运行人员疏忽大意，未发现水位下降过程，当发现时水位已达三值时，应紧急停炉，停炉后禁止擅自进水，按热备用停炉处理，同时汇报值长，重新进水和开炉时间由总工决定。

7.1.3 锅炉"四管"爆漏

(1)水冷壁管爆破

1)锅炉水冷壁爆漏时的现象

水冷管壁爆漏时汽包水位下降，蒸汽压力下降，炉膛压力增大或变正，燃烧不稳。严重时锅炉灭火，MFT 动作，炉内有异声，炉膛不严密处有炉烟喷出。给水流量不正常地大于蒸汽流量，引风机动叶角度不正常开大，电流增加，炉膛温度及烟气温度下降。

2)造成爆管的原因

给水、炉水品质不合格，炉水处理不当，使管内壁结垢、腐蚀；燃烧器、吹灰器安装不当，致使水冷壁管子被磨损、吹损；水冷壁管安装不当，检修工艺不良，材质不合格，焊接质量不合格；燃烧方式不合理，长期低负荷运行，炉内局部严重结焦，汽压骤降、水位过低以及定期排污超时超量或长期大量泄漏等因素引起水循环不良；检修时管子被外物堵塞，致使水流不畅，局部得不到冷却而过热；管子处在高温区，发生高温腐蚀或因炉内热负荷分配不均致使管壁长期严重超温；锅炉严重缺水后又突然大量进水；掉下大焦砸坏冷灰斗或水冷壁；操作不当，使锅炉受热不均或超压运行；炉内发生爆炸，使水冷壁管损坏；邻近承压管泄漏，吹损水冷壁管。

3)水冷壁爆管的处理

发现水冷壁有泄漏或爆管时，先将运行方式切为锅炉手动。当泄漏不严重时，手动增加给水量保持正常水位，同时减弱燃烧，必要时投油稳燃，降低负荷维持短时间运行。同时加强对损坏部位的检查，密切注意其发展情况做好事故预想和安全措施，尽快申请停炉以防止事故扩大。

若泄漏严重，无法维持正常运行时，应手按 MFT 紧急停炉，保持一台引风机运行，维持炉膛负压，抽尽炉内烟气、蒸汽后停运。停炉后应关闭省煤器再循环阀，尽量维持汽包水位，无法维持时应停止进水，停炉后其他操作按正常停炉进行。

(2)省煤器管爆漏

1)省煤器管发生泄漏时的现象

发生泄漏或爆漏时，给水流量不正常地大于蒸汽流量，严重时汽包水位下降甚至难以维持。炉膛和烟道负压变小或变正，引风机导叶开大，电流增加。省煤器附近有异声，不严密处向外喷烟、喷汽，省煤器两侧烟温差增大，损坏侧烟温、排烟温度以及该侧空预出口一、二次风温均下降，严重时，省煤器灰斗发生溢水。

2)省煤器管爆漏的原因

给水品质不合格，使管子内壁腐蚀；给水流量、温度变化太大且频繁，使金属疲劳损坏；管材不合格，焊接质量差，安装、检修工艺不良；飞灰磨损或省煤器发生再燃烧；开、停炉过程中停止进水时未开再循环阀；邻近承压管泄漏，吹损省煤器管。

3)省煤器管泄漏的处理

当泄漏不严重时，将给水自动切为手动，加大给水量，并停止一切排污放水工作、维持水位,同时降低机组负荷维持短时间运行,加强对损坏部位的检查。密切注意其发展情况,做好事故预想和安全措施,尽快申请停炉防止事故扩大。

若泄漏严重不能维持水位时,应手按 MFT 紧急停炉。保持一台引风机运行,抽尽烟道内蒸汽后停运,停炉后应尽量维持汽包水位,关闭所有排污、放水门、省煤器再循环门。如水位无法维持时应停止进水,联系辅机值班员,停止电除尘器运行,将省煤器、空预器和电除尘器灰斗内的灰放尽,停炉后其他操作同正常停炉。

(3)**过热器管爆漏**

1)过热器管发生泄漏时的现象

发生泄漏时,过热汽压力、流量下降,给水流量不正常地大于蒸汽流量。炉膛及烟道压力增大或变正,炉膛上部过热器严重爆管时将引起燃烧不稳甚至灭火。损坏处有异声,不严密处向外冒蒸汽或烟气。汽包水位瞬时上升后再下降,过热汽温的变化随泄漏部位而异,高温段损坏时,汽温下降,低温段损坏时汽温上升。过热器后两侧烟温差增大,损坏侧烟温下降,引风机导叶角度开大,电流增加。

2)过热器管爆漏的原因

蒸汽品质长期不合格,使管壁内结垢或腐蚀;管材质量不合格,安装、检修、焊接质量差,管内有异物;启动前疏水不充分或低负荷时减温水量控制不当,造成管内水塞引起局部过热;过热器结构不合理,使蒸汽分布不均匀或蒸汽流速太低,使管壁冷却不好;燃烧调整不当,火焰偏斜或上移或水冷壁严重结焦,使进入过热器区的烟温过高;煤粉太粗,油枪雾化不良导致二次燃烧;启停方式不正确,蒸汽参数升降速度太快,使管壁内外温差过大;飞灰磨损严重或吹灰器安装不当,吹灰磨损严重;给水温度过低,导致过热汽温不稳或长期超温导致管壁温度交变或超限;运行年久,管材蠕胀;过热器超压或受邻近承压管泄漏的吹损。

3)过热器管泄漏的处理

当泄漏不严重时,将运行方式切为锅炉手动控制,降低机组参数和负荷维持短时间运行。加强对损坏部位的检查,密切注意其发展情况,控制好壁温,尤其是爆管本段及其后面过热器的壁温,同时尽快申请停炉防止事故扩大。

若泄漏严重无法维持正常运行时,应手按 MFT 紧急停炉。并保持一台引风机运行,抽尽烟道内蒸汽后停运,停炉后尽量维持汽包水位,并关闭各排污阀、放水阀。停止进水时应开启省煤器再循环阀,停炉后其他操作同正常停炉。

(4)**再热器管爆漏**

1)再热器管发生泄漏时的现象

发生泄漏时,炉膛负压变小或变正,严重时从不严密处向外冒汽或冒烟。再热器严重爆破时将引起燃烧不稳甚至灭火,MFT 动作,再热蒸汽流量和出口汽压下降,主汽流量增加,再热器附近有异声。引风机导叶开大,电流增大。再热汽温变化随损坏部位的不同而异,高温段损坏汽温下降,低温段损坏汽温上升,壁温亦上升,两侧烟温差增大,损坏侧烟温降低。

2)再热器管爆漏原因

蒸汽品质长期不合格,使管内结垢或腐蚀;管子材质不合格或安装、检修、焊接质量不良;启动前疏水不充分或低负荷下投减温水不当造成水塞;锅炉启停、安全阀校验和负荷骤减等过程中未正确使用高、低压旁路造成再热器冷却不够或干烧;旁路系统误动作或高压旁路泄漏,使再热器进口超温、超压;飞灰磨损和吹灰磨损严重或发生高温腐蚀;再热器结构不合理,使蒸汽分布不均或流速太低,使管壁冷却不良;再热器处发生二次燃烧;再热汽温不稳或长期超温导致管壁温度交变或超限;运行年久,管材蠕变;受邻近泄漏承压管的吹损。

3)再热器管泄漏的处理

若泄漏不严重时,将运行方式切为锅炉手动控制适当降低机组参数和负荷维持短时间运行,加强对损坏部位的检查,密切注意其发展情况。控制好壁温,尤其是爆管本段及其后面再热器的壁温,同时尽快申请停炉,防止事故扩大。若再热器管爆漏,其损坏严重,无法维持正常运行时,应手按 MFT 紧急停炉,并保留一台引风机运行,抽尽余汽后停运,停炉后其他操作同正常停炉。

7.2 汽轮机事故及处理

汽轮机组长期工作在高温、高压、高转速及一定的振动状态下,又与众多辅助设备及汽、水、油、气系统紧密联系,运行过程中不可避地会发生不同程度的事故。事故发生时,集控员应根据仪表显示及设备异常象征判断事故确已发生,并迅速处理事故。首先解除事故对人身及设备构成的威胁,防止事故蔓延,必要时应立即解列或停用发生事故的设备,确保非事故设备正常运行。

7.2.1 汽轮机进水及进冷汽

汽轮机发生进水、进冷汽时,会直接或间接造成汽轮机设备损坏,严重时会造成汽轮机叶片损坏、汽缸变形、动静间隙发生碰磨、大轴弯曲、重要部件裂纹等恶性事故。

(1)汽轮机进水及进冷汽的现象

汽轮机运行中发生进水或冷汽时,主蒸汽或再热蒸汽温度短时间内急剧下降,过热度减小,高、中压主汽门、调门冒白汽或伴随有尖叫声。蒸汽管道、抽汽管道发生振动并有水冲击声,以及抽汽管道上、下壁温差增大。汽轮机轴向位移增大,推力瓦温及推力轴承回油温度升高,"汽机轴向位移大"报警。机组振动急剧增大,同时报警,汽机上下缸温差增大,汽缸内有水击声,负荷下降或摆动,盘车状态下盘车电流增大。

(2)造成汽轮机进水及进冷汽的原因

锅炉出现满水或汽水共腾时,可使水或冷汽进入汽轮机;高压旁路减温水门关不严、误开,或减温水调整不当可能导致减温水进入汽轮机;汽机暖管疏水不充分或管道疏水不畅;加热器满水,对应抽汽逆止门关不严,疏水倒回汽轮机;除氧器满水沿着轴封一挡漏汽、门杆漏汽或四段抽汽管道流入阀体、轴封及汽缸;轴封供汽或抽汽管道疏水不畅,积水或疏水进入汽缸。

(3)汽轮机进水及进冷汽的处理及预防

运行中如发现主蒸汽或再热汽温有明显超限值变化趋势,查找原因并进行处理,如确认为有冷汽或水进入汽轮机发生水冲击时,应立即破坏真空打闸停机;在打闸前,如发现主蒸汽温度下降过快或汽包满水,则迅速调整锅炉汽包水位;如因某台加热器满水而导致水冲击,则应立即解列该加热器,关闭对应抽汽逆止门和电动门;打闸后,立即开启主、再热蒸汽管道疏水,一、二级旁路管道疏水、高排逆止门前后疏水、及本体、导汽管道、调门、抽汽管道等疏水门。

汽轮机盘车期间发现进冷汽或进水,必须保持盘车运行一直到汽轮机上下缸温差恢复正常,同时加强汽轮机内部声音,转子偏心度,盘车电流等的监视。

汽轮机升速过程中发现进水或进冷汽,应立即停机进行盘车,直到汽轮机盘车电流、大轴晃动、汽缸上下壁温差值恢复正常后才允许开机。

汽轮机运行中进水监视报警时,如高排管道疏水罐水位报警和各段抽汽管道防进水热电偶温差大于40 ℃时,应迅速查明原因并消除。若振动、胀差、上下缸温差的变化达到停机值时应立即停机。

机组受水冲击后,必须进行认真的全方位检查,未查明原因不准开机。在确认汽轮机发生水冲击后没受到较大的损害,各种参数已恢复正常并已查明水冲击的原因后,并经总工程师及有关技术人员共同认可后方可重新启动。启动时应特别注意机组上下缸温差、胀差及机组声音、振动等参数的变化,如发现有摩擦声或振动值增大超过规定值,应立即打闸破坏真空紧急停机,彻底查找原因。

运行中汽温急剧下降50 ℃,或启停和变工况过程中汽温在10 min内下降50 ℃,以及来汽管道阀门、主汽门、调速汽门冒白汽时应打闸停机,在停机时不出现上下缸温差大,可不开启缸体疏水,以防止疏水系统的冷水和冷汽返回汽缸,极热态开机可在冲转前开启5 min后关闭;注意监视汽缸温度、加热器、除氧器和凝结器水位的变化,停机或也不能忽视,水位报警及保护应可靠。

加强运行监督,运行中一旦发现汽轮机水冲击的前兆或象征(如汽温骤降、振动突然增大),应采取紧急停机措施,严防发生水冲击;冷态启动前,主蒸汽和再热蒸汽系统要充分暖管,并保证疏水畅通和足够的疏水时间。

7.2.2　汽轮机叶片损坏或断落

(1)汽轮机叶片损坏或断落的现象

汽轮机运行中断叶片后,由于转子的不平衡,机组振动会明显增大或产生剧烈振动;汽机通流部分由于动静碰磨、有不正常的金属撞击声,盘车时有摩擦声;如叶片损坏较多,使汽轮机通流面积改变,在同一负荷下蒸汽流量、调速汽门开度、汽机监视段压力或某段抽汽压力、轴向位移、推力轴承瓦温等发生异常变化;若低压缸叶片损坏断落,则可能打坏凝汽器铜管,使凝结水导电度、硬度增大,凝汽器水位升高,凝结水泵电流增大;若在抽汽口处的叶片断落,则叶片有可能进入抽汽管道,造成抽汽逆止门卡涩或进入加热器损坏管束,使加热器水位升高。

(2)汽轮机叶片损坏或断落的原因

①叶片本身缺陷引起的损坏。叶片频率不合格或制造质量不良,材质不良或错用材质等均有可能在运行中发生叶片损坏事故。

②运行、维护管理不当造成叶片损环。汽轮机超速或运行频率长时间偏离正常值造成叶片疲劳;进汽参数不符合要求,如汽压过高、汽温偏低、真空过高,都会加剧叶片的水蚀或引起超负荷;超负荷运行,使叶片的工作应力增大,特别是最后几级叶片因流量增大最易过负荷;运行中由于调整不当,造成汽轮机进水或进冷汽而发生水冲击,会直接造成叶片损坏;机组在运行过程中,由于化学监督不到位,使蒸汽品质不良而造成叶片结垢,不但会引起叶片的腐蚀而且会引起监视段压力升高,从而增大了汽轮机的轴向推力,造成部分叶片过负荷。汽轮机本体未定期检查或检修不认真,在运行中汽缸内部固定零部件脱落,如阻汽片、导流环、测温套管等损坏脱落,造成叶片损坏;运行中汽轮机轴瓦损坏、胀差超限、大轴弯曲以及强烈振动处理不及

时造成动静摩擦,引起叶片损坏或断落。

(3)**汽轮机叶片损坏或断落的处理及防止**

汽轮机运行中,若发生叶片损坏事故,在汽缸内发出清晰的金属撞击声和出现剧烈振动,一旦确认汽机发生叶片断裂事故或上述超限值进入停机值,应立即破坏真空紧急停机。

若运行中发现调节级或抽汽压力异常,应立即进行分析,同时参照振动、轴向位移、推力轴承金属温度的变化,确认叶片断落应停机处理。加强运行中的监视与调整,严防汽轮机超速及水冲击,控制汽轮机在规定的参数、负荷下运行,防止低汽温、低真空、低频率及超负荷运行。加强汽水品质的监督,运行中一旦发现凝结水硬度突然增大,应立即进行凝汽器水侧半面查漏,重视汽轮机停机后的保护。定期进行叶片测频及探伤。

7.2.3 汽轮机超速

汽轮机超速事故容易发生在机组突然甩负荷到零和空转做超速试验的情况下,发生时转速增高超过危急遮断器动作值,主油泵出口油压相应升高,机组振动加剧,运转声音异常。严重时导致叶片及围带脱落,轴承损坏、动静摩擦、甚至断轴造成"飞车"。

汽轮机超速的原因大多数是由于调节系统部件工作不正常,保护系统故障、计算机系统故障以及设备本身有缺陷等原因造成。在运行中具体现象为:

①发电机解列或甩负荷到零后汽机相关保护拒动,主汽门和调速汽门卡涩或关不到位,各超速保护拒动,低压旁路拒动。

②发电机解列后,高排逆止门、抽汽逆止门卡涩或关不到位,特别是一、二、三段抽汽逆止门和高排逆止门。

③危急遮断器作超速试验时转速失控。

发现汽轮机超速应立即紧急故障停机,关闭自动主汽门,如自动主汽门、调速汽门不能自动关闭时,应立即关闭锅炉侧电动主汽门。锅炉必须尽快泄压,低旁未动作时立即手动开启。当抽汽逆止门未联关时,应立即手操作关闭抽汽逆止门。

汽轮机发生超速后必须尽快查明超速原因并消除故障,全面检查确认汽轮机正常方可重新启动,定速后应试验危急遮断器及各超速保护装置动作正常方可并网带负荷。

重新启动过程中应对汽轮机振动,内部声音、轴承温度、轴向位移、推力瓦温度等进行重点检查与监视,发现异常时应停止启动。启动前超速保护必须投入,运行中任一汽轮机超速保护故障不能消除时应停机消除。

运行过程中,要加强汽、水、油品质的监督,定期进行危急遮断器试验,运行半年必须进行充油试验,定期做有关停机保护的在线试验和主、调汽阀及各段抽汽逆止阀的活动试验。

活动试验或停机过程中发现主、调汽门卡涩时,应及时处理,无法处理时应设法减负荷到"0",关闭电动主汽门后,应先打闸后解列发电机,如抽汽逆止门关不严或卡涩必须停止该段抽汽运行。

7.2.4 汽轮机油系统事故

(1)**油系统事故的危害**

汽轮机油系统的主要任务是供给汽轮发电机组各轴承润滑油,供给调节、保安系统压力油。如在运行中监督不力,使油系统发生故障而又处理不当,就有可能导致调节控制系统失灵、烧毁轴承或油系统泄漏导致火灾发生，严重影响机组的安全运行。

(2)油系统事故的现象

油系统发生事故时，主油箱油位下降或升高、主油泵工作失常、润滑油压力降低或升高、轴承断油冷油器断水或水量减少、油温升高使所有轴承或某个轴承温度升高甚至冒烟、油系统管道振动、油中进水使油质恶化和油系统着火、抗燃油油压值降低、抗燃油泵异常、抗燃油油箱油位降低。

(3)油系统事故的处理

1)润滑油、抗燃油系统油质不合格

引起汽轮发电机组运行中的油质变差的因素很多，常见的有油中杂质超标、油中进水和油质乳化。造成这些问题的主要原因：检修过程中油系统未清洗干净，造成大量杂质进入油系统或抗燃油系统；运行中管理不严造成油中进水，如处理不及时加上油温不断升高，就有可能使油乳化变质，严重影响机组的安全经济运行。为此必须注意以下几个方面的工作：

①加强油务管理制度，定期进行化验和油质分析，特别是在初次进油和补充油必须把好质量关。

②检修工作严格执行“三级验收”制度，防止油系统因清洗不干净而造成污染。

③汽轮机轴封压力调整要符合规程规定，防止轴封汽进入油系统。

④透平油净油装置和抗燃油再生装置、滤油装置必须保持正常运行。

⑤排油烟风机保持正常运行，以保证主油箱和轴承箱内部的微负压。

2)主油泵工作失常的处理

主油泵工作失常时，倾听主油泵声音是否正常并注意油压变化，若主油泵声音失常，油压开始下降时，应立即启动交流油泵，尽快申请事故停机。运行中如主油泵发生故障，一般要引起油压波动或油压下降，若处理不及时就有可能造成轴瓦缺油而损坏设备。

3)油系统漏油、油箱油位下降的处理

①油箱油位和油压同时下降时，应检查油管路和冷油器是否漏油，油系统各放油门是否误开，如漏油应及时在运行中消除并根据油箱油位加油，若运行中无法消除危急机组安全时，应停机处理。

②油箱油位下降，油压不变时，首先应检查油箱放油门、放水门及冷油器放油门是否误开，油净化装置是否跑油。

③油箱油位不变，油压下降时，应检查油箱内和油管路是否漏油，油系统滤网是否堵塞，主油泵及射油器工作是否正常如发现上述不正常情况，应设法消除，若油压下降至应该联动交流油泵值而未联动时，应立即手动抢合。抢合后若油压继续下降，立即打闸停机，停机过程中油压继续下降时，应启动直流事故油泵并查明原因。

④如抗燃油系统油管路漏油，在保证抗燃油油压正常的前提下，尽快隔离泄漏点，若泄漏过大无法隔离维持正常运行时，应立即申请停机，并停止油系统运行。

4)润滑油温高的原因及处理

若汽轮机各轴承回油温度升高、轴承温度升高，应检查油压及回油量是否正常，检查冷油器冷却水量是否不足，如水量不足应增大进水量，油温仍高时，可投入备用冷油器，并严密监视轴瓦及回油温度，达到停机值时应破坏真空停机。如轴承管道进入杂物或入口滤网堵塞，引起出口油温急剧升高，甚至轴承断油冒烟，则应按紧急停机处理。

5)油系统失火的处理

油系统失火,应立即用泡沫灭火器灭火,如不能扑灭且危协机组安全时,立即启动直流油泵,破坏真空紧急停机,并组织进行灭火;若油系统着火,危及主油箱时,在紧急停机的同时,打开油箱事故放油门,并控制放油速度,转子静止前油箱油位应保证油泵正常工作,转子静止后方可停油泵;油系统故障造成密封油系统无法工作时,应立即降低氢压,并向发电机内充二氧化碳排氢,发电机内有氢时,严禁将密封油箱内油放尽。

7.2.5 汽轮机真空下降

汽轮机真空下降不仅使机组的经济性下降,严重时将造成低压汽缸末级叶片发生颤振,转子振动,监视段压力超限而限负荷,排汽缸及凝汽器汽侧温度升高导致变形、轴承中心上台、传热管胀口松脱等,同时影响小机出力不够,甚至造成汽轮机事故。

(1)汽轮机真空下降的现象

当汽轮机真空下降时,真空表计显示真空下降,调门开度也有所增大,排汽温度及凝结水温度升高,严重时"凝汽器真空低"报警,备用真空泵联动。当汽轮机真空下降是由于凝汽器满水引起时,真空泵电流明显增大。真空下降有急剧下降和缓慢下降,这里所指为急剧下降。

(2)汽轮机真空下降的原因

循环水中断(两台循环水泵全部跳闸或循环水门误关),或运行真空泵故障跳闸,备用泵未联动;凝汽器严重满水,使真空降低;低压旁路系统误开;循环水量不足或循环水温升高;真空系统、真空测量母管发生泄漏;轴封供汽压力低或低压侧轴封供汽中断;真空泵运行失常,汽水分离器水位高或工作水温度过高;操作不当,引起真空系统漏气或凝汽器热负荷增大;未按规定投运胶球清洗或胶球清洗装置长期投不上,使凝结器换热管内表面结垢或脏污,降低了凝结器的传热效果。

(3)汽轮机真空下降的处理

发现凝汽器真空下降时,应及时对照其他真空表,排汽缸温度热工信号报警情况,凝结水温度进行分析产生的原因,查明原因后采取相应措施处理。若真空降至维持额定功率真空以下时,应启动备用真空泵或备用抽气器,以维持凝汽器的正常真空。如真空继续下降至低真空保护值时,低真空保护应动作停机,保护拒动时立即手动打闸停机。

当真空出现下降时,应进行以下处理:检查轴封压力的变化,并调整至正常压力;检查真空泵吸入压力及真空泵电机电流或射水泵出口压力和射水泵电机电流。若因真空泵或射水泵故障备用泵未联动,应切为手操启动,以提高凝汽器真空。

因凝汽器水位异常升高所致时,应检查补水调门整是否失灵,凝结水至除氧器调整门是否误关,并联系化学人员化验水质硬度,确认凝汽器是否泄漏,凝结泵入口滤网是否堵塞并校验上下水位。

检查当时机组有无影响真空下降的操作,如有应立即停止或恢复系统运行方式;根据真空下降的快慢及真空与负荷的对应关系,若需通过减负荷来调整真空时,应采取超前减负荷的方式,待真空上升时,再相应地减负荷。

夏季机组运行真空较低,注意各监视段压力升高不得超限。否则应相应降低负荷。真空下降时,将影响小机出力,注意辅汽的投入调节应正常,否则将造成汽包水位下降。

当真空下降是因循环水量偏少造成或循环水温升增大所致,应保持两台循环泵运行并检查清污机滤网水位及冷却塔水池水位情况；循环水中断后，凝汽器真空将急剧下降，若低真空保护拒动时，立即手动停机。及时投入低压缸喷水，凝汽器及疏水扩容器喷水，除氧器保持正常水位以下，关闭所有至凝汽器的热备用疏水门，凝结水采取补排水方式换水降温，严禁热汽、热水进入凝汽器。

7.2.6　汽轮机动静部分摩碰、振动异常及大轴弯曲

汽轮机动静部分摩碰、振动异常是汽轮机启动、停机及大幅变工况运行过程中极易发生的事故，若处理不及时，会导致大轴永久性弯曲的恶性事故发生。集控员应给以充分关注。

(1)事故现象及原因

现象：TSI 记录仪振动指示增大；画面上发“转子振动大”声光报警；DEH CRT 振动显示增大，报警；机组振动急剧增大；前后轴封处可能产生火花；大轴弯曲指示值增大或超限；推力瓦温升高，轴向位移指示值可能超标；汽轮机内部发出不同程度的金属撞击声。

原因：①安装质量方面：动、静间隙安装调整不当。②机械方面：推力轴承、支持轴承工作不正常或轴承座松动；隔板变形；通流部分有部件损坏脱落；汽机断叶片及汽轮发电机转子不平衡；轴系中心不正或联轴器连接异常；滑销系统卡涩造成膨胀不均。③运行工况变化方面：机组负荷、参数骤变；启、停中胀差过大或超限；润滑油压、油温异常变化；汽轮机大轴热弯曲过大；发电机静子、转子电流不平衡；汽机进水或进冷汽造成汽缸变形；密封油温度变化异常；发电机机内氢气温度变化异常等。

(2)处理(以某 600 MW 机组为例)

机组启动中，中速暖机之前，轴承振动超过 0.03 mm 应打闸停机，通过临界转速时，轴承振动超过 0.1 mm 或轴振超过 0.254 mm，应立即打闸停机，严禁强行通过临界转速或降速暖机。

在额定转速 3 000 r/min 或带负荷稳定工况下要求机组轴振不超过 0.03 mm 或轴振动不超过 0.08 mm，当轴承振动突增 0.05 mm，应打闸停机。

当轴振明显增大至 0.125 mm 报警时，对照表计变化，查找原因。如机组负荷、参数变化大引起振动大，应尽快稳定机组负荷、参数，同时注意汽机差胀，上、下缸温差变化。检查润滑油温、油压及各轴承温度正常，否则，调整润滑油温、油压至正常。就地倾听汽轮发电机组内部声音。如发电机电流不平衡引起振动，应降低机组负荷，查明发电机转子、静子电流不平衡的原因。密封油温度偏离正常值，尽快调整至正常值，若减温水调节门失灵，联系检修处理。机内氢气温度低应查明原因及时恢复。若机组轴振突然增至 0.254 mm，保护不动作，汽机按紧急停机处理。检查汽轮机上下缸温差，若温差大于或等于 41.7 ℃时按汽轮机进水处理。

(3)汽轮机轴向位移增大原因及处理

原因：负荷或蒸汽流量变化；汽机通流部分严重结垢(在相同工况下运行时，调节级压力有异常升高)；叶片断落；主蒸汽、再热蒸汽温度下降；汽轮机水冲击；凝汽器真空下降；发电机转子窜动；推力轴承瓦块乌金磨损。

处理：当轴向位移值至 ±0.89 mm 时，应检查负荷、蒸汽参数、凝汽器真空、密切监视推力轴承金属温度、差胀变化进行调整，通知热工校验表记，并倾听机组有无异声，各轴承有无振动。当轴向位移至 ±0.89 mm，除进行上述的检查外，汇报值长，立即减负荷，使轴向位移值恢复至正常。当轴向位移值增大，机组转动部分出现金属响声并伴有强烈振动，应紧急停机。当

轴向位移值至±1.0 mm保护不动作,应立即破坏真空紧急停机。

7.3 电气事故及处理

大型发电机组事故跳闸不但造成发电损失,还会对电网产生较大冲击,对机组及电网的安全运行构成威胁,严重时会造成设备损坏及电网瓦解的恶性事故。电气事故与热机事故相比,具有突发性强,事故过程极快的特点,因此必须有完善和可靠的自动保护,即发变组保护DGP。但集控员不能完全依赖于DGP,必须以高度的责任心和高超的集控操盘技能做好事故预判、预防及应急处理工作,一旦事故发生,能把危害减至最小。

电气事故常见的诱因一般是:发电机及变压器自身缺陷,发电机及变压器的密封、冷却系统故障,一次回路的线路及开关设备缺陷,二次控制回路及控制设备缺陷,继电保护装置缺陷;集控员误操作等。

7.3.1 发电机组甩负荷

(1)发电机组甩负荷事故的现象

当发生发电机甩负荷事故时,由于发电机组负荷大幅度的下降或到零,主蒸汽压力急剧升高(锅炉安全门可能动作),锅炉燃烧工况发生较大变化,锅炉水位急剧下降。汽轮机转速上升后又下降稳定在额定转速上,危急遮断器不动作。其现象有三种:第一种是发电机组解列,汽轮机没有跳闸,锅炉维持运行;第二种是发电机组与电网解列,带厂用电运行;第三种是发电机组甩部分负荷。

(2)发电机甩负荷事故的原因

发电机组发生甩负荷事故的原因很多,一般可分为三大类。一类是发电机组内部故障引起的发电机甩负荷,一般是由于电气故障如继电保护、自动装置及主断路器的机构误动,发电机断水保护及失磁保护动作,发电机定子绕组相间短路、匝间短路及转子两点接地等;汽轮机故障如低真空保护或低油压保护动作,轴承振动大或回油温高保护动作,汽动给水泵调闸;锅炉故障如引、送风机、空气预热器跳闸,MFT动作;热控回路或设备故障。二类是发电机组外部原因引起的甩负荷,主要是发电机母线短路、主断路器故障,主变压器故障,电力系统和设备故障。三类是人为责任事故如值班人员误操作引起发电机组甩负荷。

(3)发电机组甩负荷事故的处理

发电机组发生甩负荷事故时,集控员应根据声、光报警信号及继电保护掉牌情况,进行分析判断。由于发电机组甩负荷时,汽轮机、发电机、锅炉的运行工况发生了较大的变化,因此在甩负荷后,其运行方式由协调控制方式自动切为手动控制方式。手动调控的主要工作内容如下:

①对于直吹式制粉系统,应立即停运一套制粉系统,投部分油枪,根据负荷的具体情况确定是否再停运制粉系统和增投油枪,以维持锅炉的最低负荷运行。

②检查高、低旁路动作情况、并根据要求调整其开度,控制主蒸汽压力和再热蒸汽压力,必要时可强制开启过热器排汽阀。

③甩负荷事故时要注意给水泵转速的调节,由于甩负荷后锅炉压力要升高,因此给水泵的

压力也必须升高,来满足锅炉进水。但经过一定的时间后,给水压力已能满足锅炉进水时,要强制逐步地减少到最低值,以维持锅炉最低负荷,必要时停运汽动泵用电动泵来维持锅炉给水。

④调整凝汽器、除氧器水位及汽轮机轴封压力值,将除氧器及汽轮机轴封汽源切换为备用汽源。

⑤对带厂用电运行的机组,应按规定自动设定为5%的额定负荷,保持汽轮机为额定转速,注意发电机出口电压和电流、高压厂变压器的负荷、厂用电的运行情况及厂用电母线电压与电流。

⑥如果甩负荷是由电力系统事故引起的,可能引起系统电压和频率的偏移,对于未跳闸的机组要注意有功和无功的调整,严防电压和频率偏移过大造成发电机事故。

⑦在事故原因清楚后,重新与系统并网时要注意与电网的同期。

(4)**甩负荷事故后的注意事项(以某300 MW机组为例)**

发电机甩负荷到零,DEH不能控制转速,危急遮断器不动作,电气超速保护拒动时,必须手动打闸停机;要求机组无蒸汽运行不得超过1 min,若超过应手动打闸停机并完成停机后操作;机组甩负荷后,低压缸排汽温度大于80 ℃,低压缸喷水应自动投入。监视高缸排汽温度小于或等于410 ℃,否则手动调节高旁降低再热汽温,或用高排至凝汽器的真空阀降低高缸排汽温度,如无效,高排汽温达420 ℃时立即打闸停机;机组在30年使用期内,带厂用电不允许超过10次,每次不允许超过15 min;机组甩负荷以后空负荷运行,每次不允许超过1 h。

7.3.2　厂用电中断

(1)**厂用电中断的现象**

厂用电中断时,所有运行中的转动机械跳闸,电流指示到0,泵出口压力及流量急剧下降到零,备用交流电机未联动。锅炉灭火MFT动作,汽动给水泵小汽轮机跳闸,汽温、汽压、水位等均下降。汽轮机自动主汽门和调门随着抗燃油压下降而逐渐关闭停机,解列发电机。工作照明熄灭,事故照明亮。DAS、FSSS等热控系统由UPS供电,仍可工作,引、送风机和磨煤机的油泵,探头冷却风机,空预器油站和辅助电机等由保安段电源供电仍可运行。汽轮机主机直流事故油泵、主机直流密封油泵、小机直流润滑油泵应自启动。运行交流电机电流到零,循环水流量到零,真空突降。

(2)**厂用电中断的原因**

厂用变压器或厂用母线故障;机组故障停运,厂用电切换不成功造成厂用电中断;运行人员误操作。

(3)**厂用电中断的处理**

①发生厂用电中断事故后,应尽快隔离事故点,消除事故根源并解除对人生和设备的威胁。找出故障点并处理后,倒换系统运行方式,准备恢复厂用电。

②若是厂用电源部分故障,不能尽快恢复时,保安电源又未自投,可优先启动备用柴油发电机运行,尽快恢复机组保安电源运行。

③厂用电全部中断时,立即将负荷减到零,将厂用电动机控制开关断开,并尽快恢复厂用电,待保安电源送上后,启动主机交流油泵、小机主油泵、交流密封油泵运行,停直流油泵,并将控制开关投自动;同时全面检查机组,严密监视轴承金属温度和润滑油进油温度、回油温度;做

好投入盘车的准备,注意小机转速下降情况,及时投入小机盘车。

④注意检查发电机组各重要参数,是否在安全允许范围内,对发电机组的真空系统、轴封系统、回热加热系统、冷却水系统等进行必要的切换操作。

⑤厂用电源恢复后,应视锅炉汽包内水位情况和壁温差情况处理,如汽包内仍有可见水位,启动电动给水泵缓慢进水至正常水位。如汽包内水位已不可见,且壁温差严重超标,待管壁温差减少至正常后方可进水。

⑥厂用电中断时,若保安电源送不上,转子静止后,电动盘车仍投不上,应立即手动盘车,并严密监视上下缸温差,严防向机内进汽、水,待保安电源送上后,立即启动顶轴油泵,盘动转子180°后投入电动盘车。

⑦厂用电中断后,要求注意保持锅炉水位,汽温正常;待厂用电恢复正常后,重新启动跳闸转机,恢复机组正常运行。

7.3.3 发电机事故

(1)发电机非同期并列

1)发电机非同期并列的现象

并列时冲击很大,定子电流剧烈摆动,产生较大冲击电流,强大的电动力和热效应。可能使发电机定子绕组变形、扭弯、绝缘崩裂,定子绕组并头套熔化,甚至将定子绕组烧毁。发电机本体发出鸣声,表计摆动,且节奏与鸣声相同,电力系统电压下降,严重时发电机自动跳闸,甚至引起电力系统振荡,乃至瓦解。

2)发电机非同期并列处理

若发电机无显著鸣声或振动并已被系统拖入同步,可以投入运行;若发电机产生很大的冲击和强烈振动,应立即解列、停机,对发电机回路进行全面检查,并测量绝缘,待试验检查确认机组无损坏时,方可再次启动。

(2)发电机失磁故障

1)发电机发生失磁故障的现象

发电机发生失磁时,转子电流等于或接近零,无功功率表指示为负值,有功功率表指示较正常降低,并且发生摆动。发电机定子电压降低,定子电流升高,定子电流和转子电压有周期性摆动。“保护柜动作”光字牌亮,警铃响,灭磁开关跳闸或整流柜全部退出运行。

2)发电机发生失磁的处理

①当失磁保护动作,经切换恢复发电机励磁时,立即以“手控”励磁调整发电机电压,并将有功负荷增至调度出力。

②失磁保护动作,经切换、压出力无效而作用于跳闸时,按事故停机处理。

③当发电机失磁后自动切换不成功时,应立即手动切换,若仍不能恢复发电机励磁,应将发电机解列。

(3)发电机变同步电动机运行

1)发电机变同步电动机运行的现象

当发电机变同步电动机运行时,有功表指示为负值,无功表指示通常升高,定子电流表指示可能稍低,定子电压和励磁回路仪表指示正常,系统周波可能有所降低,“主汽门关闭“逆功率”动作信号发出。

2)发电机变同步电动机运行的处理

若逆功率动作跳闸,按事故停机处理,若保护拒动,应将汽轮机重新挂闸,增带有功。若发电机逆功率运行达1 min或汽机挂闸后再次掉闸应将发电机手动解列。

(4)**发电机的振荡或失步**

1)发电机振荡或失步的现象

发电机振荡或失步时,发电机有功表、无功表发生摆动,定子电流表摆动,通常电流表指示超过规定值,定子电压表剧烈摆动,通常电压表指示降低,转子电流、电压在正常值附近摆动。发电机本体发出轰鸣声,且节奏与表计指针摆动相符,若发电机与系统同步振荡,则发电机表计与系统表计摆动一致,如发电机与系统发生振荡,则发电机表计和系统表计摆动相反,发电机失步保护动作信号发出。

2)发电机振荡或失步的原因

①静稳定破坏。这种情况往往发生在运行方式改变,使发电机输出功率超过极限输出功率,造成发电机功角单调增大,引起发电机失步。

②由于联系发电机与电力系统的较长的多回线路中的部分线路跳闸或误操作,造成发电机与电力系统的阻抗突然增加。使传输功率极限下降,造成转子拖动力矩不平衡,从而引起发电机失步。

③机组突然甩负荷、切除或进行电力系统其他操作时,使电力系统中的潮流发生很大的变化和出现严重的功率不平衡,造成电力系统稳定的破坏,发生发电机振荡。

④由于机组失磁吸引大量的无功功率,造成电力系统无功功率不足,电压下降,容易引起发电机振荡。

⑤汽轮机调速系统波动,造成发电机力矩失去平衡而引起振荡。

3)发电机振荡或失步的处理

若调节柜在“恒电压”方式运行时,不允许干扰调节柜动作,应降低有功负荷;若调节柜在“恒电流”方式或“手控”励磁方式运行时,应立即增加发电机励磁;若振荡是由发电机并列引起,应立即解列发电机;若发电机和系统发生振荡,经采取措施后在1 min内仍不能使发电机拖入同步,应考虑将失步发电机与电力系统解列;如振荡原因是由于系统引起,应增加励磁电流,维持机端电压,听候系统调度命令处理;若发电机失步保护动作,按事故停机处理。

(5)**发电机氢爆、着火**

当发电机发生氢爆、着火时,发电机冒烟着火,并有爆炸声,发电机铁芯、线圈温度升高或有冒烟、绝缘烧焦味,氢气压力高,发电机进出风温高。应立即破坏真空紧急停机,并用二氧化碳灭火器灭火,向发电机内冲二氧化碳排氢,通知消防人员进行灭火。氢气排尽后,密封油系统尽量维持到机组转速至零,若危及油系统安全时,待转速至零后,立即停止润滑油循环,禁止盘车。

(6)**发电机冷却水系统故障**

采用水氢氢冷却的发电机定子和双水内冷发电机的定子和转子,在运行中出现进水压力、流量降低,冷水箱水位降低,冷水泵跳闸而备用泵未联动,电气“断水保护”报警,发电机回水温度升高、冷却水导电度增大,发电机检漏仪报警等现象时,应作下处理:

①冷却水泵故障时,立即启动备用泵,停止事故泵运行。

②发电机检漏仪报警时,就地检查发电机是否有泄漏,如有泄漏要尽快联系停运发电

机组。

③冷水系统出现进水压力低，应检查冷却水系统或水冷器有无泄漏、水冷器出口滤网是否堵塞。

④发现定冷水箱水位低时，检查定冷水箱放水门是否关严，同时加大向水箱补水。

⑤发现冷却水导电度增大时，迅速查明原因并进行冷水箱换水。

⑥出现冷却水回水温度升高、进水流量减小时，应检查冷却水进水门和水冷器冷却水进出口门，开度是否到位或阀芯有无脱落。

⑦发电机断水时，应及时启动备用泵，调整进水压力，检查冷水箱水位及补水情况等，不能恢复应迅速全减负荷，若 30 s 内不能恢复则故障停机。

参考文献

[1] 王军.超临界直流锅炉启动系统特点及经济性分析[J].华北电力技术,2008(5):1-3.

[2] 严正波.滇东电厂600 MW机组新技术特点[J].云南电力技术,2006(6).

[3] 段学农.循环流化床锅炉大幅度调峰性能分析[J].华中电力,2000,13(5):4-8.

[4] 樊印龙.给水泵汽轮机汽源配置浅析[J].浙江电力,2005,24(1):29-31.

[5] 姜广伟.300 MW机组汽动给水泵上水方式探讨[J].吉林电力,2005(5):11-13.

[6] 华志刚.300 MW机组锅炉给水控制系统分析与改进[J].电力自动化,2002(4).

[7] 韩子俊.300 MW机组给水泵汽轮机有关问题探讨[J].热力发电,2005,34(11):66-69,95.

[8] 河南省电力公司.火电工程调试技术手册[M].北京:中国电力出版社,2003.

[9] 黄新元.电站锅炉运行与燃烧调整[M].北京:中国电力出版社,2003.

[10] 陈庚.单元机组集控运行[M].北京:中国电力出版社,2003.

[11] 东北电力科学研究院.电气运行[M].北京:中国电力出版社,2003.

[12] 林文孚,胡燕.单元机组自动控制技术[M].北京:中国电力出版社,2003.

[13] 曹吉鸣,徐伟.网络计划技术与施工组织设计[M].上海:同济大学出版社, 2000.

[14] 张斌.自动发电控制及一次调频控制系统[M].北京:中国电力出版社,2005.

[15] 高爱民.电液调节系统[M].北京:中国电力出版社,2003.

[16] 国家电力公司华东公司.发电厂集控运行技术问答[M].北京:中国电力出版社,2003.

[17] 华东六省一市电机工程学会.汽轮机设备及其系统[M].北京:中国电力出版社,2003.

[18] 张磊.大型火力发电机组故障分析[M].北京:中国电力出版社,2007.

[19] 国电浙江北仑第一发电有限公司.600 MW火电机组全能值班员培训教材[M].北京:中国电力出版社,2007.